土库曼斯坦气田地面工程技术丛书

Инженерно-технический сборник по работе наземного обустройства на газовых месторождениях Туркменистана

第六册　设　　备

Том Ⅵ　Оборудование

陈意深　雒定明　刘文广　主编

Главные редакторы:Чэнь Ишэнь, Ло Динмин, Лю Вэньгуан

石油工业出版社

Издательство «Нефтепром»

内 容 提 要

本书说明了气田地面建设中设备的种类及其技术特点，全面介绍了静设备、动设备和压力管道附件的具体产品类型、设计要点、制造要求、检验措施和验收方法等方面的内容，包括了与设备相关的定义、公式、图表、数据等，并结合在土库曼斯坦境内多个中国石油参与建设的气田及其所采用设备的技术特点，对设备的材料性能、腐蚀控制等技术难点进行了深入阐述，同时给出了运行维护的注意事项。

本书可供在土库曼斯坦从事气田地面工程设备设计及采购、施工、运行、维护等生产建设工作的中土双方技术和管理人员使用，也可供其他相关专业人员和大专院校师生参考。

图书在版编目（CIP）数据

设备. 第六册 / 陈意深，刘文广，雒定明主编. —北京：石油工业出版社，2019.1

（土库曼斯坦气田地面工程技术丛书）

ISBN 978-7-5183-2882-6

Ⅰ. ①设… Ⅱ. ①陈… ②刘… ③雒… Ⅲ. ①地面工程—机械设备 Ⅳ. ①TE4

中国版本图书馆 CIP 数据核字（2018）第 208544 号

出版发行：石油工业出版社

（北京安定门外安华里 2 区 1 号 100011）

网 址：www.petropub.com

编辑部：（010）64523736 图书营销中心：（010）64523633

经 销：全国新华书店

印 刷：北京中石油彩色印刷有限责任公司

2019 年 1 月第 1 版 2019 年 1 月第 1 次印刷

889 × 1194 毫米 开本：1/16 印张：24.25

字数：620 千字

定价：170.00 元

（如出现印装质量问题，我社图书营销中心负责调换）

《土库曼斯坦气田地面工程技术丛书》

«Инженерно-технический сборник по работе наземного обустройства на газовых месторождениях Туркменистана»

丛书前言

中国石油工程建设有限公司西南分公司作为中国石油参与土库曼斯坦气田建设的主要设计和地面工程技术支持单位，自2007年开始开展土库曼斯坦气田地面工程的设计和建设工作，历经8年的工作与实践，承担并完成了阿姆河右岸巴格德雷合同区域A区、B区及南约洛坦复兴气田一期、二期等所有中国石油在土库曼斯坦参与建设气田地面工程的设计工作，已经投产的气田产能达到$285\times10^8m^3/a$，正在设计建设中的气田产能达$345\times10^8m^3/a$。为了充分总结经验、提升水平和传承技术，中国石油工程建设有限公司西南分公司以"充分总结研究、传承技术经验、编制适应当地特点的技术标准和教材"为基本出发点，在其近60年在气田地面工程设计和建设方面的技术沉淀和研究成果基础上，组织各个专业的专家共同编制完成了《土库曼斯坦气田地面工程技术丛书》。

《土库曼斯坦气田地面工程技术丛书》共分为8册，第一册为总体概论，总体说明气田地面工程的建设内容、总体技术路线、技术现状、发展趋势、常用术语、遵循标准等方面内容；第二册至第八册分别为内部集输、油气处理、长输管道、自控仪表、设备、腐蚀与防护及公用工程，分专业介绍其技术特点、方法、数据、资料和相关图表。

《土库曼斯坦气田地面工程技术丛书》遵循"技术理论与工程实践并重、主体专业与公用工程配套、充分体现土库曼斯坦气田特点、准确可靠方便实用"的编写原则，系统总结了中国石油工程建设有限公司西南分公司8年来在土库曼斯坦各个气田建设、投产与生产过程中的设计经验和技术实践，反映了中国石油工程建设有限公司西南分公司在土库曼斯坦多个建设实践中的科技进步和技术创新，也全面融入了中国石油工程建设有限公司西南分公司自1958年创建以来在各类气田地面建设领域的丰富技术经验积累和科研创新成果，同时对于气田地面工程在国际上的技术现状和发展趋势也进行了相关介绍。丛书的出版，可对在土库曼斯坦已经、将要和有志于从事气田地面工程建设和生产运行的中方与土方技术管理干部、技术人员提高技术业务能力和水平起到重大的促进作用，也将有助于对土库曼斯坦气田地面工程技术进行有益的传承。

《土库曼斯坦气田地面工程技术丛书》的主编单位中国石油工程建设有限公司西南分公司截至目前已经承担并完成了中国及国际上9380余项工程、1035座集输配气厂(站)，60000多千米油气输送管道，为中国天然气行业指导性甲级设计单位，国际工程咨询联合会会员，已主编中国国家及行业标准79项，取得科研成果709项，具有专利、专有技术142项，自主知识产权成套技术14项。本套丛书历时近两年的时间编制完成，参与编审人员130余人，编审人员大多来自设计一线具有丰富实践经验的技术骨干，并有部分在生产、建设一线的专家全程参与。该套丛书充分体现了该单位、该单位专家及参编专家在气田地面建设领域的技术实力和水平。编审人员在承担繁重工程设计任务的同时，克服种种困难，完成了丛书的编制工作，同时编委会也多次组织和聘请天然气行业的资深专家，参加了各阶段书稿的审查，这些专家都没有列入编审人员名单，他们这种无私奉献的敬业精神，非常值得敬佩和学习。在中国石油土库曼斯坦协调组的统一组织和安排下，中国石油阿姆河天然气公司、中国石油西南油气田公司、中国石油川庆钻探工程公司、中国石油工程建设有限公司的领导和专家对丛书的编制和出版给予了大力的支持和帮助。值此《土库曼斯坦气田地面工程技术丛书》出版之际，对所有参与此项工作的领导、专家、工程技术人员和编辑致以最诚挚的谢意。

《土库曼斯坦气田地面工程技术丛书》涉及专业范围宽、技术性强，气田地面工程技术日新月异，加之编者经验和水平的局限，书中错误、疏漏和不妥之处，恳请读者不吝指正。

《土库曼斯坦气田地面工程技术丛书》编委会

2018 年 4 月

Предисловие в Сборнике

Юго-западный филиал Китайской Нефтяной Инжиниринговой Компании, является основной конструкторской и технологической компанией, подведомственной КННК, которая оказывает должную техническую поддержку для работ с наземным обустройством газовых месторождений в Туркменистане. Филиал уже с 2007 года начал свои работы по проектированию и строительству по наземному обустройству газовых месторождений Туркменистана. Имея за собой 8 летний опыт работы, филиал закончил свои конструкторские работы в блоках А и В на договорной территории «Багтыярлык», на первом и втором этапах работ на газовом месторождении Галкыныш и во всех других проектах наземного обустройства месторождений, в реализации которых участвовала КННК. Производительность введенных в эксплуатацию газовых месторождений достигает $285 \times 10^8 м^3/г$, проектирующихся и строящихся месторождений - $345 \times 10^8 м^3/г$. Для обобщения опыта, поднятия уровня и передачи технологии, Юго-западный филиал КНИК посредством полного изучения, исследований, передачи технологического опыта, формирования соответствующего местного технологического стандарта, в целях создания основной исходной точки, на основании за 60 летнего опыта работы по наземного обустройству газовых месторождений, привлекая специалистов, выпустил «Инженерно-технический сборник по работе наземного обустройства на газовых месторождениях Туркменистана».

«Инженерно-технический сборник по работе наземного обустройства на газовых месторождениях Туркменистана» всего состоит из 8 томов. Том I – общая часть. В целом описывается наземное обустройство газовых месторождений, комплексные технологии по маршруту, сведения о технологиях, тенденции развития, часто употребляемые термины, придерживаемые стандарты и другая информация по данному направлению. ТомII～ТомVIII соответственно описываются сбор и внутрипромысловый транспорт, подготовка нефти и газа, магистральные трубопроводы, автоматические приборы, оборудование, коррозия и консервация, коммунальные услуги, по отдельности описываются технические особенности, методы работы, данные, материалы и соответствующие графики.

«Инженерно-технический сборник по работе наземного обустройства на газовых месторождениях Туркменистана» был подготовлен на основании технологической теории и инженерной практики. При составлении сборника во внимание принималась основа данной отрасли и соответствующий комплекс инженерных работ. В полной мере учитывались особенности газовых месторождений Туркменистана. Все основные положения, описанные в сборнике предоставлены точно и достоверно, кроме того эти положения очень легко применять на практике. В данном сборнике, системно обобщен 8 летний опыт работы Юго-Западного филиала КНИК на различных газовых месторождениях Туркменистана, демонстрируется применение опыта и инженерной практики в таких процессах как ввод в эксплуатацию и производство. Также описывается научно-технологический прогресс и технологические инновации, которые применялись на практике Юго-Западным филиалом КНИК в Туркменистане. Помимо всего прочего, в сборнике описывается накопленный технический опыт и результаты научно-исследовательской работы, начиная с 1958 года, когда произошло создание юго-западного филиала КНИК. Одновременно с этим, в сборнике описывается мировая актуальная технологическая обстановка и тенденция развития по направлениям связанным с наземными обустройствами на газовых месторождениях. Данный сборник окажется очень полезным для работы китайско-туркменского технического персонала на газовых месторождениях Туркменистана, как в процессе инженерных работ, так во время самого производства. Сборник позволит повысить рабочую квалификацию и уровень знаний в данной сфере, сможет способствовать эффективной передаче технологий, для их последующего применения в работах наземных обустройств на газовых месторождениях Туркменистана.

Юго-западный филиал КНИК руководил составлением «Инженерно-технического сборника по работе наземного обустройства на газовых месторождениях Туркменистана» описывает свой опыт работы по 9380 проектам в Китае и за рубежом, по 1035 сборно-распределительным газовым пунктам (станциям), более чем 60000 километрам трубопроводов для транспортировки нефти и газа, являясь при этом ведущей первоклассной проектной организацией в сфере газа и членом международного союза по консультировании в сфере инженерии. Компания имеет 79 собственных отраслевых стандарта, добилась 709 пунктов достижений в области научных исследований, имеет 142 эксклюзивные технологии и патента, кроме того обладает 14 эксклюзивными интеллектуальными собственностями. Работа над данным сборником продолжалась более одного года. В создании сборника активно принимали участие более чем 130 человек. Большая часть техников и специалистов, которые принимали участие в создании данного сборника, имеют очень богатый практический опыт работы и высокий уровень знаний. Данный сборник в полной мере отображает уровень и технический потенциал самой компании и ее специалистов-составителей в сфере наземного обустройства газовых месторождений. Авторам данного сборника получилось удачно завершить работу со сложнейшими техническими заданиями, удалось преодолеть все возникшие во время работы трудности. Кроме того редакционная коллегия многократно обращалась за помощью к ведущим специалистам в сфере работы с природным газом для участия на различных этапах подготовки материалов для сборника, эти специалисты не были добавлены в список редакторов сборника. Их труд был бескорыстным и полностью заслуживает уважения. Инициатива для организации и составления данного сборника исходит со стороны Китайской Национальной Нефтегазовой Корпорации в Туркменистане, также большую поддержку и помощь оказали руководители и специалисты таких компаний как: КННК Интернационал (Туркменистан), компания «Юго-западные нефтяные и газовые месторождения» при КННК, Чуаньцинская буровая инженерная компания с ограниченной ответственностью при КННК, Китайская нефтяная инженерно-строительная корпорация. Пользуясь случаем, мы бы хотели выразить искреннюю благодарность всем руководителям, специалистам, инженерно-техническому персоналу и редакторам, которые принимали участие в создании «Инженерно-технический сборник по работе наземного обустройства на газовых месторождениях Туркменистана».

«Инженерно-технический сборник по работе наземного обустройства на газовых месторождениях Туркменистана» обширно затрагивает профессиональную сферу, техническую сторону, инжиниринговые тенденции по работе на газовых месторождениях. В виду того что опыт и уровень авторов данного сборника ограничен, в процессе подготовки данного сборника возможно допущены какие-либо ошибки или имеются определенные недочеты, поэтому убедительная просьба, чтобы наши читатели не упускали возможность внести соответствующие коррективы в данный сборник.

Редакционная коллегия
«Инженерно-технический сборник
по работе наземного обустройства
на газовых месторождениях Туркменистана»
Апрель, 2018 г.

前　言

本书为《土库曼斯坦气田地面工程技术丛书》第六册，共分四章，系统介绍了在气田地面工程建设中各类设备的种类及其技术特点，内容涵盖静设备、动设备和压力管道附件的具体产品类型、设计要点、制造要求、检验措施和验收方法等。同时结合在土库曼斯坦境内多个中国石油参与建设的气田及其所采用设备的技术特点，在设备的材料性能、腐蚀控制等技术难点进行了深入阐述，同时给出了运行维护的注意事项。

本书由陈意深、雒定明、刘文广担任主编。其中第1章由张毅、刘文广、刘萍萍、罗林林、周蓉、李刚编写，罗张东审核；第2章由姜泉、姚海盛、兰洪强、刘春发、张迅、彭宛、万娟、杨飞、黄琼编写，刘文广、施辉明审核；第3章由邢超、高兴、马建春、叶桦、杨亮、吴巧、陈卫亮、肖静、杨文川编写，唐昕、陈凤审核；第4章由曹建强、李高潮、张诚、唐昕、焦建国、荣明、刘辉、仇本东、毛翔编写，宋久芳、刘文广审核。全书由雒定明主审，由陈意深复审定稿。

本书是目前反映土库曼斯坦气田地面工程设备内容较为详细的技术书籍，主要以定义、公式、图表、详细技术要求为主，简明扼要，查阅方便，可供气田工程设计人员、现场技术人员及管理人员参考使用，亦可作为石油院校教辅材料。

本书在编写过程中，得到了广大同行专家的支持，还借鉴了国内外专家学者的研究成果和经验，在此表示诚挚的感谢！

由于时间仓促，作者水平有限，书中错误、纰漏之处在所难免，敬请广大读者批评指正。

2018年4月

Предисловие данного тома

Данная книга представляет собой том VI «Инженерно-технического сборника по работе наземного обустройства на газовых месторождениях Туркменистана», который состоит из 4 глав. В данной книге систематически описаны виды и технические характеристики оборудования, использующегося в наземном обустройстве газовых месторождений, содержаться сведения о видах конкретного статического оборудования, динамического оборудования и арматур напорных трубопроводов, важных аспектах их проектирования, технических требованиях на изготовление, мерах контроля и методах приемки, а также детально изложены свойства материалов, защита от коррозии и другие технические трудности для оборудования, пункты для внимания при эксплуатации и техническом обслуживании, на основании технических характеристик газовых месторождений на территории Туркменистана, в строительстве которых участвовала китайская национальная нефтегазовая корпорация, и использованного для них оборудования.

Данная книга составлена под руководством главных редакторов Чэнь Ишэнь, Ло Динмин, Лю Вэньгуан. Первая глава, составили: Чжан И, Лю Вэньгуан, Лю Пинпин, Ло Линьлинь, Чжоу Жун, Ли Ган, проверил: Ло Чжандун; вторая глава, составили: Цзян Лян, Яо Хайшэн, Лан Хунцзян, Лю Чуньфа, Чжан Сюнь, Пэн Вань, Ван Цзюань, Ян Фэй, Хуан Цюн, проверили: Лю Вэньгуан, Ши Хуймин; третья глава, составили: Син Чао, Гао Син, Ма Цзяньчунь, Е Хуа, Ян Лян, У Цяо, Чэнь Вэйлян, Сяо Цзин, Ян Вэньчуань, проверили: Тан Синь, Чэнь Фэн; четвертая глава, составили: Цяо Цзяньцян, Ли Гаочао, Чжан Чэн, Тан Синь, Цзао Цзяньго, Жун Мин, Лю Хуй, Цзю Бэньдун, Мао Сян, проверили: Сун Цзю Фан, Лю Вэньгуан. Окончательный текст книги проверен главным проверщиком Ло Динмин, вторично проверен и утвержден Чэнь Ишэнь.

Данная книга детально описывает оборудование, использующееся в наземном обустройстве газовых месторождений Туркменистана, содержит, в основном, определения, формулы, графики, детальные технические требования, характеризуется простотой, высокой доступностью, может использоваться как в качестве справочных материалов для инженерных конструкторов, местных техников и управляющих газовых месторождений, так и в качестве учебных и вспомогательных пособий для нефтегазовых ВУЗов.

Данная книга составлена при большой поддержке обширных коллег и специалистов, с заимствованием результатов исследований и опыта китайских, иностранных специалистов и ученых, редакционная коллегия здесь выражает искреннюю благодарность!

Вследствие короткого срока составления и наличия определенных пределов в уровне знаний и подготовки составителей сложно избежать полного отсутствия недостатков и неуместностей при составлении данной книги. Будем рады рассмотреть любые замечания и предложения касательно содержания данной книги.

Апрель , 2018 г.

目 录

СОДЕРЖАНИЕ

1 概述

设备是实现工艺功能、进行工艺控制和储存工艺介质的重要产品。在气田地面工程建设中常见的设备包括非旋转的设备(静设备)以及带有转动机构的设备(动设备)。本章对气田地面工程中设备的种类划分及其特点进行了概括性说明,简要介绍了本书各章节阐述的主要内容,并对设备发展趋势和行业关注的焦点做了介绍。

随着天然气工业的发展,气田地面建设工程日趋大型化,其工程建设和操作运行复杂程度高,各类型容器类设备及管件作为天然气集输和化工过程设备,属于工艺系统中的重要单元,为满足不同的工艺功能,而具有不同的结构特点和功能属性。本章致力于对气田地面建设工程中的典型设备及管件,从分类、功能特点、设计、选材、计算、制造等多方面结合工艺应用实例进行介绍,可为操作类人员以及技术干部提供技术指导,也可作为培训教材供相关专业技术人员使用。

1 Общие сведения

Оборудование представляет собой важное изделие для осуществления технологических функций, управления технологическим процессом, хранения технологических сред. В большинстве случаев наземного обустройства газовых месторождений используются, вообще говоря, не вращающееся оборудование (статическое оборудование) и оборудование с поворотным механизмом (динамическое оборудование). В данной главе описаны классификация и особенности оборудования, использующегося в наземном обустройстве газовых месторождений, кратко изложены основные содержания глав настоящей книги, а также тенденция развития оборудования и фокус внимания всей отрасли.

С развитием газовой промышленности объект на наземное обустройство газового месторождения становится все более крупным, его строительство и эксплуатация очень сложные, а также различные емкости, оборудование и фитинги, которые используются в качестве оборудования для сбора и транспорта газа и технологического оборудования химической промышленности, относятся к важным элементам ттехнологической системы, и имеют различные структурные характеристики и функциональные свойства в целях удовлетворения различных технологических функций; в данной статье в основном представляют типичное оборудование и фитинги в объекте на наземное обустройство газового месторождения со сторон классификации, функциональных особенностей, проекта, выбора материалов, расчета, производства и д. и в сочетании с примерами применения технологий, а также данная статья может использоваться не только в качестве технического руководства для операторов и технических кадров, но и в качестве учебного материала, используемого техническим персоналом по соответствующей дисциплине.

本书分为静设备、动设备和压力管道附件三大部分,其中2.1主要对静设备通用设计、选材、制造、检验和验收等进行了总体性介绍,为静设备工程师的技术知识体系进行基本框架的搭建;2.2按气田地面建设工程天然气集输和过程设备的类型进行划分,选择典型的气田工艺设备,从设备类型定义、设备工艺功能划分、设备结构特点、设备制造、检验和验收特殊技术要求等方面进行阐述,旨在为静设备工程师提供相关工艺设备基本知识和理论,以及制造和维护的基本原则。

Данный томя разделен на три части: статическое оборудование, динамическое оборудование, принадлежности напорного трубопровода; в разделе 2.1 в основном в общем описаны общепринятый проект, выбор материалов, изготовление, проверка, приемка и д. статического оборудования, создана основная рамка системы технических знаний для инженеров статического оборудования; в разделе 2.2 разделены оборудование для сбора и транспорта газа и технологическое оборудование объекта на наземное обустройство газового месторождения согласно их типам, и выбрано типичное технологическое оборудование, которое изложено со сторон определения типа, разделения технологических функций, структурных характеристик, изготовления, специальных технических требований к проверке и приемке оборудования и т.д., чтобы предоставили инженерам статического оборудования соответствующие основные знания и теории, основные принципы изготовления и обслуживания технологического оборудования.

第3章根据气田地面工程特点,对转动类设备分为泵和压缩机两节进行介绍。主要从转动设备的定义、分类、结构和工作原理等进行阐述,并结合制造、安装及日常运行和维护的基本原则原理介绍,旨在为动设备工程师提供动设备有关基本知识和理论,以及安装、运行和维护的基本原理。

Согласно характеристикам объекта на наземное обустройство газового месторождения главы 3 разделена на два раздел: насос и компрессор. В основном изложено вращающееся оборудование со сторон его определения, классификации, структуры, принципа работы и д. и в сочетании с основными принципами изготовления, монтажа, ежедневной эксплуатации и технического обслуживания для того, чтобы предоставили инженерам динамического оборудования соответствующие основные знания и теории, основные принципы монтажа, эксплуатации и технического обслуживания динамического оборудования.

第 4 章结合气田地面工程特点，列举了典型压力管道附件，并对各类压力管道附件进行了定义的描述，介绍了其功能作用和工程中的应用实例。并结合到内输和外输的工艺介质和操作工况特点，从材料、设计、制造检验和验收方面，对此类管道输送工程中重要的压力管道附件进行了总体性概括介绍，旨在为相关专业工程师提供压力管道设计、安装、运行和维护必要的基本知识和理论。

В главе 4 приведены типичные принадлежности напорного трубопровода в сочетании с характеристиками объекта на наземное обустройство газового месторождения, и описаны определения различных принадлежностей напорного трубопровода, представлены их функции и примеры применения в объектах. А также в сочетании с характеристиками технологических сред и режимов эксплуатации для внутрипромыслового сбора и транспорта газа и экспорта газа в общем изложены важные принадлежности напорного трубопровода, используемые в таких объектах транспорта в трубопроводах, чтобы предоставили инженерам по соответствующим дисциплинам необходимые основные знания и теории о проектировании, монтаже, эксплуатации и обслуживании напорного трубопровода.

诚然，随着钢铁冶炼技术和设备制造装备技术的不断发展，以及运输条件限制的不断突破，装置的大型化也在逐渐形成一种趋势，即对设备和管件的需求呈现出向高参数方向发展的趋势。这些设备和管件至少具有两方面的特征之一：一是先进技术和工艺的使用、原料的多样化和劣化，使设备和管件服役条件极端化，表现为更高的压力、更高或更低的温度、耐受更强的腐蚀介质；二是为提高经济效益，促使极端尺寸设备及管件出现，表现为更大的直径、更大的壁厚、更大的长度或高度。

Действительно, с непрерывным развитием металлургической технологии и технологии изготовления оборудования, непрерывным прорывом ограничений условий транспортировки, крупные установки постепенно становятся тенденцией, т.е. спрос на оборудование и фитинги имеет тенденцию развития к направлению высоких параметров. Эти фитинги и оборудование по меньшей мере имеют одну из следующих двух характеристик: во-первых, использование передовых технологий и методов, диверсификация и ухудшение сырья приводят к экстремальным условиям службы оборудования и фитингов, как более высокое давление, более высокая или более низкая температура, более устойчивы к агрессивным средам; во-вторых, цель повышения экономической эффективности способствует возникновению оборудования и фитингов с экстремальными размерами, как увеличенный диаметр, увеличенная толщина стенки, увеличенная длина или высота.

服役环境与设备尺度的高参数化往往会引起设计范围的不断拓展，设计边界变化会引发失效模式与失效准则的变化。为此，需要行业学者、专家为极端条件下的高参数设备及管件的设计、制造与维护进行有效的探索与实践。为满足高参数设备及管件的设计、制造技术的开发，需要适时修订法规、标准，拓展压力容器设计、制造、检验和验收的使用范围，提出并实施基于风险评估的设备及管件设计、制造方法，控制高参数设备及管件的失效，开发和使用新材料，提升材料质量以适应高参数设备及管件的使用要求，采用、开发先进制造方法、装备和制造工艺，确保高参数设备及管件的制造质量。

Развитие среды службы и размеров оборудования к более высоким параметрам часто приводит к непрерывному расширению сферы проектирования, изменение границы проектирования будет приводить к измерению вида отказов и критерий отказа. С этой целью, требуется то, что отраслевые ученые и специалисты проводят эффективное практическое исследование проектирования, изготовления и технического обслуживания оборудования и фитингов с высокими параметрами, работающих в экстремальных условиях. Для удовлетворения требований проектирования и изготовления оборудования и фитингов с высокими параметрами нужно своевременно изменить законы и правила и стандарты, расширить сферу применения для проектирования, изготовления, проверки и приемки емкостей под давлением, предложить и осуществить методы проектирования и изготовления оборудования и фитингов на основе оценки риска, контролировать отказы оборудования и фитингов с высокими параметрами, разработать и использовать новые материалы, повысить качество материалов для удовлетворения эксплуатационных требований оборудования и фитингов с высокими параметрами, разработать и использовать передовые технологии и методы изготовления в целях обеспечения качества оборудования и фитингов с высокими параметрами.

2 静设备

2 Статическое оборудование

压力容器、大型储罐和炉类设备等是气田地面工程常见的静设备,承受高温、高压或者介质腐蚀等不同工况,对设备从设计到报废的全生命周期的安全要求高。本章对气田地面工程中各类主要静设备的设计要点、材料要求、结构形式及制造、检验和验收要求等进行了说明,可为设备设计和运行维护提供参考。

Сосуды, работающие под давлением, крупноразмерные емкости и различные печи относятся к статическому оборудованию, которое используется в наземном обустройстве газовых месторождений и работает в условиях высокой температуры, высокого давления или агрессии рабочих сред. К такому оборудованию имеются высокие требования по безопасности на всех стадиях его жизненного цикла с проектирования до выхода из употребления. Данная глава описывает важные аспекты проектирования основного статического оборудования, использующегося в наземном обустройстве газовых месторождений, требования к его материалам, конструктивному исполнению, изготовлению, контролю и приемке, может использоваться в качестве справочных материалов при ведении проектирования и технического обслуживания оборудования.

2.1 静设备通用技术要求

2.1 Общие технические требования к статическому оборудованию

静设备指没有驱动机带动的非转动和非移动的设备,在本章中指油气田地面建设工程常用的塔式容器、卧式容器、换热器、球罐、立式圆筒形储罐、LNG 储罐、管式加热炉、水套炉、燃烧炉、余热锅炉。设备本体界定范围如下:

Под статическим оборудованием подразумевается невращающееся и неподвижное оборудование без привода, в данной главе подразумеваются башенные емкости, горизонтальные емкости, теплообменники, шаровые резервуары, вертикальные цилиндрические резервуары, резервуары СПГ, трубчатые нагревательные печи, ватержакетные печи, печи сжигания и котлы-утилизаторы, часто используемые в объектах на наземное обустройство газовых и нефтяных месторождений. Сфера для определения оборудования:

（1）设备与外部管道或者装置焊接连接的第一道环向接头的坡口面、螺纹连接的第一个螺纹接头端面、法兰连接的第一个法兰密封面、专用连接件或者管件连接的第一个密封面；

（1）Поверхность кромки первого кольцевого соединения при сварном соединении оборудования с внешним трубопроводом или установкой, торец первого резьбового соединения при резьбовом соединении, первая уплотнительная поверхность фланца при фланцевом соединении, первая уплотнительная поверхность при соединении специальных соединительных частей или фитингов;

（2）设备开孔部分的承压盖及紧固件；

（2）Несущая крышка и крепежи для части с отверстием оборудования;

（3）非受压元件与设备的连接焊缝。

（3）Соединительные швы ненесущих элементов и оборудования.

2.1.1 设计基础

2.1.1 Основание для проектирования

2.1.1.1 设计准则

2.1.1.1 Критерии проектирования

静设备主要存在因强度和刚度失效而引起的断裂、泄漏、过度变形和失稳等破坏风险。设计准则和设计方法的确定,应综合考虑设备介质环境和操作工况,以预期的失效模式和潜在的风险评估为依据,进行设计、选材、制造、检验和验收。常用的设计方法分为基于弹性失效准则的常规设计和基于塑性失效准则、弹塑性失效准则和疲劳失效准则的分析设计。

Для статического оборудования в основном существуют разрыв, утечка, чрезмерная деформация и нестабильность и другие риски, вызванные отказом из-за потери прочности и жесткости. Критерия и методы проектирования должны быть определены с учетом среды и режима эксплуатации оборудования, проектирование, выбор материалов, изготовление, проверка и приемка должны быть выполнены на основе предполагаемого вида отказов и оценки потенциальных рисков. Употребительные методы проектирования включают в себя общее проектирование на основе критерий разрушения при упругих деформациях и аналитическое проектирование на основе критерий разрушения при пластических деформациях, критерий разрушения при упруго-пластических деформациях, критерий разрушения от усталости.

2.1.1.2 常规设计

常规设计中考虑单一的最大载荷工况,按一次施加静载处理,以简化的材料力学公式和板壳理论中的无力矩理论公式为主,按弹性失效准则,以最大主应力强度理论为基础来确定主要受压元件的尺寸。

受内压时,压力容器的壳体强度计算是基于静力平衡条件导出的中径公式:

$$\delta=\frac{p_c D_i}{2[\sigma]^t\phi-p_c}\quad (p_c\leqslant 0.4[\sigma]^t\phi)\qquad(2.1.1)$$

式中 p_c——计算压力,MPa;

D_i——圆筒内直径,mm;

$[\sigma]^t$——圆筒材料在设计温度下的许用应力,MPa;

ϕ——焊接接头系数。

受外压时,则应考虑受压元件的失稳问题,结合工程计算方法按相应标准进行计算。

设备本体的开孔及补强计算,常用等面积法和分析法,适用范围和计算方法按相应标准进行。

2.1.1.2 Общее проектирование

При общем проектировании учитывать единый рабочий режим с максимальной нагрузкой, определять размеры основных несущих элементов с помощью упрощенных формул по механике материалов и формул безмоментной теории в теории пластин и оболочек согласно критериям разрушения при упругих деформациях на основе теории наибольших главных напряжений с учетом оказания статической нагрузки на один раз.

Под внутренним давлением расчет прочности корпуса емкости под давлением выполняется согласно следующей формуле, полученной на основе условий статического равновесия:

$$\delta=\frac{p_c D_i}{2[\sigma]^t\phi-p_c}\quad (p_c\leqslant 0.4[\sigma]^t\phi)\qquad(2.1.1)$$

Где p_c——расчетное давление, МПа;

D_i——внутренний диаметр цилиндра, мм;

$[\sigma]^t$——допустимое напряжение в материале цилиндра при проектной температуре, МПа;

ϕ—— коэффициент сварного соединения.

Под внешним давлением следует проводить расчет согласно соответствующим критериям в сочетании с инженерным методом расчета с учетом неустойчивости несущих элементов.

Расчет отверстий на корпусе оборудования и расчет укрепления отверстий, как правило, выполняются методом равных площадей и аналитическим методом согласно соответствующим стандартам.

2.1.1.3 分析设计

分析设计是以弹性应力分析和塑性失效准则、弹塑性失效准则为基础的设计方法。考虑各种载荷条件可能的组合，以弹性力学薄壳理论为基础进行分析计算，将应力根据其起因、来源、作用范围、性质和危害程度不同进行分类，根据塑性失效准则、弹塑性失效准则和疲劳失效准则，采用最大剪应力理论来确定受压元件的尺寸。

2.1.1.3 Аналитическое проектирование

Аналитическое проектирование является методом проектирования на основе анализа упругих напряжений, критерий разрушения при пластических деформациях, критерий разрушения при упруго-пластических деформациях. С учетом различных возможных комбинаций нагрузок проводить анализ и расчет на основе теории тонких оболочек механики упругости, и классифицировать напряжения в соответствии с их первопричиной, источником, сферой действия, характером и степенью вреда, определять размеры несущих элементов согласно критериям разрушения при пластических деформациях, критериям разрушения при упруго-пластических деформациях, критериям разрушения от усталости.

分析设计的方法主要有应力数值计算法、实验应力测试法和解析法。

Методы аналитического проектирования в основном включают в себя метод численного расчета напряжений, метод испытания напряжений и аналитический метод.

2.1.1.4 设计载荷

载荷条件是静设备设计的重要因素，至少应考虑以下载荷以及组合载荷，并应按标准规定按最苛刻的工况进行载荷的组合，确定设计载荷条件：

2.1.1.4 Проектная нагрузка

Нагрузка является важным фактором для проектирования статического оборудования, следует учитывать следующие нагрузки и комбинированные нагрузки по меньшей мере, а также комбинировать их по стандартам и самому строгому рабочему режиму, определять проектную нагрузку:

（1）内压、外压或最大压差；

（1）Внутреннее, внешнее давление или максимальную разность давлений:

（2）液体静压力；

（2）Статическое давление жидкости;

（3）设备自重（包括内件等）以及正常工作条件下或试验状态下内装物料的重力载荷；

（3）Собственный вес оборудования（в т.ч. внутренних деталей и д.), а также гравитационную нагрузку внутренних материалов при нормальном рабочем режиме или испытании;

（4）附属设备、平台、隔热材料和衬里等集中及均布的局部重力载荷；

（4）Централизованные или равномерные частичные гравитационные нагрузки вспомогательного оборудования, платформ, теплоизоляционных материалов, подкладок и д.

（5）由于内件或外部附件（或设备）的质心偏离设备壳体中心线而引起的偏心载荷；

（5）Эксцентричную нагрузку из-за отклонения центра масс внутренних деталей или внешних принадлежностей（или оборудования）от оси корпуса оборудования；

（6）风载荷、雪载荷和地震载荷；

（6）Ветровую нагрузку, снеговую нагрузку и сейсмическую нагрузку

（7）支座的作用反力；

（7）Силу противодействия опоры；

（8）由于热膨胀引起的支座摩擦力及其他作用力；

（8）Силу трения опоры и другие силы из-за теплового расширения；

（9）连接管道和其他部件的作用力，包括压力急剧波动的冲击载荷；

（9）Действующие силы соединительных труб и других узлов, в том числе ударную нагрузку из-за резкого колебания давления；

（10）冲击反力，如由流体冲击引起的反力等；

（10）Противодействующую силу удара, вызванную ударом флюида и т.д.；

（11）压力及温度变化的影响，温度梯度或热膨胀量不同引起的作用力；

（11）Действующую силу, вызванную изменениями давления и температуры, температурным градиентом или разницей объема теплового расширения；

（12）循环载荷，承受压力循环载荷及热应力循环作用；

（12）Циклическую нагрузку（под циклической нагрузкой давления и действием циклических термических напряжений）；

（13）在吊装、运输中承受的作用力。

（13）Силы, выдержанные при подъеме и транспорте.

2.1.1.5 设计使用年限

2.1.1.5 Проектный срок службы

静设备的设计使用年限涉及材料选用、腐蚀基础数据、结构设计等一系列设计因素。根据预期的容器寿命和介质对金属材料的腐蚀速率可确定设备的腐蚀裕量。在腐蚀速率中不仅包括介质对材料的腐蚀，也包括介质流动时对容器材料的冲蚀和磨蚀。设计使用年限还应充分考虑材料力学性能如高温蠕变和高温断裂对试件的依赖性，以及载荷（如交变载荷）的时间性。

Проектный срок службы статического оборудования касается выбора материалов, основных данных о коррозии, проектирования структуры и т.д. Определить припуск на коррозию оборудования по предполагаемому сроку службы емкости и скорости коррозии среды относительно металлического материала. Скорость коррозии определяется с учетом не только коррозионного воздействия среды на материалы, но и воздействия эрозии и абразии среды на материалы емкостей при ее течении. Проектный срок службы должен быть определен а также с учетом зависимости механических свойств материалов (как высокотемпературная ползучесть, разрушение при высоких температурах) от пробного образца, и временного характера нагрузки (как знакопеременная нагрузка).

2.1.1.6 设计压力

(1)承受内压的设备上装有安全泄放装置时，其设计压力为:

① 若泄放装置为安全阀,则设计压力不小于安全阀的开启压力。

② 若泄放装置为爆破片,则设计压力应大于或等于爆破片的设计压力与制造范围正偏差之和。

③ 仅工艺系统中装有安全泄放装置时,内压容器的设计压力按表 2.1.1 确定。

2.1.1.6 Проектное давление

(1) Когда на оборудовании, подвергающемся внутреннему давлению, установлено предохранительное сбросное устройство, его проектное давление составляет:

① Если предохранительный клапан работает в качестве сбросного устройства, то проектное давление не меньше давления для открытия предохранительного клапана.

② Если разрывная мембрана работает в качестве сбросного устройства, то проектное давление должно быть больше или равно сумме проектного давления и положительного отклонения в сфере изготовления разрывной мембраны.

③ Проектное давление емкости под внутренним давлением должно быть определено согласно табл. 2.1.1 в случае, когда только в технологической системе предусматривается предохранительное сбросное устройство.

表 2.1.1 内压容器设计压力表

Таблица 2.1.1 Проектные давления емкостей под внутренним давлением

最高工作压力 p_o, MPa Максимальное рабочее давление p_o, МПа	设计压力 p, MPa Проектное давление p, МПа
$p_o \leqslant 1.8$	$p = p_o + 0.18$
$1.8 < p_o \leqslant 7.5$	$p = 1.1 p_o$
$p_o > 7.5$	$p = 1.05 p_o$

（2）常温储存液化气体压力容器的设计压力，应当以规定温度下的工作压力为基础确定。

（2）Проектное давление емкости под давлением, предназначенной для хранения сжиженного газа при нормальной температуре, должно быть определено на основании рабочего давления при указанной температуре.

① 常温储存液化气体压力容器规定温度下的工作压力按照表 2.1.2 确定。

① Рабочее давление при указанной температуре емкости под давлением, предназначенной для хранения сжиженного газа при нормальной температуре, должно быть определено согласно табл. 2.1.2.

表 2.1.2 常温储存液化气体压力容器规定温度下的工作压力

Таблица 2.1.2 Рабочие давления при указанной температуре емкостей под давлением, предназначенных для хранения сжиженного газа при нормальной температуре

液化气体临界温度 Критическая температура сжиженного газа	规定温度下的工作压力 Рабочее давление при указанной температуре		
	无保冷设施 Отсутствие мероприятий по холодоизоляции	有保冷设施 Наличие мероприятий по холодоизоляции	
		无试验实测温度 Отсутствие температуры, измеренной посредством испытания	有试验实测最高工作温度并且能保证临界温度 Наличие максимальной рабочей температуры, измеренной посредством испытания, и возможности обеспечения критической температуры
≥50℃	50℃饱和蒸汽压力 Давление насыщенного пара при температуре 50℃	可能达到的最高工作温度下的饱和蒸汽压力 Давление насыщенного пара при возможной максимальной рабочей температуре	
<50℃	在设计所规定的最大充装量下为 50℃的气体压力 Давление газа с температурой 50℃ при указанном проектом максимальном объеме наполнения		试验实测最高工作温度下的饱和蒸汽压力 Давление насыщенного пара при максимальной рабочей температуре, измеренной посредством испытания

② 常温储存液化石油气压力容器规定温度下的工作压力，按照不低于 50℃时混合液化石油气组分的实际饱和蒸汽压力来确定，设计单位在设计图样上应注明限定的组分和对应的压力；若无实际组分数据或者不做组分分析，其规定温度下的工作压力不得低于表 2.1.3 的规定。

② Рабочее давление при указанной температуре емкости под давлением, предназначенной для хранения сжиженных углеводородных газов при нормальной температуре, должно быть определено согласно реальному давлению насыщенного пара компонентов смеси сжиженных углеводородных газов при температуре не ниже 50℃, проектная организация должна указать определенные компоненты и соответствующие давления на проектных чертежах; ее рабочее давление при указанной температуре не должно быть ниже требований в таблице 2.1.3 при отсутствии фактических данных о компонентах или отсутствии проведения анализа компонентов.

表 2.1.3　常温储存液化石油气压力容器规定温度下的工作压力

Таблица 2.1.3　Рабочие давления при указанной температуре емкостей под давлением, предназначенных для хранения сжиженных углеводородных газов при нормальной температуре

混合液化石油气 50℃饱和蒸汽压力 Давление насыщенного пара с температурой 50℃ смеси сжиженных углеводородных газов	规定温度下的工作压力 Рабочее давление при указанной температуре	
	无保冷设施 Отсутствие мероприятий по холодоизоляции	有保冷设施 Наличие мероприятий по холодоизоляции
不大于异丁烷 50℃饱和蒸汽压力 Не более давления насыщенного пара с температурой 50℃ изобутана	等于 50℃异丁烷的饱和蒸汽压力 Равно давлению насыщенного пара изобутана при температуре 50℃	可能达到的最高工作温度下异丁烷的饱和蒸汽压力 Давление насыщенного пара изобутана при возможной максимальной рабочей температуре
大于异丁烷 50℃饱和蒸汽压力、不大于丙烷 50℃饱和蒸汽压力 Больше давления насыщенного пара с температурой 50℃ изобутана, Не более давления насыщенного пара с температурой 50℃ пропана	等于 50℃丙烷的饱和蒸汽压力 Равно давлению насыщенного пара пропана при температуре 50℃	可能达到的最高工作温度下丙烷的饱和蒸汽压力 Давление насыщенного пара пропана при возможной максимальной рабочей температуре
大于丙烷 50℃饱和蒸汽压力 Больше давления насыщенного пара с температурой 50℃ пропана	等于 50℃丙烯的饱和蒸汽压力 Равно давлению насыщенного пара пропилена при температуре 50℃	可能达到的最高工作温度下丙烯的饱和蒸汽压力 Давление насыщенного пара пропилена при возможной максимальной рабочей температуре

（3）负压容器有安全控制装置时，设计压力取 1.25 倍最大内外压力差或 0.1MPa 两者中的低值；当没有安全控制装置时，取 0.1MPa。

（3）При наличии предохранительных устройств у емкости под отрицательным давлением проектное давление принимается равным более низкому значению из 1,25 раза максимальной разницы между внешним и внутренним давлением и 0,1 МПа; при отсутствии предохранительных устройств принимается 0,1 МПа.

（4）对于带夹套的容器内筒，其设计压力应取不小于在实际工作过程中，任何时间内可能产生的内外压力差。

（4）Проектное давление внутреннего цилиндра емкости с рубашкой должно быть не меньше разницы между внешним и внутренним давлением, которая может возникать в любое время при фактической работе.

（5）除球罐外，当容器各部位或受压元件所受的液体静压力达到5%设计压力时，则应取设计压力和液体静压力之和进行该部位或元件的设计计算。

（5）Когда гидростатическое давление, которому подвергаются части емкости или несущие элементы, достигает 5% проектного давления, то сумма проектного давления и гидростатического давления должна быть принята для проектного расчета таких частей или элементов, за исключением шаровых резервуаров.

（6）集输站场用压力容器的设计压力和试验压力除按前述方法确定外，可以考虑与相连管线的设计压力和试验压力一致。

（6）Проектное и испытательное давление емкостей под давлением для станции сбора и транспорта газа могут быть определены по вышесказанному способу, кроме того, еще могут рассматриваться как одинаковые с проектным и испытательным давлением трубопроводов, соединенных с ними соответственно.

（7）集输管线、站场、干线、管路附件的设计压力为：

（7）Проектные давления трубопроводов сбора и транспорта газа, станций, магистралей, принадлежностей трубопроводов:

① 油气田井口、内部集输管线包括集气干线、站场的管路附件的设计压力按前述的规定执行；

① Проектные давления трубопроводов на устье скважины нефтегазовых месторождений, трубопроводов внутрипромыслового сбора и транспорта газа, в том числе газосборных магистралей, принадлежностей трубопроводов на станции, определяются по вышеуказанным требованиям;

② 集气干线和长输管线（不包括站场）管路附件的设计压力可取定为干线的最高工作压力。

② Проектные давления принадлежностей газосборных магистралей и магистральных трубопроводов（не включая станцию）следует принимать равными максимальными рабочими давлениями магистралей.

2.1.1.7 设计温度

2.1.1.7 Проектная температура

设备在正常操作情况和相应设计压力下，元件的设计温度按表2.1.4确定。

При нормальном рабочем режиме и соответствующем проектном давлении оборудования проектная температура элемента определяется согласно таб. 2.1.4.

表 2.1.4 设计温度表

Таблица 2.1.4 Проектные температуры

最高或最低工作温度(T_W), ℃[①] Максимальная или минимальная рабочая температура (T_W), ℃, (примечание 1)	设计温度(T), ℃ Проектная температура (T), ℃
T_W<-15	取最低工作温度或 $T=T_W-5$ Принимать минимальную рабочую температуру или $T=T_W-5$
-15≤T_W≤15	$T=T_W-5$（最低取 -20℃） $T=T_W-5$（мин.-20℃）
15<T_W≤350	$T=T_W+20$
T_W>350	$T=T_W+(15\sim5)$

① 最高或最低工作温度是指设备在正常工作过程中,壳壁或元件金属实际达到的最高或最低温度,同时应考虑环境温度的影响。

① под максимальной или минимальной рабочей температурой подразумевается максимальная или минимальная температура, которых реально достигает стенка корпуса или металл элемента в процессе нормальной работы с учетом влияния температуры окружающей среды.

设备的不同部位可取不同的设计温度。

Для разных частей оборудования можно принимать разные проектные температуры.

对于多腔容器,宜按各腔分别确定设计温度。

Для емкости с некоторыми камерами лучше определять проектную температуру отдельно для каждой камеры.

2.1.1.8 许用应力

2.1.1.8 Допустимое напряжение

许用应力是静设备设计中的基本参数,由材料的力学性能除以相应的材料安全系数来确定。安全系数的确定,与相应的设计原则、计算方法、制造、检验等一系列环节相适应相协调,总的来说与下列因素有关:

Допустимое напряжение является основным параметром при проектировании статического оборудования, и определяется согласно результату от деления механических свойств материала на соответствующий коэффициент безопасности материала. Коэффициент безопасности должен быть определен в соответствии с соответствующими критериями проектирования, методами расчета, требованиями изготовления и контроля и т.д., в целом связывается со следующими факторами:

（1）设计载荷条件的准确程度及载荷附加的裕度;

（1）Точность проектной нагрузки и дополнительный припуск на нагрузку;

（2）设计计算方法的精确程度;

（2）Точность методов проектного расчета;

（3）材料性能稳定性及其规定的检验项目和检验批量的严格程度;

（3）Стабильность свойств материалов, строгость пунктов контроля и количества партий контроля, указанных для них;

（4）制造和检验技术水平及其指标控制的严格程度；

（5）质量管理水平；

（6）生产操作的实践经验；

（7）不可预见的因素等。

（4）Уровень технологий изготовления и контроля, строгость контроля их показателей;

（5）Уровень управления качеством;

（6）Практический опыт производства и эксплуатации;

（7）Непредвиденные факторы и д.

2.1.1.9 焊接接头系数

焊接接头系数指对接焊接接头强度与母材强度的比值，用以反映由于焊接材料、焊接缺陷和焊接残余应力等因素使焊接接头强度被削弱的程度，是焊接接头力学性能的综合反映。

焊接接头系数的选取与接头的焊接工艺特点、无损检测比例和对设备的要求有关。

2.1.1.9 Коэффициент сварного соединения

Под коэффициентом сварного соединения подразумевается отношение прочности стыкосварочного соединения к прочности основного материала. Он используется для отражения степени ослабления прочности сварного соединения из-за сварочных материалов, дефектов сварки, остаточного напряжения после сварки и других факторов, комплексного отражения механических свойств сварного соединения.

Коэффициент сварного соединения должен быть определен в соответствии с характеристиками технологии сварки, процентом неразрушающего контроля, требованиями к оборудованию.

2.1.1.10 压力试验

压力试验是检验静设备整体质量的传统试验方法，按试验目的分为耐压试验和泄漏试验。

内压容器进行耐压试验的目的包括：

（1）考察容器的整体强度、刚度和稳定性；

（2）检查焊接接头的致密性；

（3）验证密封结构的密封性能；

2.1.1.10 Испытание под давлением

Испытание под давлением является традиционным методом испытания для проверки общего качества статического оборудования, и разделяется на испытание на прочность под давлением и испытание на утечку.

Цель испытания на прочность под давлением емкости под внутренним давлением:

（1）Проверять общую прочность, жесткость и стабильность емкости;

（2）Проверять плотность сварного соединения;

（3）Проверять герметичность герметической конструкции;

（4）消除或降低焊接残余应力、局部不连续区的峰值应力；

（4）Устранить или уменьшить остаточное напряжение после сварки, пиковое напряжение в частичных прерывных зонах;

（5）对微裂纹产生闭合效应，钝化微裂纹尖端。

（5）Закрыть микротрещины, пассивировать острые концы микротрещин.

外压容器以内压进行耐压试验，其目的主要是检查焊接接头的致密性和验证密封结构的密封性能。

Для емкости под внешним давлением следует провести испытание на прочность под внутренним давлением, основной целью которого является проверка плотности сварного соединения и герметичности герметической конструкции.

泄漏试验的目的是考察焊接接头的致密性和密封结构的密封性能，确定容器是否存在不允许的泄漏。

Цель испытания на утечку: проверка плотности сварного соединения и герметичности герметической конструкции, определение наличия недопустимых утечек у емкости.

对不能进行耐压试验和泄露试验的，应注明计算厚度和制造及使用的特殊要求，并应与使用单位协商提出推荐的使用年限和保证安全的措施。

Следует указать их расчетные толщины и специальные требования к изготовлению и использованию для емкостей и оборудования, для которых невозможно проводить испытание на прочность под давлением и испытание на утечку, а также следует предложить рекомендуемый срок службы и меры по обеспечению безопасности и согласовать их с потребителем.

2.1.2 材料

2.1.2 Материалы

2.1.2.1 基本原则

2.1.2.1 Основной принцип

静设备用钢需遵循以下原则：

При выборе стали для статического оборудования следует руководствоваться следующими принципами:

（1）材料的市场兼容性，考虑物美价廉易得；

（1）Совместимость материала с рынком, высокое соотношение цены и качества（низкая цена и хорошее качество）, легкое приобретение;

（2）机械性能良好，即强度高，塑性和抗断裂性能好，以及有较低的冷脆倾向、缺口和时效敏感性；

（2）Хорошие механические свойства, т.е. высокая прочность, хорошая пластичность и хорошее сопротивление разрушению, а также низкая холодноломость, чувствительность к надрезу и чувствительность к деформационному старению;

（3）制造加工性能良好；

（4）抗介质腐蚀性能良好；

（5）电炉、平炉或氧气顶吹转炉冶炼的镇静钢；

（6）热稳定性好；

（7）具有良好的可焊性。

此外，还应充分考虑容器的操作条件（如设计压力、设计温度、介质特性）、材料的热处理状态、容器的结构以及经济合理性等。

受压元件用钢的选材原则、钢材标准、热处理状态及许用应力值应符合相应标准的规定。

碳当量 CE 不应超过下列值：

碳钢和低合金钢 CE＜0.43%，

$$CE=C+\frac{Mn}{6};$$

低合金高强钢 CE＜0.45%，

$$CE=C+\frac{Mn}{6}+\frac{Cr+Mo+V}{5}+\frac{Ni+Cu}{15}。$$

非受压元件用钢应是已列入国家行业材料标准的钢材。当作为焊接件时，应采用焊接性能良好且不会导致被焊件性能降低的钢材。对焊接在压力容器壳体上的重要内件、加强圈等非受压元件用钢应符合相应标准的规定。

（3）Хорошая обрабатывающая характеристика；

（4）Хорошее сопротивление коррозии среды；

（5）Спокойная сталь, обработанная в электропечах, мартеновских печах или кислородных конвертерах с верхним дутьем；

（6）Хорошая теплоустойчивость；

（7）Хорошая свариваемость.

Кроме того, а также следует полностью учитывать условия эксплуатации емкости（как проектное давление, проектная температура, характеристики среды）, состояние термообработки материала, конструкцию емкости, экономическую рациональность и д.

Принципы выбора стали для несущих элементов, стандарт стали, состояние термообработки материала и допустимое напряжение должны отвечать соответствующим стандартам.

Углеродный эквивалент CE должен быть не более следующих значений:

Углеродистая сталь и Низколегированная сталь CE＜0,43%，

$$CE=C+\frac{Mn}{6};$$

Высокопрочная низколегированная сталь CE＜0,45%，

$$CE=C+\frac{Mn}{6}+\frac{Cr+Mo+V}{5}+\frac{Ni+Cu}{15}。$$

Для ненесущих элементов следует выбирать стали, внесенные в государственные отраслевые стандарты материалов. При использовании в качестве сварочного элемента следует выбирать стали с хорошими сварочными характеристиками, не приводящие к снижению характеристик сварочного элемента. Стали для важных внутренних элементов, сваренных на корпусе емкости под давлением, укрепляющих колец и д. должны отвечать соответствующим стандартам.

2.1.2.2 钢板

下列压力容器用碳素钢和低合金钢钢板，应在正火状态下使用：

（1）用于多层容器内筒；

（2）用于壳体的厚度大于 36mm；

（3）用于其他受压元件（法兰、管板、平盖）的厚度大于 50mm；

（4）在湿 H_2S 腐蚀环境中，与介质接触的受压元件用钢板。

钢板应按相应标准进行低温冲击试验，实验值应满足相应标准的要求，对厚度大于 36mm 的调质状态使用的钢板和厚度大于 80mm 的正火或正火加回火状态使用的钢板，宜增加一组在钢板厚度 1/2 处取样的冲击试验。

厚度大于 100mm 的壳体用钢板，应规定较严格的冲击试验要求，提高冲击功数值或降低冲击试验温度，对厚度大于 36mm 的标准抗拉强度下限值不小于 540MPa 的钢板和用于设计温度低于 −40℃的钢板，可附加落锤试验。

2.1.2.2 Стальной лист

Углеродистый лист и низколегированный лист для следующих емкостей под давлением должны использоваться при нормализованном состоянии:

（1）Для внутреннего цилиндра многослойной емкости;

（2）Для корпуса, толщиной более 36мм;

（3）Для других несущих элементов（фланцев, трубных решеток, плоских днищ）, толщиной более 50мм;

（4）Для несущих элементов, находящихся в влажной коррозионной среде с H_2S и контактирующих с ней.

Для стальных листов следует провести испытание на удар при низкой температуре согласно соответствующим стандартам, испытательные значения должны отвечать соответствующим стандартам, для стальных листов толщиной более 36мм, используемых при термоулучшенном состоянии, и стальных листов толщиной более 80мм, используемых при нормализованном состоянии или при нормализованном и отпущенном состоянии, следует дополнительно отобрать пробы на месте 1/2 толщины стального листа и провести испытание на удар.

Для стальных листов для корпуса толщиной более 100мм следует установить строгие требования к испытанию на удар, повысить величину энергии удара или снизить температуру испытания на удар, для стальных листов толщиной более 36мм и нижним пределом нормальной прочности на растяжение≥540МПа, для стальных листов, используемых при проектных температурах ниже -40℃, следует дополнительно провести испытание падающим грузом.

当腐蚀速率大于 0.25mm/a 时，宜选用耐蚀材料，壳体用耐蚀合金钢板厚度大于 12mm 时，宜采用衬里、复合、堆焊等结构形式。

Когда скорость коррозии больше 0,25 мм/год, следует использовать коррозионностойкий материал, когда толщина коррозионностойкого легированного листа для корпуса больше 12мм, лучше использовать конструкцию с футеровкой, сложную конструкцию, наплавленную конструкцию и д.

下列碳素钢和低合金钢钢板，应逐张进行拉伸和夏比 V 形缺口常温或低温冲击试验：

Для следующих углеродистых листов и низколегированных листов следует один за другим провести испытание на растяжение, испытание на ударную вязкость по Шарпи с v-образным надрезом при нормальной или низкой температуре:

（1）调质状态供货的钢板；

（1）Стальные листы, поставленные при термоулучшенном состоянии;

（2）多层包扎压力容器的内筒钢板；

（2）Стальные листы для внутренних цилиндров многослойных емкостей под давлением;

（3）用于常规设计的容器筒体厚度大于等于 60mm 的钢板；

（3）Стальные листы толщиной≥60мм, используемых для корпусов емкостей, спроектированных методом общего проектирования;

（4）用于分析设计的容器筒体厚度大于等于 50mm 的钢板。

（4）Стальные листы толщиной≥50мм, используемых для корпусов емкостей, спроектированных методом аналитического проектирования.

下列碳素钢和低合金钢钢板，应逐张进行超声检测：

Для следующих углеродистых листов и низколегированных листов следует один за другим провести ультразвуковой контроль:

（1）盛装介质毒性程度为极度、高度危害的；

（1）Углеродистые и низколегированные листы, используемые для хранения среды с высокой токсичностью и высокой вредоносностью;

（2）在湿 H_2S 腐蚀环境中使用的；

（2）Углеродистые и низколегированные листы, используемые в влажной коррозионной среде с H_2S;

（3）设计压力大于或者等于 10MPa 的；

（3）Углеродистые и низколегированные листы с проектным давлением≥10 МПа;

（4）相应标准有明确规定的。

（4）Углеродистые и низколегированные листы, указанные в соответствующих стандартах.

2.1.2.3 钢管

钢管的使用状态及许用应力应按相应标准的规定选用。

2.1.2.3 Стальные трубы

Состояние эксплуатации и допустимое напряжение стальных труб должны отвечать соответствующим стандартам.

2.1.2.4 锻钢

锻钢除应耐介质腐蚀和强度高外,还应具有良好的塑性和冲击韧性。根据静设备所处介质和压力等工作环境,应对锻钢的非金属夹杂物、偏析、晶粒度等指标提出要求。

2.1.2.4 Кованная сталь

Кованная сталь должна иметь не только высокое сопротивление коррозии среды и высокую прочность, но и хорошую пластичностью и ударную вязкость. В соответствии с характеристиками среды, где находится оборудование, и его давлением и другими рабочими условиями следует предъявить требования к показателям кованной стали (как неметаллические включения, ликвация, зернистость и д.).

2.1.2.5 螺栓 / 螺柱、螺母

螺栓 / 螺柱的材料要有高的强度、良好的塑性、韧性和低的缺口敏感性,金属切削性能要好。螺母的材料应与螺栓 / 螺柱相应,硬度应低于螺栓 / 螺柱硬度约 HB30 左右,可通过选用不同强度级别的材质或不同的热处理工艺实现。

设计压力大于 10MPa 的承压螺栓 / 螺柱,应逐件进行渗透或磁粉检测。

2.1.2.5 Болты / шпильки, гайки

Материалы для болтов / шпилек должны иметь высокую прочность, хорошую пластичность и вязкость, низкую чувствительность к надрезу и хорошие металлорежущие характеристики. Материал для гаек должен соответствовать материалу для болтов / шпилек, твердость должна быть ниже твердости болтов / шпилек на около HB30, что может осуществиться путем выбора материалов с разными степенями прочности или разных технологий термообработки.

Для несущих болтов / шпилек с проектным давлением более 10МПа следует один за другим провести капиллярный контроль или магнитопорошковый контроль.

2.1.2.6 焊接材料

对焊接材料通常有如下要求:

2.1.2.6 Сварочные материалы

Как правило, имеются следующие требования к сварочным материалам:

（1）焊缝的机械性能不低于母材标准规定的机械性能。

（1）Механические свойства сварного шва должны быть не меньше механических свойств, указанных в стандартах основного материала.

（2）焊缝的抗腐蚀性能应满足使用要求。

（2）Сопротивление коррозии сварного шва должно удовлетворить требования к использованию.

（3）如焊缝需热处理，应尽量选用与母材有同一热处理规范的焊接材料。

（3）При необходимости проведения термообработки сварного шва следует по возможности выбрать сварочные материалы, для которых применены одни и те же нормы на термообработку, как для основных материала.

（4）焊接材料的工艺要求简单，焊缝性能良好。

（4）Простые технологические требования сварочных материалов, хорошие характеристики сварного шва.

（5）应注意焊接的劳动条件，并确保安全生产。

（5）Следует обратить внимание на условия работы при сварке, и обеспечить безопасность производства.

（6）压力容器宜避免用异种钢焊接。

（6）Следует избегать сварки разнородных сталей для емкостей под давлением.

2.1.2.7 垫片

2.1.2.7 Прокладка

法兰垫片不应采用石棉或含石棉的制品。

Не следует использовать прокладку фланца из асбеста или асбестосодержащую прокладку фланца.

设计温度低于 –40℃的密封垫片用金属材料，应采用奥氏体不锈钢、铜、铝等在低温下无明显转变特性的金属材料；密封垫片用非金属材料，应采用非石棉橡胶板、膨胀（柔性）石墨、聚四氟乙烯等在低温下呈良好弹塑性状态的材料。

Когда используют металлические материалы в качестве уплотнительной прокладки с проектной температурой ниже –40℃, следует использовать металлические материалы, которые не изменяются значительно при низких температурах, как аустенитная нержавеющая сталь, медь, алюминий и д.; когда используют неметаллические материалы в качестве уплотнительной прокладки, следует использовать материалы, которые имеют хорошую пластоэластичность при низких температурах, как неасбестовый резиновый лист, расширенный（гибкий）графит, политетрафторэтилен и д.

2.1.3 制造、检验与验收

静设备的制造一般指制造企业从承接制造任务始到设备制造竣工的全过程,其中包括设备各类零部件的冷热加工及组装、检验、试验等方面的内容。

从本质上说,设备的制造是有零部件成形和焊接组装两大部分构成的。在各种冷热加工方法中,焊接质量对设备安全运行至关重要,其中至少涉及三个方面:焊接接头的力学性能、焊接接头的各种表面与埋藏缺陷、焊接接头的形状与尺寸要求。基于制造的优劣都将对设备的质量与安全性产生重大的影响,相关标准对制造全过程规定了严格的质量控制措施。

2.1.3.1 制造

常见设备的制造工艺如下:

原材料复验→划线下料→坡口加工→成形→焊接试板检验→焊缝无损检测→组装→焊接→无损检测→焊后热处理→压力试验→清理→表面处理→涂漆→包装→发运。

2.1.3 Изготовление, контроль и приемка

Под изготовлением статического оборудования, как правило, подразумевается весь процесс от принятия предприятием-изготовителем работы по изготовлению на себя до завершения работы по изготовлению оборудования, включая холодную и горячую обработку, сборку, контроль, тестирование и д. деталей и узлов оборудования.

По существу, работа по изготовлению оборудования включает в себя две части: формование деталей и узлов, сварка и сборка. При холодной и горячей обработке качество сварки имеет важное значение для безопасности эксплуатации оборудования, это касается трех аспектов по меньшей мере: механические свойства сварного соединения, поверхностные и скрытые дефекты сварного соединения, форма и размеры сварного соединения. В связи с тем, что хорошее и плохое качество изготовления будут оказывать значительное влияние на качество и безопасность оборудования, поэтому для всего процесса изготовления предусматриваются строгие меры контроля качества согласно соответствующим стандартам.

2.1.3.1 Изготовление

Технология изготовления общего оборудования:

Повторная проверка сырьевых материалов → Разметка и вырезывание → Обработка кромки → Формование → Проверка сварного образца → Неразрушающий контроль сварных швов → Сборка → Сварка → Неразрушающий контроль → Послесварочная термообработка → Испытание под давлением → Очистка → Поверхностная обработка → Окраска → Упаковка → Отгрузка.

零部件采用热或冷或中温成形,依材质、厚度、筒节直径及成形设备能力确定。是否需焊后热处理依材质、厚度、预热温度及介质性质,按相应标准确定。

Детали и узлы должны быть сформованы в холодом или горячем состоянии или средних температурах, их метод формования должен быть определен в соответствии с материалом, толщиной, диаметром цилиндрической секции, способностью оборудование для формовки. Необходимость послесварочной термообработки должна быть определена в соответствии с материалом, толщиной, температурой предварительного подогрева и согласно соответствующим стандартам.

2.1.3.2 焊接

2.1.3.2 Сварка

静设备焊接原则:

Принцип сварки статического оборудования:

(1)选用焊接性能良好的母材。有完整的焊接性能试验报告、工业化生产的焊材、制造厂所具备的焊接方法、齐全的制造工艺文件(包括焊接工艺规程),完整的检验检测程序。

(1) Выбирать основной материал с хорошими сварочными характеристиками. Имеются комплект отчетов об испытании на сварочные характеристики, сварочные материалы, произведенные промышленным методом, методы сварки завода-изготовителей, комплект технологической документации на изготовление (включая технологический регламент по сварке), полная процедура проверки и испытания.

(2)尽量减少焊接工作量,包括减少焊缝数量,减少坡口截面积。

(2) Следует по возможности уменьшить объем сварочных работ, в том числе количество сварных швов, площадь сечения кромки.

(3)合理布置焊缝。焊缝宜对称布置,不采用十字交叉焊缝,两焊缝之间最小距离不小于100mm,不在受力截面突变处设置焊缝。

(3) Сварные швы должны быть расположены рационально. Сварные швы должны быть расположены симметрично, а не расположены накрест, минимальное расстояние между двумя сварными швами не менее 100 мм, в местах перелома сечения не устанавливаются сварные швы.

(4)焊接施工及焊接检验方便,减少现场焊接工作量。

(4) Производство и контроль сварочных работ простые, уменьшить объем сварочных работ на месте.

（5）有利于生产组织与管理。根据厂内加工或现场组装的条件、运输要求、焊接变形控制、焊后热处理、总图装配、全面质量检查等。

（5）В пользу организации и управления производством. В соответствии с условиями обработки на заводе или условиями сборки на месте, требованиями к транспортировке провести контроль сварочных деформаций, послесварочную термообработку, сборку по генплану, общий контроль качества и т.д.

2.1.3.3 焊后热处理

2.1.3.3 Послесварочная термообработка

静设备焊后热处理是焊接工艺过程的一个重要组成部分，是为改善焊接接头的组织和性能，消除焊接残余应力等影响的热过程。焊后热处理可以松弛焊接残余应力，软件淬硬区，改变组织形态，减少含氢量，尤其是提高某些钢种的冲击韧性，改善力学性能。

Послесварочная термообработка статического оборудования является важной частью технологического процесса сварки, и тепловым процессом для улучшения микроструктуры и характеристик сварного соединения, устранения остаточного напряжения после сварки и д. Послесварочная термообработка может ослабить остаточное напряжение после сварки, смягчить закаленную зону, изменить морфологию, уменьшить содержание водорода, в частности повысить ударную вязкость некоторых категорий сталей, улучшить механические свойства.

焊接应力的大小一般与材质、钢材厚度和预热温度有关，静设备及其受压元件符合下列条件之一者，应进行焊后热处理，焊后热处理应包括受压元件间及其与非受压元件的连接焊缝。

Сварочное напряжение, как правило, связывается с материалом, толщиной стали и температурой предварительного подогрева, для статического оборудования и его несущих элементов, соответствующих одному из следующих условий, следует провести послесварочную термообработку; послесварочная термообработка должна быть проведена для соединительных швов между несущими элементами, несущим элементом и ненесущим элементом

（1）焊接接头厚度符合相应标准规定者。

（1）Статическое оборудование и его несущие элементы, толщина сварного соединения которых отвечает соответствующим стандартам.

（2）图样注明有应力腐蚀的设备。

（2）Оборудование, у которого указана коррозия под напряжением на чертеже.

（3）用于盛装毒性为极度或高度危害介质的碳素钢、低合金钢制设备。

（3）Оборудование из углеродистой и низколегированной стали, используемое для хранения среды с высокой токсичностью и высокой вредоносностью;

（4）其他相应标准有规定者。

（4）Статическое оборудование и его несущие элементы, указанные в других соответствующих стандартах.

对于异种钢材相焊的焊接接头，其是否需进行焊后热处理按热处理要求严者确定。

Необходимость проведения послесварочной термообработки для сварных соединений, образованных при сварке разнородных сталей друг с другом, должна быть определена строго согласно требованиям к термообработке.

从发生事故的灾难性后果考虑，对于图样注明有应力腐蚀的容器和盛装毒性为极度或高度危害介质的容器，不论容器的材质、厚度及预热温度如何都应进行焊后热处理。

Учитывая катастрофические последствия после происхождения аварий, следует провести послесварочную термообработку для емкостей, у которых указана коррозия под напряжением на чертежах, емкостей, используемых для хранения среды с высокой токсичностью и высокой вредоносностью, независимо от их материала, толщины и температуры предварительного подогрева.

2.1.3.4 无损检测

2.1.3.4 Неразрушающий контроль

常用的无损检测方法有射线、超声、磁粉和渗透等四种，前两种主要用于埋藏缺陷的检测，后两种则适用于表面缺陷的检测。

Имеются 4 общих метода неразрушающего контроля: радиографический, ультразвуковой, магнитопорошковый и капиллярный контроль, первые два метода в основном используются для контроля скрытых дефектов, последние два метода-поверхностных дефектов.

射线检测对于体积状缺陷（体积状未焊透、气孔、夹渣、疏松、缩孔）检测灵敏度比较高，对于面状缺陷（如细微的裂纹、未熔合和面状未焊透等）检测灵敏度相对较低。且一般不适用于锻件、管材、板材等。

Радиографический контроль может проявлять более высокую чувствительность при обнаружении объёмных дефектов（как объёмный непровар, пузырьки, шлаковины, пористость, усадочные раковины）, а проявлять более низкую чувствительность при обнаружении плоских дефектов（как микротрещины, несплавление, плоский непровар и д.）. И радиографический контроль, как правило, не применим к поковкам, трубам, листам и д.

超声检测的灵敏度受缺陷反射面的影响很大，对面状缺陷（如板材的分层和裂纹）的检出率比较高，而对体积状缺陷（如气孔和夹渣等）的检出率比较低，且超声检测可以较好地确定缺陷在被检工件在厚度方向的位置和缺陷的自身高度，壁厚范围可达 6～400mm 的焊缝。

Отражающая поверхность дефекта оказывает большое влияние на чувствительность ультразвукового контроля, при использовании ультразвукового контроля для обнаружения плоских дефектов (как трещины и отслоение листов) коэффициент выявляемости относительно высокий, а при использовании для обнаружения объёмных дефектов (как пузырьки, шлаковины и д.) коэффициент выявляемости относительно низкий. И с помощью ультразвукового контроля можно относительно точно определить место дефекта по направлению толщины контролируемого изделия и свою высоту дефекта, сварные швы, толщины стенки которых находятся в пределах 6-400мм.

磁粉检测对钢铁等强磁性材料的表面和近表面缺陷的检出率比较高，优于渗透检测，但难以检测内部缺陷。对于有延迟裂纹倾向的材料，磁粉检测至少应在焊后 24h 进行。且磁粉检测不适用于奥氏体不锈钢等非磁性材料。

При использовании магнитопорошкового контроля для обнаружения поверхностных дефектов и дефектов близко к поверхности ферромагнитных материалов (как сталь и железо) коэффициент выявляемости относительно высокий по сравнению с капиллярным контролем, но с помощью магнитопорошкового контроля трудно обнаружить внутренние дефекты. Материалы с тенденцией к замедленному трещинообразованию подлежат магнитопорошковому контролю не менее 24 часов после завершения сварки. И магнитопорошковый контроль не применим к аустенитной нержавеющей стали и другим немагнитным материалам.

渗透检测适用于检测钢铁材料、有色金属材料、陶瓷和塑料材料表面开口缺陷，能确定缺陷的位置和表面指示长度，但无法确定缺陷的深度。检测效果受工件表面光洁度的影响较大。

Капиллярный контроль пригоден для обнаружения поверхностных открытых дефектов сталей и желез, цветных металлов, керамических и пластиковых материалов, с помощью капиллярного контроля можно определить место и поверхностную указательную длину дефекта, но невозможно определить глубину дефекта. Чистота поверхность изделия оказывает большое влияние на эффект контроля.

无损检测的主要目的：

（1）对原材料的无损检测目的在于发现超标缺陷，保证原材料的质量，其中钢板、钢锻件等原材料主要采用超声检测；

（2）制造过程中的无损检测在于发现超标缺陷，保证后续工序的顺利实施；

（3）产品的无损检测，主要是对产品及其受压元件焊接接头的无损检测。

相应标准根据无损检测方法的不同特点、被检设备的具体情况（如厚度、材质、安全性、结构、介质工况和预计可能产生的缺陷类型等），规定了适宜的无损检测方法和要求。

Основные цели неразрушающего контроля:

（1）Цель неразрушающего контроля материалов состоит в том, чтобы обнаружили дефекты, гарантировали качество сырьевых материалов, среди которых стальные листы и стальные поковки должны контролироваться ультразвуковым контролем;

（2）Цель неразрушающего контроля, проведенного в процессе изготовления, состоит в том, чтобы обнаружили дефекты, обеспечили беспрепятственное осуществление работ в последующей стадии;

（3）Неразрушающий контроль в основном проводится для сварных соединений продуктов и их несущих элементов.

В соответствующем стандарте установлены подходящие методы неразрушающего контроля и требования к неразрушающему контролю согласно характеристиками методов неразрушающего контроля, конкретным положениям контролируемого оборудования（как толщина, материал, безопасность, конструкция, рабочий режим среды, типы дефектов, которые может возникнуть）.

2.1.3.5 耐压试验

2.1.3.5 Испытание на прочность под давлением

压力容器的耐压试验一般采用液压试验。不适合进行液压试验的压力容器，可采用气压或气液组合试验。

真空容器以内压进行耐压试验。

Испытание на прочность под давлением емкостей под давления: как правило, проводят гидравлическое испытание. Для емкостей под давлением, для которых гидравлическое испытание непригодно, можно проводить пневматическое испытание или пневмогидравлическое комбинированное испытание.

Для вакуумных емкостей следует проводить испытание под внутренним давлением.

盛装介质的毒性程度为极度、高度危害或设计上不允许有微量泄漏的压力容器,应在耐压试验后进行泄漏试验。

Для емкостей под давлением, используемых для хранения среды с высокой токсичностью и высокой вредоносностью, или емкостей под давлением, при проектировании которых не допускается микроколичество утечки, следует провести испытание на утечку после завершения испытания на прочность под давлением.

除气密性试验以外的其他泄漏试验,可采用氨、卤素、氦等介质进行,试验方法及项目应在图样上说明。

При проведении испытаний на утечку, за исключением испытания на герметичность, можно использовать аммиак, галоген, гелий и другие среды, метод испытания и пункты должны быть указаны на чертежах.

2.1.3.6 保温及防腐

2.1.3.6 Теплоизоляция и антикоррозия

静设备的保温及防腐除应满足相关标准规范的要求外,还应满足工艺 / 阴保专业对工程特殊技术要求的规定。

Теплоизоляция и антикоррозия статического оборудования должны отвечать не только соответствующим стандартам и нормам, но и соответствовать специальным техническим требованиям дисциплины ТХ / КЗ к объекту.

2.1.3.7 涂漆和运输包装

2.1.3.7 Окраска, транспортировка и упаковка

静设备的涂覆和运输除应满足相关标准规范的要求外,还应满足工艺 / 阴保,以及项目 / 业主结合运输方案,对于设备运输制定的特殊技术要求的规定。

Окраска и транспортировка статического оборудования должны отвечать не только соответствующим стандартам и нормам, но и соответствовать специальным техническим требованиям дисциплины ТХ / КЗ к транспортировке оборудования, а также специальным техническим требованиям к транспортировке оборудования, разработанным Заказчиком в сочетании с вариантом транспортировки.

2.1.4 特殊工况设备

2.1.4 Оборудование при специальном рабочем режиме

2.1.4.1 湿 H_2S 应力腐蚀环境设备

2.1.4.1 Оборудование в влажной среде коррозии под напряжением с H_2S

当容器接触的介质同时符合下列各项条件时，即为湿 H_2S 应力腐蚀环境：

（1）H_2S 分压不小于 0.0003MPa；

（2）介质中含有液相水或处于水的露点温度以下；

（3）pH＜7 或由氰化物（HCN）存在。

湿 H_2S 应力腐蚀环境下受压元件所采用的钢材，应具有抗氢致开裂、硫化物应力开裂腐蚀的性能。其中碳钢和低合金钢应符合下列要求：

（1）材料标准规定的下屈服强度≤355MPa；

（2）材料实测的抗拉强度≤630MPa；

（3）材料使用状态应为正火或正火＋回火、退火、调质状态；

（4）碳当量限制。

在湿 H_2S 应力腐蚀环境下设备严禁异种钢焊接。

Когда среда, с которой контактирует емкость, одновременно соответствует нижеследующим условиям, то такая среда является влажной средой коррозии под напряжением с H_2S.

（1）Парциальное давление $H_2S \geqslant 0{,}0003$ МПа;

（2）В среде содержится жидкая вода, или среда находится при температуре ниже температуры точки росы воды;

（3）pH＜7 или существует цианид（HCN）.

Стали, использованные для несущих элементов в влажной среде коррозии под напряжением с H_2S, должны иметь устойчивость к водородному растрескиванию, устойчивость к сульфидному коррозионному растрескиванию под напряжением. Среди них углеродистая сталь и низколегированная сталь должны соответствовать следующим требованиям:

（1）Нижний предел текучести, указанный в стандарте материалов≤355МПа;

（2）Реально измеренная прочность на растяжение материалов≤630МПа;

（3）Материалы должны быть использованы при нормализованном состоянии, нормализованном и отпущенном состоянии, отожженном состоянии, термоулучшенном состоянии;

（4）Углеродный эквивалент ограничивается.

Для оборудования в влажной среде коррозии под напряжением с H_2S запрещается сварка разнородных сталей.

在湿 H_2S 应力腐蚀环境的压力容器,制造完成后应进行消除应力热处理,且热处理后应对接触介质的对接焊接接头进行硬度检测,满足 HB≤200。

Для емкостей под давлением в влажной среде коррозии под напряжением с H_2S следует провести термообработку для снятия напряжения после их изготовления, после того провести контроль твердости стыкосварочных соединений, контактирующих с средой для удовлетворения требования HB≤200.

2.1.4.2　低温压力容器

2.1.4.2　Низкотемпературные емкости, работающие под давлением

在低温条件下工作的容器称为低温压力容器,本文特指设计温度低于 −20℃的碳素钢和低合金钢制低温容器。

Емкость, работающая при низких температурах, называется низкотемпературной емкостью, работающей под давлением, в данном тексте под низкотемпературной емкостью, работающей под давлением, подразумевается низкотемпературная емкость из углеродистой и низколегированной стали с проектной температурой ниже −20℃ .

低温低应力工况系指壳体或其他受压元件的设计温度虽然低于 −20℃,但设计应力不大于钢材标准常温屈服强度的 1/6,且不大于 50MPa 时的工况。

Под низкотемпературным режимом работы под напряжением подразумевается режим работы в случае, когда проектная температура корпуса или других несущих элементов ниже −20℃, но проектное напряжение меньше или равно 1/6 предела текучести при нормативной постоянной температуре сталей и более 50 МПа.

低温压力容器受压元件所采用的钢材,应是氧气转炉或电炉冶炼的镇静钢,并采用炉外精炼工艺,具有相当任性且焊接性能良好的钢材。一般要求正火处理,并进行低温夏比 V 形缺口冲击试验。

Для несущих элементов низкотемпературных емкостей под давлением следует использовать спокойные стали с хорошей вязкостью и хорошими сварочными характеристиками, обработанные в кислородных конвертерах или электропечах, а также обработанные методом внепечного рафинирования. Как правило, нужно проводить нормализацию, а также испытание на ударную вязкость по Шарпи с v-образным надрезом при низких температурах.

低温压力容器用螺栓/螺柱、螺母应按相应标准的规定选取，不应采用铁素体商品紧固件。

Болты / шпильки, гайки для низкотемпературных емкостей под давлением должны отвечать соответствующим стандартам, не следует применять крепежи для продуктов из феррита.

低温容器的结构应尽可能简单，减少焊接件的拘束程度，各部分截面应避免产生过大的温度梯度，拐角和过渡应减少局部的应力集中以及截面尺寸和刚度的急剧变化，焊缝应圆滑过渡，尽量采用整体补强或厚壁管补强。

Структура низкотемпературных емкостей под давлением должна быть как можно простой, чтобы уменьшилась степень ограничения сварочных элементов, в сечениях разных частей избегать образования чрезмерных температурных градиентов , в углах и переходных частях следует уменьшить концентрированность локальных напряжений и смягчить резкое изменение размера поперечного сечения и жесткости, сварные швы должны быть выполнены с плавным переходом, следует по возможности применять метод общего усиления или метод усиления толстостенной трубки.

焊后热处理可以减小接头区域内的焊接残余应力，从而降低了在低温条件下的脆断倾向。

С помощью послесварочной термообработки можно уменьшить остаточное напряжение после сварки в зоне соединений, тем самым снизить тенденцию к хрупкому разрушению при низких температурах.

低温压力容器的铭牌不应直接锚固在壳体上。

Табличка низкотемпературной емкости под давлением не должна быть закреплена непосредственно на корпусе.

2.1.4.3 不锈钢容器

2.1.4.3 Емкости из нержавеющей стали

不锈钢钢板，尤其是奥氏体不锈钢，如热处理过程不当，易产生敏化现象，可通过固溶处理来消除敏化，恢复其抗晶间腐蚀能力。故受压设备的受压元件应采用固溶状态的不锈钢材料。由于不锈钢材料的较低强度和较高价格，综合考虑受压工况、介质腐蚀和经济性，可采用不锈钢复合板，其关键性能指标为复合界面的结合剪切强度，相应标准中均有明确规定。不锈钢复合钢板的使用范围应同时符合基材和覆材使用范围的规定。

Неправильная термообработка листов из нержавеющей стали, особенно листов из аустенитной нержавеющей стали, легко приводит к сенсибилизации, которая может быть устранена путем термообработки на твердый раствор в целях восстановления их устойчивости к межкристаллитной коррозии. Вследствие этого, несущие элементы оборудования под давлением должны быть выполнены из нержавеющей стали при твердо-жидком состоянии. Из-за низкой прочности и высокой цены нержавеющей стали, с учетом рабочего режима под давлением, коррозийности среды и экономичности можно применять плакированные листы из нержавеющей стали, ключевым показателем характеристик которых является прочность на срез контактной композитной поверхности, которая уже указана в соответствующих стандартах. В то же время, сфера использования плакированных листов из нержавеющей стали должна соответствовать требованиям к сфере применения основных материалов и покрывающих материалов.

有耐腐蚀要求的不锈钢及复合钢板制设备的表面,应在热处理前清除不锈钢表面污物及有害介质。该类材料制零部件按设计文件要求进行热处理后,还需作酸洗、钝化处理,使其表面形成钝化膜。

Перед термообработкой следует удалить грязь и вредные среды с поверхностей оборудования из нержавеющей стали и плакированных стальных листов, для которых установлены требования к коррозийной стойкости. Для деталей и узлов из таких материалов следует провести термообработку в соответствии с требованиями в проектной документации, кроме того, еще нужно провести протравку и пассивацию для образования пассивной пленки на поверхности.

奥氏体不锈钢制设备,水压试验应控制水的氯离子含量不超过 25mg/L。

При проведении гидростатического испытания оборудования из аустенитной нержавеющей стали следует контролировать содержание ионов хлора в воде не более 25 мг / л.

2.2 典型设备介绍

2.2 Сведения о типичном оборудовании

2.2.1 塔式容器

2.2.1 Сосуды колонного типа

2.2.1.1 塔式容器的定义

2.2.1.1 Определение сосудов колонного типа

塔式容器指高度 H 与平均直径 D 之比大于 5 的裙座自支承金属制立式容器,它是实现气液相

Сосуды колонного типа обозначают металлические вертикальные сосуды с самонесущей

或液液相充分接触的重要设备。

юбкой и отношением высоты H к среднему диаметру D более 5, который служит важным оборудованием для осуществления полного контакта газовой фазы с жидкой фазой или жидкой фазы с жидкой фазой.

2.2.1.2 塔式容器的分类

2.2.1.2 Классификация сосудов колонного типа

油气田地面处理设施中的塔式容器按内件结构的不同,有板式塔、填料塔。

По конструкции внутренних элементов сосуды колонного типа в сооружениях надземной подготовки на нефтегазовых месторождениях разделяется на колонну с пластинчатыми тарелками и насадочную колонну.

板式塔的塔盘结构壳有多种,如浮阀塔盘、泡罩塔盘、筛孔塔盘、舌形塔盘等。天然气脱硫装置中的脱硫吸收塔、胺液再生塔采用的是浮阀塔盘,TEG 脱水装置中的脱水塔采用的是泡罩塔盘。

Существуют разные конструкции тарелки у колонны с пластинчатыми тарелками, например, тарелка с поплавковым клапаном, колпачковая тарелка, тарелка с ситовидной порой, полосовая тарелка. Абсорбер сероочистки и регенератор амина в установке обессеривания природного газа применяют тарелки с поплавковым клапаном, а колонна осушки в установке осушки газа TEG применяет колпачковую тарелку.

填料塔的填料有颗粒填料和规整填料两大类。凝析油稳定装置中的凝析油稳定塔采用颗粒填料,轻烃回收装置中的脱乙烷塔、脱丁烷塔采用规整填料。

Набивка в насадочной колонне-зернистая и структурированная. Стабилизатор в установке стабилизации конденсата применяет зернистую набивку, а деэтанизатор и дебутанизатор в установке получения легких углеводородов-структурированную набивку.

2.2.1.3 塔式容器设计和制造

2.2.1.3 Проектирование и изготовление сосудов колонного типа

塔式容器的操作工艺确定了其结构和操作参数(压力、温度、操作介质),装置建设地的不同地质条件、自然环境条件等,都是塔式容器设计计算中的重要考虑因素。塔式容器严格的制造、检验和验收则是可以为设备的长周期安全运行提供保障。

Технология операции сосудов колонного типа определяет их конструкцию и рабочие параметры (давление, температуру, рабочую среду), разные геологические условия, природные условия окружающей среды и т.д. на месте, где установлены установки, служат важными факторами для проектного расчета сосудов колонного типа. Строгие требования к изготовлению, проверке и приемке сосудов колонного типа могут предоставлять гарантию для долгосрочной и безопасной эксплуатации оборудования.

塔式容器的选材、设计、制造、检验、验收、后期定期检验、维修、改造等都必须遵守国家相关法规和规范。

Выбор материала, проектирование, изготовление, проверка, приемка, регулярный контроль в позднем периоде, ремонт, реконструкция и прочие работы сосудов колонного типа обязаны соответствовать связанным государственным законам и правилам.

（1）设计参数。

（1）Проектные параметры.

塔式容器的设计参数包括设计压力、设计温度、不同工况的载荷组合应考虑和载荷等。

Проектные параметры сосудов колонного типа должны включать проектное давление, проектную температуру, комбинацию нагрузок в разных рабочих режимах с учетом нагрузки.

① 设计压力的确定：

① Определение проектного давления:

a. 塔式容器的设计压力不应低于其工作压力。

a. Проектное давление сосуда колонного типа должно быть не ниже его рабочего давления.

b. 对于工作压力小于 0.1MPa 的内压塔式容器，设计压力取不小于 0.1MPa。

b. Для сосуда колонного типа с внутренним давлением, у которого рабочее давление ниже 0,1МПа, проектное давление принять не ниже 0,1МПа.

c. 塔式容器上装有超压泄放装置时，应按 GB 150.1—2011 附录 B 的规定确定塔式容器的设计压力。

c. В случае наличия устройства сброса при повышенном давлении в сосуде колонного типа следует определить его проектное давление по указаниям в приложении B к GB 150.1—2011.

d. 真空塔式容器的按承受外压考虑。当有安全控制装置时，设计压力取 1.25 倍的最大内外压差或 0.1MPa 两者中的低值；当无安全控制装置时，取 0.1MPa。

d. Учесть вакуумные сосуды колонного типа по их наружному давлению. При наличии предохранительного контрольного устройства проектное давление принять самое низкое значение среди 1,25 раза максимального перепада внутреннего и наружного давлений или 0,1МПа; при отсутствии предохранительного контрольного устройства принять 0,1МПа.

e. 有两个或两个以上压力室组成的塔式容器,应分别确定各室的设计压力;确定公用元件的计算压力时,应考虑相邻两室之间的最大压力差。

e. При наличии сосуда колонного типа из 2 или более напорных камер следует определить проектное давление в отдельной камере, в случае определения расчетного давления общего элемента следует учесть максимальный перепад давлений между 2 соседними камерами.

② 设计温度的确定:

② Определение проектной температуры:

a. 设计温度不应低于元件金属在工作状态可能达到的最高温度。对于 0℃以下的金属温度,设计温度不应高于元件金属在工作状态可能达到的最低温度。

a. Проектная температура должна быть не ниже максимальной возможной температуры металла элемента в рабочем режиме. Для температуры металла ниже $0^{o}C$ проектная температура должна быть не выше минимальной возможной температуры металла элемента в рабочем режиме.

b. 塔式容器各部分在工作状态下的金属温度不同时,可分别设定每部分的设计温度。

b. Для частей сосуда колонного типа в рабочем режиме, если величины температуры их металла разные, разрешать отдельно предусмотреть проектную температуру каждой части.

c. 元件金属温度可用传热计算求得,或在已使用的同类塔式容器上测定,以及根据塔式容器内部介质温度并结合外部条件确定。

c. Температура металла элемента может получаться расчетом теплопередачи или измерением в использованном сосуде колонного типа одного вида с учетом температуры внутренней среды сосуда колонного типа и наружных условий.

d. 裙座壳(不含过渡段)和地脚螺栓的设计温度应取使用地区历年来月平均最低气温的最低值加 20℃。

d. Для проектной температуры корпуса юбки (без переходного участка) и фундаментного болта следует принять самое низкое значение месячной средней минимальной температуры воздуха на месте использования плюс $20^{o}C$.

对有不同工况的塔式容器,应按最苛刻的工况设计,必要时还需要考虑不同工况的组合,并在图样和相应技术文件中注明各工况操作条件和设计条件的压力和温度值。

Для сосудов колонного типа, работающих в разных рабочих режимах, следует проводить проектирование по самым строгим требованиям к рабочему режиме, при необходимости следует учесть комбинацию разных рабочих ражимов, и в чертежах и соответствующих технических документах отметить условия операции в разных рабочих режимах, давления и температуры в проектных условиях.

③ 载荷：

a. 内压、外压或最大压力差；

b. 液柱静压力，当液柱静压力小于设计压力的 5% 时，可忽略不计；

c. 附属设备及隔热材料、衬里、管道、扶梯、平台等的重力载荷；

d. 附属设备及隔热材料、衬里、管道、扶梯、平台等的重力载荷；

e. 风载荷（包括顺风向载荷和横风向载荷）和地震载荷；

f. 连接管道和其他部件的作用力；

g. 温度梯度或热膨胀量不同引起的作用力；

h. 冲击载荷，包括压力急剧波动引起的冲击载荷、液体冲击引起的反力等；

i. 运输或吊装时引起的作用力。

（2）结构设计。

塔式容器的结构和名称如图 2.2.1 所示。

裙座壳分为圆筒形和圆锥形两种型式。

裙座壳与塔壳的连接一般采用对接或搭接型式，通常采用对接型式。

当塔壳下封头由多块板拼制成时，拼接焊缝处的裙座壳宜开缺口。

③ Нагрузка:

a. Внутреннее давление, наружное давление или максимальный перепад давлений;

b. Статическое давление жидкого столба, при его значении менее 5% от проектного давления разрешать считать его незначительным;

c. Гравитационная нагрузка принадлежностей, теплоизоляционных материалов, подкладки, трубопровода, лестницы, платформы и т.д. ;

d. Гравитационная нагрузка принадлежностей, теплоизоляционных материалов, подкладки, трубопровода, лестницы, платформы и т.д. ;

e. Ветровая нагрузка (включая нагрузку по направлению ветра и нагрузку по поперечному направлению ветра) и сейсмическая нагрузка;

f. Сила, оказанная на соединительный трубопровод и прочие части.;

g. Сила из-за разных градиентов температуры или разности теплового расширения;

h. Ударная нагрузка, включая ударную нагрузку из-за резких колебаний давления, противодействующую силу от гидравлического удара и т.д. ;

i. Сила при транспортировке или навесной сборке.

（2）Проектирование конструкции.

Конструкция и название сосуда колонного типа приведены на следующем рисунке.

Корпус юбки разделяется на цилиндрический тип и конический тип.

Соединение корпуса юбки с корпусом колонны обычно выполняется стыковкой или нахлесткой, обычно применять способ стыковки.

Если нижнее днище корпуса колонны выполняется сращиванием плит, корпус юбки в месте сварного шва подлежит выполнению надреза.

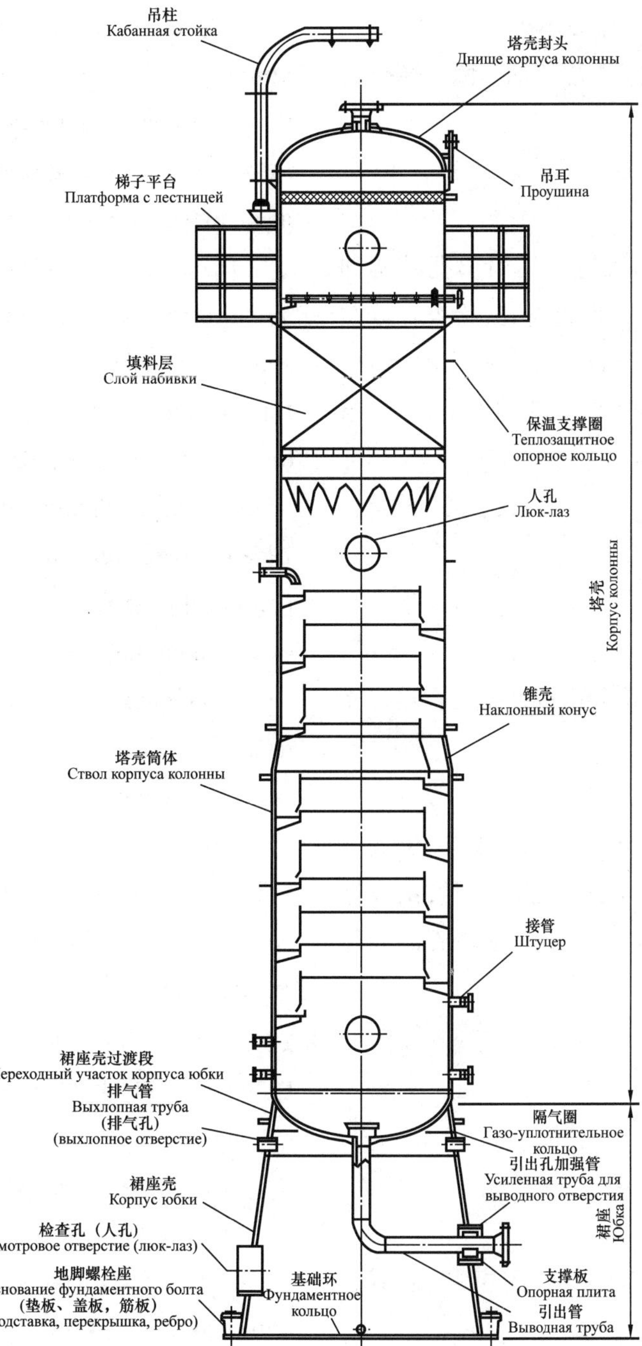

图 2.2.1　塔式容器结构示意图

Рис. 2.2.1　Схема конструкции сосуда колонного типа

无保温(保冷)层,防火层的裙座上部应均匀设置排气孔,有保温(保冷)层、防火层的裙座上部应均匀设置排气管。

В верхней части юбки без теплоизоляционного (холодоизоляционного) и огнестойкого покрытия следует равномерно предусмотреть выхлопные отверстия, а в верхней части юбки с теплоизоляционным (холодоизоляционным) и огнестойким покрытием следует равномерно предусмотреть выхлопные трубы.

当壳体下封头的设计温度不小于400℃时，在裙座上部靠近封头处应设置隔气圈。隔气圈分为可拆和不可拆两种。

Когда проектная температура нижнего днища корпуса не менее 400°C, в месте вблизи днища в верхней части следует предусмотреть газо-уплотнительное кольцо, которое разделяется на съемный тип и несъемный тип.

塔式容器底部引出管宜采用引出孔结构伸出裙座壳外。裙座壳应开设检查孔，检查孔分圆形和长圆形两种。塔式容器的安装采用地脚螺栓座结构，地脚螺栓座是指盖板、垫板和筋板的组合体。

Выводная труба из нижней части сосуда колонного типа должна применять конструкцию выводного отверстия с выступом от корпуса юбки. На корпусе юбки следует выполнять осмотровое отверстие, которое разделяется на круглый тип и длинный круглый тип. Установка сосуда колонного типа выполняется с применением конструкции основания фундаментных болтов, которое обозначает комбинацию перекрышки, подставки и ребра.

塔顶吊柱的设置和设计由设计人员在设计文件或图纸中确定。

Установка и проектирование кабанной стойки на вершине колонны определяются проектировщиком в проектной документации или чертежах.

塔式容器设置吊耳时，吊耳的结构、位置及数量应考虑吊装方式及塔式容器的质量，由设计单位和施工单位协同确定，且应考虑塔壳的局部应力。

При устройстве проушин для сосуда колонного типа ее конструкция, местоположение и количество должны определяться согласием проектным органом и строительной организацией с учетом способа навесной сборки, массы сосуда колонного типа и локального напряжения корпуса колонны.

（3）设计计算。

(3) Проектный расчет.

① 计算步骤。

① Шаг расчета.

a. 根据国家规范，按计算压力确定塔壳圆筒、锥壳及封头的有效厚度；

a. Согласно государственным правилам определять эффективную толщину цилиндра корпуса колонны, конического корпуса и днища по расчетному давлению;

b. 根据地震载荷或风载荷的计算需要，选取若干计算截面（包括所有危险截面），并考虑制造、运输、安装的要求，设定各计算截面处的有效厚度；

b. Согласно потребности расчета сейсмической нагрузки или ветровой нагрузки выбирать определенные расчетные сечения (включая все опасные сечения) и определять эффективную толщину на каждом сечении с учетом требований к изготовлению, транспортировке и установке;

c. 按地震载荷、风载荷、偏心载荷、最大弯矩、塔壳轴向应力校核、圆锥形塔壳轴向应力校核、耐压试验时应力校核、裙座壳轴向应力校核等的规定依次进行校核计算，并满足各相应要求，否则需重新设定有效厚度，直至满足全部校核条件为止。

c. Проводить проверку и расчет последовательно по сейсмической нагрузке, ветровой нагрузке, эксцентрической нагрузке, максимальному изгибающему моменту, проверке осевого напряжения корпуса колонны, проверке осевого напряжения конического корпуса колонны, проверке напряжения при испытании под давлением, проверке осевого напряжения корпуса юбки и т.д. с получением положительных результатов, иначе, необходимо повторно установить эффективную толщину до полного удовлетворения всем условиям проверки.

② 自振周期。

② Цикл автоколебания.

可将直径、厚度或材料沿高度变化的塔式容器视为一个多质点体系，其基本自振周期按下式计算：

Можно считать сосуд колонного типа с изменением диаметра, толщины или материала по изменению высоты системой со многими материальными точками, расчет ее основного цикла самоколебания выполняется по следующей формуле:

$$T_1 = 114.8\sqrt{\sum_{i=1}^{n} m_i \left(\frac{h_i}{H}\right)^3 \left(\sum_{i=1}^{n}\frac{H_i^3}{E_i^t I_i} - \sum_{i=2}^{n}\frac{H_i^3}{E_{i-1}^t I_{i-1}}\right)} \times 10^{-3} \tag{2.2.1}$$

式中 m_i——塔式容器第 i 计算段的操作质量，kg；

h_i——第 i 段集中质量距地面的高度，mm；

H——塔式容器高度，mm；

H_i——塔式容器顶部至第 i 段底截面的距离，mm；

E_i^t，E_{i-1}^t——第 i 段、第 i–1 段壳体的设计温度下金属材料的弹性模量，MPa；

I_i，I_{i-1}——第 i 计算段和第 i–1 计算段的截面惯性矩，mm^4；

m_0——塔式容器的操作质量，kg；

E^t——设计温度下金属材料的弹性模量，MPa；

δ_e——塔壳圆筒或锥壳的有效厚度，mm；

D_i——塔壳圆筒内直径，mm。

Где m_i——рабочая масса i-ой расчетной секции колонного сосуда, кг；

h_i——высота сосредоточенной массы i-ой секции от пола, мм；

H——высота колонного сосуда, мм；

H_i——расстояние от верха колонного сосуда до нижнего сечения i-ой секции, мм；

E_i^t, E_{i-1}^t——модуль упругости металлического материала корпуса i-ой секции, (i–1) -ой секции при проектной температуре, МПа；

I_i, I_{i-1}——момент инерции сечения i-ой расчетной секции, (i–1) -ой расчетной секции, мм^4；

m_0——рабочая масса колонного сосуда, кг;

E^t——модуль упругости металлического материала при проектной температуре, МПа;

δ_e——эффективная толщина колонного цилиндрического корпуса или конического корпуса, мм;

D_i——внутренний диаметр колонного цилиндрического корпуса, мм.

其中直径和厚度不变的每段塔式容器质量，壳处理为作用在该段高度 1/2 处的集中质量。

В том числе масса каждого участка сосуда колонного типа без изменений диаметра и толщины может считаться концентрированной массой, оказанной в место 1/2 высоты данного участка.

直径、厚度相等的塔式容器其基本自振周期也可按下式计算：

Расчет основного цикла самоколебания сосуда колонного типа с равенством диаметра и толщины тоже может выполняться по следующей формуле:

$$T_1 = 90.33H\sqrt{\frac{m_0 H}{E^t \delta_e D_i^3}} \times 10^{-3} \qquad (2.2.2)$$

塔式容器的高振型自振周期按相关规定计算。

Расчет цикла сильного самоколебания сосуда колонного типа выполняется по соответствующим правилам.

③ 地震载荷。

③ Сейсмическая нагрузка.

a. 地震设防烈度为 7 度以上的塔式容器需计算其水平地震力，对 $H/D \leqslant 5$ 的塔式容器按地震载荷的底部剪力法计算；

a. Для сосудов колонного типа сейсмичностью более 7 баллов необходимо проводить расчет их горизонтального сейсмического усилия, для сосудов колонного типа $H/D \leqslant 5$ проводить расчет способом нижнего среза сейсмической нагрузки;

b. 地震设防烈度为 8 度以上的塔式容器应考虑上下两个方向垂直地震力，对 $H/D \leqslant 5$ 的塔式容器不计入垂直地震力的影响；

b. Для сосудов колонного типа сейсмичностью более 8 баллов следует учесть вертикальное сейсмическое усилие по направлениям вверх и вниз, для сосудов колонного типа $H/D \leqslant 5$ не учесть вертикальное сейсмическое усилие;

c. 塔式容器任意计算截面的基本振型地震弯矩由水平地震力计算得出；

c. Расчет сейсмического изгибающего момента с основным циклом колебания на любом расчетном сечении сосуда колонного типа получается расчетом горизонтального сейсмического усилия;

d. 当塔式容器 $H/D>15$，且 $H>20$m，还应考虑高振型的影响。

d. При $H/D>15$ и $H>20$м у сосудов колонного типа следует учесть воздействие сильного колебания.

④ 风载荷。

④ Ветровая нагрузка.

塔式容器必须进行风载荷校核。风载荷计算主要考虑顺风向风载荷和顺风向风弯矩计算，当 $H/D>15$ 且 $H>30$m 时，还应计算横风向风振。

Необходимо проводить проверку ветровой нагрузки сосудов колонного типа. При расчете ветровой нагрузки в основном учесть ветровую нагрузку по направлению ветра и изгибающий момент ветра по направлению ветра, при $H/D>15$ и $H>30$м еще следует проводить расчет вибрации ветра по горизонтальному направлению ветра.

⑤ 偏心载荷。

⑤ Эксцентрическая нагрузка.

由塔式容器的偏心质量引起的偏心弯矩应计入校核载荷内。

Эксцентрический изгибающий момент от эксцентрической массы сосуда колонного типа должен включаться в проверяемые нагрузки.

（4）制造、检验和验收。

（4）Изготовление, контроль и приемка.

塔式容器的制造、检验和验收应符合相关的国家规定，特别还应注重图纸中关于材料、焊接、热处理、无损检测、压力试验、塔盘水平度、塔体垂直度等方面的检验。

Изготовление, контроль и приемка сосудов колонного типа должны удовлетворять соответствующим государственным правилам, особенно следует обратить внимание на проверку материалов, сварки, термообработки, неразрушающего контроля, испытания под давлением, горизонтальности тарелки колонны, вертикальности колонны и т.д..

2.2.1.4 包装、运输和吊装

2.2.1.4 Упаковка, транспортировка и навесная сборка

塔式容器出厂包装应符合相关标准的规定。

Упаковка сосудов колонного типа при выпуске с завода должна удовлетворять указаниям в соответствующих стандартах.

为了确保塔式容器能顺利运抵安装现场,运输前应对路面的宽度、路基的密实程度、转弯及沿途障碍物等,进行必要的调查。长距离运输主要有水路运输、铁路运输、公路运输,均须考虑在实施运输前考察设备超重、超宽、超高、超长等问题。如运输条件受限制,设备只能分段或分片制造后运抵现场。

С целью обеспечения успешной доставки сосудов колонного типа на площадку установки следует проводить необходимое исследование ширины покрытия дороги, уплотнительного уровня основания дороги, поворота, препятствий по дороге и т.д.. Способы осуществления дистанционной транспортировки в основном включают водный транспорт, транспорт через железную дорогу, транспорт через автодорогу, необходимо учесть проверку наличия грузов с повышенной массой, шириной, высотой или длиной и прочих проблем перед транспортировкой. При ограничениях условиями транспортировки оборудование подлежит доставке на площадку после изготовления по секциям или по листам.

应根据塔式容器的构造、工艺用途等特点采取相应的安装方法。对于板式塔,在安装过程中,应保证塔内组装件相互位置的正确,其中最重要的是保证塔盘安装的整体水平度。塔式容器安装前,安装工程公司应制定安装方案,重点内容必须包含安全、准备工作、吊装工作、校正工作和内部构件安装工作等。塔式容器的安装方法可分为分段吊装法和整体吊装法两类。

Следует применять соответствующие способы установке по особенностям сосудов колонного типа, например, конструкция, технологическое назначение и т.д.. Для колонны с пластинчатыми тарелками в процессе установки следует обеспечить правильность взаимно относительного местоположения узлов в колонне, в том числе, самый важный пункт-обеспечение целую горизонтальность при установке тарелки. Перед установкой сосудов колонного типа компания по установке должна определять вариант работ по установке, его важные пункты обязаны включать в себя предохранительные работы, подготовительные работы, работы по навесной сборке, работы по коррекции, работы по сборке внутренних деталей и т.д.. Способ установки сосудов колонного типа может разделяться на навесную сборку по секциям и целую навесную сборку.

2.2.2　卧式容器

2.2.2　Горизонтальная емкость

2.2.2.1　卧式容器的定义

2.2.2.1　Определение горизонтальной емкости

卧式容器指容器主轴中心线与地平面水平或基本水平的容器，由柱形筒体、各种凸形封头（半球形、椭圆形、碟形、圆锥形）或平板封头、支座、接管等组成。常见的卧式容器结构示意图如图2.2.2所示。

Горизонтальная емкость обозначает емкость с горизонтальным уровнем или почти горизонтальным уровнем центровой линии основного вала к плоскости земли, которая состоит из цилиндрического корпуса, выступных днищ (полусферических, эллиптических, тарельчатых и конических) или плоских днищ, опорного седла, штуцеров и т.д.. Схема конструкции популярного типа горизонтальной емкости приведен на рисунке 2.2.2.

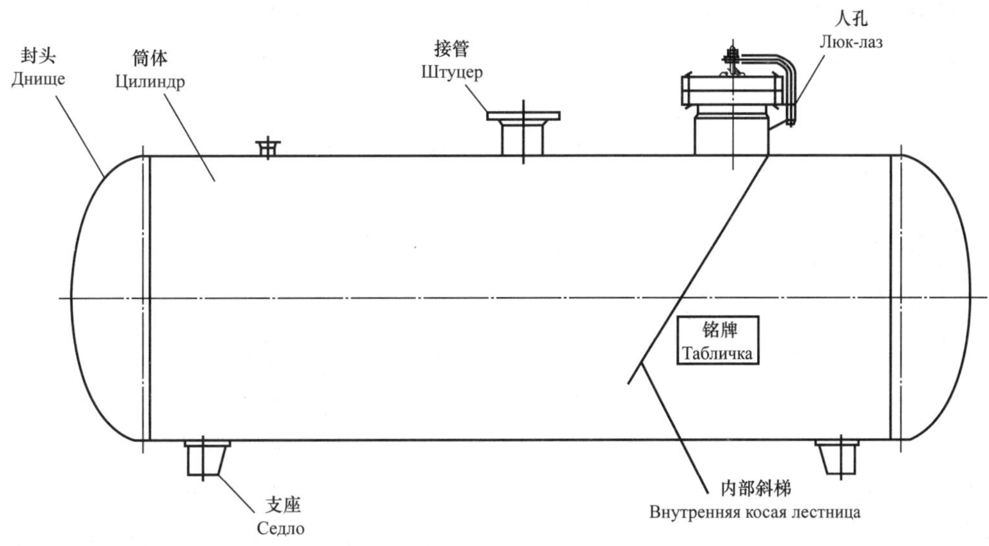

图 2.2.2　卧式容器结构示意图

Рис. 2.2.2　Схема конструкции горизонтальной емкости

2.2.2.2　卧式容器的应用

2.2.2.2　Применение горизонтальной емкости

天然气处理过程中涉及许多卧式容器，如重力分离器、三相分离器、卧式过滤器、卧式储罐等。

Процесс подготовки природного газа касается многих горизонтальных емкостей, например, гравитационный сепаратор, трехфазный сепаратор, горизонтальный фильтр, горизонтальный резервуар и т.д..

2.2.2.3 卧式容器设计和制造

(1)设计参数。

① 设计载荷。

卧式容器设计时考虑以下载荷及载荷的组合：

a. 内压、外压或最大压差；

b. 液柱静压力，当液柱静压力小于设计压力的5%时，可忽略不计；

c. 支座的反作用力；

d. 容器自重(包括内件等)以及正常工作条件下或耐压试验状态下内装介质的重力载荷；

e. 地震载荷；

f. 需要时，还会考虑下列载荷：

g. 附属设备及隔热材料、衬里、管道、扶梯、平台等重力载荷；

h. 风载荷、雪载荷；

i. 连接管道和其他部件的作用力；

j. 温度梯度或热膨胀量不同引起的作用力；

k. 冲击载荷包括压力急剧波动的冲击载荷，液体冲击引起的反力等；

l. 在运输或吊装时的作用力。

2.2.2.3 Проектирование и изготовление горизонтальной емкости

(1) Проектные параметры.

① Проектная нагрузка.

При проектировании горизонтальной емкости учесть следующие нагрузки и комбинацию нагрузок:

a. Внутреннее давление, наружное давление или максимальный перепад давлений;

b. Статическое давление жидкого столба, при его значении менее 5% от проектного давления разрешать считать его незначительным.

c. Обратная действующая сила опорного седла;

d. Собственный вес емкости (включая вес внутренних элементов) и гравитационная нагрузка внутренней среды в нормальных рабочих условиях или при испытании под давлением;

e. Сейсмическая нагрузка;

f. При необходимости еще учесть следующие нагрузки:

g. Гравитационная нагрузка принадлежностей, теплоизоляционных материалов, подкладки, трубопровода, лестницы, платформы и т.д.;

h. Ветровая нагрузка и снеговая нагрузка;

i. Сила, оказанная на соединительный трубопровод и прочие части;

j. Сила из-за разных градиентов температуры или разности теплового расширения;

k. Ударная нагрузка, включая ударную нагрузку из-за резких колебаний давления, противодействующую силу от гидравлического удара и т.д.;

l. Сила при транспортировке или навесной сборке.

② 设计压力。

设计压力的取值不小于工作压力；

容器装有超压泄放装置时，按照 GB/T150—2011 中的相应规定确认设计压力。

对于盛装液化气体的容器，如果具有可靠的保冷设施，在规定的装置系数范围内，设计压力根据工作条件下容器内介质可能达到的最高温度确定，否则按相关法规确定。

真空容器的设计压力按承受外压考虑。当装有安全控制装置（如真空泄放阀）时，设计压力取 1.25 倍的最大内外压力差或 0.1MPa 两者中的较小值。当无安全控制装置时，取 0.1MPa。

由两个或两个以上压力室组成的容器，应分别确定各压力室的设计压力。确定共用元件的计算压力时，应考虑相邻室之间的最大压力差。

对于承受外压载荷的容器元件，确定计算压力时应考虑在正常工作情况下可能出现的最大内外压力差。

③ 设计温度。

② Проектное давление.

Принятое значение проектного давления не менее рабочего давления;

При наличии устройства сброса при повышенном давлении в емкости определить проектное давление по соответствующим указаниям в GB/T 150.1—2011.

Для емкости со сжиженным газом, если существует надежное холодоизоляционное сооружение, проектное давление определяться по возможной максимальной температуре среды в емкости в рабочих условиях, иначе, проводить определение по соответствующим правилам.

Учесть проектное давление вакуумной емкости по наружному давлению. При наличии предохранительного контрольного устройства (например, вакуумный сбросный клапан), принять проектное давление по самому низкому значение среди 1,25 раз максимального перепада внутреннего и наружного давлений и 0,1МПа. При отсутствии предохранительного контрольного устройства принять 0,1МПа.

Для емкости из 2 или более напорных камер следует определить проектное давление в отдельной камере. При определении расчетного давления общего элемента следует учесть максимальный перепад давлений между 2 соседними камерами.

Для элементов емкости, несущих нагрузки наружного давления, следует учесть возможный максимальный перепад внутреннего и наружного давлений в нормальных рабочих условиях при расчете давления.

③ Проектная температура.

设计温度不得低于元件金属在工作状态可能达到的最高温度。对于 0℃以下的金属温度,设计温度不得高于元件金属可能达到的最低温度。

Проектная температура должна быть не ниже максимальной возможной температуры металла элемента в рабочем режиме. Для температуры металла ниже 0℃ проектная температура должна быть не выше минимальной возможной температуры металла элемента.

当容器各部分在工作状态下的金属温度不同时,可分别设定每部分的设计温度。

Для частей емкости в рабочем режиме, если величины температуры их металла разные, разрешать отдельно предусмотреть проектную температуру каждой части.

元件金属温度可以通过传热计算、在已使用的同类容器上测定或根据容器内部介质温度并结合外部条件确定。

Температура металла элемента может получаться расчетом теплопередачи или измерением в использованной емкости одного вида с учетом температуры внутренней среды в емкости и наружных условий.

确定最低设计金属温度时,应充分考虑在运行过程中,大气环境低温条件对容器壳体金属温度的影响。大气环境低温条件指历年来月平均最低气温(指当月各天的最低气温值之和除以当月天数)的最低值。

При определении минимальной проектной температуры металла следует учесть влияние условий низкой температуры атмосферной среды на температуру металла корпуса емкости в процессе эксплуатации полностью. Условие низкой температуры атмосферной среды обозначает минимальное значение месячной средней температуры воздуха (разделение суммы значений суточной минимальной температуры воздуха на данном месяце на количество дней данного месяца).

对有不同工况的容器,按照最苛刻的工况设计,必要时还需要考虑不同工况的组合,并在图样或相应技术文件中注明各工况的操作条件和设计条件下的压力和温度值。

Для емкости, работающей в разных рабочих режимах, следует проводить проектирование по самым строгим требованиям к рабочему режиме, при необходимости следует учесть комбинацию разных рабочих режимов, и в чертежах и соответствующих технических документах отметить условия операции в разных рабочих режимов, давления и температуры в проектных условиях.

④ 腐蚀裕量。

④ Припуск на коррозию.

为防止容器元件由于腐蚀、机械磨损而导致厚度削弱减薄,考虑适当的腐蚀裕量。

Во избежание уменьшения толщины из-за коррозии и механического износа элемента емкости следует учесть надлежащий припуск на коррозию.

(2)结构设计。

(2) Проектирование конструкции.

① 支座。

① Опорное седло.

卧式容器的支座结构可分为双鞍座式、三鞍座式和圈座式等。目前应用最多的是双鞍座式支座，如图 2.2.3 所示。

По конструкциям опорного седла горизонтальная емкость разделяется на двухседельный тип, трехседельный тип, тип кольцевого седла и т.д.. В настоящее время применение двухседельной опоры является самым широким, как показано на рисунке 2.2.3 所示 .

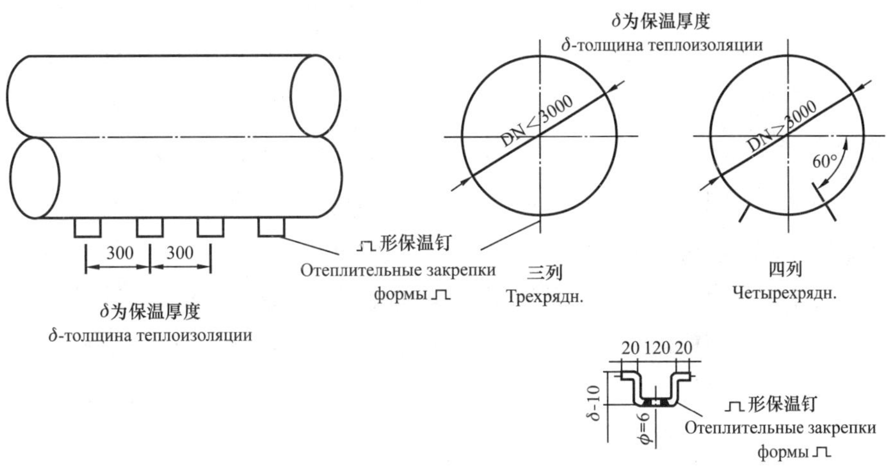

图 2.2.3 双鞍式支座支承的卧式容器

Рис. 2.2.3 Горизонтальная емкость с опорным седлом

鞍座设置时考虑容器整体受力情况，并综合考虑筒体的长度、直径、壁厚等因素。

При установке седла учесть целое усилие на емкости с комплексным учетом длины, диаметра, толщины стенки цилиндра и прочих факторов;

采用双鞍座式支座时，支座中心到封头切线的距离 A 尽量不大于 $0.5R_a$（$R_a=R_i+\delta_n/2$，R_a 为圆筒的平均半径，mm；R_i 为圆筒内半径，mm；δ_n 为圆筒名义厚度，mm），且不宜大于 $0.2L$。一台容器所使用的两个鞍座必须一个 F 形，一个 S 形。S 形支座可随容器沿地面滑动，以防止热应力产生。

При применении двухседельной опоры расстояние от центра седла до касательной линии днища A должно быть не более $0,5R_a$($R_a=R_i+\delta_n/2$, R_a-средний радиус цилиндра, мм; R_i-внутренний радиус цилиндра, мм; δ_n-номинальная толщина цилиндра, мм.) по мере возможности и не более 0,2 л.. Среди 2 седел, используемых для одной емкости, одно-тип F и другое-тип S. Седло типа S может скользить по земле совместно с емкостью во избежание образования термического напряжения.

当筒体的长度 L 过长时，可考虑采用 3 个或 3 个以上鞍座支撑结构。当采用三鞍座式支座时，中间鞍座固定，两端鞍座可以滑动或滚动。

При повышенной длине L цилиндра можно учесть применять опорную конструкцию с 3 или более седлами. При применении опоры с 3 седлами закрепить центральное седло, и седла на 2 концах могут скользить или катиться.

鞍座包角一般取 120°～150°。增大包角可使筒体的应力降低，但鞍座变的笨重，材料消耗增多，同时也增加了鞍座承受的水平推力。

Угол завертывания седло обычно принять 120° –150° . Увеличение угла завертывания позволяет снижению напряжения цилиндра, но тогда седло станет тяжелым и расходы материалов повышается, таким образом, горизонтальная движущая сила на седле тоже повышается.

② 开孔及接管。

② Отверстие и штуцер.

卧式容器除设置必需的工艺管口外，还应根据需要设计人孔、手孔或检查孔。当筒体的长度超过 8m 时，人孔数量不宜少于 2 个。容器排净口宜设置在底部最低点。不能在筒体底部设置排净口时，可设置插底管，其结构见图 2.2.4。插底管端部最小排液间隙 B_1 应保证足够的排净空间。

За исключением необходимых отверстий для технологических труб для горизонтальной емкости следует проектировать люк-лаз, люк или осмотровое отверстие по потребности. Когда длина цилиндра L превышает 8м, количество люка-лаза должно быть не менее 2. Выпускное отверстие емкости должно быть предусмотрено в самой низкой точке на дне. В случае невозможности устройства выпускного отверстия на дне цилиндра можно предусмотреть вставную трубу, конструкция которой приведена на рис. 2.2.4. Минимальный зазор для выпуска жидкости B_1 на конце вставной трубы должен обеспечить достаточным пространством для полного выпуска.

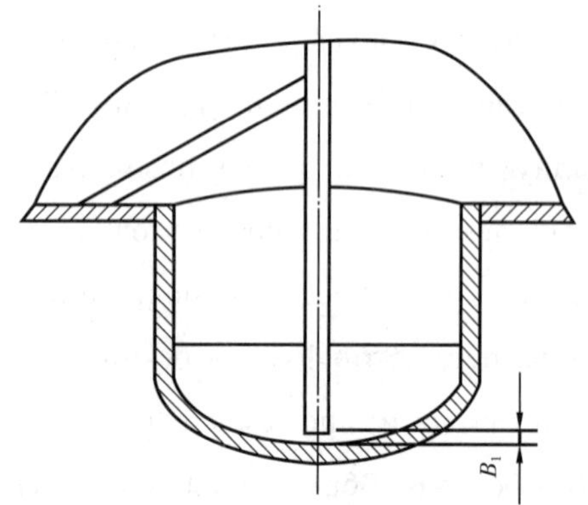

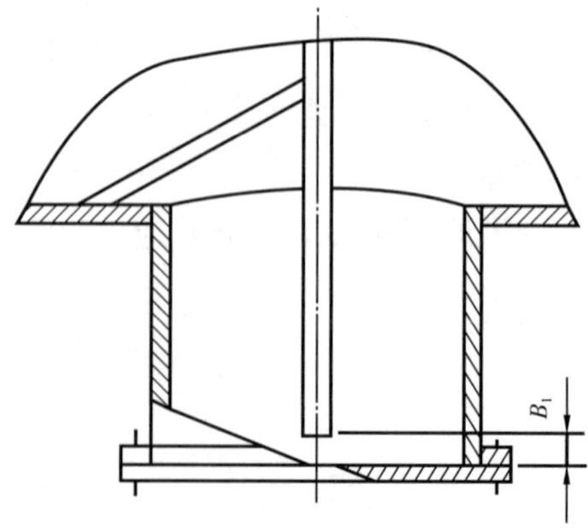

图 2.2.4　容器插底管

Рис. 2.2.4　Вставная труба емкости

③ 加强圈设置。

考虑卧式容器支座处局部应力影响时，可在鞍座平面上或靠近支座平面处设置内外加强圈；考虑卧式容器外压失稳时，可计算设置外压加强圈。加强圈应整圈围绕在圆筒体的圆周上。

③ Устройство укрепляющего кольца.

При учете воздействия локального напряжения в месте опорного седла горизонтальной емкости можно предусмотреть внутреннее и наружное укрепляющие кольца на плоскости седла или в месте вблизи плоскости седла; при учете потери стабильности наружного давления горизонтальной емкости можно предусмотреть укрепляющее кольцо расчетом наружного давления. Укрепляющее кольцо должно окружать периферию цилиндра по целой окружности.

④ 内部梯子 / 踏步。

带人孔的卧式容器需设置方便人进入的内部梯子 / 踏步。当容器内径大于或等于 1400mm 时，内部应设置斜梯；当容器内径小于 1400mm 时，可在人孔下方容器底部用角钢设置高度为 400mm 的踏步，如图 2.2.5 所示。

④ Внутренняя лестница / ступеньки.

Для горизонтальной емкости с люком-лазом следует предусмотреть внутреннюю лестницу / ступеньки для доступа. При внутреннем диаметре емкости не менее 1400мм в данной емкости следует предусмотреть косую лестницу, при внутреннем диаметре емкости менее 1400мм разрешать предусмотреть ступеньки высотой 400мм из угольника на дне емкости под люком-лазом, как показано на рис. 2.2.5.

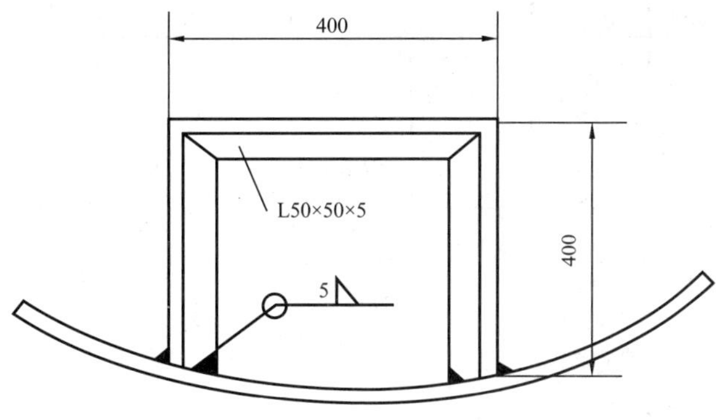

图 2.2.5　容器内踏步

Рис. 2.2.5　Ступеньки в емкости

⑤ 外部保温。

当容器内径≥1600mm 的卧式圆筒形设备用陶纤毡材料保温或内径≥1000mm 的卧式圆筒形设备用预制块保温时，应在设备作整体热处理前，在筒体的外表面和封头上设置若干 Ω 形和 L 形保

⑤ Наружная теплоизоляция.

Для горизонтальной цилиндрической емкости внутренним диаметром не менее 1600мм использовать фетр из керамического волокна для теплоизоляции, или когда использовать сборные

温钉,如图 2.2.6 所示。

изделия для теплоизоляции горизонтальной цилиндрической емкости внутренним диаметром не менее 1000мм, следует предусмотреть отеплительные закрепки формы Ω и L на наружной поверхности и днище цилиндра перед целой термообработкой оборудования, как показано на рис. 2.2.6.

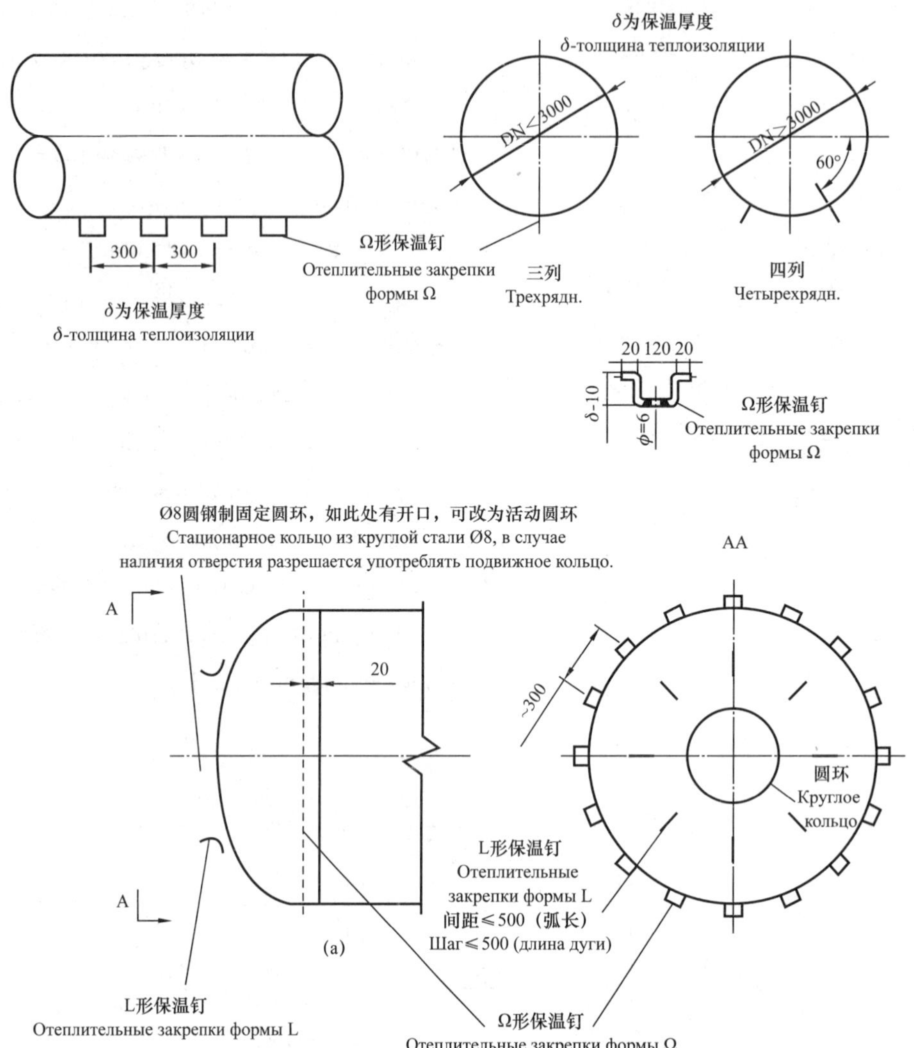

图 2.2.6 卧式容器保温钉

Рис. 2.2.6 Отеплительные закрепки горизонтальной емкости

(3)计算。

卧式容器的设计计算包含常规筒体、封头、开孔补强强度计算,支座局部应力验算和整体稳定性计算。必要时,还需进行非标法兰强度计算。

(3) Расчет.

Проектный расчет горизонтальной емкости включает в себя расчет укрепления обыкновенного цилиндра, днища и отверстия, проверку локального напряжения опорного седла, расчет целой стабильности. При необходимости следует проводить расчет прочности нестандартного фланца.

（4）制造、检验和验收。

（4）Изготовление, контроль и приемка.

容器的制造、检验和验收应按照设备蓝图和标准进行，包括材料入厂检验和复验，焊缝无损检测，热处理，硬度检查，抗硫评定，尺寸检验和水压试验等。

Изготовление, контроль и приемка емкости должны выполняться по плану и стандартам оборудования, включая проверку материалов при впуске на завод и повторную проверку, неразрушающий контроль сварного шва, термообработку, контроль твердости, оценку стойкости к сере, проверку размеров, гидравлическое испытание и т.д..

2.2.2.4 包装、运输和吊装

2.2.2.4 Упаковка, транспортировка и навесная сборка

（1）容器的包装和运输。

（1）Упаковка и транспортировка емкости.

容器包装应根据容器的使用要求、结构尺寸、重量大小、路程远近、运输方法（铁路、公路、水路和航空）等特点选用相适应的结构及方法。容器包装应有足够的强度，以确保容器及其零部件能安全可靠低运抵目的地。

Относительно упаковки емкости следует выбирать надлежащую конструкцию и соответствующий способ упаковки на основе требований к использованию емкости, размеров конструкции, веса, длины пути, способ транспорта（транспорт по железной дороге, транспорт по автодороге, водный транспорт и авиационный транспорт）и прочих особенностей емкости. Упаковка емкости должна обладать достаточной прочностью для обеспечения безопасной и надежной доставки емкости и ее частей до места назначения.

对在运输和装卸过程中有严格防止变形、污染、损伤要求的容器及其零部件应进行专门的包装设计。

В процессе транспортировки, погрузки и разгрузки следует проводить специальную упаковку емкости и ее частей со строгими требованиями к защите от деформации, загрязнения и повреждения.

铁路运输的容器，不论采用何种包装形式，其截面尺寸均不应超过运输限制。对于尺寸超限容器的运输和包装，应事先和有关铁路运输部门取得联系。

Для емкости, транспортируемой по железной дороге, размер ее сечения должен не превышать ограничение условиями транспортировке, не смотря на вид упаковки. Следует предварительно связывать с соответствующим органом по железнодорожному транспорту о транспортировке и упаковке емкости с повышенными размерами.

公路、水路及航空运输的容器及其零部件,其单件尺寸、重量与包装要求应事先与相关运输部门联系。

Относительно емкости и ее частей, транспортируемых автодорожным, водным и авиационным способом следует предварительно связывать с соответствующим органом по транспорту о требованиях к удельному размеру, весу и упаковке.

对于尺寸超限或超重的容器,必要时应由设计、制造、建安及承运单位共同制定运输包装方案。

Для емкости с повышенным размером или весом вариант по транспортировке и упаковке должен разработаться совместно проектной организацией, изготовителем, организацией по строительно-монтажным работам, перевозчиком при необходимости.

容器一般应整体出厂,如因运输条件限制,也可分段、分片出厂。段、片的划分应根据容器的特点和有关运输要求在图样技术要求或供需双方技术协议上注明。

Емкость обычно выпускается с завода в целой сборке, в случае ограничений условиям транспортировки разрешать выпуск с завода по секциям и листам. Деление секций и листов должно выполняться по особенностям емкости и соответствующим требованиям к транспортировке с отметкой в технических требованиях чертежей или в техническом договоре между 2 сторонами.

法兰接口的包装应符合以下要求:

Упаковка фланцевого соединения должна удовлетворять следующим требованиям:

有配对法兰的,应采用配对法兰中间夹以橡胶或塑料制盖板封闭,盖板的厚度不宜小于 3mm;

При наличии ответных фланцев следует предусмотреть резину между ответными фланцами или пластмассовую перекрышку для уплотнения, толщина перекрышки должна быть не менее 3мм;

无配对法兰的,应采用与法兰外径相同且足够厚的金属、塑料或木制盲板封闭,如用金属制盲板,则盲板中间应夹以橡胶或塑料制垫片,垫片厚度不宜小于 3mm;

При отсутствии ответных фланцев следует применять металлическую, пластмассовую или деревянную заглушку с одинаковым наружным диаметром, как фланец, и достаточной толщиной, при использовании металлической заглушки следует предусмотреть резиновую или пластмассовую прокладку между заглушками, толщина прокладки должна быть не менее 3мм;

配对法兰或盲板用螺栓紧固在容器法兰接口处,紧固螺栓不得少于4个且应分布均匀。

Болты для ответного фланца или заглушки укреплены в месте фланцевого соединения емкости, количество крепежных болтов должно быть не менее 4 с равномерным расположением.

对待焊接坡口的接管,应采用金属或塑料环形保护罩罩在接管端部,保护罩应采用适当方式固定。如图样允许,金属罩可点焊在接管外侧,但不应点焊在待焊坡口上。

Для штуцера со свариваемым скосом следует применять металлический или пластмассовый кольцевой защитный футляр для перекрытия торца штуцера, который укрепляется надлежащим способом. В случае возможности по требованиям в чертеже металлический футляр можно сварить к наружной стороне штуцера, который не подлежит точечной сварке к свариваемым скосу.

所有螺纹接口应采用六角头螺塞和螺帽堵上,外螺纹也可采用塑料罩保护。

Все резьбовое соединение подлежит заглушке шестиугольными болтами-пробками и гайками, относительно наружной резьбы разрешать применять пластмассовый футляр для защиты.

若因装运空间要求而改变或取出接管口、支承构件、吊耳或其他类似附件时,制造厂应提供装载图,以示出所需重新定位或去除的附件位置,并得到买方书面认可,此种情况制造厂应提供重新装配、组焊的程序和现场焊接接管所需的检验方法。

При изменении или вытяжке отверстия штуцера, опорной детали, проушины или прочих аналогичных принадлежностей по требованиям к пространству перевозки завод-изготовитель должен предоставлять погрузочную схему в целях указания местоположения принадлежности, которая подлежит повторной фиксации или снятию, и получению согласия в письменном виде от покупателя. В данном случае завод-изготовитель должен предоставлять программу по повторной сборке и сварке, а также необходимый способ проверки сварки штуцера на рабочем месте.

(2)容器的吊装。

(2) Навесная сборка емкости.

卧式容器设置吊耳时,吊耳的结构、位置及数量应考虑吊装方式及容器质量,由设计单位和施工单位协同确定,且应考虑容器壳体的局部应力。

При устройстве проушин для горизонтальной емкости их конструкция, местоположение и количество должны определяться согласием проектным органом и строительной организацией с учетом способа навесной сборки, массы и локального напряжения корпуса емкости.

2.2.3 换热器

2.2.3.1 换热器的定义

换热器作为天然气处理工艺中重要过程设备,是将热流体的部分热量传递给冷流体,使流体温度达到工艺流程规定的指标的热量交换设备,又称热交换器。

2.2.3.2 换热器的分类

换热器种类繁多,但根据冷、热流体热量交换的原理和方式基本上可分三大类:间壁式、直接接触式和蓄热式。在三类换热器中,间壁式换热器应用最多,占总量的99%以上。这类换热器可分为管壳式换热器、板式换热器、板翅或板壳式换热器。本书主要描述管壳式换热器,它在换热效率、设备紧凑性、单位面积的金属消耗量等方面不如一些新型的换热器,但它操作弹性大、结构简单坚固、制造简便、使用材料广泛、可靠度高等优点,是目前应用最为广泛的一种换热器。天然气净化工艺中,常见的管壳式换热器有冷凝冷却器、重沸器、预热器等。

2.2.3 Теплообменник

2.2.3.1 Определение теплообменника

Теплообменник-важное технологическое оборудование в технологии подготовки природного газа, служит устройством для обмена теплоты путем передачи частичного тепла теплового флюида к холодному флюида, чтобы температура флюида достигла указанного показателя технологического процесса, он тоже называется теплообменным аппаратом.

2.2.3.2 Классификация теплообменника

Существуют теплообменники разных видов, которые в основном разделяются на следующие типы на основе принципа и способа обмена теплоты между холодным флюидом и тепловым флюидом: рекуперативный тип, тип прямого контакта и регенеративный тип. Среди них применение рекуперативного теплообменника является самым широким, что составляет 99% от суммарного количества применения. Теплообменник данного типа включает в себя кожухотрубчатый теплообменник, пластинчатый теплообменник, пластинчато-ребристый теплообменник и кожухопластинчатый теплообменник. В настоящем руководстве в основном приведены сведения о кожухотрубчатом теплообменнике, который хуже, чем определенные теплообменники нового типа в области эффективности теплообмена, компактности оборудования, расходов металла по удельной площади, но он обладает большой гибкостью операции, простой и прочной конструкцией, удобным изготовлением, широкой сферой используемых материалов, высокой надежностью и прочими преимуществами, и его применение в настоящее время является самым широким. В технологии очистки природного газа часто употребляемые типы кожухотрубчатого теплообменника включают конденсатор-холодильник, ребойлер, подогреватель и т.д..

管壳式换热器根据结构的不同,可分为固定管板式换热器、浮头式换热器、U形管式换热器、填料函式换热器、釜式重沸器等。典型的各类结构如图2.2.7至图2.2.11所示。

Кожухотрубчатый теплообменник по конструкции разделяется на стационарный кожухотрубчатый теплообменник, теплообменник с плавающей головкой, теплообменник из U-образной трубы, теплообменник с сальником, кубовой ребойлер и т.д.. Типичные конструкции приведены на рис. 2.2.7–ри.с. 2.2.11.

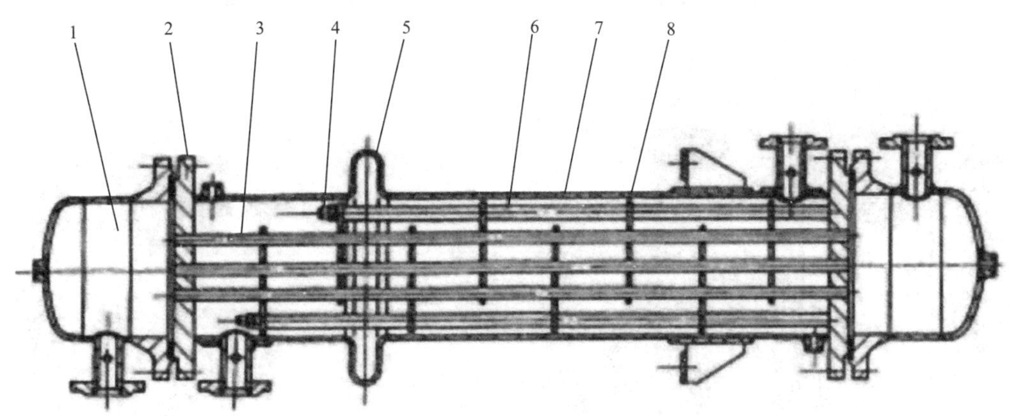

图 2.2.7 固定管板式换热器结构示意图

Рис. 2.2.7 Конструкция стационарного кожухотрубчатого теплообменника

1—管箱;2—管板;3—换热管;4—拉杆;5—膨胀节;6—定距管;7—壳体;8—折流板或支撑板

1—трубная камера; 2—трубная решетка; 3—теплообменная труба; 4—рычаг; 5—компенсационная секция; 6—труба с фиксированной длиной; 7—корпус; 8—дефлектор или опорная плита

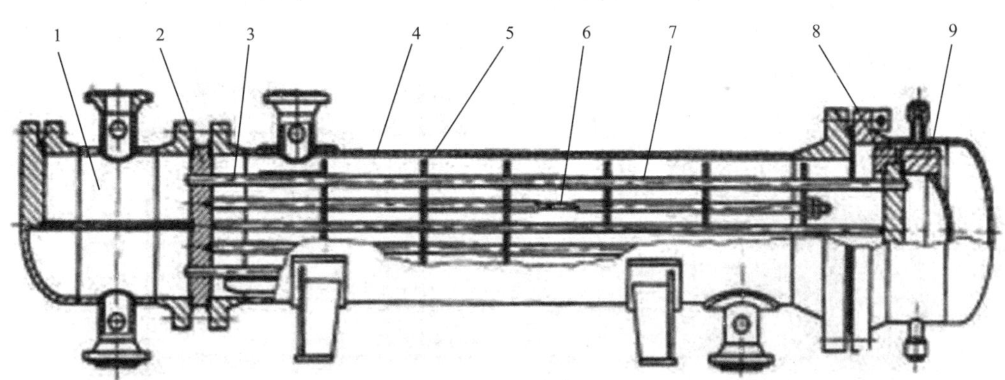

图 2.2.8 浮头式换热器结构示意图

Рис. 2.2.8 Конструкция теплообменника с плавающей головкой

1—管箱;2—管板;3—换热管;4—壳体;5—折流板或支撑板;6—拉杆;7—定距管;8—钩圈;9—浮头盖

1—трубная камера; 2—трубная решетка; 3—теплообменная труба; 4—корпус; 5—дефлектор или опорная плита; 6—рычаг; 7—труба с фиксированной длиной; 8—крюк-кольцо; 9—крышка с плавающей головкой

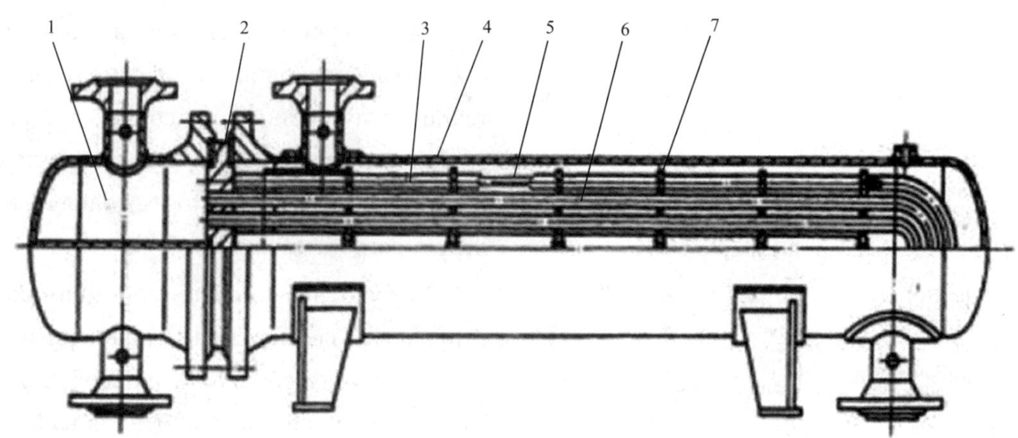

图 2.2.9　U 形管式换热器结构示意图

Рис. 2.2.9　Конструкция теплообменника из U-образной трубы

1—管箱；2—管板；3—定距管；4—壳体；5—拉杆；6—U 形换热管；7—折流板或支撑板

1—трубная камера；2—трубная решетка；3—труба с фиксированной длиной；4—корпус；5—рычаг；6—U-образная теплообменная труба；7—дефлектор или опорная плита

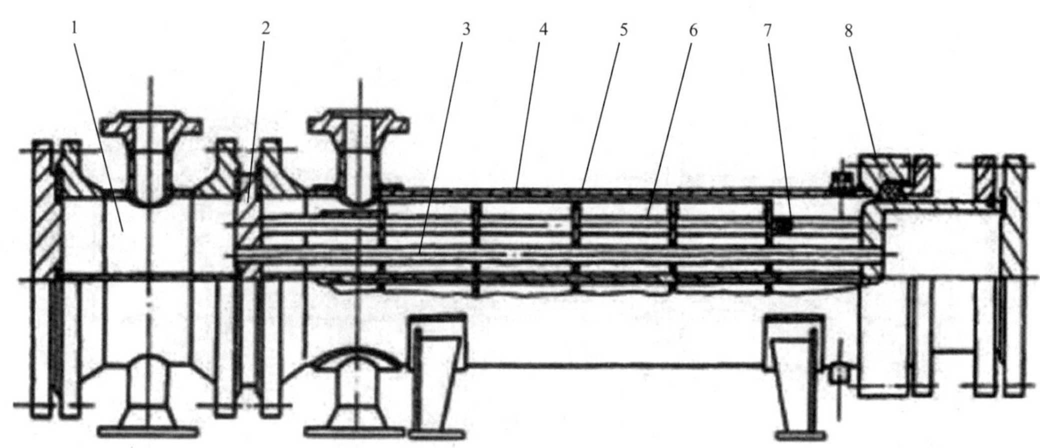

图 2.2.10　AEP 双壳程填料函式换热器结构示意图

Рис. 2.2.10　Конструкция теплообменника с сальником и 2 межтрубным пространством AEP

1—管箱；2—管板；3—换热管；4—壳体；5—折流板或支撑板；6—定距管；7—拉杆；8—填料函

1—трубная камера；2—решетка；3—теплообменная труба；4—корпус；5—дефлектор или опорная плита；6—труба с фиксированной длиной；7—рычаг；8—сальник

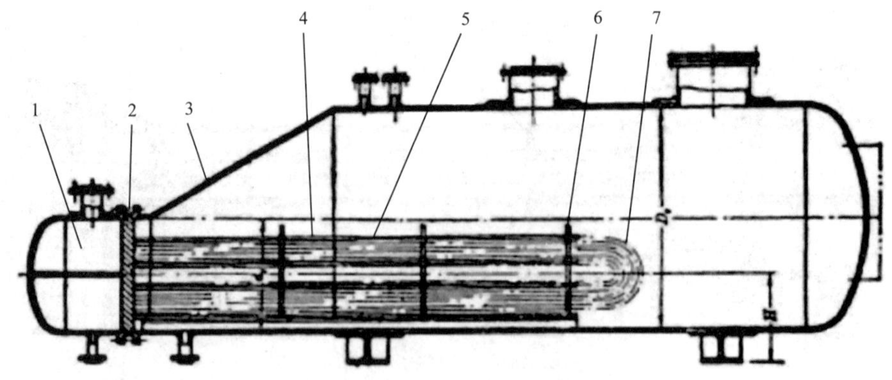

图 2.2.11　釜式重沸器结构示意图

Рис. 2.2.11　Конструкция кубового ребойлера

1—管箱；2—管板；3—壳体；4—定距管；5—拉杆；6—折流板或支撑板；7—U 形换热管

1—трубная камера；2—трубная решетка；3—корпус；4—труба с фиксированной длиной；5—рычаг；6—дефлектор или опорная плита；7—U-образная теплообменная труба

固定管板式换热器的管板与壳体之间的连接采用焊接连接,结构简单,制造方便,在相同管束情况下壳体内径最小,同时,管程分程也比较方便。但壳程无法进行机械清洗。壳程检查困难,壳体与管子之间无温差补偿元件时可能产生较大的温差应力,即温差较大时须采用膨胀节或波纹管等补偿元件以减少温差应力。

Соединение между трубной решеткой и корпусом стационарного пластинчатого теплообменника выполняется сваркой, его конструкция простая и изготовление удобное, в условиях с одинаковым трубным пучком его внутренний диаметр корпуса является минимальным, одновременно, деление трубного пространства тоже относительно удобное. Но механическая очистка его межтрубного пространства не возможно выполняться. Проверка межтрубного пространства является трудной, при отсутствии термокомпенсирующего элемента между корпусом и трубой можно образовать относительно большое напряжение от перепада температур, т.е. необходимо применять компенсационную секцию или гофрированную трубу и прочие компенсирующие элементы в случае относительно большого перепада температур с целью уменьшения напряжения от перепада температур.

浮头式换热器一端管板与壳体固定,另一端管板与壳体之间没有约束,可在壳体内自由浮动,因此在管束与壳体之间不会产生温差应力。通常浮头为可拆分式结构,管束抑郁抽出或插入,便于检修和清洗。但结构较为复杂,操作时浮头盖的密封情况难以检查。

Укрепить трубную решетку и корпус на одном конце теплообменника с плавающей головкой, а между трубной решеткой и корпусом на другом конце ограничение отсутствует, что является свободноплавающим, поэтому между трубным пучком и корпусом напряжение от перепада температур не будет образоваться. Обычно плавающая головка служит съемной конструкцией и трубный пучок удобный для вытягивания или вставки, что обеспечит удобность для ремонта и очистки. Но конструкция относительно сложная, при операции условие уплотнения плавающей головки проверяется трудно.

U 形管式换热器因换热管为 U 形而得名。壳体与换热管之间不相连,在热膨胀时,彼此不受约束,故在操作时,不会因为壳体与换热管之间的温差而产生温差应力。U 形管式换热器只有一块管板和一个管箱,结构简单,造价比其他形式的换热

Теплообменник из U-образной трубы выполняется U-образной теплообменной трубы. Соединение между корпусом и теплообменной трубой отсутствует, в случае теплового расширения они не ограничиваются друг другом, поэтому

器低。管束能从壳体中抽出，故管外清洗方便，但管内清洗较困难。除管束外围的换热管外，其他换热管更换困难。由于U形管弯管部位的结构特点所致，管束固有频率较低，在横向流中易激起振动。

при операции напряжение от перепада температур между корпусом и теплообменной трубой не образуется. В теплообменнике из U-образной трубы только существуют 1 трубная решетка и 1 трубная камера, конструкция простая, его цена ниже цены теплообменника другого типа. Можно вытягивать трубный пучок из корпуса, поэтому очистка внешности трубы удобная, а очистка внутренности трубы-относительно трудная. За исключением теплообменной трубы вне трубного пучка замена прочих теплообменных труб трудная. С учетом особенности конструкции отвода U-образной трубы собственная частота трубного пучка относительно низкая, что легко приведет к колебаниям в поперечном токе.

填料函式换热器是具有一个可滑动的管箱的换热器。它的结构较浮头式换热器简单，检修清洗方便；与固定管板式换热器相比，由于填料函式换热器的一侧管箱是可以滑动的，所以在管束和壳体之间基本上无温差应力。它既具备了浮头式换热器的优点，又消除了管板式换热器的缺点。但由于填料函的密封性能所限，这种换热器不适用于大直径及壳程为易挥发、易燃、易爆、有毒介质的换热场合。

Теплообменник с сальником является теплообменником со скользящей трубной камерой. По сравнению с теплообменником с плавающей головкой данный теплообменник простой с удобностью в ремонте и очистке; а по сравнению со стационарным кожухотрубчатым теплообменником у него боковая трубная камера является скользящей, поэтому между трубным пучком и корпусом напряжение от перепада температур почти отсутствует. Он обладает преимуществами теплообменника с плавающей головкой и устраняет недостатки кожухотрубчатого теплообменника. В связи с свойствами уплотнения сальника данный теплообменник не распространяет на применение на площади с большим диаметром, а также легколетучей, легковоспламеняющейся, взрывоопасной и токсичной средой в межтрубном пространстве.

釜式重沸器是一种带有蒸发空间的换热器。

Кубовой ребойлер служит теплообменником с пространством испарения.

2.2.3.3 换热器设计和制造

（1）设计参数。

① 设计载荷

a. 设计时考虑以下载荷：

b. 内压、外压或最大压差；

c. 膨胀量不同引起的作用力；

d. 液柱静压力，当液柱静压力小于设计压力的5%时，可忽略不计。

需要时，还会考虑下列载荷：

a. 换热器自重及正常工作条件下或耐压试验状态下内装介质的重力载荷；

b. 附属设备及隔热材料、衬里、管道、扶梯、平台等重力载荷；

c. 风载荷、地震载荷、雪载荷；

d. 支座及其他形式支撑件的反作用力；

e. 连接管道和其他部件的作用力；

f. 温度梯度引起的作用力；

g. 冲击载荷包括压力急剧波动的冲击载荷，液体冲击引起的反力等；

h. 运输或吊装时的作用力。

2.2.3.3 Проектирование и изготовление теплообменника

（1）Проектные параметры.

① Проектная нагрузка.

a. Учесть следующие нагрузки при проектировании:

b. Внутреннее давление, наружное давление или максимальный перепад давлений;

c. Сила из-за разности теплового расширения;

d. Статическое давление жидкого столба, при его значении менее 5% от проектного давления разрешать считать его незначительным.

При необходимости еще учесть следующие нагрузки:

a. Собственный вес теплообменника и гравитационная нагрузка внутренней среды в нормальных рабочих условиях или при испытании под давлением;

b. Гравитационная нагрузка принадлежностей, теплоизоляционных материалов, подкладки, трубопровода, лестницы, платформы и т.д.;

c. Ветровая нагрузка, сейсмическая нагрузка и снеговая нагрузка;

d. Обратная действующая сила опорного седла и прочих опорных деталей;

e. Сила, оказанная на соединительный трубопровод и прочие части;

f. Сила от градиента температуры;

g. Ударная нагрузка, включая ударную нагрузку из-за резких колебаний давления, противодействующую силу от гидравлического удара и т.д.;

h. Сила при транспортировке или навесной сборке.

② 设计压力或计算压力。

换热器装有超压泄放装置时，按照 GB 150.1—2011 附录 B 的规定确定设计压力。

换热器各程（压力室）的设计压力应按各自最苛刻的工作工况分别确定。如换热器存在负压操作，确定元件计算压力时应考虑在正常工作情况下可能出现的最大压力差。真空侧的设计压力按承受外压考虑；当装有安全控制装置（如真空泄放阀）时，设计压力取 1.25 倍的最大内外压力差或 0.1MPa 两者中的较低值；当无安全控制装置时，取 0.1MPa。

对于同时受各程（压力室）作用的元件，且在全寿命周期内均能保证不超过设定压差时，才可以按压差设计，否则应分别按各程（压力室）设计压力确定计算压力，并应考虑可能存在的最苛刻的压力组合；按压差设计时，压差的取值还应考虑在压力试验过程中可能出现的最大压差值，并应在设计文件中明确设计压差，同时应提出在压力试验过程中保证压差的要求。

② Проектное давление или расчетное давление.

При наличии устройства сброса при повышенном давлении в теплообменнике определить проектное давление по соответствующим указаниям в приложении В к GB150.1—2011.

Проектное давление в каждом пространстве（напорной камере）теплообменника должно определяться отдельно по собственным самым строгим рабочим режимам. При наличии операции теплообменника под отрицательным давлением следует учесть возможный максимальный перепад давлений в нормальных рабочих режимах при расчете давления элемента. Проектное давление на вакуумной стороне учесть по наружному давлению；при наличии предохранительного контрольного устройства（например, вакуумный сбросный клапан）принять самое маленькое значение среди 1,25 раз максимального перепада внутреннего и наружного давлений и 0,1МПа；при отсутствии предохранительного контрольного устройства принять 0,1МПа.

Только для элементов под одновременным воздействием пространств（напорных камер）и при возможности обеспечения отсутствия указанного перепада давлений в целый срок службы разрешать проектирование по перепаду давлений, иначе, следует определить расчетное давление по проектному давлению в каждом пространстве（напорной камере）с учетом возможной и самой строгой комбинации давлений；в случае проектирования по перепаду давлений для принятого значения перепада давлений следует учесть возможный максимальный перепад давлений в процессе испытания под давлением с указанием проектного перепада давлений в проектной документации, одновременно, еще нужно предъявлять требования к обеспечению перепада давлений в процессе испытания под давлением.

③ 设计温度。

设计温度的确定应符合以下规定：

换热器的各程(压力室)设计温度应按各自最苛刻的工作工况分别确定；各部分在工作状态下的金属温度不同时，可分别设定设计温度；壳程设计温度、管程设计温度分贝为壳程壳体、管箱壳体的设计温度。

设计温度不得低于元件金属在工作状态可能达到的最高温度。对于0℃以下的金属温度，设计温度不得高于元件金属可能达到的最低温度；在任何情况下，元件金属的表面温度不得超过材料的允许使用温度。

对于同时受两侧介质温度作用的元件应按其金属温度确定设计温度。

元件金属温度可以通过传热计算、在已使用的同类容器上测定或根据介质温度并结合外部条件确定。

④ 工况组合。

对于不同工作工况的热交换器，应按最苛刻的工况设计；必要时还应考虑不同工况的组合，并在图样或相应技术文件中注明各工况操作条件和

③ Проектная температура.

Определение проектной температуры должно удовлетворять следующим указаниям:

Проектная температура в каждом пространстве (напорной камере) теплообменника должна определяться отдельно по собственным самым строгим рабочим режимам; если температуры металла частей в рабочем режиме являются разными, разрешать отдельно определять проектную температуру; проектная температура межтрубного пространства и проектная температура трубного пространства соответственно служит проектной температурой корпуса межтрубного пространства и проектной температурой корпуса трубной камеры.

Проектная температура должна быть не ниже максимальной возможной температуры металла элемента в рабочем режиме. Для температуры металла ниже 0℃ проектная температура должна быть не выше возможной минимальной температуры металла элемента; в любом случае температура поверхности металла элемента не превышает допустимую рабочую температуру материала.

Относительно элемента под одновременным воздействием температуры среды на 2 сторонах следует определять проектную температуру по его температуре металла.

Температура металла элемента может получаться расчетом теплопередачи или измерением в использованной емкости одного вида с учетом температуры среды и наружных условий.

④ Комбинация рабочих режимов.

Для теплообменника в разных рабочих режимах следует проводить проектирование по самым строгим требованиям к рабочему режиме,

设计条件下的压力和温度值。

при необходимости следует учесть комбинацию разных рабочих режимов, и в чертежах и соответствующих технических документах отметить условия операции в разных рабочих режимах, давления и температуры в проектных условиях.

⑤ 腐蚀裕量。

⑤ Припуск на коррозию.

为防止换热器元件由于腐蚀、机械磨损而导致厚度削弱减薄,应考虑腐蚀裕量。

Во избежание уменьшения толщины из-за коррозии и механического износа элемента теплообменника учесть надлежащий припуск на коррозию.

管壳式换热器元件腐蚀裕量的考虑原则:

Принцип учета припуска на коррозию элемента кожухотрубчатого теплообменника:

管板、浮头法兰和球冠形封头的两面均应考虑腐蚀裕量;

Следует учесть припуск на коррозию 2 сторон трубной решетки, фланца с плавающей головкой и сферического днища;

管箱平盖、凸形封头、管箱和壳体内表面应考虑腐蚀裕量;

Следует учесть припуск на коррозию плоской крышки трубной камеры, выпуклого днища, а также внутренней поверхности трубной камеры и корпуса;

管板和管箱平盖上开槽时,可将高出隔板槽底面的金属作为腐蚀裕量,但当腐蚀裕量大于槽深时,还应加上两者的差值;

При выполнении паза на трубной решетке и плоской крышке трубной камеры можно применять металл выше нижней плоскости паза перегородки в качестве припуска на коррозию, но если припуск на коррозию более глубины паза, следует добавлять их разность;

设备法兰和管法兰的内径面应考虑腐蚀裕量;

Для плоскости внутреннего диаметра фланца оборудования и фланца трубы следует учесть припуск на коррозию;

换热管、钩圈、浮头螺栓和纵向隔板一般不考虑腐蚀裕量;

Для теплообменной трубы, крючка-кольца, болта с плавающей головкой и продольной перегородки обычно не учесть припуск на коррозию;

分程隔板的两面均应考虑腐蚀裕量;

Для обеих сторон перегородки пространства следует учесть их припуск на коррозию;

拉杆、定距管、折流板和支持板等非受压元件,一般不考虑腐蚀裕量。

Для элементов, не несущих давление, например, рычаг, труба с фиксированной длиной, дефлектор и опорная плита, обычно не учесть припуск на коррозию.

（2）结构设计。

① 管程。

a. 布管。

换热管排列形式有正三角、转角正三角、正方形及转角正方形排列 4 种，如图 2.2.12 所示。

（2）Проектирование конструкции.

① Трубное пространство.

a. Расположение труб.

Виды расположения теплообменной трубы: равносторонний треугольник, равносторонний треугольник с поворотом, квадрат и квадрат с поворотом, как показано на рис. 2.2.12.

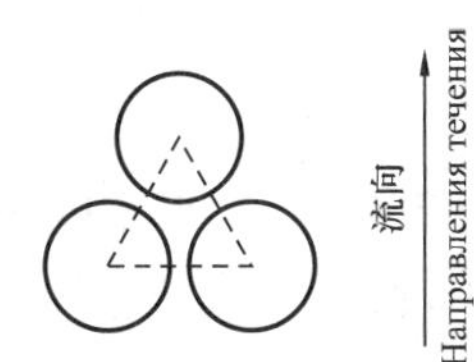

(a) 正三角形排列（30°）
(a) Расположение в виде равностороннего треугольника（30°）

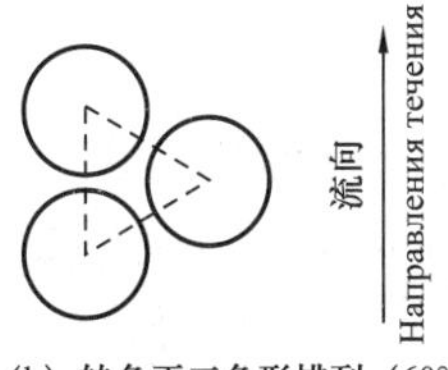

(b) 转角正三角形排列（60°）
(b) Расположение в виде равностороннего треугольника с поворотом（60°）

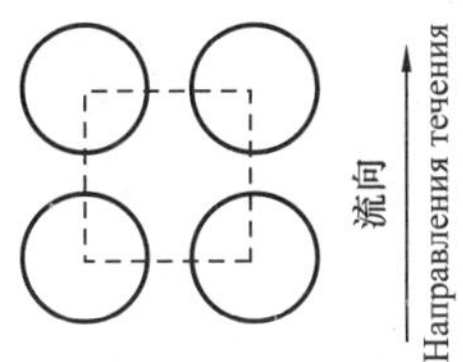

(c) 正方形排列（90°）
(c) Расположение в виде квадрата（90°）

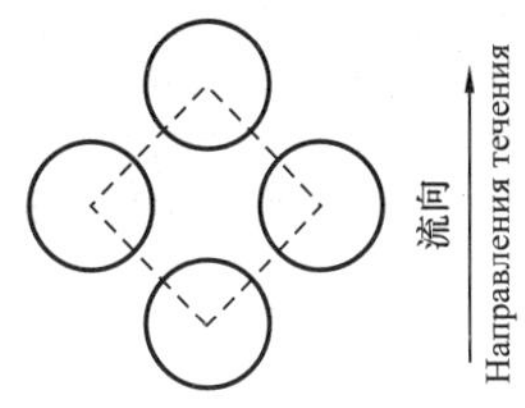

(d) 转角正方形排列（45°）
(d) Расположение в виде квадрата с поворотом（45°）

图 2.2.12 换热管排列形式

Рис. 2.2.12 Расположение теплообменной трубы

b. 管程分程。

换热器管程数一般有 1、2、4、6、8、10、12 等 7 种。对于多管程结构，尽可能使各管程的换热管数相近、分程隔板槽形状简单、密封面长度较短。

b. Деление трубного пространства.

Количество трубных пространств теплообменника обычно составляет 1, 2, 4, 6, 8, 10, 12. Относительно конструкции со многими трубными пространствами обеспечить в каждом трубном пространстве близкое количество теплообменных труб, простую форму паза перегородки деленного пространства, короткую длину уплотнительной плоскости.

c. 分程隔板。

分程隔板与管箱内壁采用双面连续焊，最小焊脚尺寸为 3/4 倍的隔板厚度；必要时，隔板边缘应开坡口；允许采用与焊接连接等强度的其他连接方式。

c. Перегородка деленного промтранства.

Соединение перегородки деленного промтранства с внутренней стенкой трубной камеры выполняется непрерывной сваркой с двух сторон, минимальный размер катета шва составляет 3/4 от толщины перегородки; при необходимости следует выполнять кромок на крае перегородки; разрешать применять прочие способы соединения с одинаковой прочностью сварного соединения.

d. 管程防冲结构

d. Конструкция защиты от удара трубного пространства

当液体 ρv^2>9000kg/（m·s^2）（ρ 为密度，kg/m^3；v 为流速，m/s）时，采用轴向入口接管的管箱设置防冲结构。

При ρv^2 более 9000кг/（м·сек.^{2}）у жидкости（ρ-плотность，кг/м^3；v-скорость течения，м/сек.）для трубной камеры с осевым входом штуцера предусмотреть конструкцию защиты от удара.

e. 换热管。

e. Теплообменная труба.

换热管直管段长度推荐采用：1.0m、1.5m、2.0m、2.5m、3.0m、4.5m、6.0m、7.5m、9.0m、12.0m。

Рекомендуемая длина прямого участка теплообменной трубы: 1,0м，1,5м，2,0м，2,5м，3,0м，4,5м，6,0м，7,5м，9,0м，12,0м.

f. 换热管与管板的连接。

f. Соединение теплообменной трубы с трубной решеткой.

Ⅰ. 强度胀接。

Ⅰ. Компенсационное соединение.

适用范围：设计压力不大于 4.0MPa；设计温度不大于 300℃；操作中无振动，无过大的温度波动及无明显的盈利腐蚀倾向。

Сфера применения: проектное давление не более 4,0МПа；проектная температура не более 300℃；без вибрации，больших колебаний температуры и значительной тенденции к коррозии под напряжением в процессе операции.

当设计压力大于 4.0MPa 且需要采用强度胀接时，应进行胀接工艺试验，校核换热管与管板连接的拉脱应力。

В случае проектного давления более 4,0МПа и необходимости применения компенсационного соединения следует проводить испытание на технологию компенсационного соединения с проверкой растяжения отрыва соединения теплообменной трубы с трубной решеткой.

换热管材料的硬度应低于管板的硬度。

Твердость материала теплообменной трубы должна быть ниже твердости трубной решетки.

机械胀接的胀度根据换热管材料满足标准胀度范围要求；当采用其他胀接方法或材料超出标准要求时，应通过胀接工艺试验确定合适的胀度。

Степень механического компенсационного соединения должна удовлетворять требованиям к стандартной сфере компенсационного соединения материала теплообменной трубы；при применении прочих способов компенсационного соединения или в случае превышения материала вне стандартных требований следует определять надлежащую степень компенсационного соединения по испытанию на технологию компенсационного соединения.

Ⅱ. 强度焊接。

适用范围：不适用于有较大振动、有缝隙腐蚀倾向的场合。

Ⅲ. 胀焊并用。

适用范围：有振动或循环载荷时、存在缝隙腐蚀倾向时、采用复合管板时。

② 壳程。

a. 导流与防冲。

符合下列场合之一时，应在壳程进口管处设置防冲板或导流筒：

非磨蚀的单相流体，$\rho v^2 > 2230$kg/（m · s^2）；

有磨蚀的液体，包括沸点下的液体，$\rho v^2 > 740$kg/（m · s^2）；

有磨蚀的气体、蒸汽（气）及气液混合物；

b. 折流板与支持板。

Ⅰ. 折流板。

常见的折流板形式有弓形和圆盘—圆环形两种，如图 2.2.13 所示。

弓形折流板缺口大小应使流体通过缺口与横过管束的流速相近。缺口大小用其弦高占壳程圆筒内径的百分比来表示。缺口弦高 h 值宜取 0.2～0.5 倍的壳程圆筒内径。

Ⅱ. Прочная сварка.

Сфера применения: не пригодится к обстоятельству с большой вибрацией и тенденцией к коррозии зазора.

Ⅲ. Сочетание компенсационного соединения со сваркой.

Сфера применения: наличие вибрации или нагрузки циркуляции; наличие тенденции к коррозии зазора; применение комбинированной решетки.

② Межтрубное пространство.

a. Направление течения и защита от удара.

В случае с удовлетворением одному из следующих требований следует предусмотреть плиту для зашиты от удара или направляющий цилиндр в месте входной трубы межтрубного пространства:

Однофазный флюид без абразии, ρv^2 более 2230 кг/（м · сек.^{2}）;

Жидкость с абразией, включая жидкость под точкой кипения, ρv^2 более 740 кг/（м · сек.^{2}）;

Газ, пар（паровой газ）, смесь газа и жидкости с абразией;

b. Дефлектор и опорная плита.

Ⅰ. Дефлектор.

Часто употребляемые дефлекторы являются дугообразным и дисковым（кольцевым）, как показано на рис. 2.2.13.

Размер надреза на дугообразном дефлекторе должен обеспечить похожую скорость прохода флюида через надрез и трубный пучок. Размер надреза выражается процентом отношения стрелки сегмента к внутреннему диаметру цилиндра межтрубного пространства. Значение стрелки сегмента надреза h должно быть 0,2–0,5 раза внутреннего диаметра цилиндра межтрубного пространства.

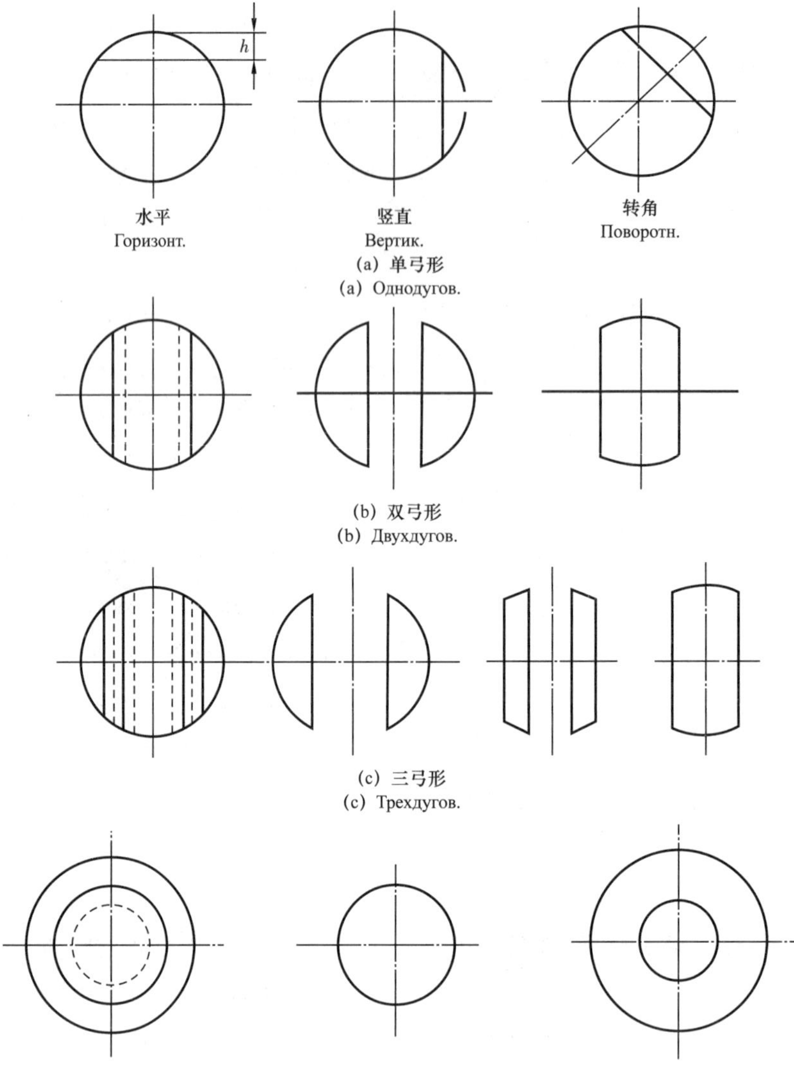

图 2.2.13 常见的折流板形式

Рис. 2.2.13 Часто употребляемые дефлекторы

圆盘——圆环形折流板主要用于壳体直径较大,须减少流体阻力及避免死角区的情况。

Дисковый (кольцевой) дефлектор в основном применяется в случае с большим диаметром корпуса и необходимостью уменьшения сопротивления флюида и избежания мертвого угла.

折流板间距:管束两端的折流板尽可能靠近壳程进出口接管,其余折流板宜按等间距布置。折流板最小间距不宜小于圆筒内径的 1/5 且不小于 50mm,特殊情况下也可取较小的间距。

Шаг между дефлекторами: дефлекторы на 2 концах трубного пучка должны приблизиться к входному и выходному штуцерам межтрубного пространства, а прочие дефлекторы должны быть расположены с равенством шага. Минимальный шаг между дефлекторами должен быть не менее 1/5 от внутреннего диаметра цилиндра и не менее

50мм, в особых условиях можно принять меньшее значение шага.

换热管直管的无支撑跨距按照标准规定。流体脉动场合,无支撑跨距尽可能减小或改变流动方式防止管束振动。

Пролет прямого участка теплообменной трубы без опоры определяется по стандартам. В обстоятельстве с импульсом флюида пролет без опоры должен уменьшаться по мере возможности или изменять способ течения во избежание вибрации трубного пучка.

折流板缺口布置:卧式换热器的壳程为单相清洁流体时,折流板缺口宜水平上下布置;气体中含有少量液体时,应在缺口朝上的折流板最低处开通液口;液体中含有少量气体时,应在缺口朝下的折流板最高处开通气口。

Расположение надреза дефлектора: при наличии однофазного чистого флюида в межтрубном пространстве горизонтального теплообменника надрез дефлектора должен горизонтально располагаться вверх и вниз; при наличии жидкости маленьким количеством в газе следует выполнять отверстие для выпуска жидкости в самой низкой точке дефлектора с надрезом вверх; при наличии газа маленьким количеством в жидкости следует выполнять отверстие для выпуска газа в самой высокой точке дефлектора с надрезом вниз.

卧式换热器、冷凝器和重沸器的壳程介质为气、液共存或液体中含有固体颗粒时,折流板缺口应垂直左右布置;气、液共存时,应在折流板最低处和最高处开通液口和通气口;液体中含有固体颗粒时,应在折流板最低处开通液口,如图 2.2.14 所示。

Если смесь газа и жидкости или жидкость с твердой частицей служит средой в межтрубном пространстве горизонтального теплообменника, конденсатора и ребойлера, надрез на дефлекторе должен располагаться вертикально направо и налево; при наличии смеси газа и жидкости следует выполнять отверстие для выпуска жидкости и отверстие для выпуска газа соответственно в самых низкой и верхней точках дефлектора; при наличии твердой частицы в жидкости следует выполнять отверстие для выпуска жидкости в самой низкой точке дефлектора. Подробность приведена на рис. 2.2.14.

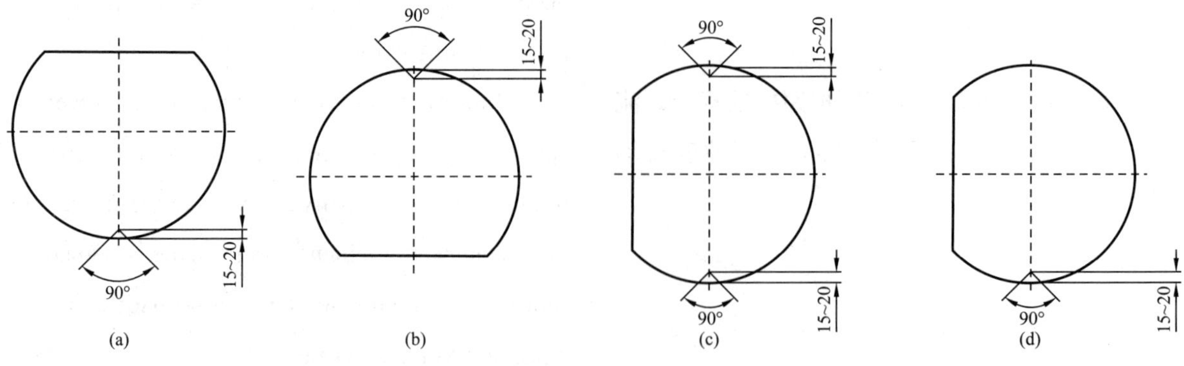

图 2.2.14 折流板缺口、通液(气)口布置

Рис. 2.2.14 Расположение надреза и отверстия для выпуска жидкости（газа）на дефлекторе

Ⅱ. 支持板。

当热交换器不需要设置折流板,但换热管无支撑跨距超过标准规定时,应设置支持板。U 形管热交换器弯管端、浮头式热交换器浮头端宜设置加厚环形或整圆的支持板。允许采用折流杆等其他折流支撑结构形式。

Ⅱ. Опорная плита.

Если не нужно предусмотреть дефлектор для теплообменника, но пролет теплообменной трубы без опоры превышает стандартное значение, следует предусмотреть опорную плиту. На конце отвода теплообменника из U-образной трубы и конце плавающей головки теплообменника с плавающей головкой следует предусмотреть утолщенную кольцевую или круглую опорную плиту. Разрешать применять прочие типы конструкции дефлекторной опоры, например, дефлекторная рукоятка.

c. 防短路结构。

当短路宽度超过 16mm 时,应设置防短路结构。

c. Конструкция защиты от короткого канала.

При ширине короткого канала более 16мм следует предусмотреть конструкцию защиты от короткого канала.

Ⅰ. 旁路挡板。

两折流板缺口间距小于 6 个管心距时,管束外围设置一对旁路挡板;超过 6 个管心距是,每增加 5～7 个管心距增设一对旁路挡板,如图 2.2.15 所示。

Ⅰ. Байпасная перегородка.

Когда шаг между 2 надрезами дефлекторов менее 6 раз шаг между центрами труб, предусмотреть пару байпасных перегородок в окружности трубного пучка; при шаге более 6 раз шаг между центрами труб дополнить пару байпасных перегородок по каждому увеличении 5–7 раз шаг между центрами труб, как показано на рис. 2.2.15.

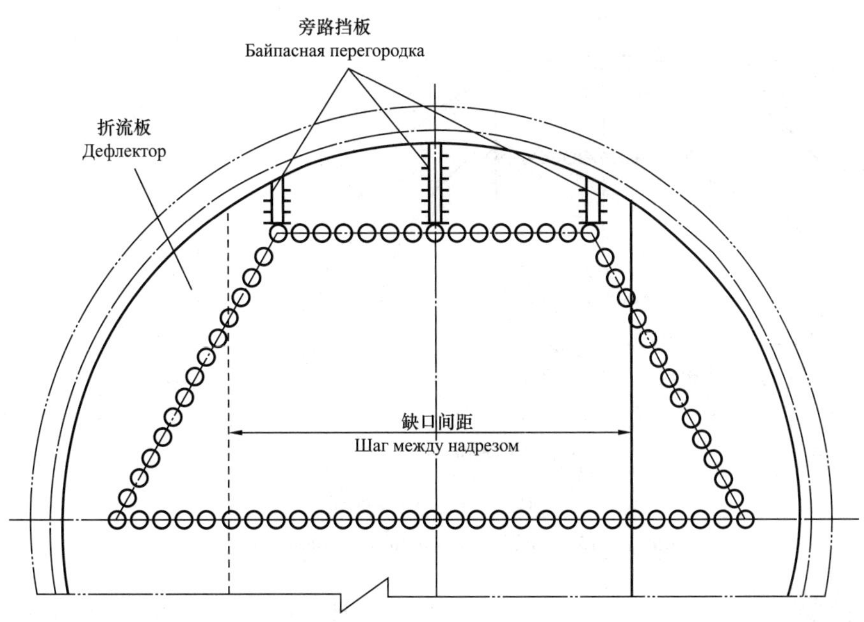

图 2.2.15 旁路挡板布置

Рис. 2.2.15 Расположение байпасной перегородки

旁路挡板应与折流板焊接牢固。旁路挡板的厚度可取与折流板相同的厚度。

Байпасная перегородка подлежит прочной сварке с дефлектором. Для толщины байпасной перегородки можно принять одинаковое значение с толщиной дефлектора.

Ⅱ. 挡管。

Ⅱ. Перегородочная труба.

分程隔板槽背面的管束中间可设置挡管，挡管为两端或一端堵死的盲管，也可用带定距管的拉杆兼作挡管。两折流板缺口间每隔 4～6 个管心距设置 1 根挡管，如图 2.2.16 所示。

На центре трубного пучка на обратной стороне паза перегородки деленного пространства можно предусмотреть перегородочную трубу, которая служит трубой с заглушкой одного конца или 2 конца. Тоже разрешать применять рычаг, оборудованный трубой с фиксированной длиной, в качестве перегородочной трубы. Между 2 надрезами дефлекторов предусмотреть одну перегородочную трубу через 4–6 раз шага между центрами труб, как показано на рис. 2.2.16.

挡管应与任意一块折流板焊接牢固。

Перегородочная труба подлежит прочной сварке с любым дефлектором.

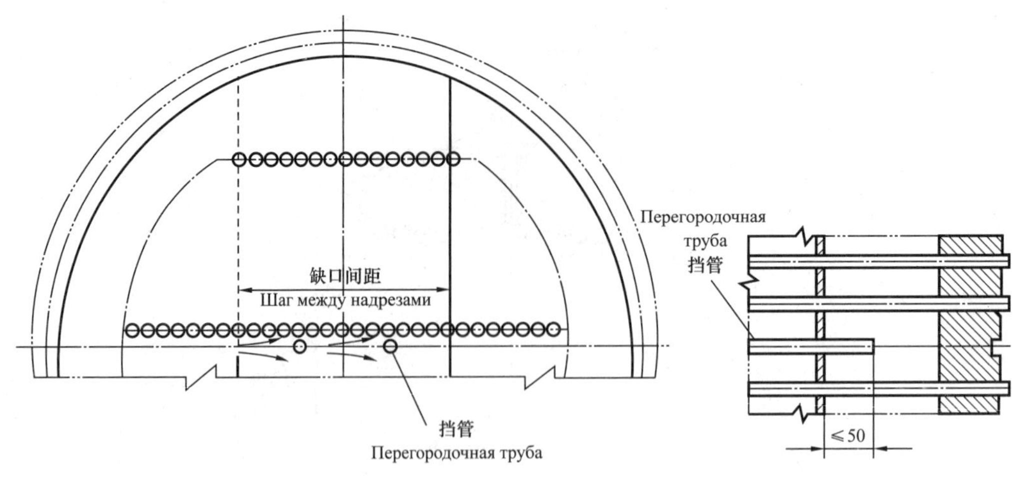

图 2.2.16 挡管布置

Рис. 2.2.16 Расположение перегородочной трубы

Ⅲ. 中间挡板。

U 形管式换热器分程隔板槽背面的管束中间短路宽度较大时应设置中间挡板；也可将最里面一排的 U 形弯管倾斜布置，必要时还应设置挡板（或挡管），如图 2.2.17 所示。

Ⅲ. Промежуточная перегородка.

Если ширина промежуточной короткого пути трубного пучка на обратной стороне надреза деленной перегородки теплообменника из U-образной трубы является относительно большой, следует предусмотреть промежуточную перегородку, или выполнить наклонное расположение ряда U-образных отводов в самом внутреннем месте. При необходимости следует предусмотреть перегородку (или перегородочную трубу), как показано на рис. 2.2.17.

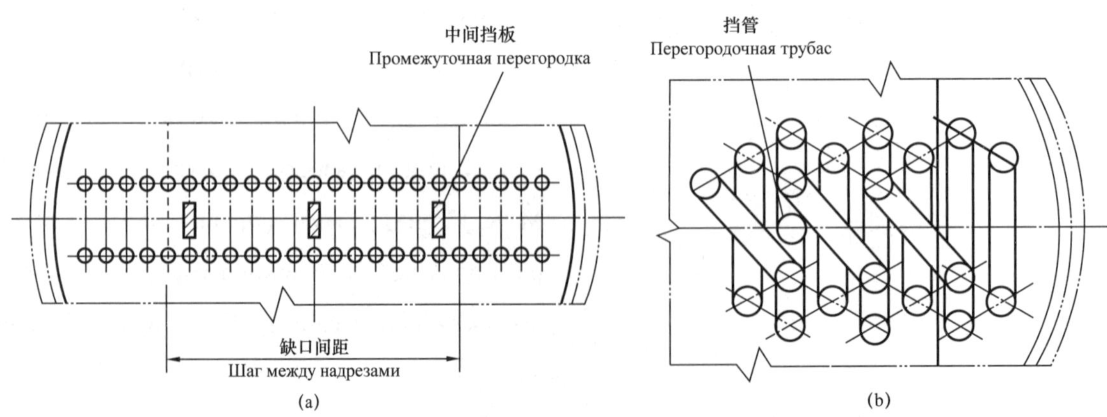

图 2.2.17 中间挡板、挡管布置

Рис. 2.2.17 Расположение промежуточной перегородки и перегородочной трубы

d. 拉杆、定距杆。

拉杆有螺纹连接结构和焊接连接结构两种，如图 2.2.18 所示。螺纹连接结构一般适用于换热管外径不小于 19mm 的管束；焊接连接结构一般适用于换热管外径不大于 14mm 的管束。当管板较薄时，也可采用其他连接结构。

d. Рычаг и рычаг с фиксированной длиной.

Рычаг обладает конструкцией резьбового соединения и конструкцией сварного соединения, как показано на рис. 2.2.18. Конструкция резьбового соединения обычно распространяет на трубный пучок с наружным диаметром теплообменной трубы не менее 19мм; а конструкция сварного соединения-трубный пучок с наружным диаметром теплообменной трубы не более 14мм. При применении тонкой трубной решетки разрешать применять прочие конструкции соединения.

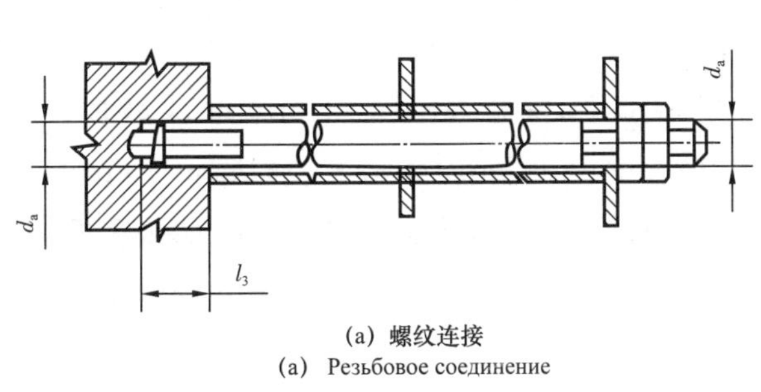

(a) 螺纹连接
(a) Резьбовое соединение

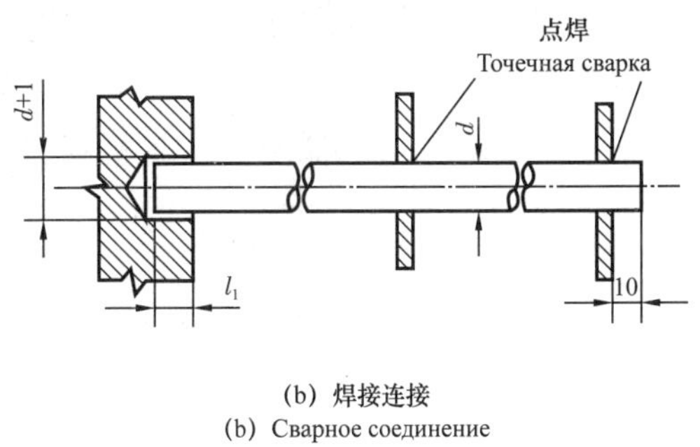

(b) 焊接连接
(b) Сварное соединение

图 2.2.18 拉杆连接结构

Рис. 2.2.18 Конструкция соединения рычагов

拉杆的直径和数量按照标准选用。在保证不小于给定的拉杆总截面积的前提下，拉杆的直径和数量可以变动，但其直径不宜小于 10mm，数量不少于 4 根。需要时，对立式热交换器还应校核拉杆的强度。

Диаметр и количество рычагов выбирать по стандартам. С учетом обеспечения значения не менее заданного общего сечения рычагов, их диаметр и количество может изменяться, но диаметр должен быть не менее 10мм и количество не менее 4. При необходимости следует проверять прочность рычага вертикального теплообменника.

拉杆应尽量均匀布置在管束的外边缘。对于大直径的换热器，在布管区内或靠近折流板缺口处应布置适当数量的拉杆。任何折流板不应少于 3 个拉杆支撑点。

Рычаги должен располагаться равномерно на внешнем крае трубного пучка по мере возможности. Для теплообменника большим диаметром следует располагать рычаги надлежащим количеством в зоне расположения труб или в месте вблизи надреза дефлектора. Для любого дефлектора количество опор рычаги должно быть не менее 3.

定距杆的外径宜与换热管外径相同。

Наружный диаметр рычага с фиксированной длиной является одинаковым с наружным диаметром рычага.

e. 滑道。

e. Рельс.

可抽管束应设置滑道,滑道可为板式、滚轮和圆钢条等形式。

Для вытягиваемого трубного пучка следует предусмотреть рельс, который может быть пластинчатым, роликовым, проволочным из круглой стали и т.д..

Ⅰ. 板式滑道。

Ⅰ. Пластинчатый рельс.

板式滑道应采用整体结构,并与折流板或支持板焊接牢靠,如图 2.2.19 所示;板式滑道地面应高出折流板或支持板外援 0.5～1.0mm;板式滑道地面边缘应倒角或倒圆;板式滑道的截面尺寸可根据热交换器直径、长度和管束质量确定。

Пластинчатый рельс должен выполняться целой конструкцией с прочной сваркой с дефлектором или опорной плитой, как показано на рис. 2.2.19; плоскость пластинчатого рельса должна быть выше наружного края дефлектора или опорной плиты на 0,5-1,0мм; край плоскости пластинчатого рельса должен быть с фаской или закруглением; размер сечения пластинчатого рельса может определяться по диаметру и длину теплообменника, а также массе трубного пучка.

Ⅱ. 滚轮式滑道。

Ⅱ. Роликовый рельс.

滚轮式滑道结构域布置如图 2.2.20 所示,滚轮数量和尺寸应根据管束的质量和滚轮中心角的大小来确定,管束至少应有两对滚轮。

Конструкция и расположение роликового рельса приведены на рис. 2.2.20 количество и размеры роликов должны определяться по массе трубного пучка и размеру центрального угла ролика, в трубном пучке должны существовать не менее 2 пар роликов.

Ⅲ. 圆钢条滑道。

Ⅲ. Проволочный рельс из круглой стали.

典型的釜式重沸器的圆钢条(管束)滑道结构如图 2.2.21 所示。除在折流板或支持板上装有滑道外,还应在壳体底部设置支撑导轨。

Типичная конструкция проволочного рельса из круглой стали (трубного пучка) кубового ребойлера приведена на рис. 2.2.21. За исключением того, что рельсы предусмотрены на дефлекторе или опорной плите, еще следует предусмотреть опорные направляющие рельсы на дне корпуса.

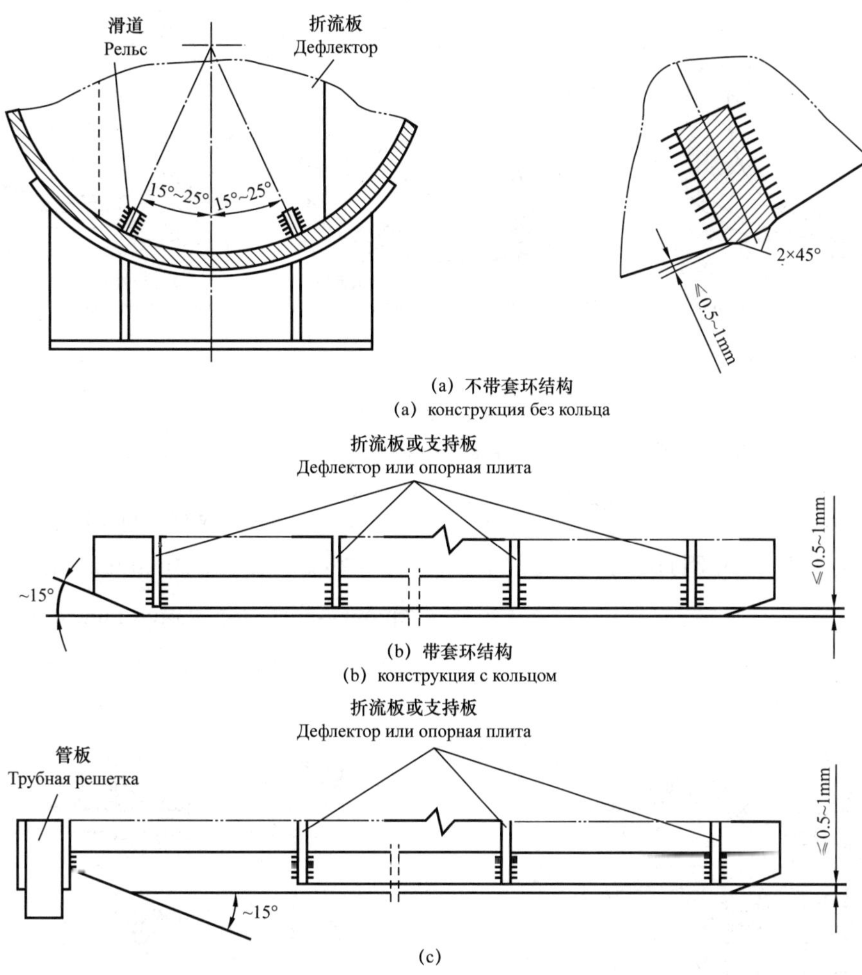

图 2.2.19 板式滑道

Рис. 2.2.19 Пластинчатый рельс

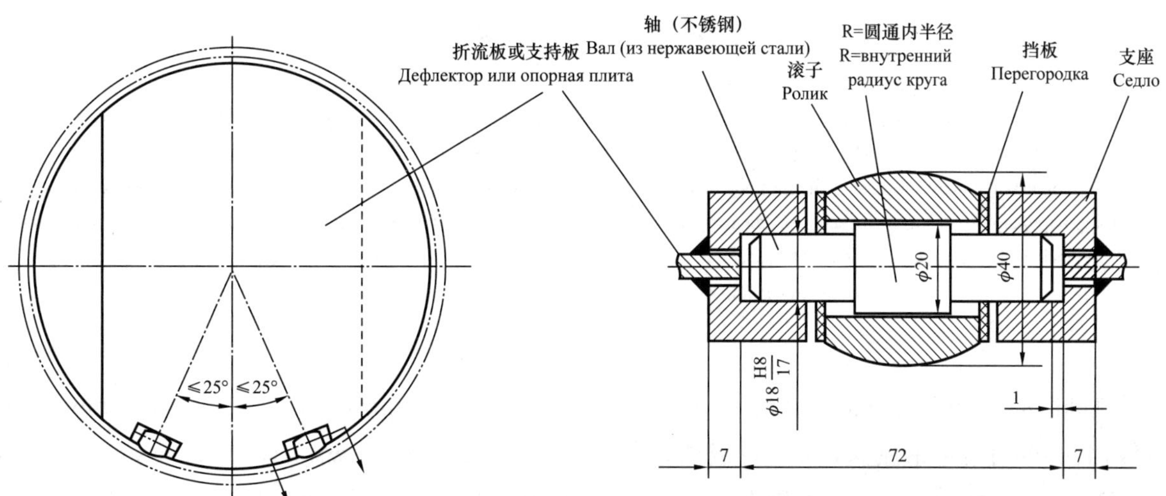

图 2.2.20 滚轮式滑道结构示意图

Рис. 2.2.20 Конструкция роликового рельса

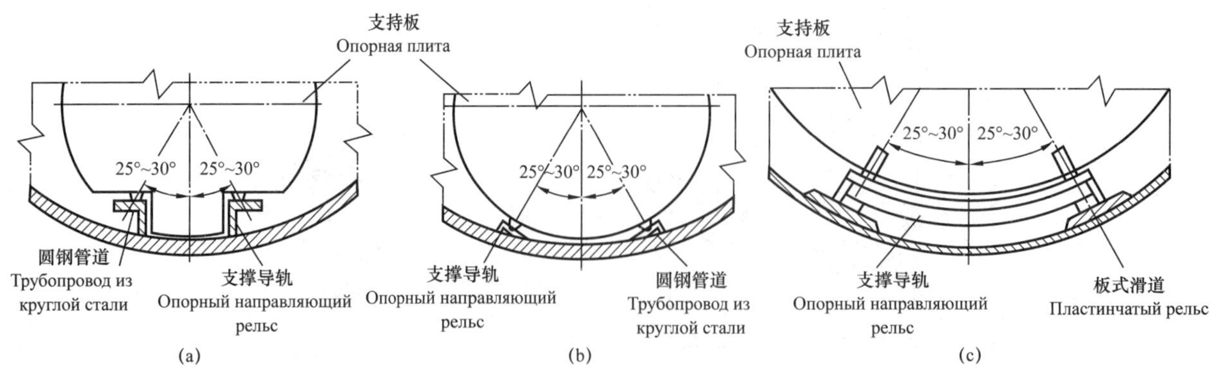

图 2.2.21　釜式重沸器管束滑道结构示意图

Рис. 2.2.21　Конструкция рельса трубного пучка для кубового ребойлера

f. 钩圈式浮头。

钩圈式浮头盖推荐采用球冠形封头，如图 2.2.22 所示。

f. Плавающая головка типа крючка-кольца.

В качестве крышки плавающей головки типа крючка-кольца рекомендовать применять сферическое днище, как приведено в рис. 2.2.22.

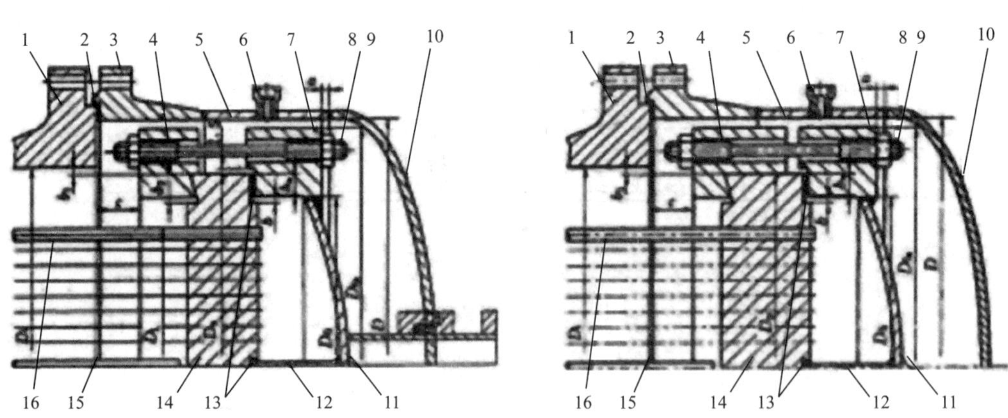

图 2.2.22　钩圈式浮头结构示意图

Рис. 2.2.22　Конструкция плавающей головки типа крючка-кольца

1—外后盖侧法兰；2—外头盖垫片；3—外头盖法兰；4—钩圈；5—外头盖圆筒；6—放气口或排液口；7—浮头法兰；8—双头螺；9—螺母；10—凸形封头；11—球冠形封头；12—分程隔板；13—浮头垫片；14—浮动管板；15—挡管；16—换热管

1—боковой фланец наружной головки; 2—прокладка наружной головки; 3—фланец наружной головки; 4—крючок-кольцо; 5—цилиндр наружной головки; 6—отверстие для выпуска газа или жидкости; 7—фланец с плавающей головкой; 8—болт-шпилька; 9—гайка; 10—выпуклое днище; 11—сферическое днище; 12— перегородка; 13—прокладка плавающей головки; 14—плавающая трубная решетка; 15—перегородочная труба; 16—теплообменная труба.

g. 壳体。

卷制圆筒的直径以 400mm 为基数，以 100mm 为进级挡，必要时也可采用 50mm 为进级挡。直径不大于 400mm 的圆筒，可用管材制作。

g. Корпус.

Для условного диаметра намотанного цилиндра принять 400мм в качестве базисной величины и 100мм в качестве положения превышения ступени, при необходимости можно принять 50мм в качестве положения превышения ступени.

Цилиндр условным диаметром не более 400мм может изготовлять трубы.

外头盖圆筒的长度应满足管束膨胀的要求，且不宜小于 100mm。

Длина цилиндра наружной головки должна удовлетворять требованиям к расширению трубного пучка и быть не менее 100мм.

h. 填料函。

h. Сальник.

填料函式换热器不适用易挥发、易燃、易爆、有毒及贵重介质场合；填料的材料选择应根据管、壳程介质、操作温度、操作压力等确定。

Теплообменник с сальником не распространяет на место с легколетучей, легковоспламеняющейся, взрывоопасной, токсичной и драгоценной средой; выбор материала сальника должен определяться на основе среды в трубном пространстве, среды в межтрубном пространстве, рабочей температуры, рабочего давления и т.д..

填料函底部宜设置一个金属环，如图 2.2.23 所示。金属环与管板裙之间的间隙应小于管板裙和填料函之间的最小间隙。

На дне сальника следует предусмотреть металлическое кольцо, как показано на рисунке 2.2.23. Зазор между металлическим кольцом и юбкой трубной решетки должен быть менее минимального зазора между юбкой трубной решетки и сальником.

浮动管板裙宜向外延伸。当管板裙向内延伸时，应采用适当的方法防止靠近管板的壳程内形成较大的流体滞留区。

Следует протягивать юбку плавающей трубной решетки наружу. При протягивании юбки плавающей трубной решетки внутрь следует применять надлежащее мероприятие по защите от образования большой зоны задержки флюида в межтрубном пространстве вблизи трубной решетки.

凡与填料接触的管板、管板裙和填料函的表面均应机械加工，表面粗糙度 R_n 不大于 12.5μm。

Поверхности трубной решетки, юбки трубной решетки и сальника, входящие в соприкосновение с набивкой, подлежат механической обработке, шероховатость поверхности R_n не более 12,5мкм.

外填料函式热交换器壳程设计压力不宜高于 2.5MPa，其结构如图 2.2.23 所示。

Проектное давление в межтрубном пространстве теплообменника с наружным сальником должно быть не выше 2.5МПа, конструкция приведена на рис. 2.2.23.

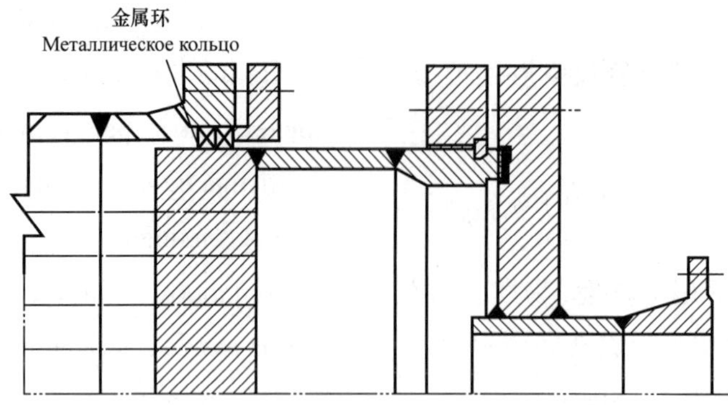

图 2.2.23 外填料函式结构示意图

Рис. 2.2.23 Конструкция наружного сальника

单填料函式浮动管板结构如图 2.2.24 所示，图(a)的结构不适用于管、壳程介质严禁混合的情况，图(b)的结构可以从套环中间孔检查介质泄漏的情况。

Конструкция плавающей трубной решетки с одном сальником приведена на рис. 2.2.24. Конструкция, приведенная на рис. (a), не распространяет на условия с невозможностью смешивания среды в трубном пространстве со средой в межтрубном пространстве; а конструкция, приведенная на рис. (b), позволяет проверке утечки среды через промежуточное отверстие на манжете.

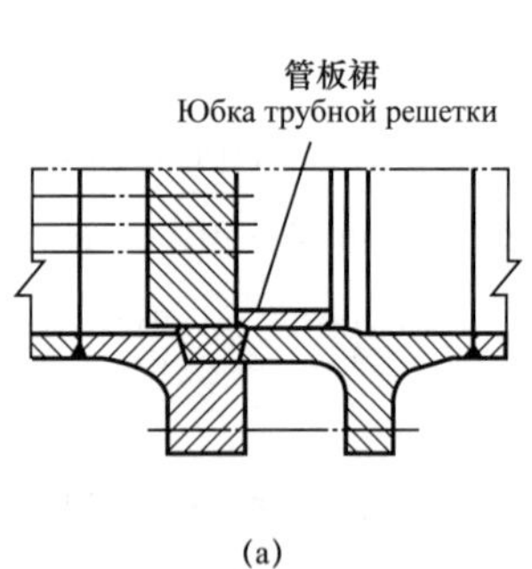

(a)

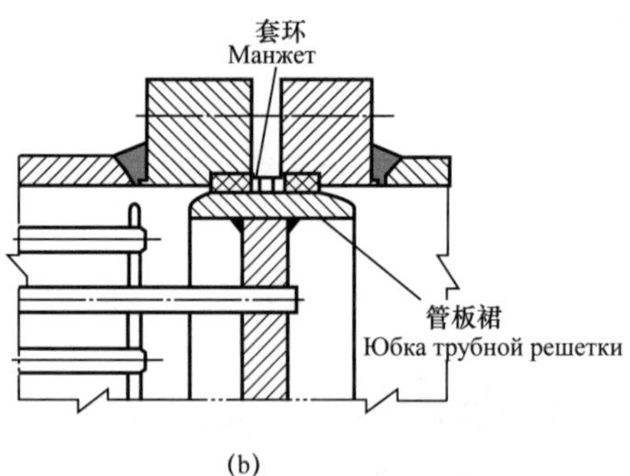

(b)

图 2.2.24 单填料函浮动管板结构示意图

Рис. 2.2.24 Конструкция плавающей трубной решетки с одном сальником

双填料函浮动管板结构如图 2.2.25 所示。此结构可用于密封要求较高的场合。

Конструкция плавающей трубной решетки с двойным сальником приведена на рис. 2.2.25, данная конструкция может применяться на месте с относительно высокими требованиями к уплотнению.

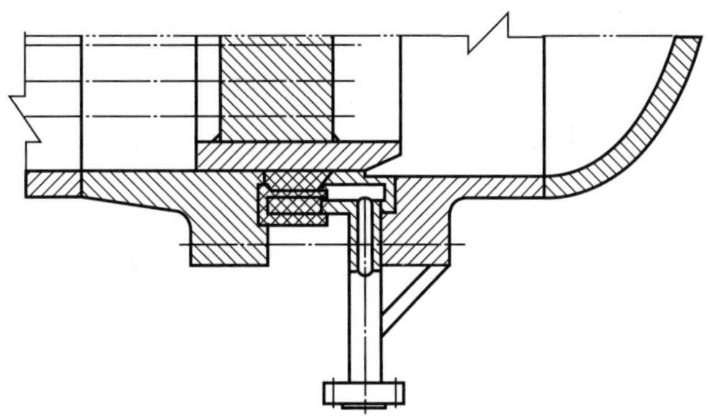

图 2.2.25 双填料函浮动管板结构示意图

Рис. 2.2.25 Конструкция плавающей трубной решетки с двойным сальником

i. 膨胀节。

膨胀节是安装在固定管板式换热器壳体上的挠性构件,依靠这种易变性的挠性构件,对管束与壳体间热膨胀后的变形差进行补偿,以此来消除壳体与管束因温差而引起的温差应力。膨胀节形式较多,一般有波形膨胀节、Ω 形膨胀节、平板形膨胀节,如图 2.2.26 所示,其中波形膨胀节使用最普遍。

i. Компенсационная секция.

Компенсационная секция служит гибкой конструкцией, установленной на корпусе стационарного кожухотрубчатого теплообменника, с помощью этой гибкой конструкции осуществлять компенсацию разности деформации после теплового расширения между трубным пучком и корпусом, чтобы удалить напряжение от перепада температур корпуса и трубного пучка. Компенсационная секция обладают разными типами, обычно включая гофрированную компенсационную секцию, компенсационную секцию формы Ω и пластинчатую компенсационную секцию. Среди них применение гофрированной компенсационной секции является самым широким, как приведено в рис. 2.2.26.

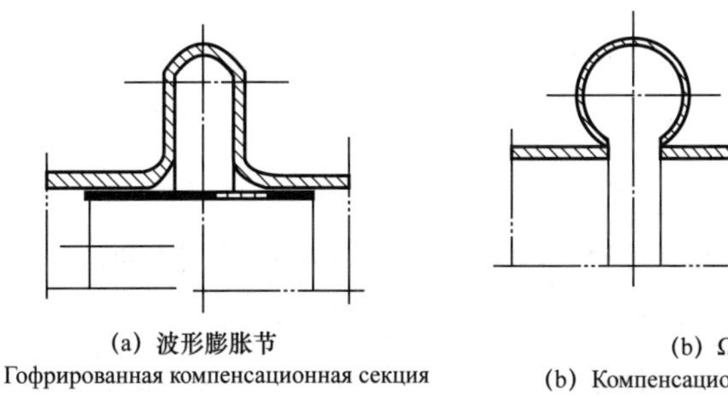

(a) 波形膨胀节
(a) Гофрированная компенсационная секция

(b) Ω形膨胀节
(b) Компенсационная секция формы Ω

(c) 平板形膨胀节
(c) Пластинчатая компенсационная секция

图 2.2.26 常见膨胀节形式

Рис. 2.2.26 Часто употребляемые типы компенсационной секции

j. 接管及其他开口。

壳程接管宜与壳体内表面平齐,必须内伸的接管不应妨碍管束的拆装;当不能利用接管进行放气或排液时,应在管程和壳程的最高点设置放气口,在最低点设置排液口。

j. Штуцер и прочие отверстия.

Штуцер межтрубного пространства должен выравниваться до внутренней поверхности корпуса, штуцер с необходимостью протягивания внутрь, должен не мешать снятию и установке трубного пучка; если не можно проводить выпуск газа или жидкости с помощью штуцера, следует предусмотреть отверстие для выпуска газа и отверстие для выпуска жидкости соответственно в самой высокой точке и самой низкой точке трубного пространстве и межтрубного пространства.

必要时设置温度计、压力表及液位计等开口,仪表接口可设置在接管上。

При необходимости предусмотреть отверстия для термометра, манометра, уровнемера и прочих приборов, отверстие для прибора может быть предусмотрено на штуцере.

k. 支座。

k. Опорное седло.

Ⅰ. 卧式换热器鞍式支座。

Ⅰ. Опорное седло горизонтального теплообменника.

卧式换热器鞍式支座的布置如图 2.2.27 所示,其确定原则如下:

Расположение опорного седла горизонтального теплообменника приведено на рис. 2.2.27, его принцип определения показан ниже:

换热器的长度不大于 3m 时,鞍座间距 L_B 宜取 0.4 ～0.6 倍换热器的长度;

При условной длине теплообменника не более 3м шаг между седлами L_B следует принять 0,4-0,6 раза условной длины теплообменника;

换热器的长度大于 3m 时,鞍座间距 L_B 宜取 0.5～0.7 倍换热器的长度;

При условной длине теплообменника более 3м шаг между седлами L_B следует принять 0,5–0,7 раза условной длины теплообменника;

宜使鞍座与筒体端部的间距 L_C、壳程与筒体端部的间距 L_C' 相近;

Следует обеспечение близкое значение L_C и L_C';

必要时应对支座和壳体进行强度和稳定性校核;

При необходимости следует проводить проверку прочности и стабильности седла и корпуса;

确定鞍座与相邻接管的距离时应考虑鞍座基础及保温的影响。

При определении расстояния между седлом и соседним штуцером следует учесть воздействие основания седла и теплоизоляции.

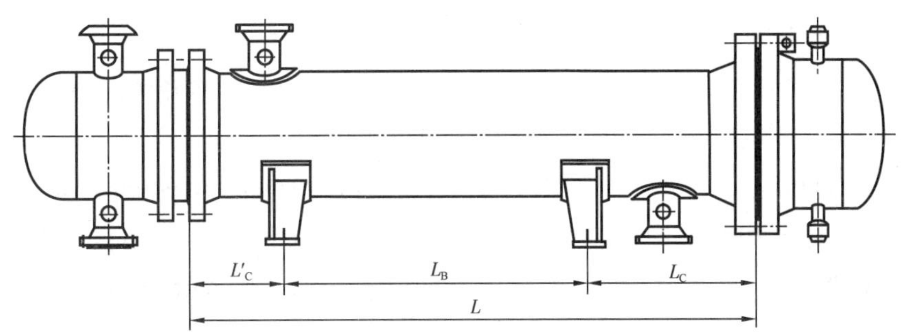

图 2.2.27 鞍式支座布置示意图

Рис. 2.2.27 Расположение седла

重叠换热器支座如图 2.2.28 所示，其要求如下：

重叠换热器之间的支座应设置调整高度用的垫板；

支座底板到设备中心线的距离应比接管法兰密封面到设备中心线的距离至少小 5mm；

当重叠换热器质量较大时，可增设一组重叠支座；

在不移动换热器的情况下，重叠换热器的中心距应满足拆装法兰螺栓的要求。

Седло перекрытого теплообменника приведено на рис. 2.2.28, требования к ним показаны ниже:

Для седла между перекрытыми теплообменниками следует предусмотреть подкладку для регулировки высоты;

Расстояние между плитой седла и центральной линией оборудования должно быть менее расстояния между уплотнительной поверхностью фланца штуцера и центральной линией оборудования на 5мм;

В случае относительно большой массы перекрытого теплообменника разрешать дополнять группу перекрытых седел;

Расстояние между центрами перекрытых теплообменников должно удовлетворять требованиям к снятию и установке болтов фланца без передвижения теплообменника.

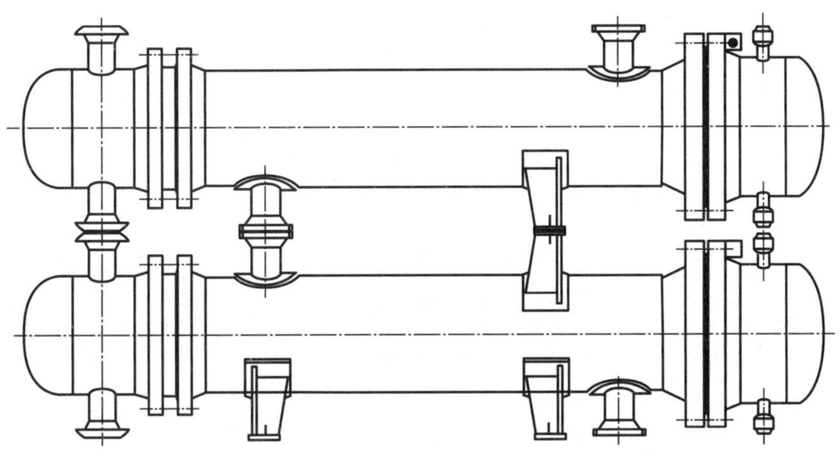

图 2.2.28 重叠换热器支座布置示意图

Рис. 2.2.28 Расположение седла перекрытого теплообменника

Ⅱ. 立式换热器支座可用耳式支座和裙式支座。

Ⅱ. В качестве седла вертикального теплообменника можно применять ушковую опору и опорную юбку.

当采用耳式支座时；

В случае применения ушковой опоры；

公称直径 DN 不大于 800mm 时，至少设置 2 个支座，且应对称布置；

При условном диаметре DN≤800мм предусмотреть седла количеством не менее 2 с симметричным расположением；

公称直径 DN 大于 800mm 时，至少应设置 4 个支座，且应均匀布置。

При условном диаметре DN>800мм предусмотреть седла количеством не менее 4 с равномерным расположением；

l. 附件。

l. Принадлежности.

起吊附件：质量大于 30kg 的管箱、管箱平盖、外头盖及浮头盖宜设置吊耳。

Подвесные принадлежности: для трубной камеры, плоской крышки трубной камеры, крышки наружной головки и крышки плавающей головки массой более 30кг следует предусмотреть проушины.

吊环螺钉：可抽管束的固定管板上宜设置吊环螺钉孔，在正常操作时，应采用丝堵和垫片保护螺孔，维修时换装吊环螺钉抽装管束。

Ушкоголовые винты: следует предусмотреть отверстия под ушкоголовые винты на стационарной трубной решетке с протягиваемым трубным пучком, в случае нормальной операции следует применять пробку и прокладку для защиты отверстия, в случае ремонта заменять ушкоголовые винты и протягивать трубный пучок.

防松支耳与带肩螺柱：可抽管束的固定管板外缘上宜设置防松支耳与带肩双头螺柱配套使用，如图 2.2.29 所示。

Стопорная опора-ушко и болт с выступом: на наружном крае стационарной трубной решетки с протягиваемым трубным пучком следует предусмотреть стопроные опоры-ушки и болты-шпильки с выступом, как показано на рис. 2.2.29.

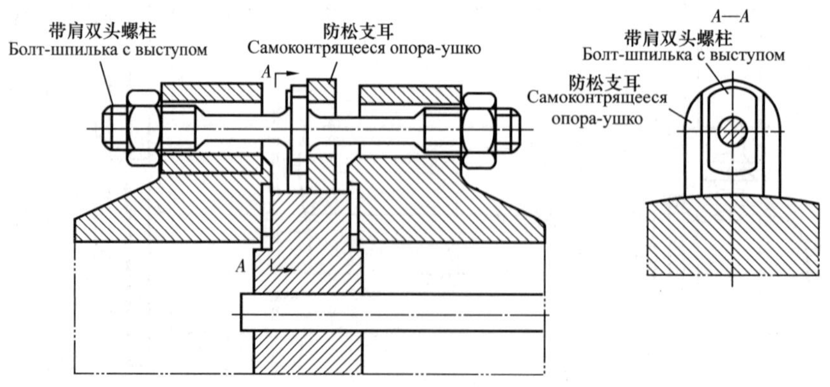

图 2.2.29　防松支耳与带肩螺柱结构示意图

Рис. 2.2.29　Конструкция стопорной опоры-ушка и болт-шпилька с выступом

防松支耳应对称布置。当公称直径不大于800mm时,至少设置2个;公称直径为900～2000mm时,至少设置4个;公称直径大于2000mm时,可适当增加数量。

Стопорные опоры-ушки должны располагаться симметрично. При условном диаметре не более 800мм следует предусмотреть не менее 2 шт.; при условном диаметре в пределах 900-2000мм-не менее 4шт.; при условном диаметре более 2000мм разрешать целесообразно увеличить количество.

③ 计算。

③ Расчет.

换热器的计算包含管箱平盖、管箱(筒体、封头)、壳体圆筒、封头、外导流筒、接管、管箱分程隔板、浮头盖(法兰)、钩圈、换热管、管板等的计算。

Расчет теплообменника включает в себя расчет плоской крышки трубной камеры, трубной камеры (цилиндра, днища), цилиндра корпуса, днища, наружного направляющего цилиндра, штуцера, перегородки трубной камеры, крышки с плавающей головкой(фланца), крючка-кольца, теплообменной трубы, трубной решетки и т.д..

④ 制造、检验和验收。

④ Изготовление, контроль и приемка.

管壳式换热器的制造、检验与验收应按照设备蓝图和标准进行。包含换热管、管板、管箱平盖、折流板、支持板及其他零部件、管束组装、换热管与管板连接、热处理、组装等检验验收;换热器零部件及安装的尺寸检验;换热器还需按照蓝图要求进行耐压试验和泄漏试验。

Изготовление, контроль и приемка кожухотрубчатого теплообменника должны выполняться по плану и стандартам оборудования, включая проверку и приемку теплообменной трубы, трубной решетки, плоской решетки трубной камеры, дефлектора, опорной плиты и прочих деталей и частей, сборки трубного пучка, соединения теплообменной трубы с трубной решеткой, термообработки, сборки и т.д.; контроль размеров деталей и частей теплообменника; кроме этих, теплообменник подлежит испытанию под давлением и испытанию на утечку по плану.

2.2.3.7 包装、运输和吊装

2.2.3.7 Упаковка, транспортировка и навесная сборка

同2.2.2.2。

См. п. 2.2.2.2.

2.2.4 球罐

2.2.4.1 特点

球罐与常用的圆筒形容器相比具有以下特点：

表面积小，即在相同容量要求下所需钢材量最少；

壳体承载能力比圆筒形容器大一倍，即相同压力要求下板厚只需圆筒形容器的一半；

占地面积小，有利于地表面积的利用。

2.2.4.2 型式与参数

（1）型式。

球罐按分辨方式分为橘瓣式、足球瓣式、混合式三种。常用的为混合式。

（2）参数。

球形储罐尺寸参数见表 2.2.1。

2.2.4 Шаровой резервуар

2.2.4.1 Особенность

По сравнению с часто употребляемыми цилиндрическими сосудами шаровой резервуар обладает следующими особенностями:

Маленькая поверхностная площадь, т.е. минимальное требуемое количество стали при одинаковой емкости;

Несущая способность корпуса более несущей способности цилиндрической емкости на 1 раз, т.е. толщина стенки только составляет половину толщины стенки цилиндрической емкости под одинаковым давлением;

Маленькая площадь занятия земли, что позволяет использованию поверхностной площади земли.

2.2.4.2 Тип и параметры

（1）Тип .

Шаровой резервуар разделяется на оранжевый лепестковый тип, футбольный лепестковый тип и смешанный тип по раздельнолепестному виду, в том числе часто употребляемый вид-смешанный тип.

（2）Параметры.

Параметры размера шарового резервуара приведены в таблице 2.2.1.

表 2.2.1 球形储罐参数

Табл. 2.2.1 Параметры шарового резервуара

公称容积，m^3 Условный объем ，$м^3$	球壳内直径，mm Внутренний диаметр шарового корпуса，мм	几何容积，m^3 Геометрический объем，$м^3$	球壳分带数 Количество зон шарового корпуса	支柱根数 Количество стоек
400	9200	408	3	6
650	10700	641	3	8

续表
продолжение

公称容积, m^3 Условный объем, $м^3$	球壳内直径, mm Внутренний диаметр шарового корпуса, мм	几何容积, m^3 Геометрический объем, $м^3$	球壳分带数 Количество зон шарового корпуса	支柱根数 Количество стоек
1000	12300	974	3	8
1500	14200	1499	3	8
2000	15700	2026	3	10
3000	18000	3054	3	12
4000	19700	4003	3	12
5000	21200	4989	3	14

2.2.4.3 设计参数

（1）设计温度。

常温下盛装混合液化石油气的球形储罐，应以 50℃为设计温度，盛装天然气、凝析油的球形储罐应以地区最冷月最低平均温度和最热月最高平均温度作为设计温度。

（2）设计压力。

常温下盛装混合液化石油气的球形储罐，其设计压力的确定见表 2.2.2。

盛装天然气、凝析油的球形储罐以最高操作压力为设计压力。

（3）计算压力。

产生球壳应力的因素很多：气体内压力、储存的液体介质的液柱静压力、球壳内外壁的温度差、安装与使用时的温度差、自重、局部外载荷以及施工等因素都会使球壳产生应力。其中气体内压力和液柱静压力是两个主要因素。

2.2.4.3 Проектные параметры

（1）Проектная температура.

Для шарового резервуара с сжиженным нефтяным газом при постоянной температуре следует принять 50 ℃ в качестве проектной температуры, для шарового резервуара с природным газом и конденсатом следует принять местную минимальную среднюю температуру в самом холодном месяце и максимальную среднюю температуру в самом жарком месяце в качестве проектной температуры.

（2）Проектное давление.

Для шарового резервуара с сжиженным нефтяным газом при постоянной температуре его проектное давление должно определяться по таблице 2.2.2.

Для шарового резервуара с природным газом и конденсатом принять максимальное рабочее давление в качестве проектного давления.

（3）Расчетное давление.

Факторы образования давления в шаровом корпусе существуют многие, внутреннее давление газа, статическое давление жидкого столба храненной жидкой среды, перепад температур внутренней и наружной стенок шарового корпуса, перепад температур при установке и использовании, собственный вес, локальные наружные нагрузки, строительные работы и прочие факторы приведут к образованию напряжения на шаровой корпус. Среди них внутреннее давление газа и статическое давление жидкого столба служат основными факторами.

表 2.2.2 球形设计压力

Табл. 2.2.2 Проектное давление шарового резервуара

混合液化石油气 50℃饱和蒸汽压力 Давление насыщенного пара смешанного сжиженного нефтяного газа при 50℃	规定温度下的工作压力 Рабочее давление под указанной температурой	
	无保冷设施 Без холодоизоляционных устройств	有保冷设施 При наличии холодоизоляционных устройств
≤异丁烷 50℃饱和蒸汽压力 Не более давления насыщенного пара изобутана при 50℃	50℃异丁烷的饱和蒸汽压力 Давление насыщенного пара изобутана при 50℃	可能达到的最高工作温度下异丁烷的饱和蒸汽压力 Давление насыщенного пара изобутана при возможно максимальной рабочей температуре
>异丁烷 50℃饱和蒸汽压力 ≤丙烷 50℃饱和蒸汽压力 Более давления насыщенного пара изобутана при 50℃ Не более давления насыщенного пара пропана при 50℃	50℃丙烷的饱和蒸汽压力 Давление насыщенного пара пропана при 50℃	可能达到的最高工作温度下丙烷的饱和蒸汽压力 Давление насыщенного пара пропана при возможно максимальной рабочей температуре
>丙烷 50℃饱和蒸汽压力 Более давления насыщенного пара пропана при 50℃	50℃丙烯的饱和蒸汽压力 Давление насыщенного пара пропена при 50℃	可能达到的最高工作温度下丙烯的饱和蒸汽压力 Давление насыщенного пара пропена при возможно максимальной рабочей температуре

（4）载荷。

设计时应考虑以下载荷：

① 压力；

② 液体静压力；

③ 球罐自重(包括内件)以及正常工作条件下或压力试验状态下内装物料的重力载荷；

(4) Нагрузка.

Следует учесть следующие нагрузки при проектировании:

① Давление;

② Статическое давление жидкого столба;

③ Собственный вес шарового резервуара (включая вес внутренних элементов) и гравитационная нагрузка внутренних веществ в нормальных рабочих условиях или при испытании под давлением;

④ 附属设备及隔热材料、管道、支柱、拉杆、梯子、平台等的重力载荷；

④ Гравитационная нагрузка принадлежностей, теплоизоляционных материалов, трубопровода, опорной колонны, рычага, лестницы, платформы и т.д.;

⑤ 风载荷、地震力、雪载荷；

⑤ Ветровая нагрузка, сейсмическая нагрузка и снеговая нагрузка;

⑥ 需要时，还应考虑下列载荷：

⑥ При необходимости еще учесть следующие нагрузки:

⑦ 支柱的反作用力；

⑦ Обратная действующая сила опорной колонны;

⑧ 连接管道和其他部件的作用力；

⑧ Сила, оказанная на соединительный трубопровод и прочие части;

⑨ 温度梯度或热膨胀量不同引起的作用力；

⑨ Сила из-за разных градиентов температуры или разности теплового расширения;

⑩ 包括压力急剧波动的冲击载荷；

⑩ Ударная нагрузка от резких отклонений давления;

⑪ 冲击反力，如由流体冲击引起的反力等。

⑪ Обратная ударная сила, например, обратная сила от удара флюида и т.д..

（5）焊接接头系数。

（5）Коэффициент сварного соединения.

对于容积不小于 50m^3 的球形储罐，不论压力等级、品种、介质毒性成都和易爆情况，均取焊接接头系数为 1.0，即采用全焊透的焊接结构，进行 100% 无损检测。

Для шарового резервуара объемом не менее 50м^3, не смотря на класс давления, категорию, токсичность среды и класс взрыва, принять коэффициент сварного соединения 1,0, т.е. применять конструкцию с полной проваркой и неразрушающим контролем в объеме 100%.

（6）压力试验。

（6）Испытание под давлением.

球罐在制造过程中，从选材、加工、组装、焊接，直至热处理，虽然对原材料和各工序都有检查和检验，但因检查方法或范围的局限性，必然有材料缺陷和制造工艺缺陷存在，因为有必要在球罐制造完毕后进行压力试验，以验证球罐的强度，焊接接头致密性等。

В процессе изготовления шарового резервуара, хотя сырьевые материалы и процессы, как выбор материала, обработка, сборка, сварка, термообработка, подлежат проверке и контролю, но дефекты материалов и технологии изготовления обязаны существовать из-за ограниченности способа или сферы проверки, поэтому необходимо проводить испытание под давлением шарового резервуара после окончания его изготовления, чтобы проверить прочность шарового резервуара, плотность сварного соединения и т.д..

液压试验一般采用水作为试验介质。水温不宜过低，当壁温降至材料的脆性转变点时，会使球壳钢材在应力强度很低，未达屈服点时就产生脆性破坏。

Гидроиспытание обычно применяет воду в качестве среды. Температура воды должна не быть слишком низкой, при снижении температуры стенки до точки перехода вязкости материала сталь шарового корпуса подлежит разрушению вязкости под низкой прочности напряжения перед достижением текучести.

气压试验一般选用空气作为试压介质，特殊要求时也可用氮气或其他惰性气体，由于气体具有可压缩性，因而气压试验具有一定的危险性，为此，在其他试验前必须做好安全防范措施。

Пневматическое испытание обычно применяет воздух в качестве среды, при наличии особых требований разрешать использовать азот или прочие инертные газы. В связи с определенной сжимаемостью в процессе пневматического испытания существует определенная опасность, поэтому необходимо выполнить предохранительные меры перед прочими испытаниями.

2.2.4.4　材料选择

2.2.4.4　Выбор материалов

（1）原则。

（1）Принцип.

选择用于制造球形储罐球壳的钢材应考虑以下原则：

Следует учесть следующие принципы с целью выбора стальных материалов для изготовления корпуса шарового резервуара:

① 强度高，以减小球壳厚度；

① Высокая прочность для уменьшения толщины шарового корпуса;

② 韧性好，以保证材料避免产生裂纹；

② Хорошая вязкость во избежание трещины материалов;

③ 塑性好，以满足球壳制造中变形的需要；

③ Хорошая пластичность для обеспечения потребности в деформации при изготовлении шарового корпуса;

④ 可焊性好，以保证球壳组装焊接的要求；

④ Отличная свариваемость для удовлетворения требованиям к сборке и сварке шарового корпуса;

⑤ 经济合理。

⑤ Экономичность и рациональность.

（2）钢板。

（2）Стальной лист.

一般用于制造球壳板的钢板选用中强钢，价格便宜，易获得，焊接工艺条件不苛刻，便于施工，还可通过热处理消除焊接残余应力，有利于防止应力腐蚀。

Обычно выбирать сталь средней прочности в качестве стального листа для изготовления шарового корпуса, которая обладает низкой ценой, легким получением, нестрогими требованиями к условиям технологии сварки, удобностью в строительстве, возможностью снятия остаточных напряжений сварки путем термообработки, что позволяет предотвращению коррозии под напряжением.

公称容积不小于 $50m^3$ 的球形储罐,其球壳板厚度不宜大于 50mm。

Для шарового резервуара условным объемом не менее $50м^3$ толщина стенки его корпуса должна быть не более 50мм.

(3)锻钢。

(3) Кованная сталь.

球罐的人孔往往采用锻钢,可避免补强结构,使人孔以对接接头的型式与球壳板连接,达到减小局部应力的目的。

Люк-лаз шарового резервуара обычно изготавливается из кованной стали во избежание укрепления конструкции с целью соединения люка-лаза в виде стыкового соединения с листом шарового корпуса, чтобы уменьшить локальное напряжение.

锻钢的力学性能应考虑不低于球壳板材料的力学性能,且可焊性良好,经消除应力退火后,强度和韧性不会下降。

Следует учесть механические свойства кованной стали не ниже механических свойств листа шарового корпуса с хорошей свариваемостью, после снятия напряжения и отпуска ее прочность и вязкость не уменьшаются.

(4)钢管。

(4) Стальная труба.

常用于支柱或接管的钢管应考虑球罐的最低设计温度和环境温度,进行低温夏比 V 形缺口冲击试验。

Относительно стальной трубы для опорной колонны или штуцера следует учесть минимальную проектную температуру шарового резервуара и минимальную температуру окружающей среды для выполнения испытания на удар на образцах с V-образным надрезом по Шарпи при низкой температуре.

2.2.4.5 结构设计

2.2.4.5 Проектирование конструкции

(1)球罐结构的合理设计必须考虑多种因素:

(1) При надлежащем проектировании конструкции шарового резервуара необходимо учесть многие факторы:

① 盛装物料的性质;

① Свойство хранимых веществ;

② 设计温度和压力;

② Проектная температура и проектное давление;

③ 材质、现场制造装备和技术水平；

③ Материалы, уровень изготовления оборудования на месте и уровень техники;

④ 安装方法；

④ Способ установки;

⑤ 焊接和检验要求；

⑤ Требования к сварке и контролю;

⑥ 操作方便可靠性；

⑥ Удобность и надежность операции;

⑦ 自然环境的影响。

⑦ Воздействие природной окружающей среды.

球罐应满足各项工艺要求,具有足够的强度和稳定性,结构尽量简单,使其压制成型、安装组对焊接和检测、操作、检测和检修实施容易。

Шаровой резервуар должен удовлетворять технологическим требованиям и обладать достаточной прочностью, стабильностью, простой конструкцией по мере возможностью, удобностью в установке, стыковой сварке, проверке, операции, контроле и ремонте.

(2)常见球罐结构如图 2.2.30 所示。

(2) Часто встречающаяся конструкция шарового резервуара приведена в таблице 2.2.30.

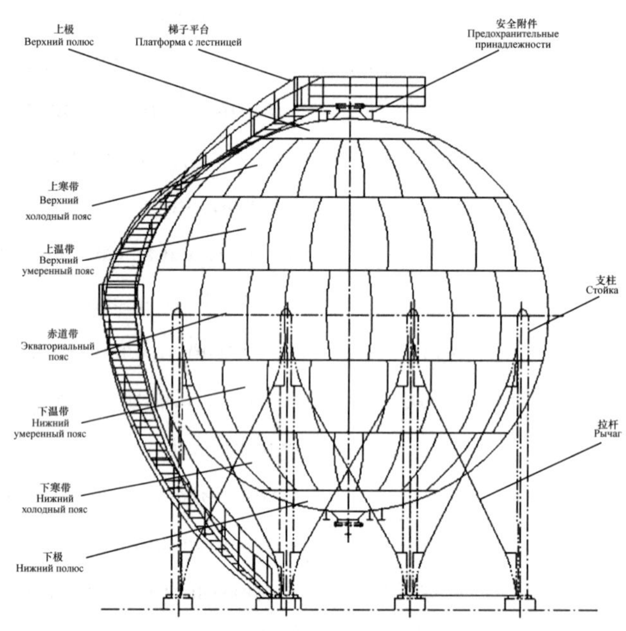

图 2.2.30　球形储罐结构

Рис. 2.2.30　Конструкция шарового резервуара

① 球壳。

① Шаровой корпус.

球壳是球罐的主体,是储存物料和承受物料工作压力和液柱压力的构件。它是由许多瓣片组成的,其设计准则如下：

Шаровой корпус служит основной частью шарового резервуара и конструкцией для хранения веществ, а также для выдержки рабочего давления веществ и давления жидкого столба. Он состоит из много лепестков, принцип проектирования приведен ниже:

必须满足所储存物料容量、压力、温度的要求，且安全可靠；

Необходимо удовлетворять требованиям к емкости, давлению и температуре хранимых веществ с безопасностью и надежностью;

受力状况最佳；

Условия выдержки напряжения являются оптимальными;

考虑瓣片加工机械的跨度大小、运输条件，尽量采用大的瓣片结构，使焊缝长度最小，减少安装工作量；

С учетом пролета механизма для обработки лепестков и условий транспортировки применять конструкцию с большими лепестками по мере возможности, чтобы обеспечить минимальную длину сварного шва и уменьшить объем работ по установке.

考虑钢板的规格，增强球壳板的互换性，提高板材的利用率。

С учетом характеристик стального листа усилить взаимозаменяемость лист шарового корпуса и увеличить коэффициент использования листа.

现多为橘瓣式和混合式排板组成的球壳。一般分为三带，由赤道带及上、下极组成。球壳板最小宽度应不小于 500 mm，且最小厚度应不小于 18mm。

Теперь в основном применять шаровой корпус с расположением лепесткового типа и смешанного типа листов, который обычно разделяется на 3 пояса: экваториальный пояс, верхний полюс и нижний полюс. Минимальная ширина листа шарового корпуса должна быть не менее 500мм и минимальная толщина-не менее 18мм.

② 支座。

② Опорное седло.

球罐支柱是球罐中用以支撑本体质量和储存物料质量的结构部件，还需承受各种自然环境的影响。

Опорная колонна шарового резервуара служит конструкцией для опирания собственного веса и массы хранимых веществ, кроме этих, она обязана нести на себя различные воздействия природных сред.

球罐支座主要分为柱式支座和裙式支座两大类，柱式支座又以赤道正切柱式支座为普遍采用，其设计准则为：

Опорное седло шарового резервуара в основном разделяется на колонное седло и опорную юбку, среди типа колонного седла широко применять колонное седло с экваториальным тангенсом, его принцип проектирования приведен ниже:

能承受作用于球罐的各种载荷，支柱构件要有足够的强度和稳定性；

Можно выдерживать нагрузки, действующие на шаровой резервуар, деталь опорной колонны должна обладать достаточной прочностью и стабильностью;

支柱与球壳连接部分，既要能充分传递应力，又要求局部应力水平尽量低；

Соединительная часть опорной колонной с шаровым корпусом не только может передать напряжение, а также может требовать низкого уровня локального напряжения по мере возможности;

支柱结构应能承受由于焊后热处理或热胀冷缩造成的径向移动；

Конструкция опорной колонны может выдерживать радиальное передвижение из-за термообработки после сварки или расширения от тепла и сжатия от холода;

支柱与球壳连接部分的材料应尽量一致；

Материалы соединительной части опорной колонны с шаровым корпусом должны совпадать друг с другом по мере возможности;

球罐储存易燃介质时，必须考虑防火隔热问题，以保证在罐区发生火灾时，球罐不至于在短时间内塌毁而造成更大的灾难。

Если легковоспламеняющаяся среда хранится в шаровом резервуаре, необходимо учесть огнестойкость и теплоизоляцию, чтобы обеспечить отсутствие кратковременного разрушения шарового резервуара, вызывающего сильнее аварию, при пожаре в РП.

具体结构要求如下：

Конкретные требования к конструкции приведены ниже:

a. 支柱由圆管、底板、盖板组成，圆管应优先采用无缝钢管制作。

a. Опорная колонна состоит из круглой трубы, фундаментной плиты и перекрышки, круглая труба должна преимущественно выполняться из бесшовной стальной трубы.

b. 支柱分成单段式和双段式两种型式。单段式支柱一般用于常温球形储罐，双段式支柱适用于低温球形储罐。下段支柱可分段，分段的长度不宜小于支柱总长的1/3。段间的环向接头应全焊透。可采用沿焊缝根部全长有紧贴基本金属的垫板的对接接头。

b. Опорная колонна разделяется на односекционный тип и двухсекционный тип, среди них односекционная опорная колонна обычно применяется для шарового резервуара при постоянной температуре, а двухсекционная опорная колонна-для шарового резервуара при низкой температуре. Нижняя опорная колонна может секционироваться, длина секции должна быть не менее 1/3 от общей длины опорной колонны. Кольцевой стык между секциями подлежит полной проварке, разрешать применять стыковое соединение прокладки, тесно соприкасающейся с основным металлом по полной длине корня сварного шва.

c. 支柱应设置防火隔热层。

c. На опорной колонне следует предусмотреть огнестойкое теплоизоляционное покрытие.

d. 支柱应设置通气口。

d. На опорной колонне следует предусмотреть вентиляционное отверстие.

e. 结构设计应避免支柱内积水,特别是球形储罐位于我国北方地区更应重视这一要求。支柱顶部应设有球形或椭圆形的防雨盖板。支柱底板中心应设置通孔。

e. При проектировании конструкции следует избегать накопления воды в опорной колонне, особенно в случае расположения шарового резервуара в северных районах Китая следует обратить внимание на данное требование. На вершине опорной колонны должна предусмотрена сферическая или овальная перекрышка для защиты от дождя. В центральной части фундаментной плиты опорной колонны следует предусмотреть отверстие.

f. 支柱底板的地脚螺栓孔应为径向长圆孔。

f. Отверстие под фундаментный болт на фундаментной плите опорной колонны должно быть радиальным и длинным круглым.

③ 人孔和接管。

③ Люк-лаз и штуцер.

球罐的人孔是操作人员进出球罐进行检修的通道,也是焊后热处理时的进风口、燃烧口及排烟口,一般选择 DN500mm 较适宜。

Люк-лаз шарового резервуара служит проходом для ремонта шарового резервуара оператором, а также входом воздуха, топочным отверстием и отверстием для выпуска дыма при термообработки после сварки, его надлежащий размер следует принять DN500мм.

通常球罐上应设两个人孔,分别在上极、下极带上,最好采用回转盖及水平吊盖两种。

Обычно на шаровом резервуаре следует предусмотреть 2 люка-лаза, которые соответственно расположены на верхнем полюсе и нижнем поясе, преимущественно применять люк-лаз с обратной крышкой и люк-лаз с горизонтальной висячей крышкой.

接管应尽量采用厚壁管或整体凸缘等补强措施,以及在接管上加筋条支撑等办法来提高刚度和耐疲劳性能。开孔位置尽量设计在上极、下极带上,便于集中控制和制造。

Для штуцера следует применять мероприятия по укреплению, как труба с повышенной толщиной стенки или целый фланец, а также предусмотреть ребро на штуцере для опоры с целью повышения жесткости и стойкости к усталости. Места выполнения отверстий должны быть проектированы на верхнем поясе и нижнем поясе по мере возможности для удобного концентрированного управления и изготовления.

④ 附件。

④ Принадлежности.

球罐外部应考虑设置工艺操作的平台、盘梯、爬梯或直梯。

На наружной части шарового резервуара следует учесть предусмотреть платформу, винтовую лестницу, лестницу или прямую лестницу для технологической операции.

为了盛装液化石油气、可燃性气体及毒性气体的隔热需要,同时起消防作用,应考虑设置喷淋装置。

На основе потребности в теплоизоляции для хранения сжиженного нефтяного газа, горючего газа и токсичного газа, а также потребности в пожаротушении следует учесть предусмотреть оросительные устройства.

储存需保持低温的物料时,应设置保冷装置。

В случае хранения веществ, подлежащих поддержке низкой температуры, следует предусмотреть холодоизоляционные устройства.

储存液体和液化气体的球罐中应装设液位计。

В шаровом резервуаре для хранения жидкости и сжиженного газа следует предусмотреть уровнемер.

为了检测球罐内压力,球壳的上极、下极带应各设一个以上的压力表。

Для измерения давления в шаровом резервуаре следует предусмотреть манометры количеством более 1 соответственно на верхнем и нижнем полюсах шарового корпуса.

为防止球罐运转异常超压,应在气相部分设置一个以上的安全阀,一遍及时排出气体,自动将内压回复到设计压力以下。

С целью защиты от аномального сверхдавления при работе шарового резервуара следует предусмотреть предохранительные клапаны количеством более 1 в части газовой фазы, которые может своевремнно выпускать газ и автоматически восстановлять внутреннее давление до проектного давления.

⑤ 其他。

⑤ Прочие.

在支柱底板与混凝土基础之间应设置用钢板制作的滑板,使底板不与混凝土直接接触,而与钢板接触以减小底板滑动时的摩擦力。

Между фундаментной плитой опорной колонны и бетонным основанием следует предусмотреть рельс из стального листа с целью обеспечения того, что фундаментная плита входит в соприкосновение со стальным листом для уменьшения силы трения при скольжении плиты, а без прямого контакта с бетоном.

2.2.4.6 计算

球罐中，应作计算的零部件及结构如下：

（1）球壳；

（2）支柱；

（3）地脚螺栓；

（4）支柱底板；

（5）拉杆；

（6）支柱与球壳连接最低点的应力校核；

（7）支柱与球壳连接焊缝的强度校核。

球壳计算厚度按下式计算：

$$\delta = \frac{p_{ci} D_i}{4[\sigma]^t \phi - p_{ci}} \quad (2.2.3)$$

式中 δ——球壳计算厚度，mm；

p_{ci}——设计压力，MPa；对于灌装天然气的球形储罐，计算压力即取设计压力；

D_i——球壳内直径，mm；

$[\sigma]^t$——设计温度下球壳的许用应力，MPa；

ϕ——焊缝系数。

2.2.4.7 制造、检验

球罐一般在现场组装、施焊。工厂中的制造主要是球壳板的复验、下料成形、坡口加工、极板与接管的组焊、赤道板与支柱的组焊以及其他附件的加工。以及相应的焊后热处理。

2.2.4.6 Расчет

В шаровом резервуаре части, детали и конструкции, подлежащие расчету, приведены ниже:

（1）Шаровой корпус; с

（2）Опорная колонна;

（3）Фундаментный болт;

（4）Фундаментная плита опорной колонны;

（5）Рычаг;

（6）Проверка напряжения в самой низкой точке соединения между стойкой и шаровым корпусом;

（7）Проверка надежности сварного шва между стойкой и шаровым корпусом.

Расчет расчетной толщины шарового корпуса выполняется по следующей формуле

$$\delta = \frac{p_{ci} D_i}{4[\sigma]^t \phi - p_{ci}} \quad (2.2.3)$$

Где δ——расчетная толщина шарового корпуса, мм;

p_{ci}——проектное давление, МПа; для шарового резервуара с природным газом принять расчетное давление в качестве проектного давления;

D_i——внутренний диаметр шарового корпуса, мм;

$[\sigma]^t$——допустимое напряжение при проектной температуре, МПа;

ϕ——коэффициент сварного шва.

2.2.4.7 Изготовление и проверка

Шаровой резервуар обычно подлежит сборке и сварке на рабочей площадке. Изготовление на заводе в основном обозначает повторную проверку листа шарового корпуса, вырезку материалов и профилирование, обработку скоса, сборную сварку полюсной платины со штуцером, сборную сварку экваториальной плиты со опорной колонной, обработку прочих принадлежностей и соответствующую термообработку после сварки.

现场组装是整个球罐建造工程的关键,应制定恰当的组装方案,充分利用现场资源,结合焊接、检验等工序,使生产达到最高效率。一般采用整体组装法,在基础上把球壳板用工夹具逐一组装成球,而后一并焊接,这种方法生产专业性强,在生产管理和生产速度上有很大的优越性。

Местная сборка служит ключом работ по изготовлению целого шарового резервуара, следует разработать надлежащий вариант сборки с полным использованием местных ресурсов с учетом сварки, проверки и прочих процессов, чтобы производство достигало максимального эффекта. Обычно применять способ целой сборки, последовательно проводить сборку листов шарового корпуса на основании для получения шара, затем проводить целую сварку. Данный способ обладает сильной профессиональностью производства и большим преимуществом в области управления производством и скорости производства.

球罐的焊后热处理可分为:现场焊后整体热处理、局部热处理、分件热处理。现场焊后整体热处理加热均匀,消除残余应力的效果较好。

Термообработка после сварки шарового резервуара может разделяться на следующие: местную целую термообработку после сварки, локальную термообработку и термообработку отдельной части, среди них целая термообработку после сварки обладает равномерным нагревом и лучшим эффектом по снятию остаточного напряжения.

液压试验是对球罐设计、制造、组装焊接质量的综合考核,保证球罐能够承受设计压力,不泄漏。同时经过液压超载能够改善球罐的承载能力。

Гидроиспытание работает для комплектной проверки качества проектирования, изготовления, сборки и сварки шарового резервуара, чтобы обеспечить возможность выдержки проектного давления шаровым резервуаром без утечки. Одновременно, несущая способность шарового резервуара улучшается после перегрузки при гидроиспытании.

必须具备以下条件才能进行球罐的液压试验:

Разрешать проводить гидроиспытание шарового резервуара только при удовлетворении следующим условиям:

(1)原材料、制造、组装焊接的质量合格记录。

(1)Запись о соответствии качества сырьевых материалов, изготовления, сборки и сварки.

(2)球罐几何精度检查合格记录。

(2)Запись о соответствии качества проверки геометрической точности шарового резервуара.

(3)球罐射线或超声检测以及磁粉或渗透检测的合格记录。

(3)Запись о положительных результатах радиографического или ультразвукового контроля и магнитопорошкового контроля или капиллярного контроля шарового резервуара.

(4)为使延迟裂纹充分暴露,液压试验应在全部焊接工作完成后 3～5 天进行。

(4)Для совершенного разоблачения замедленных трещин гидроиспытание должно проводиться в течение 3–5 сут. после окончания всех работ по сварке.

(5)液压试验所用液体温度不得低于 15℃。

(5)Температура используемой жидкости для гидроиспытания должна быть не ниже 15°C.

(6)球罐顶部、底部出口处各安装一个压力表。

(6)Установить один манометр соответственно на выходах на вершине и дне шарового резервуара.

(7)地脚螺栓的二次灌浆必须在液压试验的 48h 前完成。

(7)Необходимо завершить вторичное бетонирование фундаментных болтов в течение 48 часов перед гидроиспытанием.

(8)液压试验进行前必须取得安全部门的同意,进行试验时需有安全和检查人员在场。

(8)Перед гидроиспытанием необходимо получить согласие от отдела по безопасности, при испытании персонал по безопасности и контрольный персонал должны находиться на площадке.

球罐经液压试验合格后,并再次用磁粉检测球罐内外焊缝,排除表面裂纹及其他缺陷后方可进行气密性试验。

При получении положительного результата гидроиспытания шаровой резервуар подлежит магнитопорошковому контролю для проверки внутренних и наружных швов, разрешать проводить испытание на герметичность только после устранения трещин на поверхности и прочих дефектов.

球罐在投入使用后,应定期检查物料的腐蚀情况以及延迟裂纹的发生、发展情况。第一次开罐时间一般规定在投产后 3 年,每次开罐间隔时间不可超过 3 年。检查内容包括:

После ввода шарового резервуара в эксплуатацию следует регулярно проверять состояние коррозии материалов и состояние образования и развития замедленных трещин. Относительно времени первого открытия резервуара обычно установить третий год после ввода в эксплуатацию, промежуток каждого открытия резервуара не превышает 3 года. Предметы проверки включают следующие:

（1）壁厚测定；

（1）Измерение толщины стенки；

（2）内、外表面宏观缺陷检查；

（2）Макроконтроль дефектов на внутренней поверхности и наружной поверхности；

（3）射线或超声检测；

（3）Радиографический или ультразвуковой контроль；

（4）磁粉或渗透检测。

（4）Магнитопорошковой контроль или капиллярный контроль.

2.2.5 立式圆筒形储罐

2.2.5 Вертикальный цилиндрический резервуар

2.2.5.1 通用要求

2.2.5.1 Общие требования

（1）概述。

（1）Общие сведения.

① 定义。

① Определение.

本节所述立式圆筒形储罐指用于储存石油石化产品和其他液体，以及类似液体的常压和接近常压立式、圆筒形、地上的钢制或不锈钢制焊接油罐，不包括毒性程度为极度和高度危害介质、人工制冷液体的储罐。立式圆筒形储罐为石油石化行业存放石油石化产品和其他液体产品提供了的足够安全与经济合理的储存方式，因此在石油石化行业中得到广泛应用。

Вертикальный цилиндрический резервуар, приведенный в данном пункте, обозначает вертикальный, цилиндрический наземный сварной резервуар для хранения нефти, нефтехимической продукции, прочих жидкостей и аналогических жидкостей постоянного давления и давления, приближенного к постоянному давлению, изготовленный из стали или нержавеющей стали, не включая резервуар с крайней и высокой опасной средой по токсичности, а также жидкостью для искусственного охлаждения. Вертикальный цилиндрический резервуар предоставляет достаточно безопасный, экономический и рациональный способ для хранения нефти, нефтехимической продукции и прочих жидкостей в нефтяной и нефтехимической отраслях, поэтому он широко применяется в нефтяной и нефтехимической отраслях.

② 储罐结构分类。

立式圆筒形储罐用于储存各类液体，根据储存介质的特性以及容积的大小，需考虑足够安全与经济合理的储罐结构，分类如下：

② Классификация конструкции резервуара.

Вертикальный цилиндрический резервуар применяется для хранения жидкостей, на основе свойств хранимой среды и объема с учетом достаточно безопасной, экономической и рациональной конструкции резервуара классификация приведена ниже:

a. 固定顶。

罐顶周边与罐壁顶端固定连接的罐顶。

a. Стационарная крышка.

Крышка резервуара со стационарным соединением ее периферии с верхней частью стенки резервуара.

b. 浮顶。

随液面变化而上下升降的罐顶，包括外浮顶和内浮顶。在敞口油罐内的浮顶称为外浮顶，在固定顶油罐内的浮顶称为内浮顶。不特别指出时，浮顶油罐指外浮顶油罐。

b. Плавающая крышка.

Крышка резервуара поднимается и спускается с изменением уровня жидкости, включая наружную плавающую крышку и внутреннюю плавающую крышку. Плавающая крышка в резервуаре с открытым отверстием называется наружной плавающей крышкой; а плавающая крышка в резервуаре со стационарной крышкой называется внутренней плавающей крышкой. Если не специально указать данный пункт, резервуар с плавающей крышкой обозначает резервуар с наружной плавающей крышкой.

③ 储罐制造与安装。

a. 现场安装的储罐。

一般情况下储罐的原材料将在车间或工厂内制造并根据现场情况进行预制，而后运送至现场焊接安装。

③ Изготовление и установка резервуара.

a. Резервуар, установленный на рабочей площадке.

В обычных условиях сырьевые материалы резервуара подлежат изготовлению в цехе или на заводе и предварительному изготовлению на основе условий на рабочей площадке, затем проводить перевозку этих материалов на рабочую площадку для сборки и установки.

b. 车间组装的储罐。

储罐将完全在车间组装并整体运送至安装现场，此类储罐需满足一定设计和制作要求。但储罐直径不得超过 6m，并应考虑吊装要求。

b. Резервуар, собранный в цехе.

Резервуар подлежит полной сборке в цехе и целой перевозке на рабочую площадку для установки, резервуар данного типа должен удовлетворять определенным требованиям к проектированию и изготовлению. Но диаметр резервуара должен не превышать 6м с учетом требований к навесной сборке.

（2）通用要求。

（2）Общие требования.

① 储罐设计压力。

① Проектное давление резервуара.

一般情况下带有固定顶常压油罐的设计负压不应大于 0.25kPa，正压产生的举升力不应超过罐顶板及其所支撑附件的总重量；微内压储罐的最大设计压力可提高到 18kPa；外压储罐的最大设计负压可提高到 6.9kPa；浮顶油罐的设计压力应取常压。

Обычно проектное отрицательное давление резервуара со стационарной крышкой постоянного давления должно быть не более 0,25кПа, подъемная сила от положительного давления не превышает общую массу пластины крышки резервуара и ее опорных принадлежностей; максимальное проектное давление резервуара с внутренним микро-давлением может повышаться до 18кПа; максимальное отрицательное давление резервуара с наружным давлением-до 6,9кПа; относительно проектного давления резервуара с плавающей крышкой принять постоянное давление.

② 储罐设计温度。

② Проектная температура резервуара.

油罐的设计温度取值不应低于油罐在正常操作状态时罐壁板及受力元件可能达到的最高金属温度，不应高于油罐在正常操作状态时罐壁板及受力元件可能出现的最低金属温度。对于既无加热又无保温的油罐，油罐的最低设计温度应取建罐地区的最低日平均温度加 13℃。

Принятое значение проектной температуры резервуара должно быть не ниже возможной максимальной температуры металла и не выше возможной минимальной температуры металла для стенки резервуара и несущих элементов в нормальном рабочем режиме резервуара. Для резервуара без нагрева и теплоизоляции минимальная проектная температура резервуара-минимальная суточная средняя температура на месте построения резервуара плюс 13℃.

油罐的最高设计温度不应高于 90℃。当符合满足一定设计和操作规定时，可提高设计温度，固定顶油罐的最高设计温度可提高到 250℃。

Максимальная проектная температура резервуара должна быть не выше 90℃. При удовлетворении определенным требованиям к проектированию и операции разрешать повышать проектную температуру, максимальная проектная температура резервуара со стационарной крышкой может повышаться до 250℃.

③ 储罐容量。

最大储存容量为储存介质液面达到设计液位时的容量，有效操作容量(净工作容积)为正常操作液位与最低操作液位之间的容量，如图 2.2.31 所示。

③ Емкость резервуара.

Максимальная емкость хранения служит емкостью при достижении проектного уровня хранимой среды; эффектная рабочая емкость(чистый рабочий объем)-емкость между нормальным рабочим уровнем жидкости и минимальным рабочим уровнем, как приведено в рис. 2.2.31.

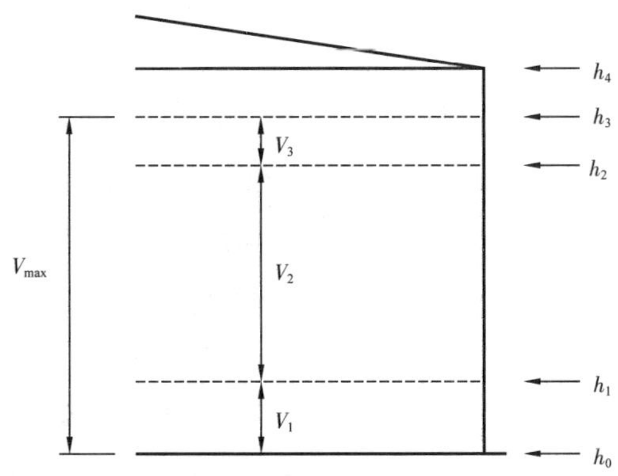

图 2.2.31 储罐容量与液位

Рис. 2.2.31 Емкость и уровень жидкости резервуара

V_{max}—最大储存容量；V_1—正常操作残留容量；V_2—有效操作容量；V_3—预留保护容量；h_0—罐底板上表面；h_1—最低操作液位；h_2—正常操作液位；h_3—设计液位；h_4—罐壁顶部

V_{max}— Максимальная вместимость; V_1— Остаточная вместимость при нормальной работе; V_2— Действующая рабочая вместимость; V_3— Резервная предохранительная вместимость; h_0— Верхняя поверхность дна резервуара; h_1— Минимальный рабочий уровень жидкости; h_2— Нормальный рабочий уровень жидкости; h_3— Проектный уровень жидкости; h_4— Верх стенки резервуара

对于立式圆筒形储罐，没有给出一套固定的允许储罐尺寸，其目的是允许买方选择最适合其要求的任何尺寸的储罐，方便买方和制造商订货、制造和安装储罐。

Для вертикального цилиндрического резервуара постоянные допустимые размеры резервуара не указаны, чтобы допустить покупателя выбирать резервуара с любым размером, удовлетворенным своим требованиям, и предоставить удобность покупателю и заводу-производителю в заказе, производстве и установке резервуара.

2.2.5.2 材料

钢材选用应综合考虑油罐的设计温度、介质腐蚀特性、材料使用部位、材料的化学成分及力学性能、焊接性能等，并应符合安全可靠和经济合理的原则。

2.2.5.2 Материалы

При выборе стали следует проводить комплектный учет проектной температуры резервуара, свойств коррозии среды, места использования материала, химического состава материала, его физических свойств, свариваемости и т.д. в соответствии с принципом безопасности, надежности, экономичности и рациональности.

油罐所用钢材应采用氧气转炉或电炉冶炼，对于标准屈服强度下限值大于 390MPa 的低合金钢钢板，以及设计温度低于 –20℃的低温钢板和低温钢锻件，还应当采用炉外精炼工艺。

Сталь для резервуара подлежит обработке в кислородных конвертерах или электропечах, для листа из низколегированной стали с низким пределом стандартной текучести более 390МПа, а также низкотемпературного стального листа и низкотемпературной стальной поковки проектной температурой ниже –20℃ следует проводить технологию внепечного рафинирования.

选用钢材和焊接材料的化学成分、力学性能和焊接性能应符合国家现行相关标准的规定。

Химический состав, физические свойства и свариваемость выбранной стали и сварочных материалов должны удовлетворять указаниям в соответствующих действующих государственных стандартах.

碳素钢和低合金钢钢材及其焊接接头的冲击试验应符合相关标准的规定。

Испытание углеродистой стали, низколегированной стали и сварного соединения из этих материалов на удар должно удовлетворять соответствующим стандартам.

提供的材料应符合材料标准所列的相应要求。

Поставленные материалы должны соответствовать связаным требованиям в стандартах материалов.

材料应适合熔焊。焊接是一项十分重要的基本技术，焊接工艺必须保证焊缝的强度和韧性与相互连接的板材一致。所有修补表面缺陷的焊接，均应采用化学成分、强度和性能与板材相匹配的低氢焊条。

Материалы должны пригодиться к сварке плавлением. Сварка служит очень важной основной техникой, технология сварки обязана обеспечить совпадение прочности и вязкости сварного шва с этими параметрами его соединяемого листа. Все сварки для ремонта дефектов на поверхности должны применять низководородный электрод с химическим составом, прочностью и свойствами, совпадающими с параметрами листа.

所有钢板应采用平炉、电炉或碱性吹氧工艺制造。如果买方和制造商均可接受钢的化学成分和炼钢整体控制，且能获得所需厚度的钢板规定的机械性能，则可以采用热机控制过程（TMCP）制造。

Все стальные листы должны изготовляться обработкой в мартеновских печах, электропечах или конвертерах со щелочной футеровкой и продувкой кислородом. Если покупатель и завод-производитель могут признавать химический состав стали и целый контроль плавки стали с возможностью получения указанных механических свойств для стального листа требуемой толщиной, разрешать применять процесс термомеханического контроля (TMCP) для изготовления.

较厚的合格级别较高的罐壁和罐底边缘板用钢板应逐张进行超声检测。检测方法和质量等级应符合相关标准规定。

Стальные листы для толстой стенки резервуара и тонкого крайнего листа на дне резервуара с относительно высокой годностью подлежат последовательному ультразвуковому контролю. Способ контроля и класс качества должны удовлетворять указаниям в соответствующих стандартах.

设计温度较低的钢板或调质状态供货的钢板应逐热处理张取样进行拉伸和夏比V形缺口冲击试验。冲击试样的取样部位和试样方向应符合相应规范。

Стальные листы с низкой проектной температурой или стальные листы, поставленные в закаленном и отпущенном состоянии поставки, подлежат последовательной термообработке, отбору пробы для испытания на растяжение и испытания на удар на образцах с V-образным надрезом по Шарпи. Место отбора пробы для испытания на удара и его напряжения должны удовлетворять соответствующим правилам.

罐壁钢板最大厚度为45mm。用作插入板或法兰的钢板厚度可大于45mm；厚度超过40mm的钢板应进行正火或调质、脱氧、细化晶粒并进行冲击测试。

Максимальная толщина стального листа для стенки резервуара составляет 45мм. Толщина стального листа, используемого в качестве вставной плиты или фланца, может быть более 45мм; стальной лист толщиной более 40мм подлежит нормализации или термоулучшению, раскислению, измельчению кристаллики и испытанию на удар.

用于固定顶和浮顶的薄板应符合相关规范要求，且应由平炉或碱性吹氧工艺制得。

Тонкие пластины для стационарной крышки и плавающей крышки должны удовлетворять требованиям в соответствующих правилах и подлежать обработке в мартеновских печах или конвертерах со щелочной футеровкой и продувкой кислородом.

2.2.5.3 设计

（1）计算模型，设计参数，考虑载荷。

储罐的主要设计参数有介质密度、设计温度、内压和外压、有效容积、公称容积、风压、地震参数等。

主要考虑载荷有设计压力，液压，风载荷，地震载荷，以及主要载荷产生的组合载荷。

未锚固储罐的载荷(不含地震载荷）如图 2.2.32 所示。

2.2.5.3 Проектирование

（1）Проводить расчет модели, проектирование параметров с учетом нагрузкой.

Основные проектные параметры резервуара приведены ниже: плотность среды, проектная температура, внутреннее давление и наружное давление, эффективный объем, условный объем, ветровое давление, сейсмические параметры и т.д..

Основные нагрузки для учета: проектное давление, гидравлическое давление, ветровая нагрузка, сейсмическая нагрузка и комбинация нагрузок от основных нагрузок.

Схема нагрузок резервуара без анкерного крепления приведена ниже（без сейсмической нагрузки）, как приведено в рис. 2.2.32.

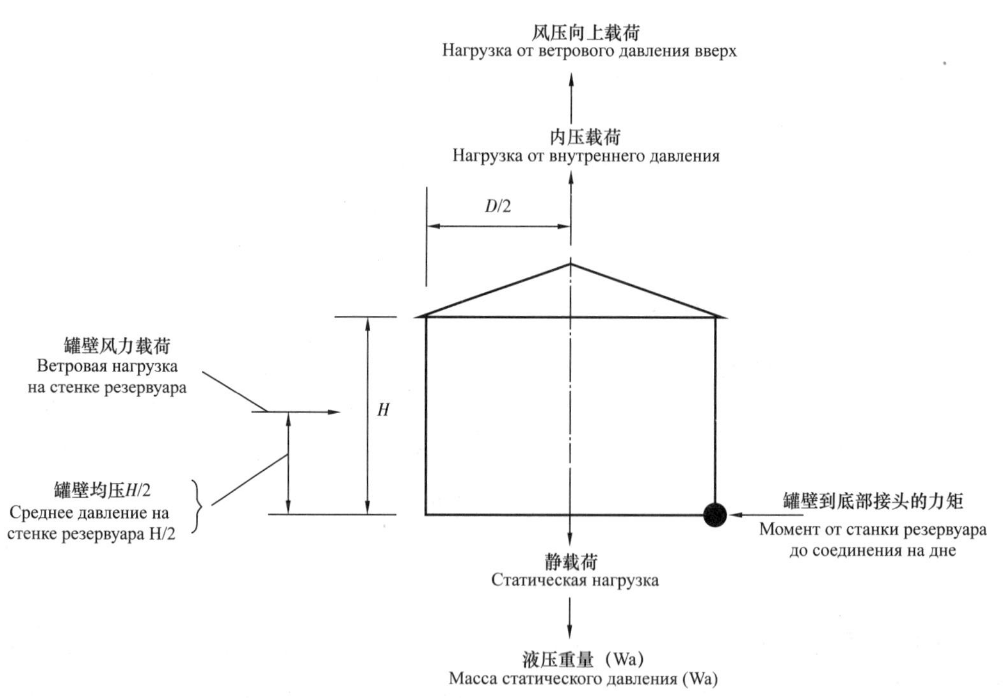

图 2.2.32 储罐容量与液位

Рис. 2.2.32 Емкость и уровень жидкости резервуара

（2）罐底及罐顶结构。

① 罐底结构。

（2）Конструкция дна и вершины резервуара.

① Конструкция дна резервуара.

罐底由钢板拼接而成,其焊缝可分为搭接和对接,油罐内径小于 12.5m 时,罐底可不设环形边缘板;油罐内径不小于 12.5m 时,罐底宜设环形边缘板,如图 2.2.33 所示。

Дно резервуара выполняется сращиванием стальных листов, сварной шов-соединением нахлестки и стыковки. При внутреннем диаметре резервуара менее 12,5м на дне резервуара можно не предусмотреть кольцевой крайний лист; при внутреннем диаметре резервуара не менее 12,5м на дне резервуара следует предусмотреть кольцевой крайний лист, как приведено в рис. 2.2.33.

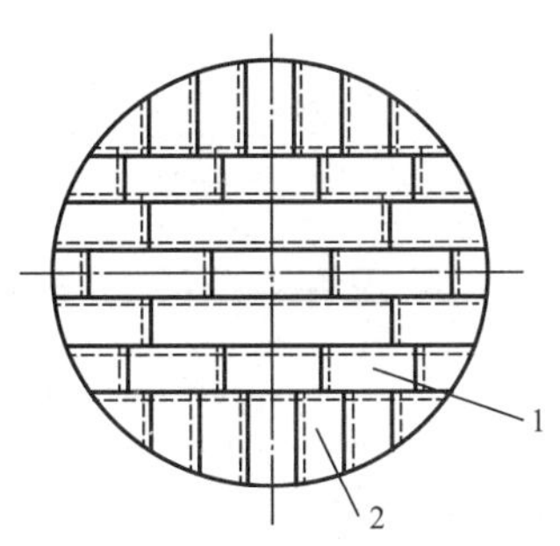

(a) 不设环形边缘板罐底
(a) Без кольцевого крайнего листа на дне резервуара

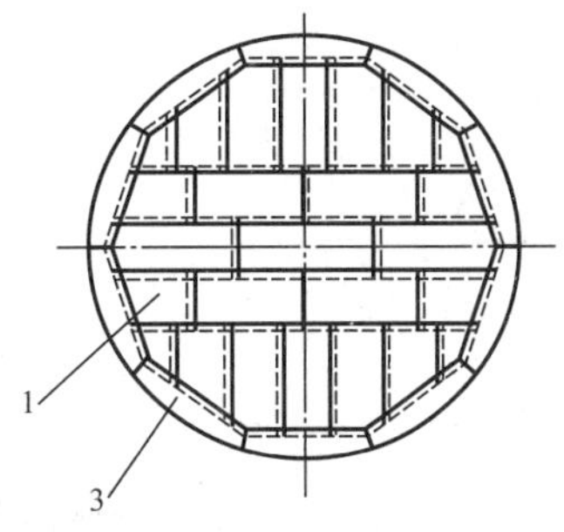

(b) 设环形边缘板罐底
(b) С кольцевым крайним листом на дне резервуара

图 2.2.33 储罐底板

Рис. 2.2.33 Фундаментная плита резервуара

环形边缘板外缘应为圆形,内缘应为正多边形或圆形;内缘为正多边形时,其边数应与环形边缘板的块数相等。

Наружный край кольцевого крайнего листа должны быть круглым, внутренний край-равносторонним многоугольником или круглым; при внутреннем крае в форме равностороннего многоугольника его количество краев должно быть одинаковым с количеством кольцевых крайних листов.

罐底板可采用搭接、对接或二者的组合较厚板宜选用对接,如图 2.2.34 所示。

Плита резервуара может выполняться соединением нахлестки, стыковки или комбинированным соединением, для толстого листа выбирать способ соединения стыковкой, как приведено в рис. 2.2.34.

② 罐顶结构。

② Конструкция вершины резервуара.

a. 固定顶。

a. Стационарная крышка.

支撑锥形罐顶:一种形状接近于正圆锥形表面的罐顶,主要由梁和柱上的檀条或有支柱或无支柱的桁架上的檀条来支撑。

Опорная конусовидная крышка резервуара: ее форма приближается к прямому круговому конусу, которая в основном состоит из обрешетин на балке и колонне или обрешетин на ферме с опорной колонной или без опорной колонны для опоры.

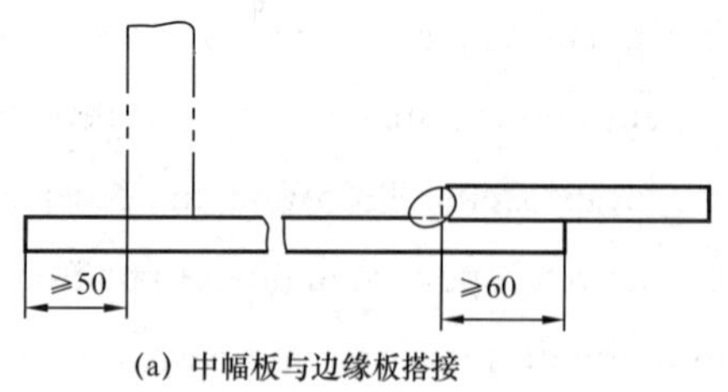

(a) 中幅板与边缘板搭接

(a) Соединение нахлесткой середины с крайним листом

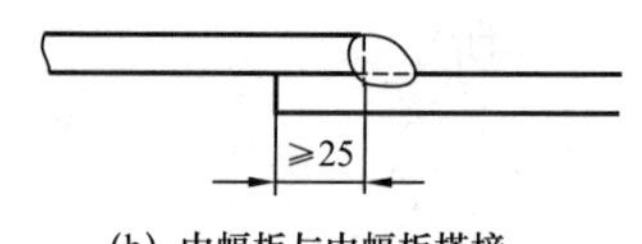

(b) 中幅板与中幅板搭接

(b) Соединение нахлесткой середины с серединой

(a) 中幅板与边缘板对接

(a) Соединение стыковкой середины с крайним листом

此处不开坡口或为V形坡口
Без выполнения кромка в данном
месте или выполнение V-образного кромка

(b) 中幅板与中幅板对接

(b) Соединение стыковкой середины с серединой

图 2.2.34 储罐底板与搭接

Рис. 2.2.34 Соединение нахлесткой фундаментной плиты резервуара

自支撑锥形罐顶：一种形状接近于正圆锥形表面的罐顶，仅靠其本身外围来支撑。

Самоподдерживающая конусовидная крышка резервуара: ее форма приближается к прямому круговому конусу и она выполняет опору только с помощью своей периферии.

自支撑圆拱形罐顶：一种形状接近球形表面的罐顶，仅靠其本身外围来支撑。

Самоподдерживающая куполообразная крышка резервуара: ее форма приближается к сферической поверхности и она выполняет опору только с помощью своей периферии.

自支撑伞形顶：一种经改型的圆拱形罐顶，其任何水平剖面都是规则的多边形，与罐顶板有同样的棱边，仅靠自身外围来支撑。

Самоподдерживающая зонтиковидная крышка: она относится к модифицированной куполообразной крышке, ее любой горизонтальный разрез является правильным многоугольником, у нее одинаковые грани, как лист на вершине резервуара и данная крышка выполняет опору только с помощью своей периферии.

b. 浮顶。

b. Плавающая крышка.

单盘式浮顶：浮顶周圈设环形密封舱，中间为单层盘板。

Однотарельчатая плавающая крышка: вокруг плавающей крышки предусмотрена кольцевая герметическая камера, в центральной части-однослойная тарелка.

双盘式浮顶：整个浮顶均由隔舱构成。

Двухтарельчатая плавающая крышка: целая плавающая крышка состоит из отсеков;

敞口隔舱式浮顶：浮顶周圈设环形敞口隔舱，中间仅为单层盘板，此形式仅适用于内浮顶。

Отсечная плавающая крышка с открытым отверстием: вокруг плавающей крышки предусмотрены кольцевые отсеки с открытым отверстием, в центральной части-однослойная тарелка, данный тип только распространяет на внутреннюю плавающую крышку.

浮筒式浮顶：盘板与液面不接触，由浮筒提供浮力，此形式仅适用于内浮顶。

Плавающая крышка с поплавком: тарелка не входит в соприкосновение с уровнем жидкости, поплавок предоставляет плавучесть, данный тип только распространяет на внутреннюю плавающую крышку.

三明治式金属夹层板内浮顶：内有蜂窝状隔室起浮力作用，蜂窝状隔室之间的格板，与液体完全接触，材料通常是铝。

Внутренняя крышка из металлических сэндвич-панелей: во внутренности сотовые отсеки предоставляют плавучесть, решетка между ними входит в полное соприкосновение с жидкостью, которая обычно выполняется из алюминия.

（3）罐壁结构。

（3）Конструкция стенки резервуара.

① 罐壁排版结构。

① Конструкция расположения панелей для стенки резервуара.

罐壁相邻两圈壁板的纵向接头应相互错开，上圈壁板厚度不应大于下圈壁板厚度。罐壁板的纵环焊缝应采用对接，内表面对齐。

Продольные соединения соседних 2 панелей стенки резервуара должны располагаться вразбежку, толщина верхней панели стенки должна быть не более толщины нижней панели. Кольцевой сварной шов панели стенки резервуара должен выполняться стыковым соединением, внутренняя поверхность-вровень.

罐壁上端应设置包边角钢。包边角钢与罐壁的连接可采用全焊透对接结构或搭接结构，如图2.2.35所示。包边角钢自身的对接焊缝应全焊透。浮顶油罐罐壁包边角钢的水平肢应设置在罐壁外侧。

На верхнем торце стенки резервуара следует предусмотреть оберточный угольник, соединение которого со стенкой резервуара может выполняться стыковкой или нахлесткой с полным проваром, как приведено в рис. 2.2.35. Собственные стыковые швы на оберточном угольнике подлежат полному провару. Горизонтальный участок оберточного угольника на стенке резервуара с плавающей крышке должен быть предусмотрен на наружной стороне стенки резервуара.

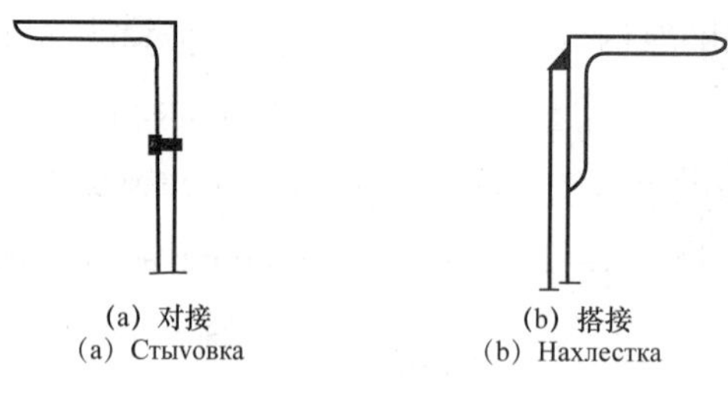

图 2.2.35 储罐包边角钢

Рис. 2.2.35 Оберточный угольник резервуара

罐壁纵向对接接头,罐壁环向对接接头,应采用全焊透结构,焊接接头的设计符合相关标准。

Продольные и кольцевые стыковые соединения на стенке резервуара должны применять конструкцию полного провара, проектирование сварного соединения удовлетворяет соответствующим стандартам.

② 罐壁厚度及尺寸。

② Толщина и размер стенки резервуара.

要求的罐壁厚度应是包括腐蚀裕量的设计罐壁厚度或静水压测试罐壁厚度中的较大值罐壁厚度计算方法。

Требуемая толщина стенки резервуара должна быть проектной толщиной стенки резервуара с припуском на коррозию или большим значением толщины стенки резервуара при испытании под статическим гидравлическим давлением.

a. 定设计点法。

a. Способ с указанием проектной точки.

按定设计点法计算每层罐壁底部以上 0.3 m 处设计点的规定厚度。该方法不能用于直径大于 60 m 的储罐。

Проводить расчет указанной толщины проектной точки на высоту 0,3м над дном каждого слоя стенки резервуара. Данный способ не применяется для резервуара диаметром более 60м.

b. 变设计点法。

b. Способ с изменением проектной точки.

油罐直径大于 60m 时,宜采用变设计点法,按该方法的设计给出了在设计点处罐壁的厚度,在设计点上,计算应力相对更接近罐壁的实际环向应力。

При диаметре резервуара более 60м следует применять способ с изменением проектной точки, проектом с данным способом указана толщина стенки резервуара в проектной точке, где расчетное напряжение более приближается к фактическому кольцевому напряжению стенки резервуара.

该方法通常可以减少罐壁厚度和材料总重。更为重要的是,在最大钢板厚度的限制下,容许建造较大直径的储罐。

Данный способ обычно позволяет уменьшению толщины стенки резервуара и общей массы материала. Особенно разрешать построить резервуар с большим диаметром под ограничением максимальной толщиной стального листа.

c. 弹性分析法。

对于 L/H 大于 1000/6 的储罐，罐壁厚度的选择应以弹性分析法为基础。该方法的边界条件应假定罐壁下部的壁板因屈服而产生完全塑性弯矩且径向变形为零的储罐。

c. Способ анализа упругости.

Для резервуара L/H более 1000/6 выбор толщины стенки резервуара должен применять способ анализа упругости в качестве основания. Относительно граничных условий данного способа анализа следует условно указать то, что в нижней части стенки резервуара будет образоваться пластический изгибающий момент от текучести и радиальная деформация резервуара-нуль.

③ 抗风圈。

抗风圈分为顶部抗风圈和中间抗风圈（加强圈）。顶部抗风圈用于敞顶或外浮顶油罐；在一定风载荷下，敞顶油罐与固定定油罐都应设置中间抗风圈。

③ Противоветровое кольцо.

Противоветровое кольцо разделяется на верхнее противоветровое кольцо и среднее противоветровое кольцо (усиленное кольцо), верхнее противоветровое кольцо применяется для резервуара с открытой крышкой или наружной плавающей крышкой, а среднее противоветровое кольцо должно быть предусмотрено для резервуара с открытой крышкой и резервуара со стационарной крышкой под определенной ветровой нагрузкой.

敞顶油罐应设置抗风圈，使油罐在承受风载荷时保持圆度。抗风圈应位于靠近顶层罐壁的顶部或附近位置，最好在罐壁外侧。且适用于浮顶罐。顶部包边角和抗风圈的材料和尺寸应符相关要求。

Для резервуара с открытой крышкой следует предусмотреть противоветровое кольцо, чтобы поддержать округлость резервуара под ветровой нагрузкой. Противоветровое кольцо должно находиться на вершине стенки резервуара или близлежащем месте, наилучше на наружной стороне стенки резервуара. Данное расположение распространяет на резервуар с плавающей крышкой. Материалы и размеры оберточного угольника и противоветрового кольца на вершине должны удовлетворять соответствующим требованиям.

抗风圈可以由结构型钢、成型的钢板、焊接的组合件或这些型式互相组合焊接制成。抗风圈的外缘可以是圆形的或多边形的。

Противоветровое кольцо может выполняться сваркой конструктивной профильной стали, профилированного стального листа, сварных узлов и комбинации этих материалов. Наружный край противоветрового кольца может быть круглым или многоугольником.

抗风圈或其作为通道的任一部分（扣除罐壁顶部突出的包边角钢宽度以外）的净宽度应不小于 600mm。最好把抗风圈安装在顶部包边角钢以下 1100mm 处，并应在它的无防护侧及用作通道的部分的端部安装标准栏杆。

Чистая ширина противоветрового кольца или его любой части в качестве прохода（за исключением ширины оберточного угольника с выступом от вершины резервуара）должна быть не менее 600мм. Преимущественно предусмотреть противоветровое кольцо в месте ниже оберточного угольника на 1100мм с установкой стандартных перил на стороне без защиты и на торце части, используемой в качестве прохода.

抗风圈兼走道典型结构如图 2.2.36 所示。

Типичная конструкция противоветрового кольца с функцией прохода приведена в рис. 2.2.36.

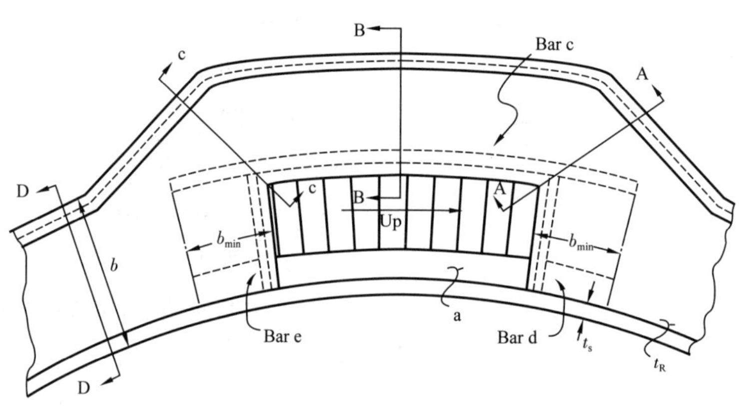

图 2.2.36　储罐包边角钢结构示意图

Рис. 2.2.36　Конструкция оберточного угольника резервуара

（4）储罐附件。

（4）Принадлежности резервуара.

① 浮顶附件。

① Принадлежности плавающей крышки.

a. 浮顶支柱。

a. Опорная колонна плавающей крышки.

为满足施工和检修需要，浮顶外边缘底部距罐底上表面的垂直距离不宜小于 1.8m；为防止浮顶支柱失稳，规定支柱的长细比不应大于 150。

Чтобы удовлетворять потребности в строительстве и ремонте, вертикальное расстояние от нижней части наружного края плавающей крышки до верхней поверхности дна резервуара должно быть не менее 1,8м; во избежание потери стабильности отношение длины к толщине опорной колонны должно быть не более 150.

b. 紧急排水装置。

b. Аварийная дренажная установка.

对有暴雨的地区，紧急排水装置是浮顶上必不可少的一种安全设施。暴雨来临，浮顶排水管

В местах с сильным дождем аварийная дренажная установка служит необходимым

来不及排除浮顶上的积水时，可通过紧急排水装置把高出允许液面的积水直接导入油罐内部。该装置虽有使雨水与储液相混之虞，但可使浮顶免遭沉没。

предохранительным устройством на плавающей крышке. При сильном дожде, когда отводная труба плавающей крышки не успеет отводить накопленную воду от плавающей крышки, разрешать прямой ввод накопленной воды уровнем выше допустимого уровня жидкости в резервуар через аварийную дренажную установку. Хотя данная установка смешивает дождь и хранимую жидкость, но позволяет избежанию затопления плавающей крышки.

c. 转动扶梯及轨道。

c. Поворотная лестница с поручнями и рельсы.

浮顶应装设转动扶梯，不论浮顶在什么位置，梯子都可以自动调整，使之成为到达浮顶的通道。梯子应按浮顶的整个行程进行设计，而不管浮顶支柱的正常位置。梯子全长的两边都装栏杆。踏步组件为开式的，并且表面应防滑，能自动流平。在梯子的下端应安装轮子。梯子应同时固定在罐顶和测量平台上，至少应用一根无缠结的电缆固定。

На плавающей крышке следует предусмотреть поворотную лестницу, не смотря на местоположение плавающей крышки, лестница является регулируемой, чтобы она могла стать проходом для доступа к плавающей крышке. Лестница подлежит проектированию по целому ходу плавающей крышки, не смотря на нормальное положение опорной колонны плавающей крышки. На 2 сторонах лестница по целой длине следует предусмотреть перила. Узлы ступеньки должны быть открытыми с противоскользящей поверхностью, которая может автоматически выполнять плавное течение.На нижнем торце лестницы следует установить колеса. Лестница должна крепиться одновременно к вершине резервуара и измерительной платформе с укреплением кабелями без клубка количеством не менее 1.

梯子和过道的设计应尽量用桁架通道，以减少积水，或考虑其他细节问题，以减少造成支架疲劳和僵硬的影响。

При проектировании лестницы и прохода следует применять проход фермы по мере возможности для уменьшения накопленной воды, или учесть прочие конкретные проблемы для снижения воздействия усталости и негибкости опоры.

d. 导向装置。

浮顶应设置导向装置。导向装置可采用钢管、缆绳或其他适当机构。

d. Направляющая установка.

На плавающей крышке следует предусмотреть направляющую установку, которая может применять стальную трубу, трос или прочий надлежащий механизм.

e. 密封装置。

浮顶外缘与罐壁的环形间隙处应设置密封装置。密封装置应能补偿环向间隙尺寸偏差,且具有良好的密封性能;罐壁内表面应清除可能会损伤密封或影响浮顶升降的凸起物。

e. Герметическая установка.

В месте кольцевого зазора между наружным краем плавающей крышки и стенкой резервуара следует предусмотреть герметическую установку, которая может выполнять компенсацию отклонений размеров кольцевого зазора с хорошей способностью по герметизации. Следует очистить внутреннюю поверхность стенки резервуара от выступных предметов с возможностью повреждения герметизации или влияния на подъем и спуск плавающей крышки.

密封材料应满足耐温、耐磨、耐腐蚀、阻燃、抗渗透、抗老化等性能要求。

Герметические материалы должны удовлетворять требованиям к свойствам, например, устойчивость к температуре, стойкость к износу и коррозии, огнестойкость, стойкость к проницаемости, стойкость к старению и т.д..

f. 自动通气阀。

浮顶上应装设自动通气阀,其数量和流通面积应按收发油时的最大流量确定;当浮顶处于支撑状态时,通气阀应能自动开启,当浮顶处于漂浮状态时,通气阀应能自动关闭且密封良好。

f. Автоматический атмосферный клапан.

На плавающей крышке следует предусмотреть автоматический атмосферный клапан, его количество и площадь пропуска должны определяться по максимальному расходу при приеме-сдаче нефти; когда плавающая крышка находится в состоянии опоры, атмосферный клапан должен открыться автоматически, а когда плавающая крышка находится в состоянии плавания, он должен закрыться автоматически с хорошей герметизацией.

g. 通气孔。

无密闭要求的内浮顶油罐应设置环向通气孔。环向通气孔应设置在设计液位以上的罐壁或固定顶上。

g. Вентиляционное отверстие.

На резервуаре с внутренней плавающей крышкой без требований к герметизации следует предусмотреть кольцевое вентиляционное отверстие, которое должно установиться на стенке резервуаре или стационарной крышке выше проектного уровня жидкости.

h. 高液位保护。

h. Защита от высокого уровня жидкости.

内浮顶油罐宜安装高液位报警装置或长型溢流孔。当采用长型溢流孔时，应按罐的最大进油速度确定溢流孔的尺寸；油罐发生溢流时，不应损坏浮顶和其他附件。

Для резервуара с внутренней плавающей крышкой следует предусмотреть установку для сигнализации о высоком уровне жидкости или длинное переливное отверстие. При использовании длинного переливного отверстия следует определять его размер на основе максимальной скорости впуска нефти; при переливе плавающая крышка и прочие принадлежности не должны быть повреждены.

（5）罐壁附件。

（5）Принадлежности стенки резервуара.

① 罐壁人孔。

① Люк-лаз на стенке резервуара.

供人员进出，需考虑罐壁补强，采光等问题，典型结构如图 2.2.37 所示。

Для прохода персонала следует учесть укрепление стенки резервуара, освещенность и прочие проблемы, типичная конструкция приведена на рисунке 2.2.37.

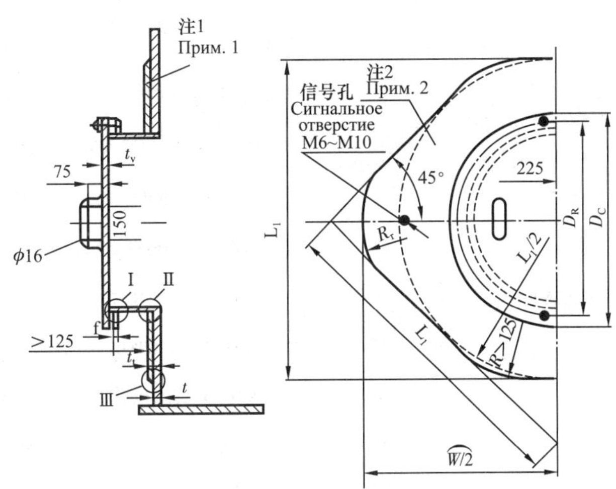

图 2.2.37 储罐人孔结构示意图

Рис. 2.2.37 Конструкция люка-лаза резервуара

② 齐平型清扫孔。

② Гладкое отверстие для очистки.

供储罐清洁沉积物及排污用。

Данное отверстие применяется для очистки резервуара от осадков и дренажа сточной воды.

③ 盘梯、平台及栏杆。

③ Винтовая лестница, платформа и перила.

盘梯的升角宜为 45°,且最大升角不应超过 50°,同一罐区内盘梯升角宜相同。平台及栏杆应符合相关规范规定。

Угол подъема винтовой лестницы должен быть 45° и максимальное значение угла подъема не превышает 50° . Углы подъема винтовой лестницы в одном РП должны быть одинаковыми. Платформа и перила должны удовлетворять указаниям в соответствующих правилах.

2.2.5.4 制造、检验和验收

2.2.5.4 Изготовление, контроль и приемка

(1)预制。

(1)Предварительное изготовление.

如果材料要求矫正,则应在下料或成形之前用加压或其他无害的方法进行矫正。除非在矫正过程中将材料加热到锻造温度,否则,不允许加热或锤击。

Если материалы требуют выправления, следует оказать давление или применять прочие невредные способы перед вырезкой или профилированием для выправления. Если не проводить нагрев материала до температуры поковки в процессе выправления, не разрешать нагрев или стук молотом.

板边可以剪切、机械加工、铲削或自动气切割。剪切应限于厚度不大于 10 mm 的对焊接头的钢板和厚度不大于 16 mm 的搭接接头钢板。

Для края панели разрешать срезание, механическую обработку, выравнивание или автоматическую газорезку. Срезание должно только выполняться для стального листа толщиной не более 10мм со стыковым сварным соединением или стального листа толщиной не более 16мм с нахлесточным соединением.

储罐需预制和安装检验用样板,应符合标准规定,并打坡口。

Для резервуара следует выполнять предварительное изготовление и монтаж образца для проверки, который должен удовлетворять указаниям в стандартах с выполнением кромка.

储罐壁板预制前应绘制排版图,并符合相关规范规定,且壁板的切割、滚制、加工应满足一定公差要求。

Перед предварительным изготовлением панели стенки резервуара следует разработать схему расположения с удовлетворением указаниям в соответствующих правилах. Кроме этих, резание, накатка и обработка панели стенки должны соответствовать определенным требованиям к допуску.

储罐底板预制前应绘制排版图,边缘板最小直边尺寸不小于700mm,中幅板和边缘板切割后的尺寸公差符合相关规范要求。

Перед предварительным изготовлением фундаментной плиты резервуара следует разработать схему расположения, размер минимальной прямолинейной кромки крайнего листа должен быть не менее 700мм, допуск размера середины и крайнего листа после срезания удовлетворяет требованиям в соответствующих правилах.

浮顶顶板、固定顶顶板预制前应绘制排版图,尺寸偏差应符合相关规范要求,固定顶顶板加强肋加工成形后,应用弧形样板检查。

Перед предварительным изготовлением потолочной панели плавающей крышки и потолочной панели стационарной крышки следует разработать схему расположения, отклонения их размеров должны удовлетворять требованиям в соответствующих правилах. После обработки и формирования усиленного ребра потолочной панели стационарной крышки следует проводить проверку с помощью дугообразного образца.

型钢(如抗风圈、加强圈、包边角钢)、抗拉环等弧形构建加工成形后,应用弧形样板检查,尺寸公差应满足相关规范要求。

Дугообразные детали из профильной стали, например, противоветровое кольцо, усиленное кольцо, оберточный угольник, растянутое кольцо и т.д., подлежат проверке с помощью дугообразного образца после обработки и формирования, допуск их размеров должен удовлетворять требованиям в соответствующих правилах.

(2)热处理。

(2) Термообработка.

开孔接管与罐壁板、补强板焊接完并经检验合格后,均要进行整体消除应力热处理。

В следующих условиях после сварки и получения положительного результата проверки, штуцер под отверстие, панель стенки резервуара и усиленная панель подлежат целой термообработке для снятия напряжения.

罐壁板最低标准屈服强度不大于390MPa,板厚大于32mm,接管直径大于300mm。

Минимальная стандартная текучесть панели стенки резервуара не более 390МПа, толщина панели более 32мм и диаметр штуцера более 300мм.

罐壁钢板的最低屈服强度大于300MPa,板厚大于12mm,接管直径大于50mm。

Минимальная стандартная текучесть стального листа стенки резервуара более 300МПа, толщина панели более 12мм и диаметр штуцера более 50мм.

齐平清扫孔。

Выполнять гладкое отверстие для очистки.

（3）焊接。

从事储罐焊接的焊工必须经过考核，取得相应的证书后，方可在有效期内担任焊接工作。

储罐及其结构附件应使用适当的焊接设备，采用手工电弧焊、熔化极气体保护焊、钨极气体保护焊、气焊、药芯焊丝电弧焊、埋弧焊、电渣焊或气电立焊的工艺进行焊接。如果材料要求进行冲击测试，则不允许使用气焊。

焊接前，施工单位必须有合格的焊接工艺评定报告。焊接工艺评定应符合相关标准。当采用多道焊，且单道焊道厚度大于19mm时，应对每种厚度的对接接头进行评定。

焊接施工应按批准的焊接工艺评定规程进行。

对于在施工过程中产生的各种表明缺陷，应按规范要求进行修补，焊缝内部缺陷应进行返修，并符合相关要求。

（4）检验与验收。

① 焊缝检测。

焊缝应进行外观检查，表面质量应符合相关规定，检查前应将熔渣、飞溅物清理干净。

（3）Сварка.

Сварщик, занимающийся работами по сварке резервуара, обязан проходить проверку с получением соответствующего сертификата, затем разрешать его выполнять работы по сварке в действующий срок.

Резервуар и его конструкционные принадлежности должны применять надлежащие сварочные устройства, которые подлежат сварке технологией, как ручная электродуговая сварка, газовая дуговая сварка металлическим электродом, газовая дуговая сварка вольфрамовым электродом, газовая сварка, электродуговая сварка на порошковой проволоке, сварка под флюсом, электрошлаковая сварка или электрогазовая сварка. При требовании испытания материалов на удар нельзя применять газовую сварку.

Перед сваркой строительная организация обязана получить годный результат отчета об оценке технологии сварки. Оценка технологии сварки должна удовлетворять соответствующим стандартам. При многопроходной сварке и толщине отдельного прохода более 19мм проводить оценку стыкового соединения каждой толщины.

Сварка должна проводиться по утвержденному руководству по оценке технологии сварки.

Относительно дефектов, образованных в процессе строительства, следует проводить исправление по требованиям в правилах. Внутренние дефекты сварного шва подлежат ремонту в соответствии с соответствующими требованиями.

（4）Контроль и приемка.

① Контроль сварного шва.

Сварной шов подлежит внешнему осмотру, качество поверхности должно удовлетворять соответствующим указаниям, перед проверкой следует удалить выгар и заплески.

储罐焊缝应进行无损检测,从事无损检测的人员应进行考核,取得相关证件后,方能进行检查工作。无损检测位置应符合规范要求,并有质量检验员在现场确定。

Сварной шов резервуара подлежит неразрушающему контролю, персонал по неразрушающему контролю должен проходить проверку и получать соответствующий сертификат, затем разрешать его начинать работу по контролю. Местоположение неразрушающего контроля должно удовлетворять требованиям в правилах с утверждением контроллером качества на рабочей площадке.

罐底所有焊缝用真空箱发进行严密性试验,需按相关规范要求对其他相应焊缝进行磁粉、渗透检测与超声、射线检测。

Все сварные швы на дне резервуара подлежат испытанию на герметизацию с помощью вакуумной камеры, по соответствующим требованиям в правилах проводить магнитопорошковый контроль, капиллярный контроль, ультразвуковой контроль и радиографический контроль прочих соответствующих швов.

罐壁钢板之间的焊缝要求完全焊透、完全熔合,焊缝质量检验应采用所规定的射线探伤法或经买方和制造商同意的替代方法,如使用超声波探伤法,除射线探伤法和超声波探伤法外,应对所有对接焊缝进行目检。此外,买方检验员可目检所有对接焊缝是否存在着裂纹、弧坑、过度咬边、表面气孔、不完全熔合和其他缺陷。

Требовать полного провара сварного шва между стальными листами стенки резервуара с полной сплавкой. Проверка качества шва выполняется указанной рентгеноскопией или аналогическим методом после получения согласия от покупателя и завода-производителя. При использовании ультразвуковой дефектоскопии следует проводить осмотр всех стыковых швов за исключением рентгеноскопии и ультразвуковой дефектоскопии. Кроме этих, контроллер покупателя может выполнять осмотр всех стыковых швов для определения наличия трещины, кратера, чрезмерного подреза, раковины на поверхности, неполной сплавки и прочих дефектов по соответствующим стандартам осмотра, приемки и ремонта.

② 充水试验。

② Испытание на заполнение водой.

储罐建造完毕后应进行充水试验,并检测下列内容:

После окончания построения резервуара следует проводить испытание на заполнение водой с проверкой следующих предметов:

a. 罐底严密性；

a. Герметизация дна резервуара；

b. 罐壁强度及严密性；

b. Прочность и герметизация стенки резервуара；

c. 固定顶强度、稳定性及严密性；

c. Прочность, стабильность и герметизация стационарной крышки；

d. 浮顶及内浮顶的升降试验及严密性；

d. Испытание на подъем и спуск плавающей крышки и внутренней плавающей крышки, а также их герметизация；

e. 浮顶排水管的严密性；

e. Герметизация отводной трубы на плавающей крышке；

f. 基础的沉降观测；

f. Наблюдение за осадками фундамента；

g. 充水试验应符合设计文件及相关标准要求。

g. Испытание на заполнение водой должно удовлетворять проектной документации и требованиям в соответствующих стандартах.

2.2.6 LNG 储罐

2.2.6 Резервуар сжиженного природного газа（СПГ）

2.2.6.1 通用要求

2.2.6.1 Общие требования

（1）概述。

LNG 储罐的发展经历了单容罐、双容罐到全容罐的过程，同时储罐容量不断增大。当前新建的 LNG 储罐，一般都选用全容罐。EN1473 和 BS7777 规范要求，全容罐的内罐和外罐应具备独立盛装低温液体的能力，且内罐和外罐的间距应为 1～2m。正常操作条件下，内罐储存低温 LNG 液体；外罐顶由外罐壁支撑；外罐应具备既能储存低温 LNG 液体，又能控制从内罐泄漏出的 LNG 气化后产生的大量气体的排放。

（1）Общие сведения.

Резервуар СПГ прошел процесс развития от одноемкостного резервуара, двухемкостного резервуара до полноемкостного резервуара, в то же время объем резервуара увеличивается непрерывно. В настоящее время обычно выбираются полноемкостные резервуары в качестве новых резервуаров СПГ. Согласно требованиям EN 1473 и BS7777, внутренняя и внешняя емкости полноемкостного резервуара должны обладать способностью хранить криогенную жидкость отдельно, при том расстояние между внутренней и внешней емкостями находится в диапазоне от 1 м до 2 м. В нормальных рабочих условиях внутренняя емкость предназначена для хранения СПГ криогенной жидкости; крыша внешней емкости поддерживается стеной внешней емкости; внешняя емкость не только может хранить СПГ криогенную жидкость, но и контролировать выброс большого объема газа после газификации СПГ из-за утечки из внутренней емкости.

① 单容罐。

单容罐结构为圆柱形碳钢外罐,9%镍钢内罐,在场地容许的情况下,是最理想的罐型,也是最经济、最常见的LNG储存罐。该罐罐体相对安全,通常使用在远离人口稠密区,并且不存在外部安全隐患的地方。其设计压力通常在170～200mbar(g),操作压力125mbar(g);罐周围设有围堰,用于储罐内液体发生溢出时能够容纳罐内所有液体。当内罐发生故障时,LNG液体和蒸发气会泄漏到罐外。罐的尺寸由9%镍钢的焊接厚度以及罐的高径比确定,实际建造的最大罐容为40000m^3。曾在卡塔尔发生过LPG储罐泄漏,事故发生后单容罐应用受到影响,被更好的罐型取代,目前普遍采用全容罐设计,如图2.2.38所示。

① Одноемкостный резервуар.

Конструкция одноемкостного резервуара состоит из цилиндрической внешней емкости из углеродистой стали и внутренней емкости из 9% никелевой стали, при благоприятных условиях площадки является самым идеальным типом резервуара, и считается наиболее экономным и популярным способом хранения СПГ. Корпус резервуара относительно безопасно, в обычных условиях применения размещается в месте, далеко от густонаселенных районов, не существует скрытую угрозу безопасности окружающей среде. Его проектное давление обычно находится в пределах 170-200 мбар, рабочее давление 125 мбар; вокруг резервуара предусматривается ограждение, рассчитанное на сбор всех жидкостей из резервуаров при их аварийных разливах. При отказе внутренней емкости будет возникать утечку жидкости и пара СПГ из резервуара. Размер резервуаров опрецеnяется в зависимости от толщины сварнотошва сташ с содержанием никеля 9% и отношения высоты резервуара к его ширине, максимальный объем фактического резервуара до 40000 м^3. Раньше в Катаре возникали утечки из резервуаров СПГ, одноемкостный резервуар подвергается воздействию данной аварии и заменится лучшим типом резервуаров. В настоящее время широко применяется полноемкостный резервуар, как показано на рисунке 2.2.38.

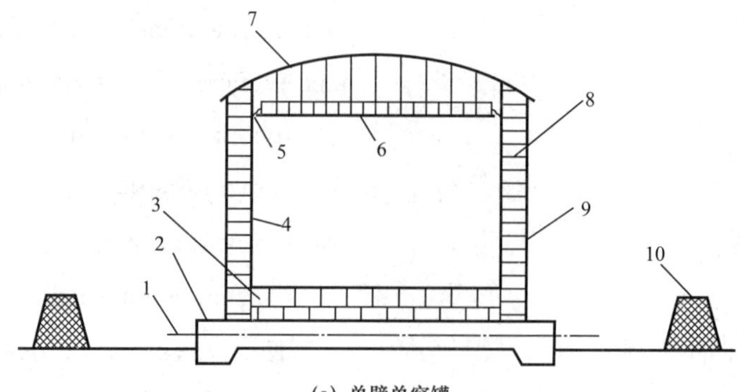

(a) 单壁单容罐

(a) Одностенный одноемкостный резервуар

1—基础加热系统；2—基础；3—罐底保冷；4—主储罐（钢制）；5—柔性保冷密封结构；
6—吊顶（保冷）；7—罐顶（钢制）；8—罐壁保冷层；9—保冷结构保护层；10—围堰

1—Система отопления основания；2—Основание；3—Холодноизоляция дна резервуара；
4—Главный резервуар (стальной)；5—Гибкая холодноизоляционная герметичная конструкция；
6—Подвесное перекрытие (холодноизоляционное)；7—Крыша резервуара (стальная)；
8—Холодноизоляционный слой стенки резервуара；
9—Защитный слой холодноизоляционной конструкции；10—Ограждение

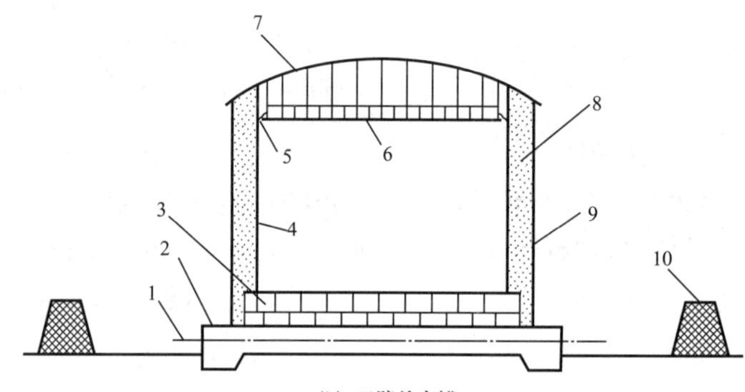

(b) 双壁单容罐

(b) Двухстенный одноемкостный резервуар

1—基础加热系统；2—基础；3—罐底保冷；
4—主储罐（钢制）；5—柔性保冷密封结构；6—吊顶（保冷）；
7—罐顶（钢制）；8—罐壁松散保冷结构；9—罐壁（钢制）；10—围堰

1—Система отопления основания；2—Основание；3—Холодноизоляция дна резервуара；
4—Главный резервуар (стальной)；5—Гибкая холодноизоляционная герметичная конструкция；
6—Подвесное перекрытие (холодноизоляционное)；7—Крыша резервуара (стальная)；
8—Рыхлая холодноизоляционная конструкция стенки резервуара；9—Стенка резервуара (стальная)；10—Ограждение

图 2.2.38 单容式储罐结构示意图

Рис. 2.2.38 Конструкция одноемкостного резервуара

② 双容罐。

双容罐的结构如图 2.2.39 所示，该罐为圆柱形碳钢或混凝土外罐，9% 镍钢内罐。当内罐发生泄漏事故时液体流入外罐，蒸发气会泄漏到周围环境里。最大罐容 160000m^3，设计压力与单容罐相似。由于 LNG 燃烧池的表面积小，储罐间的安全距离小于单容罐。在发生事故时设备控制系统可以继续工作，但是蒸发气会释放。在系统关断以前，操作系统可以继续工作一段时间。

② Двухемкостный резервуар.

Двухемкостный резервуар выполняется из цилиндрической внешней емкости из углеродистой стали или бетона и внутренней емкости из 9-процентной никелевой стали, как показан на рисунке 2.2.39. В случае протечки внутренней емкости жидкость поступает во внешнюю емкость, а пар будет вытекать наружу в окружающую среду. Максимальный объем резервуара составляет

160,000м^3, проектное давление соответствует проектному давлению одноемкостного резервуара. В связи с маленькой площадкой бассейна сжигания СПГ, безопасное расстояние между резервуарами менее безопасного расстояния между одноемкостными резервуарами. В случае аварий система управления оборудованием может продолжать работу, но пар будет выбрасываться. До выключения системы операционная система может продолжать работать некоторое время.

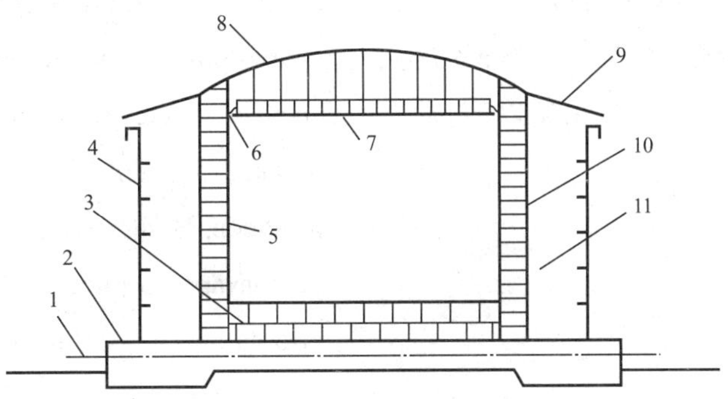

(a) 带钢制次储罐的双容罐

(a) Двухемкостный резервуар со стальным вспомогательным резервуаром

1—基础加热系统；2—基础；3—罐底保冷；4—次储罐（钢制）；5—主储罐（钢制）；6—柔性保冷密封结构；7—吊顶（保冷）；8—罐顶（钢制）；9—顶盖（防雨）；10—罐壁保冷层；11—保冷结构保护层

1—Система отопления основания；2—Основание；3—Холодноизоляция дна резервуара；4—Вспомогательный резервуар (стальной)；5—Главный резервуар (стальной)；6—Гибкая холодноизоляционная герметичная конструкция；7—Подвесное перекрытие (холодноизоляционное)；8—Крыша резервуара (стальная)；9—Крыша (защищенная от дождя)；10—Холодноизоляционный слой стенки резервуара；11—Защитный слой холодноизоляционной конструкции

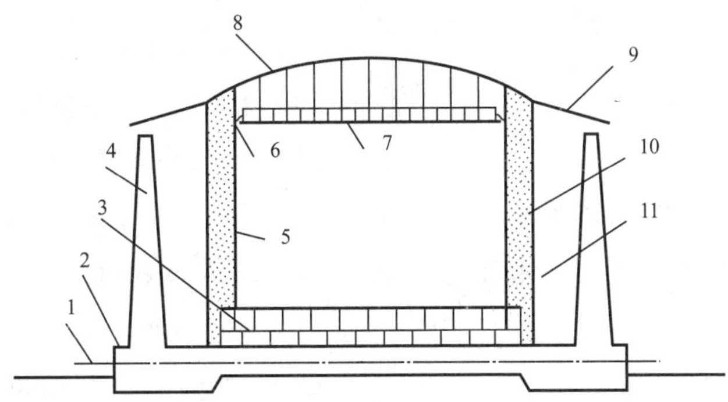

(b) 带混凝土制次储罐的双容罐

(b) Двухемкостный резервуар с бетонным вспомогательным резервуаром

1—基础加热系统；2—基础；3—罐底保冷；4—次储罐（混凝土制）；5—主储罐（钢制）；6—柔性保冷密封结构；7—吊顶（保冷）8—罐顶（钢制）；9—顶盖（防雨）；10—罐壁松散保冷结构；11—罐壁（钢制）

1—Система отопления основания；2—Основание；3—Холодноизоляция дна резервуара；4—Вспомогательный резервуар (бетонный)；5—Главный резервуар (стальной)；6—Гибкая холодноизоляционная герметичная конструкция；7—Подвесное перекрытие (холодноизоляционное)；8—Крыша резервуара (стальная)；9—Крыша (защищенная от дождя)；10—Рыхлая холодноизоляционная структура стенки резервуара；11—Стенка резервуара (стальная)

图 2.2.39 双容式储罐结构示意图

Рис. 2.2.39 Конструкция двухемкостного резервуара

③ 全容罐。

全容罐的结构如图 2.2.40 所示，其内罐为 9% 镍钢，经过专门设计与建造，是首选的 LNG 储罐，罐顶为开放式。混凝土外罐为圆柱形，是首要的气态包容层，也是液相天然气的第二包容层。与双容罐一样，此类罐占地面积小，并且能抵抗外来荷载，如飞弹等。当内罐发生泄漏事故时，外罐能够容纳 LNG 液体和蒸发气，避免火灾危害。目前建造的最大罐容已达到 240000m^3，并且混凝土外耀设计压力可以增加到 290mbar（g）[操作压力 250mbar（g）]，金属外罐设计压力可以参照单容罐和双容罐。在发生事故的情况下，设备的控制和天然气供应可以维持。在系统关断以前，操作系统可以继续工作一周。

③ Полноемкостный резервуар.

Полноемкостный резервуар имеет внутреннюю емкость из стали с содержанием никеля 9%, является первым выбором резервуара СПГ путем специально проектирования и строительства, и с открытой крышей резервуара. Емкость внешняя бетонная цилиндрическая является первым газосодержащим слоем, тоже вторичным содержащим слоем газа жидкой фазы. Как двухемкостный резервуар, такие резервуары занимают маленькую площадь, и имеют стойкость к внешним нагрузкам, например, снаряду и т.д. В случае аварий с утечкой из внутренней емкости, внешняя емкость может вместить жидкость и пар СПГ, чтобы избежать опасности пожаров. В настоящее время максимальный объем резервуара достигает 240,000 м^3, при том проектное давление бетонной внешней емкости может увеличиться до 290 мбар（рабочее давление 250 мбар）, проектное давление металлической внешней емкости соответствует проектному давлению одноемкостного и двухемкостного резервуаров. В случае аварий может поддерживать управление оборудованием и поставку газа. До выключения системы операционная система может продолжать работать в течение недели.

（2）通用要求。

LNG 储罐分为内罐和外罐，内罐和外罐设计均能够储存低温介质，外罐内壁到内罐外壁的距离通常为 1m。

（2）Общие требования.

Резервуар СПГ состоит из внутренней и внешней емкостей, которые проектируются для хранения криогенной среды. Обычно расстояние от внутренней стенки внешней емкости до наружной стенки внутренней емкости 1 м.

在正常操作条件下，内罐盛装冷冻介质，外部罐顶由外罐支撑，外罐要能盛装冷液并能排出由于突发情况引起的渗漏所产生的蒸发气。

В нормальных рабочих условиях внутренняя емкость предназначена для хранения криогенной среды; крыша внешней емкости поддерживается внешней емкостью; внешняя емкость не только может хранить криогенную жидкость, но и выбросить пар, образованный при внезапном протекании.

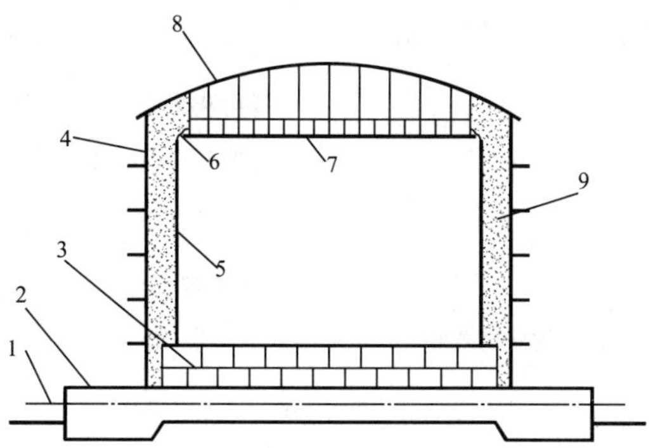

(a) 带钢制次储罐的全容罐

(a) Полноемкостный резервуар со стальным вспомогательным резервуаром

1—基础加热系统；2—基础；3—罐底保冷；4—次储罐（钢制）；5—主储罐（钢制）；6—柔性保冷密封结构；7—吊顶（保冷）；8—罐顶（钢制）；9—罐壁保冷结构

1—Система отопления основания；2—Основание；3—Холодноизоляция дна резервуара；4—Вспомогательный резервуар (стальной)；5—Главный резервуар (стальной)；6—Гибкая холодноизоляционная герметичная конструкция；7—Подвесное перекрытие (холодноизоляционное)；8—Крыша резервуара (стальная)；9—Холодноизоляционная конструкция стенки резервуара

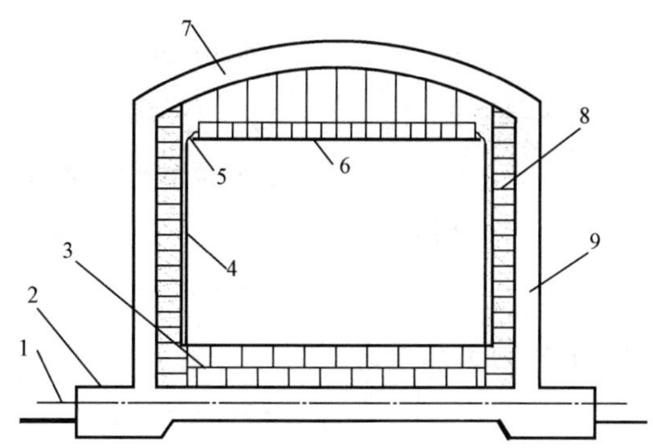

(b) 带混凝土制次储罐的全容罐

(b) Полноемкостный резервуар с бетонным вспомогательным резервуаром

1—基础加热系统；2—基础 ；3—罐底保冷；4—主储罐（钢制）；5—柔性保冷密封结构；6—吊顶（保冷）；7—罐顶（混凝土制）；8—罐壁保冷结构；9—次储罐（混凝土）

1—Система отопления основания；2—Основание；3—Холодноизоляция дна резервуара；4—Главный резервуар（стальной）；5—Гибкая холодноизоляционная герметичная конструкция；6—Подвесное перекрытие（холодtноизоляционное）；7—Крыша резервуар（бетонная）；8—Холодноизоляционная структура стенки резервуара；9—Вспомогательный резервуар（бетонный）

图 2.2.40 全容式储罐

Рис. 2.2.40 Полноемкостный резервуар

罐的尺寸按照罐的数据表确定。

Размеры резервуара определяются согласно таблице данных резервуара.

本部分内容适用于储存介质温度为 -165～0℃的碳氢化合物或氨、最大设计压力为 50kPa 钢制立式圆筒形地上单容罐、双容罐和全容罐的设计和建造。

Настоящая часть распространена на проектирование и строительство стальных вертикальных цилиндрических надземных одноемкостных, двухемкостных и полноемкостных резервуаров, предназначенных для хранения углеводородов или аммиака при температуре среды -（минус.）165–0℃, с максимальным проектным давлением 50 кПа.

低温储罐指储罐本体及连接件，包含以下内容：

Криогенный резервуар означает корпус резервуара и соединительную часть, содержит следующее содержание:

① 储罐与外部管线的连接；

① Соединение между резервуарами и внешними трубопроводами;

② 焊接连接的第一道环向接头坡口端面；

② Первый торец разделки кромок кольцевого сварного соединения;

③ 螺纹连接的第一个螺纹接头端面；

③ Первый торец резьбового соединения;

④ 法兰连接的第一个法兰密封面；

④ Первая уплотнительная поверхность фланцевого соединения;

⑤ 专用连接件或管道连接件连接的第一个密封面；

⑤ Первая уплотнительная поверхность соединения с помощью специальных соединительных деталей или соединительных деталей трубопроводов.

⑥ 接管、人孔等的法兰、平盖及其紧固件；

⑥ Фланцы, плоские крышки и соответствующие крепежи патрубков и люк-лазов;

⑦ 储罐的罐底、罐壁、罐顶和开口接管的绝热；

⑦ Теплоизоляция дна, стенки, крыши и патрубки для отверстия резервуара;

⑧ 储罐内部结构件，包括液下泵的泵井等；

⑧ Детали конструкции внутри резервуара, откачиваемый колодец с погруженным насосом и т.д.;

⑨ 储罐的锚固结构。

⑨ Анкерная конструкция резервуара.

2.2.6.2　材料

2.2.6.2　Материалы

所有 LNG 储罐用材料应满足设计图纸及相应采购技术要求并有材质证明书。

Все материалы для резервуаров СПГ должны удовлетворять требованиям на проектных чертежах и соответствующим техническим требованиям к закупке, при том имеют сертификаты.

（1）内罐和护角。

（1）Внутренняя емкость и уголковая накладка.

内罐和护角的材料，应采用符相关标准对 9% 镍钢的规定，并满足 “LNG 罐用 9% Ni 钢板技术条件” 的要求。与内罐连接的板材和附件应采用同一种材质。

Материалы для внутренних емкостей и уголковых накладок должны отвечать требованиям в соответствующих стандартах к 9% никелевой стали, а также требованиям в «Технических условиях на лист 9% никелевой стали для резервуара СПГ». Листовые материалы и принадлежности, соединяемые с внутренней емкостью, должны быть изготовлены из однородных материалов.

(2)吊顶和吊杆。

吊板通常采用ASTM B209 中的铝合金5083-O,也可以采用不锈钢或者9%镍钢。吊顶拉杆也可以采用304不锈钢。

(2) Подвесное перекрытие и подвеска.

Обычно подвесное перекрытие изготовляется из сплава 5083-O, указанного в ASTM B209, также из нержавеющей стали или 9% никелевой стали. Подвеска для подвесного перекрытия также может изготовляться из нержавеющей стали 304.

(3)外罐衬板(罐底板、罐壁衬板、罐顶板)。

(3) Футеровочная плита внешней емкости (низкая плита емкости, футеровочная плита для стенки емкости, плита на крыше емкости).

罐底板、罐壁衬板、罐顶板采用低温碳钢,罐顶拱架材料采用Q345-E。

Низкая плита емкости, футеровочная плита для стенки емкости и плита на крыше емкости выполняются из низкотемпературной углеродистой стали, материалы для арочной фермы крыши емкости: Q345-E.

(4)9%镍钢焊接材料。

(4) Сварочные материалы для 9% никелевой стали.

用于焊接9%镍钢焊接的焊接材应符合ASME/AWS SFA-5.11、SFA-5.14及相关标准。具体牌号根据焊接接头强度、延展性、致密性和LNG储罐制造经验选取。

Сварочные материалы для 9% никелевой стали соответствуют ASME/AWS SFA-5.11, SFA-5.14 и/или идентичным стандартам. Конкретная марка выбирается в зависимости от прочности сварного соединения, тягучести, плотности и опыта изготовления резервуаров СПГ.

(5)其他材料的焊接材料。

(5) Сварочные материалы для других материалов.

焊接材料的选取要符合母材金属的机械性能和韧性要求。对于碳钢的焊接,要采用低氢焊接材料。

Сварочные материалы выбираются в соответствии с требованиями к механическим свойствам и гибкости металлов основных материалов. Для сварки углеродистой стали применяются низководородные сварочные материалы.

(6)保冷材料。

(6) Холодоизоляционные материалы.

保冷材料在包装、运输、储存时要预防受潮。如果可能,提供防水包装袋和干燥剂。所有的保温材料在从运抵现场到使用期间都要密封存放在通风、干燥和防水的地方。

Холодоизоляционные материалы должны иметь защиту от проникновения влаги в процессе упаковки, транспорта и хранения. Если возможно, обеспечить гидроизоляционную упаковочную сорочку и сушительные вещества. Все теплоизоляционные материалы герметически хранятся в закрытом вентиляционном, сухом и водонепроницаемом месте в период использования после доставки до рабочей площадки.

2.2.6.3 设计

（1）应考虑载荷。

储罐设计要按照标准要求，要考虑建造、试验、开车、试运行、操作、停车和维修时的所有正常或突发的载荷工况及其组合工况。

设计中要考虑以下设计载荷工况：

① 正常载荷工况。

介质静压力：设计液位为可以达到的介质储存最高液位。

气相压力：产品蒸发气压力从最低设计压力到最高设计压力；

内罐水压试验液位应以介质在最高设计液位时对内罐底板静压力的1.25倍来确定。预应力混凝土外罐不做水压试验。应考虑膨胀珍珠岩保冷层对内罐壳体的外压力，尤其在停车，内罐恢复至环境温度的情况下。

② 地震工况设计。

2.2.6.3 Проектирование

（1）Учитываемые нагрузки.

Резервуары проектируются в соответствии с требованиями в стандартах и с учетом всех режимов нормальной или аварийной нагрузок и режимов их сочетания при строительстве, испытаниях, пуске, опробовании, эксплуатации, остановке и ремонте.

При проектировании следует учитывать следующие режимы проектных нагрузок:

① Режим нормальной нагрузки.

Статическое давление среды: проектный уровень жидкости принимает равным максимальному достижимому уровню хранения среды.

Давление газовой фазы: давление пара продукции изменяется в диапазоне от минимального до максимального проектного давления;

Уровень для гидравлического испытания внутренней емкости должен быть определен по 1,25 раза статического давления на низкую плиту емкости при максимальном проектном уровне среды. Внешняя емкость из предварительно напряженного бетона не подлежит гидравлическому испытанию. Следует рассмотреть внешнее давление защитного слоя из вспученного перлита на корпус внутренней емкости, в частности в условиях восстановления температуры внутренней емкости до температуры окружающей среды при остановке.

② Проектирование сейсмического режима.

内罐地震工况设计考虑美国核能委员会手册“核反应堆和地震”中介绍的方法。此外，还应采用考虑的操作工况地震反应谱（OBE）和安全停车工况地震反应谱（SSE）判据。同时假定内罐储存的LNG达到最大操作液位。当按照SSE工况进行设计时，应按照标准来确定许用应力。

При проектировании сейсмического режима внутренней емкости следует учитывать методы, указанные в руководстве комиссии по атомной энергии США «Ядерные реакторы и землетрясение». Кроме того, следует применять учитываемые спектры реакции землетрясения в режиме эксплуатации（OBE）и спектры реакции землетрясения при режим безопасной остановки（SSE）в качестве критерия. В то же время, предполагается уровень СПГ во внутренней емкости до максимального рабочего уровня. При проектировании согласно режиму SSE следует определить допустимое напряжение в соответствии со стандартами.

③ 热泄漏。

③ Утечка тепла.

LNG储罐总吸热量应不会使LNG日蒸发率超过储罐设计数据表中的规定值，（该蒸发率是基于纯甲烷计）。LNG蒸发量计算应考虑数据表中规定的环境温度、无风速、相对湿度以及最高平均日照强度。

Общее количество поглощающейся теплоты резервуара СПГ должно обеспечить невозможность суточной испаряемости СПГ выше заданной величины в проектной таблице данных резервуара（указанная испаряемость рассчитывается на основе чистого метана）. Количество испарения сжиженного природного газа рассчитывается с учетом температуры окружающей среды, направления и скорости ветра, относительной влажности и максимальной средней интенсивности облучения солнца.

（2）部件设计。

（2）Проектирование узлов.

金属部件按照本章给出的标准、规范进行设计、制造、供货、安装、检验和试验。储罐主要机械部件的设计包括内罐（如果考虑地震工况，应包括抗震锚栓）、护角（TCP）、吊顶板、衬板（罐底、罐顶、罐壁）及附件（如接管、内伸管及结构）。

Согласно стандартам и правилам в данном разделе производятся проектирование, изготовление, поставка, монтаж, контроль и испытание металлических узлов. В состав проектирования основных механических узлов для резервуаров входят внутренняя емкость（включая сейсмостойких анкеров для сейсмического режима）, уголковая накладка（TCP）, плита для подвесного перекрытия, футеровка（для дна, крыши и стенки резервуара）и принадлежности（например, патрубки, телескопическая всасывающая трубка и конструкция）.

① 内罐。

内罐设计盛装冷冻介质 LNG,材料选择 9% 镍钢。考虑受外压的稳定性,内罐壁设置加强圈。内罐壳体和罐底边缘板的焊接均采用双面对接全焊透焊接接头形式,壳体与边缘板的角焊缝采用双面角焊。内罐底板的拼接可采用搭焊结构。与内罐壳体和罐底相焊的结构附件要尽量少,与内罐 9% 镍钢直接焊接的永久性结构附件应采用 9% 镍钢材料,并设计成能抵抗工作时施加的所有载荷。

① Внутренняя емкость.

Внутренняя емкость проектируется для хранения криогенной среды СПГ, выполняется из 9% никелевой стали. С учетом стабильности под воздействием внешнего давления, устанавливается укрепляющее кольцо для стенки внутренней емкости. Для сварки корпуса внутренней емкости и бортовой плиты на дне емкости применяется двухстороннее сварное стыковое соединение с полным проплавлением. Производится двухсторонняя угловая сварка для углового шва между корпусом и бортовой плитой. При составном соединении низких плит внутренней емкости применяется сваренная внахлестку конструкция. Применяются как можно меньше конструктивных принадлежностей, свариваемых с корпусом внутренней емкости и дном емкости. Постоянные конструктивные принадлежности, прямо свариваемые с 9% никелевой сталью внутренней емкости, изготовляются из 9% никелевой стали, проектируются со стойкостью к всем нагрузкам, приложенным при работе.

② 护角(TCP)。

护角包括:带边缘板的第二层底板、垂直罐壁和带密封环的锚板组成。第二层底板由最小厚度为 6mm 的 9% 镍钢中幅板及边缘板组成。底板可采用搭接焊接,边缘板采用对接焊接(可采用垫板)。第二层底板安装在罐底保温层之上或在保温层之间。第二层底板一直外伸到储罐环隙处并与护角板相连。9% 镍钢的 TCP 壁板的最小厚度为 5mm。护角的设计要考虑由于正常操作和非正常工况的渗漏引起的第二层底板和壁板的收缩和膨胀。包括考虑环隙空间的 LNG 液位从最小渗漏情况(冷量影响 + 小的液体静压)到最大的渗漏情况,即外罐全部充满渗漏的 LNG(冷量影响 + 液体静压)在任何载荷工况下,TCP 都能防止液

② Уголковая накладка (TCP).

Уголковая накладка включает в себя низкую плиту второго слоя с бортовой плитой, вертикальную стенку резервуара и анкерную плиту с уплотнительным кольцом. Низкая плита второго слоя состоит из промежуточного диска из 9% никелевой стали с минимальной толщиной 6 мм и бортовой плиты. Для низкой плиты допускается применение сварки внахлестку, а для бортовой плиты применяется стыковая сварка (допускается применение прокладки). Низкая плита второго слоя устанавливается над теплоизоляционном слоем дна резервуара или между теплоизоляционными слоями. Низкая плита второго слоя

体渗漏。护角内的气体压力要与储罐的压力相平衡。用于护角的9%镍钢板的要求与内罐用钢板的一致。

протягивается до кольцевого зазора резервуара и соединяется с плитой уголковой накладки. Минимальная толщина плиты стенки TCP из 9% никелевой стали составляет 5 мм. При проектировании уголковой накладки необходимо учитывать сокращение и расширение низкой плиты второго слоя и плиты стенки, вызываемые утечкой при нормальной операции и в ненормальном режиме. TCP может предотвратить утечку жидкости в любом режиме нагрузок при наполнении СПГ жидкостью во внешней емкости (влияние холодопроизводительности + статическое давление жидкости) с учетом состояния уровня СПГ в пространстве кольцевых зазоров от минимальной (влияние холодопроизводительности + низкое статическое давление жидкости) до максимальной утечки. Давление газа в уголковой накладке сбалансируется с давлением в резервуаре. Требования к листу из 9% никелевой стали для уголковой накладки соответствуют требованиям к листу для внутренней емкости.

③ 罐底、罐壁衬板和罐顶。

外罐内表面设置衬板层,衬板层包括罐底、罐壁衬板和罐顶,以防止水蒸气经混凝土外罐进入,以及蒸发气经混凝土外罐逸出。温碳钢材料选用16MnDR,材料应按标准进行 -40℃下的冲击试验。外罐壁衬板与外罐底板、抗压环、外罐顶板及护角的预埋板相连。罐壁衬板的最小厚度为3.5mm。罐顶板安装在水泥罐顶的内侧,与水泥罐顶通过锚栓连接形成一体。罐顶板可以作为混凝土罐顶浇铸时的模板。该板最小厚度为6mm。罐底板、罐壁衬板及其锚栓、罐顶板及其锚栓的设计温度为 -20℃。

③ Дно емкости, футеровочная плита для стенки емкости и крыша емкости.

На внутренней поверхности внешней емкости устанавливается слой из футеровочных плит, который включает в себя дно емкости, футеровочную плиту для стенки емкости и крышу емкости в целях предотвращения попадания водяного пара через бетонную внешнюю емкость, а также через нее утечки пара. Применяется 16MnDR в качестве криогенных материалов из углеродистой стали, которые подлежат испытанию на удар при температуре -40℃. Футеровочная плита для стенки внешней емкости соединяется с низкой плитой внешней емкости, кольцом против сжатия, плитой на крыше внешней емкости и закладкой плитой уголковой накладки. Минимальная толщина футеровочной плиты для стенки емкости составляет 3,5 мм. Плита на крыше емкости должна быть установлена на внутренней стороне крыши цементной емкости, чтобы соединиться с крышей цементной емкости целыми средством анкеров. Плита на крыше емкости может использоваться в качестве шаблоны при заливке крыши бетонной емкости. Минимальная толщина указанной плиты составляет 6 мм. Проектная температура низкой плиты емкости, футеровочной плиты для стенки емкости и ее анкеров, плиты на крыше емкости и ее анкеров составляет –20℃ .

④ 吊顶。

吊顶板最低设计温度为 –165℃。采用厚度为 6mm 的 5083-O 铝合金板。为保证吊顶的平整和承受罐顶保冷层载荷,吊顶板上设置加强圈。为防止珍珠岩粉末下漏,吊顶板要全部密封。吊顶板要开通气孔确保通气孔两侧的最大气压差值小于数据表中的规定值,在吊板的边缘,接近内罐壁处,要设置挡板或其他结构来盛装过量的膨胀珍珠岩并阻止膨胀珍珠岩流到吊顶上。

④ Подвесное перекрытие.

Минимальная проектная температура плиты для подвесного перекрытия составляет –165℃. Применяются листы из алюминиевых сплавов 5083-O толщиной 6 мм. На плите для подвесного перекрытия предусматривается укрепляющее кольцо для обеспечения ровности подвесного перекрытия и способности выдерживать нагрузку от холодноизоляционного слоя на крыше емкости. Плита для подвесного перекрытия должна быть уплотнена полностью для предотвращения утечки перлитового порошка. В плите для подвесного перекрытия предусматривается отверстие для впуска воздуха, чтобы максимальное значение разности давления на двух сторонах данного отверстия менее значений, заданных в таблице данных. В крае подвесной плиты и в месте ближе к стенке внутренней емкости настроить отбойник или другие конструкции для хранения чрезмерного вспученного перлита и предотвращения его входа в подвесное перекрытие.

⑤ 主要内部构件。

⑤ Основные внутренние элементы.

LNG 储罐的主要内部构件包括了物料的进出口管线,温度、压力、液位等的指示接管,储罐置换及冷却管线等,以及进入内罐底的梯子平台。

Основные внутренние элементы резервуаров СПГ включают в себя трубы на входе и выходе материалов; штуцеры указания температуры, давления и уровня; трубы для вытеснения и охлаждения резервуаров; а также площадку лестницы для входа в дно внутренней емкости.

所有接管应从罐顶进入罐内。罐顶接管都应垂直安放。

Все штуцеры должны входить в резервуар от крыши резервуара. Штуцеры на крыше резервуаров должны быть установлены вертикально.

位于内罐中的部件应避免采用螺栓连接。所有螺栓连接都应有安全可靠的防止因震动而发生松动的设计。奥氏体不锈钢螺栓要考虑因 0℃以下冷却所引起的松动。穿过吊顶板上的管线不能对吊顶板施加载荷。储罐处于操作工况时,应确保每台泵井内的泵可以安全地拆卸和安装,并在泵井底部安装一个底阀(底阀由泵制造商提供),用于泵拆卸时,防止 LNG 的泄漏。

Для элементов во внутренней емкости избегать применения болтового соединения. Следует проводить безопасное и надежное проектирование болтового соединения во избежáние ослабления из-за вибрации. Для болтов из аустенитной нержавеющей стали следует учитывать ослабление, вызываемое охлаждением при температуре ниже нуля. Не допускается приложение нагрузки трубами перехода через плиту подвесного перекрытия на нее. Когда резервуар находится в режиме эксплуатации, следует убедиться в том, что каждый насос в откачиваемом колодце может быть демонтирован и установлен безопасно, при том оборудуется донным клапаном (поставленным заводом-изготовителем насосов) для демонтажа насоса и предотвращения утечек СПГ.

2.2.6.4 制造、检验和验收

2.2.6.4 Изготовление, контроль и приемка

(1)总则。

(1) Общее положение.

所有施工材料都应适当标记,确保其在施工中的正确使用。小心搬运,以免材料受到损害;材料应妥善保存,防止腐蚀或损坏。

Все строительные материалы должны маркироваться надлежащим образом для того, чтобы правильно использоваться при строительстве. Перевозятся осторожно во избежание причинения ущерба материалам; материалы должны быть хранены надлежащим образом для предотвращения коррозии или повреждения.

按照供货商的推荐方案进行焊材储存。分类标记应易于辨认，避免错误使用。

Хранение сварочных материалов выполняется в соответствии с вариантами, рекомендуемыми Поставщиками. Знаки типов должны быть легко распознаваемы, чтобы избежать использовать неправильно.

所有焊缝的焊接工艺和射线探伤程序要在施工文件中明确说明。

В рабочей документации указаны технология сварки и порядки радиографического контроля для всех швов.

（2）9% 镍钢相关要求

（2）Соответствующие требования к 9% никелевой стали.

9%镍钢板在储运、加工过程禁止与磁性物质接触而引起磁化。

Запрещается контакт 9-процентной никелевой стали с магнитными веществами и ее магнитизация в процессе хранения, транспорта и обработки.

9%镍钢板切边时一般应采用机加工的方法。也可以采用批准的加工工艺进行等离子切割。特殊情况下，如果确实需要用火焰切割加工坡口，切口应打磨至露出金属光泽。

При обрезке листа из 9% никелевой стали, как правило, следует применять способ механической обработки, а также можно использовать утвержденную технологию обработки для плазменной резки. В исключительных случаях, если действительно нужна резка пламенем для обработки разделки кромок, врезка должна быть отшлифована до появления металлического блеска.

按规定的程序对所有焊接坡口和相邻表面进行清理，去除氧化物、污垢、油渍、油漆以异物。如果焊接区含锌时，应予以清除，防止锌腐蚀污染。

Очистка всех сварных кромок и соседних поверхностей выполняется в соответствии с установленными процедурами, чтобы удалить оксид, грязь, масляное пятно, краску и инородные вещества. При содержании цинка в сварочной зоне, следует очистить его для предотвращения коррозии и загрязнения цинком.

对于调质供货的 9%镍钢材，如果材料的冷变形在 3%～5%，要按照材料制造商推荐的方法进行热处理。冷变形不允许超过 5%。

Для 9% никелевой стали, поставляемой с улучшенными характеристиками, если холодная деформация материалов находится в диапазоне 3%–5%, следует проводить термообработку в соответствии с методами, рекомендуемыми заводом-изготовителем. Холодная деформация не должна быть более 5%.

焊接操作所用的临时附件应尽可能少，并采用 9% 镍钢。由于临时附件直接与内罐焊接，清除时应十分小心，避免对内罐表面的损坏。清除内罐临时附件后，应仔细检查并确认没有焊接残留物，同时表面光滑且无任何突起。

Временные принадлежности для сварочных работ должны быть как можно меньше, в то же время следует использовать 9% никелевую сталь. В связи с тем, что временные принадлежности привариваются к внутренней емкости непосредственно, при удалении следует весьма осторожно во избежание повреждения поверхности внутренней емкости. После удаления временных принадлежностей от внутренней емкости следует тщательно проверить и подтвердить отсутствие остаток сварки, и обеспечить гладкость поверхности и без какого-либо выступа.

表面处理结束后，应进行裂纹检测，确保未产生任何裂纹。EPC 承包商应向业主提供上述按照标准进行的试验和检验的程序文件，并得到业主批准。

После завершения обработки поверхности, следует провести обнаружение трещин, чтобы убедиться, что трещин не предвидится. EPC-подрядчик должен предоставлять Заказчику программную документацию испытания и проверки, выполняемых в соответствии со стандартами. Указанная документация должна быть утверждена Заказчиком.

角焊缝表面应平滑过渡，避免应力集中。

Угловые шва обработать с плавным переходом во избежание концентрации напряжений.

（3）焊接。

（3）Сварка.

内罐可以采用手工焊或和自动焊。对接的纵、环焊缝必须采用全焊透结构。

Для внутренней емкости допускается использовать сварку вручную и / или автоматическую сварку. Применяется конструкция с полным проплавлением для стыковых продольных и кольцевых швов.

焊接到内罐上的临时附件应尽量少，且必须按 BS 7777 的要求评定。临时附件不能用锤击和刨削的方式去除。临时附件焊点最迟在水压试验前一定要全部去除。内罐上的附件的完整记录，包括编号和位置，都要提交给总承包商。

Временные принадлежности, свариваемые к внутренней емкости, должны быть как можно меньше, и подлежат оценке в соответствии с требованиями BS 7777. Не допускается удаление временных принадлежностей методом удара и стружки. Обязательно удалить все сварные точки до гидравлического испытания. Следует предоставить Генподрядчику цельные записи о принадлежностях для внутренней емкости, включая номер и положение.

应避免在主要部件表面引弧，主要部件表面的引弧点和临时焊接点去除后应采取适当措施防止表面应力集中。这些表面要进行渗透检验，发现缺陷要修复和复验，复验要在罐进行水压 / 气压试验前进行。

Следует избегать возбуждения дуги на поверхностях основных элементов. После удаления точек возбуждения дуги и временных точек сварки следует принять соответствующие меры по предотвращению концентрации напряжений на поверхности. Эти поверхности подлежат капиллярному контролю, при обнаружении дефектов следует их устранить и проводить повторную проверку, которая должна выполняться до гидравлического/пневматического испытания.

内罐和第二层底板的焊接和安装方法应能保证罐底板下面的空隙最小。

Методы сварки и установки внутренней емкости и низкой плиты второго слоя должны гарантировать наличие минимального зазора под плитой резервуара.

内罐水压试验后不允许焊接。

Сварка после гидравлического испытания внутренней емкости не допускается.

外罐气压试验后不允许焊接。

Сварка после пневматического испытания внешней емкости не допускается.

储罐承包商应制定和执行严格的焊材隔离和存储制度，包括可能的烘焙和干燥。

Подрядчик резервуаров должен разработать и исполнить строгую систему хранения изоляции и хранения сварочных материалов, в том числе возможную формовку и сушку.

（4）焊接工艺评定。

（4）Аттестация технологии сварки.

储罐建造过程中的焊接工艺说明书和焊接工艺评定报告，包括预制、返修、点焊等，在施工之前要提交总承包商确认。

До строительства следует предоставить Генподрядчику на утверждение пояснительную записку о технологии сварки и акт об аттестации технологии сварки в процессе строительства резервуаров（включая предварительное изготовление, повторная обработка и точечная сварка）.

焊接工艺评定应考虑下列要求：

При аттестации технологии сварки следует учитывать следующие требования:

内罐和配管的焊接工艺应为评定合格的焊接工艺。没有评定合格记录的焊接工艺不能应用到本工程中。

Технология сварки внутренней емкости и труб должна быть с положительными результатами оценки. Не допускается применение в данном объекте технологии сварки без положительных результатов оценки.

焊接工艺评定的位置应与实际建造位置相同,同时,焊接工艺评定所用材料和焊接接头详图应与实际建造情况一致。

Положение аттестации технологии сварки должно быть одинаковым как реальное место строительства, в то же время, материалы для аттестации технологии сварки и детальные чертежи сварных соединений соответствуют реальному состоянию строительства.

对焊接工艺评定中采用的材料进行的试验和检验,应与实际建造情况一致。

Материалы, используемые в процессе аттестации технологии сварки, подлежат испытаниям и проверке, при этом соответствуют реальному состоянию строительства.

焊接工艺评定中采用的材料和焊接材料的质量证书复印件,应附在焊接工艺评定试验报告后面。

Следует приложить в акте об аттестации технологии сварки копии сертификатов материалов и сварочных материалов, используемых в процессе аттестации технологии сварки.

(5)无损检测。

(5) Неразрушающий контроль.

无损检测的执行机构应为独立的具有资质的第三方机构,相应单位及个人资质应得到总包商的批准。

Исполнительный орган неразрушающего контроля должен быть независимым третьим органом, имеющим соответствующую способность, его соответствующие подразделения и личные способности должны получать утверждение от Генподрядчика.

① 目测。

① Визуальный осмотр.

储罐建造完成后,对储罐的所有部件进行总体的目测检查,确保无冲击、引弧、磨损以及不可能接受的损伤。

После завершения строительства резервуаров, проводить целым визуальный осмотр всех элементов резервуаров, чтобы отсутствуют удар, возбуждение дуги, износ, а также не принятое повреждение.

② 射线检测。

② Радиографический контроль.

内罐的射线检验的内容、方法和验收标准应符合相关标准中的要求。内罐的所有纵、环对接焊缝,边缘板对接焊缝,内罐加强圈和内管进100% 射线检测。射线检验应在焊接后尽快进行。射线检验要采用铅屏(禁止使用盐屏)。

Содержание, метод радиографического контроля внутренней емкости и его нормы на прием должны соответствовать требованиям в соответствующих стандартах. Все продольные и кольцевые стыковые швы внутренней емкости, стыковые швы бортовой плиты, укрепляющие кольца и внутренние трубы внутренней емкости подлежат радиографическому контролю в объеме 100%. Радиографический контроль должен проводиться после сварки как можно быстрее. Для радиографического контроля применяется свинцовый экран (запрещается применение солевого экрана).

9% 镍钢焊缝应采用焦点为 2.5mm × 2.5mm 的 X 射线检验,射线检验时应采用高对比度,超细颗粒底片(如 Kodak AA 或 Agfa D7)。

Швы на 9% никелевой стали подлежат радиографическому контролю с фокусом 2,5мм × 2,5 мм. При радиографическом контроле следует применять высокую контрастность, а также негативы с тончайшей деталировкой (например: Kodak AA или Agfa D7).

执行探伤的机构或个人应有相应的资质并都应得到总包商的批准。

Исполнительный орган контроля или лица должны иметь соответствующие сертификаты и получать утверждение от Генподрядчика.

③ 液体渗透检测。

③ Капиллярный контроль жидкости.

除以下具体规定外, LNG 储罐的渗透检测(PT)按相关要求进行。下列焊缝至少应进行液体渗透检测:

Кроме следующих конкретных положений, капиллярный контроль (PT) резервуара СПГ проводится согласно соответствующим требованиям. Следующие швы, по крайней мере, подлежат капиллярному контролю жидкости:

所有没有进行 100% 射线探伤的纵向和环向对接焊缝,应对其进行渗透检测;

Все продольные и кольцевые стыковые швы, не подлежащие радиографическому контролю в объеме 100%, должны подлежать капиллярному контролю;

罐壁和环形边缘板之间的焊缝;

Швы между стенкой резервуара и кольцевой бортовой плитой;

所有没有进行 100% 射线探伤的开口处焊缝;

Все швы на отверстиях, не подлежащие радиографическому контролю в объеме 100%;

所有附件与内罐焊接的焊缝。

Швы между всеми принадлежностями и внутренней емкостью.

(6)真空箱检查。

(6) Проверка вакуумного бака.

罐顶板焊缝、接管的保冷套管要在浇铸混凝土罐顶前进行真空箱检验。所有罐底和罐壁的衬板焊缝在被覆盖之前需进行真空箱检验。真空试验压力最小为 55kPa(g)。

До заливки крыши бетонной емкости следует проводить проверку вакуумного бака для швов на плите для крыши емкости и холодоизоляционной защитной трубы штуцера. До покрытия все швы между футеровочными плитами на дне и стенке резервуара подлежат проверке вакуумного бака. Минимальное испытательное давление для проверки вакуумного бака составляет 55 кПа(манн.).

所有第二层底板、罐底板和护角焊缝要进行真空箱检验。真空试验压力最小为 55kPa（g）。

Все швы между низкими плитами второго слоя, плитами резервуаров и уголковыми накладками подлежат проверке вакуумного бака. Минимальное испытательное давление для проверки вакуумного бака составляет 55 кПа（манн.）.

外罐壁衬板的水平搭接焊缝、其与预埋板的角焊缝，以及衬板与抗压环间的焊

Горизонтальные швы внахлестку между футеровочными плитами, угловые швы между футеровочными плитами и закладными плитами, а также швы между футеровочными плитами и кольцами против сжатия.

缝应进行真空箱检查，真空试验压力最小为 55kPa（g）。

Следует проводить проверку вакуумного бака, минимальное давление для вакуумного испытания составляет 55 кПа（манн.）.

罐顶板焊缝要在浇铸混凝土罐顶前进行真空箱检验，真空试验压力最小为 55kPa（g）。

До заливки крыши бетонного резервуара следует проводить проверку вакуумного бака для швов между плитами на крыше резервуара, минимальное давление для вакуумного испытания составляет 55 кПа（манн.）.

内罐壳体与罐底边缘板之间的 T 形焊缝要进行压力检漏检测。施工方应出该试验的程序文件供设计方评阅批准。

Т-образные швы между корпусом внутренней емкости и бортовой плитой на дне резервуара подлежат контролю утечки давления. Строительная организация должна предоставить программную документацию данного испытания на утверждение Проектировщика.

罐顶开孔处的补强板在被混凝土覆盖前应通入 0.1MPa 压缩空气进行压力试验，用肥皂泡法检漏。

До покрытия укрепляющая плита в месте отверстия на крыше резервуара подлежит испытанию под давлением после входа сжатого воздуха 0,1 МПа. Использовать метод мыльного пузыря для обнаружения течи.

（7）现场对材料合金元素确定（PMI）。

（7）Определение легирующих элементов（PMI）в материалах на месте.

现场应对材料进行合金元素确定（PMI），确保暴露在低温（低于 −50℃）下的部件是低温材料制造。

Производится определение легирующих элементов（PMI）в материалах на месте, чтобы обеспечить применение криогенных материалов для изготовления открытых элементов в низкой температуре（ниже −50℃）.

检测内容至少包括以下部分：

① 内罐板材、TCP 板、接管和内件要进行局部检测

② 对有疑虑的小部件（从大板材上切割下来的）进行检测

③ 焊缝的局部检测（内表面、外表面）每条焊缝至少检测一次且焊缝每 10m 检测一次。

（8）文件。

① 保证焊接质量和质量的可追溯性：

② 焊接工艺规定；

③ 焊接工艺评定记录；

④ 所有焊接接头的无损检测图；

⑤ 焊材储存和使用的规定；

⑥ 焊工、焊工资格和试验记录；

⑦ 焊接记录；

⑧ 无损检测记录。

Содержание контроля, как минимум, включает в себя:

① Частный контроль листовых материалов для внутренней емкости, плит TCP, штуцеров и внутренних элементов

② Контроль неопределенных узелков（отрезанных с больших листовых материалов）

③ Частный контроль швов（на внутренней и внешней поверхностях）: контроль каждого шва проводится каждые 10 м и не менее одного раза.

（8）Документы.

① Обеспечить качество сварки и обратное прослеживание качества;

② Правила по технологии сварки;

③ Протокол аттестации процедуры сварки;

④ Схемы неразрушающего контроля всех сварочных соединений;

⑤ Правила по хранению и применению сварочных материалов;

⑥ Сварщики, квалификация сварщиков и записи по испытанию;

⑦ Записи о сварке;

⑧ Записи о неразрушающем контроле.

2.2.7 管式加热炉

2.2.7 Трубчатая нагревательная печь

2.2.7.1 概述

管式加热炉：石油工业生产中用火焰通过炉管直接加热炉管中原油、天然气、水及其混合物等介质的专用设备。本节所阐述的管式加热炉仅针对天然气净化处理工程中，天然气分子筛脱水装置、凝液回收装置等用立式圆筒形辐射式或辐射式加对流式加热炉。

2.2.7.1 Общие сведения

Трубчатая нагревательная печь: специальное оборудование, которое непосредственно нагревает сырую нефть, природный газ, воду и их смесь в печной трубе пламенями через печную трубу в промышленном производстве нефти. Трубчатая нагревательная печь, указанная в данном разделе, представляет собой вертикальную цилиндрическую радиационную или радиационную + конвекционную нагревательные печи только для установок осушки газа молекулярными ситами и установок получения конденсационной жидкости в объекте очистки природного газа.

2.2.7.2 材料

（1）炉管。

炉管的材料选择应考虑被加热介质温度及腐蚀性、介质膜温差、管壁温差和各种不均匀系数和管壁金属最高温度，并进行技术经济比较确定。炉管设计温度应不超过所选管材的最高使用温度。常用炉管材料及最高使用温度见表 2.2.3。

2.2.7.2 Материалы

（1）Печная труба.

Печная труба выбирается и определяется после технико-экономического сопоставления с учетом температуры и агрессивности нагретых сред, разности температур между пленками сред, разности температур между стенками труб, различных коэффициентов неравномерности и максимальной температуры металлов на стенках труб. Проектная температура печных труб должна не выше максимальной рабочей температуры выбираемых труб. В таблице 2.2.3 показаны обычные материалы для печных труб и максимальная рабочая температура.

表 2.2.3 常用炉管材料

Табл. 2.2.3 Обычные материалы печных труб

钢号 Марка стали	标准号 Номер стандарта	最高使用温度，℃ Максимальная рабочая температура，℃
10 号、20 号	GB 9948—2013	475
12CrMo	GB 9948—2013	525
15CrMo	GB 9948—2013	550
1Cr5Mo	GB 9948—2013	600
0Cr18Ni9	GB/T 14976—2012	700
0Cr18Ni10Ti	GB/T 14976—2012	700

（2）钢结构。

① 管式加热炉钢结构一般应选用 Q235B 或 16Mn 钢制作。

（2）Металлоконструкция.

① Трубчатая нагревательная печь, как правило, изготовляется из стали Q235B или 16Mn.

② 当管式加热炉建设区域最低月平均气温不大于 -20℃时，应采用 Q235B 钢或 16Mn 钢。

② Когда в зоне строительства трубчатой нагревательной печи минимальная среднемесячная температура≤-20℃, следует применять сталь Q235B или сталь 16Mn.

③ 焊接用焊条，焊丝应符合标准 GB/T 5117—2012《非合金钢及细晶粒钢焊条》、GB/T 5118—2012《热强钢焊条》和 GB/T 5293—1999《埋弧焊用碳素钢焊丝和焊剂》的规定，所选择的型号应与母材金属强度相适应。

③ Сварочный электрод для сварки и сварочная проволока должны соответствовать требованиям в стандартах GB/T 5117-2012 «Covered electrodes for manual metal arc welding of non-alloy and fine grain steels» (Сварочный электрод из нелегированной стали и мелкозернистой стали), GB/T 5118-2012 «Covered electrodes for manual metal arc welding of creep-resisting steels» (Покрытый электрод под ручную электро-дуговую сварку из жаропрочной стали) и GB/T 5293-1999 «Сварочная проволока из углеродистой стали и флюс для дуговой сварки под флюсом», выбираемые типы соответствуют прочности металла основных материалов.

④ 采用普通螺栓连接时，材质应符合标准 GB/T 700—2008《碳素结构钢》中规定的 Q235 B 钢；采用高强度螺栓连接时，材质应符合相关标准的规定。

④ При использовании обычного. болтового соединения, материалы должны соответствовать стали Q235 B, указанной в стандарте GB/T 700-2008 «Стали для конструкции из углеродистой стали»; при использовании высокопрочного болтового соединения материалы должны соответствовать требованиям в соответствующих стандартах.

（3）衬里。

(3) Футеровка.

① 一般规定。

① Общие требования.

a. 在环境温度为 27℃和无风条件下，炉体和烟囱的外表面设计温度不应超过 80℃。

a. При температуре окружающей среды 27℃ и в штилевых условиях, проектная температура на корпусе печи и дымовой трубы не должна превышать 80℃ .

b. 炉衬应根据炉壁结构、尺寸、操作温度、材料供应和施工条件等因素，可采用单层衬里、多层衬里和多成分衬里。

b. Допускается применение однослойной, многослойной и многокомпонентной футеровок в зависимости от конструкции стенки печи, размеров, рабочей температуры, условий поставки материалов и строительства.

c. 所有炉衬结构均应考虑膨胀问题。多层或多成分衬里的各层接缝不应相互贯通。

c. Следует учитывать вопросы расширения всех футеровок. Не допускается взаимопроникновение швов каждого слоя между многослойными или многокомпонентными футеровками.

d. 任一层耐火和隔热材料应按其热面计算温度至少加 165℃选用,辐射段耐火材料的最低使用温度应为 980℃。

d. Огнеупорные и теплоизоляционные материалы любого слоя должны быть выбираемы по сумме расчетной температуры их тепловой поверхности на 165℃, минимальная рабочая температура огнеупорных материалов в радиантной секции должна быть 980℃ .

e. 燃烧器砖的最低使用温度应为 1650℃。

e. Минимальная рабочая температура кирпичей для горелки составляет 1650℃ .

f. 除采用浇注结构外,在炉壁钢板内侧宜涂防腐层。

f. За исключение применения структуры заливки, на внутренних сторонах листов для стенки печи должно покрыть антикоррозионным слоем.

② 砖结构材料。

② Материал кирпичной конструкции.

a. 砖结构耐火材料的主要性质

a. Основные характеристики огнеупорных материалов кирпичной конструкции

Ⅰ. 化学—矿物组成:它包括化学成分和矿物组成,决定了耐火材料的性质。

Ⅰ. Химический и минеральный состав: в том числе химический состав и минеральный состав, которые определяют характеристики упорных материалов.

Ⅱ. 组织结构:包括气孔率、体积密度和透气率,其中体积密度对设计有直接的重要意义。

Ⅱ. Организационная структура: в том числе пористость, объемную плотность и газопроницаемость, объемная плотность имеет прямое значение в проектировании.

Ⅲ. 力学性能:包括常温耐压强度,断裂模量,高温扭转弹性和杨氏弹性模量。常用力学性质是常温耐压强度,指在常温下,耐火制品或原料每平方厘米所能承受的极限负荷。

Ⅲ . Механические свойства: в том числе сопротивление сжатию при обыкновенной температуре, модуль разрыва, упругость кручения при высокой температуре и Юнга-модуль упругости. Обычные механические свойства — сопротивление сжатию при обыкновенной температуре, что означает предел нагрузки, несущий каждым квадратным сантиметром огнеупорных изделий или сырья при обыкновенной температуре.

Ⅳ. 热力性能：包括热膨胀系数和导热系数，前者对确定膨胀缝或伸缩的大小，后者对确定炉墙厚度或散热损失均有重要意义。

Ⅳ. Термодинамическая характеристика: в том числе коэффициент тепловых расширений и теплопроводность, первое имеет важное значение для определения размеров компенсационных швов или температурных швов, последнее для определения толщины стенки печи или потери тепла.

b. 选型。

b. Выбор типа.

Ⅰ. 管式加热炉辐射室耐热层一般采用黏土质隔热耐火砖（NG-1.3a），其性能、尺寸允许偏差和外型应符合相应的标准要求。

Ⅰ. В качестве жаропрочного покрытия радиантной камеры трубчатой нагревательной печи обычно применяется теплоизоляционный огнеупорный кирпич из глины（NG-1.3a）, его свойства, допустимое отклонение размеров и внешний вид должны соответствовать требованиям в соответствующих стандартах.

Ⅱ. 隔热层采用蛭石水泥制隔热砖。

Ⅱ. В качестве теплоизоляционного слоя применяется теплоизоляционный кирпич из вермикулитобетона.

③ 轻质耐热浇注料。

③ Легковесный заливочной теплостойкий материал.

a. 轻质耐热衬里结构可采用高铝水泥：陶粒：蛭石 =1：2：4（体积比）手工捣制的轻质耐热衬里或高铝水泥：陶粒：蛭石 =1：2.5：4.5（体积比）机械喷涂的轻质耐热衬里。

a. Для конструкции легковесных теплостойких футеровок допускается применение легковесных теплостойких футеровок из высокоглиноземистого цемента：керамзита：вермикулита=1：2：4（объемная доля）при ручном изготовлении или легковесных теплостойких футеровок из высокоглиноземистого цемента：керамзита：вермикулита =1：2,5：4,5（объемная доля）при механизированном нанесении.

b. 轻质耐热浇注衬里应符合 SH/T 3115—2000《石油化工管式炉轻质浇注料衬里工程技术条件》的要求。

b. Легковесные заливочные теплостойкие футеровки должны соответствовать SH/T 3115-2000«Инженерно-техническим условиям на футеровку трубчатой печи из заливочного легкого материала в нефтехимической промышленности».

④ 耐火纤维材料。

④ Огнеупорные волокнистые материалы.

一般耐热层采用容重为 200kg/m³ 普通硅酸铝耐火纤维毡（以甲基纤维素粘结剂为粘结料）或容重不小于 160kg/m³ 的针刺毯。必要时也可采用高铝耐火纤维毡（毯），也可采用喷涂普通硅酸铝耐火纤维衬里（连续工作温度不大于 1000℃）或喷涂高铝纤维衬里（连续工作温度不大于 1200℃）。

Для жаропрочного покрытия обычно применяется обычные волокнистые фетры из силиката алюминия объемным весом 200 кг/м³（применяются вяжущее вещество метилцеллюлоза）или прошитый войлок объемным весом≥160 кг/м³. При необходимости можно применять фетры（войлоки）из высокоглиноземистого огнеупорного волокна, также покрыть обычными волокнистыми фетрами из силиката алюминия（температура непрерывной работы не превышает 1000 ℃）или покрыть Высокоглиноземистыми волокнистыми фетрами（температура непрерывной работы не превышает 1200 ℃）.

⑤ 常用材料。

⑤ Обычные материалы.

炉衬常用材料及其最高使用温度、常用部位、相应的标准见表 2.2.4。

В таблице 2.2.4 приведены обычные материалы футеровки печи и ее максимальная рабочая температура, обыкновенные части, а также соответствующие стандарты.

表 2.2.4 常用耐火、保温材料

Табл. 2.2.4 Обычные огнеупорные и теплоизоляционные материалы

名称 Наим.	最高使用温度，℃ Макс. раб. темп.，℃	常用部位 Обычное место использования	标准 Стандарт
黏土质隔热耐火砖 Теплоизоляционный огнеупорный кирпич из глины	1200	圆筒炉辐射室 Радиантная камера в цилиндрической печи	GB/T 3994—2013
耐火材料 陶瓷纤维及制品 Огнеупорные материалы: керамическое волокно и изделие из него	1000	有炉管遮蔽的炉墙 Обмуровка, закрытая печной трубой	GB/T 3003—2006
高铝耐火纤维 Высокоглиноземистое огнеупорное волокно	1200	无炉管遮蔽的炉墙 Обмуровка открытого типа без печной трубы	
黏土质耐火泥 Глинистый шамотный мертель			GB/T 14982—2008
硅酸钙绝热板 Теплоизолирующая плита из силиката кальция	650	砖结构炉墙的隔热层 Теплоизоляционный слой кирпичной обмуровки	GB/T 10699—2015
高铝水泥：陶粒：蛭石 =1：2：4（体积比） Высокоглиноземистый цемент：керамзит：вермикулит = 1：2：4（объемная доля）	900	辐射室、烟囱 Радиантная камера, дымовая труба	
轻质耐热浇注料 Легковесный заливочной теплоизоляционный материал	800～1200		SH/T 3115—2000

2.2.7.3　设计

（1）基础参数、载荷。

① 被加热介质的组成、密度、比热容或比焓、流量（包括额定流量和最小流量）、气化率、出入口处的操作温度、操作压力和允许压力降。

② 燃料的种类、元素组分、温度、压力、密度、黏度及燃料油雾化剂的种类、温度和压力等；混烧时，液体燃料和气体燃料的比例。

③ 使用地区的海拔高度、基本风压值、地震设防烈度、场地土类别、雪载荷及环境空气温度等。

（2）结构参数。

① 立式圆筒型管式炉辐射管有效长度与盘管节圆直径之比，一般不应大于 2.75。

② 立式圆筒型管式炉辐射室尺寸的确定除与工艺计算决定的辐射排管尺寸数量有关外，还与燃烧器的数量和单个燃烧器的放热量有关。

③ 立式圆筒型管式炉底板与炉子下部地面的距离燃烧器的操作和检修要求，且不得小于 2.2m。

2.2.7.3　Проектирование

（1）Основные параметры, нагрузки.

① Составы, плотность, теплоемкость или удельное теплосодержание, а также расход нагретых сред（в том числе номинальный и минимальный расход）, степень газификации, рабочая температура на выходе и входе, рабочее давление и допускаемый перепад давления.

② Вид, компоненты элементов, температура, давление, плотность и вязкость топлива, вид, температура и давление средства для распыления топлива; отношение жидкого топлива к газовому топливу при сжигании в виде смешанного топлива.

③ Высота над уровнем моря в зоне применения, основное ветровое давление, сейсмичность, категория грунта на площадке, нагрузка снегового покрова и температуры воздуха в окружающей среде.

（2）Параметры конструкции.

① Отношение эффективной длины радиантных труб вертикальной цилиндрической трубчатой печи к диаметру делительной окружности змеевика, как правило, должно не более 2,75.

② Размеры радиантной камеры вертикальной цилиндрической трубчатой печи определяются в зависимости от размеров и количества радиантных рядных труб, определенные путем технологического расчета, а также количества горелок и величины теплоотдачи отдельной горелки.

③ Расстояние от низкой плиты вертикальной цилиндрической трубчатой печи до пола под печью должно соответствовать требованиям к операции и ремонту, при этом не менее 2,2 м.

④ 单面辐射炉管中心至炉墙内表面的距离一般应为炉管外径的 1.5 倍。

④ Расстояние от центра печных труб одностороннего облучения до внутренней поверхности стенки печи обычно составляет 1,5 раза внешнего диаметра печных труб.

（3）炉管系统。

（3）Система печных труб.

① 炉管设计参数。

① Проектные параметры печных труб.

a. 设计压力：在相应的设计温度下用以确定炉管壁厚的压力。

a. Проектное давление: проектное давление печных труб представляет давление для определения толщины стенки печных труб при соответствующих проектных температурах.

Ⅰ. 当设计温度低于材料蠕变断裂温度下限时采用弹性设计，设计压力为最高工作压力的 1.2 倍。

Ⅰ. При проектной температуре ниже низкого предела температуры разрыв при ползучести материалов проводится расчет по допускаемым напряжениям, проектное давление составляет 1,2 раза максимального рабочего давления.

Ⅱ. 当设计温度低于材料蠕变断裂温度下限时采用断裂设计，设计压力为最高工作压力的 1.1 倍。

Ⅱ. При проектной температуре ниже низкого предела температуры разрыв при ползучести материалов проводится расчет по разрушению, проектное давление составляет 1,1 раза максимального рабочего давления.

b. 设计温度。

b. Проектная температура.

Ⅰ. 设计温度指根据工艺条件由计算求出的炉管最高管壁金属温度或当量管壁金属温度再加上适当的温度余量确定的。

Ⅰ. Проектная температура представляет собой максимальную температуру металла для стенки печных труб, расчесанную согласно технологическим условиям; или сумму температуры металла на соответствующий припуск температуры.

Ⅱ. 设计温度应是考虑被加热介质温度、介质膜温差、焦垢层温差、管壁温差、各种不均匀系数和管壁金属最高温度。炉管设计温度应不超过所选管材的最高使用温度。

Ⅱ. Проектная температура должна быть определена с учетом температуры нагретых сред, разности температур между пленками сред, разности температур между слоями осаждения, разности температур между стенками труб, различных коэффициентов неравномерности и максимальной температуры металлов на стенках труб. Проектная температура печных труб должна не выше максимальной рабочей температуры выбираемых труб.

② 炉管规格。

② Характеристики печных труб.

a. 炉管一般按下列规格选用：60、76、89、102、114、127、141、152、168、219、273。

a. Печные трубы, как правило, выбрать согласно следующим характеристикам: 60,76,89, 102,114,127,141,152,168,219,273.

b. 炉管壁厚应按 SH/T 3037—2016《炼油厂加热炉炉管壁厚计算方法》进行计算，计算炉管壁厚时应考虑其制造负公差。

b. Толщина стенки печных труб рассчитывается по методам в SH/T3037-2016 «Расчету толщины стенки печных труб нагревательной печи на нефтеперерабатывающих заводах». При расчете толщины стенки печных труб необходимо учитывать отрицательный допуск на их изготовление.

c. 常年操作管式炉的炉管设计寿命应为 10×10^4h。

c. Проектный срок службы печных труб круглогодичных рабочих трубчатый печей должен быть сто тысяч часов.

（4）炉衬结构。

（4）Конструкция футеровки печи.

① 一般要求。

① Общие требования.

a. 在外界气温为 27℃和无风条件下，管式炉本体的外表面的设计温度不得大于 80℃。

a. При температуре наружного воздуха 27℃ и в штилевых условиях, проектная температура на внешней поверхности корпуса трубчатой печи не должна превышать 80℃ .

b. 炉衬结构应根据加热炉的结构形式、尺寸大小、操作温度、材料供应和施工条件等因素，通过技术经济比较选用。

b. Конструкция футеровки выбирается в зависимости от типа конструкции нагревательной печи, размеров, рабочей температуры, условий поставки материалов и строительства после технико-экономического сопоставления.

c. 常用炉衬结构有砖砌结构、浇注耐火隔热衬里、陶瓷纤维结构以及复合衬里结构等。

c.Обычные конструкции футеровок разделяются на кирпичные конструкции, заливочные огнеупорные теплоизоляционные футеровки, конструкции из керамического волокна и композиционные конструкции футеровок.

② 炉墙。

② Стена печи.

立式圆筒炉辐射室由于有辐射室筒体作外壳，钢架可承受炉墙重量，一般采用轻质耐火砖是经济合理的；辐射室炉墙还可采用轻质耐火砖、轻质隔热砖结构，也可采用全耐火纤维结构。

В связи с наличием обечайки радиантной камеры в качестве корпуса вертикальной цилиндрической печи и с тем, что каркас может поддерживать вес стенки печи, обычно применение легковесных огнеупорных кирпичей более экономически и разумно; стена печи в радиантной камере может выполниться конструкцией из легковесных огнеупорных кирпичей и легковесных теплоизоляционных кирпичей, также из полного огнеупорного волокна.

③ 炉底。

③ Подина.

a. 立式圆筒炉炉底一般应用轻质隔热浇注衬里，衬里材料由高铝水泥、陶粒、蛭石组成，其组成比例应经试验后确定。

a. Для подины вертикальной цилиндрической печи обычно применяются легковесные заливочные теплоизоляционные футеровки, материалы которых состоит из высокоглиноземистого цемента, керамзита и вермикулита (их отношение определяется после испытания).

b. 推荐衬里材料的体积配比：手工捣制为1∶2∶4，机械喷涂为1∶2.5∶4.5。

b. Рекомендуется объемное отношение материалов футеровок: при ручном изготовлении-1∶2∶4, при механизированном нанесении – 1∶2,5∶4,5.

④ 炉顶及烟囱。

④ Свод печи и дымовая труба.

一般采用高铝水泥、陶粒、蛭石轻质耐热衬里；衬里材料的配比同炉底，施工前应做衬里试块的试验，合格后方可施工。施工中应严格按确定的配比及工艺，以保证衬里质量。

Обычно применяются легковесные теплостойкие футеровки из высокоглиноземистого цемента, керамзита и вермикулита; отношение составов в материалах футеровок соответствует отношению для подины. До строительства должно проводить испытание брикета футеровок, проводить строительство можно только после получения положительных результатов. При строительстве следует строго соблюдать определенное отношение и технологию для обеспечения качества футеровок.

(5)钢结构。

(5) Металлоконструкция.

① 载荷类型。

① Тип нагрузки.

a. 恒载荷，包括钢结构、配件、炉管、炉衬等质量。

a. Постоянная нагрузка, включая массы металлоконструкции, запасных частей, печных труб, футеровок печи.

b. 风载荷、雪载荷。

b. Ветровая нагрузка и нагрузка снежного покрова.

c. 地震载荷。

c. Сейсмическая нагрузка.

d. 平台（包括梯子）、活载荷。

d. Изменчивая нагрузка платформы(включая лестниц).

e. 其他载荷。

e. Прочие нагрузки.

② 载荷组合。

② Комбинация нагрузок.

a. 当风载荷与恒载荷及其他活载荷组合时，各取 100%。

a. При комбинации ветровой нагрузки с постоянной нагрузкой и другими изменчивыми нагрузками принято за 100% по каждой.

b. 验算加热炉结构抗震设防烈度时，地震载荷应与下列载荷组合：恒载荷取 100%、风载荷取 25%。

b. При проверке сейсмичности конструкции нагревательной печи, сейсмическая нагрузка должна комбинироваться со следующими нагрузками: Постоянная нагрузка принята за 100%, Ветровая нагрузка принята за 25%.

③ 结构型式。

③ Тип конструкции.

a. 管式炉宜采用分段预组装结构，辐射室与对流室及对流室与烟囱之间均宜采用螺栓连接结构。

a. Трубчатая печь выполняется конструкцией предварительного сбора по секциям. Между радиантной камерой и конвекционной камерой, а также между конвекционной камерой и дымовой трубой лучше применяются конструкции на болтовых соединениях.

b. 辐射室弯头箱与炉体墙板之间及对流室弯头箱门与炉体之间应采用可拆卸式结构。

b. Следует использовать съемную конструкцию между шкафом с отводами для радиантной камеры и стеновой панелью, а также между шкафом с отводами для конвекционной камеры и стеновой панелью.

c. 炉管系统的所有荷载应由钢结构支承，不应传递到衬里结构上。

c. Вся нагрузка системы печных труб поддерживается металлоконструкцией, не должна передаваться к конструкции футеровки.

d. 钢结构设计应允许所有加热炉部件水平和垂直膨胀。

d. Проектом металлоконструкции предусмотрен допуск горизонтального и вертикального расширения всех элементов для нагревательной печи.

e. 加热炉钢结构应能有效支承直梯、斜梯和平台。

e. Металлоконструкция нагревательной печи должна эффективно поддерживать прямые лестницы, наклонные лестницы и платформы.

④ 平台、钢梯和栏杆。

④ Платформа, стальная лестница и перила.

a. 以下位置应设置平台：

Ⅰ. 地面不易接近的燃烧器和燃烧器调节机构处；

Ⅱ. 对流段两端的维修位置；

Ⅲ. 挡板和吹灰器的维修和操作位置；

Ⅳ. 地面上无法操作的看火门和辐射室人孔门处；

Ⅴ. 通风机、驱动机和空气预热器等辅助设备操作和维修处；

Ⅵ. 所有仪表管接头和采样管接头处。

b. 平台的最小净宽度应为。

Ⅰ. 操作维修平台：900mm。

Ⅱ. 通道：750mm。

c. 平台铺板应采用厚度不小于 4mm 的花纹钢板或 25mm × 5mm 的格栅板。

d. 直梯应从距地面 2.2m 处开始设置护圈，直梯进出平台处应设置安全栏杆。

e. 斜梯的最小宽度应为 600mm。踏步的最小宽度应为 200mm，踏板间距最大应为 250mm，斜梯的倾角最大为 60°。

f. 所有平台、通道和斜梯均应设扶手。

（6）燃烧器。

① 选用原则。

a. Платформа устанавливается в следующих местах:

Ⅰ. В наземных недоступных горелках и регулирующих механизмах горелок;

Ⅱ. В местах для ремонта на концах конвекционной секции;

Ⅲ. В местах для ремонта и операции отбойника и обдувочного аппарата;

Ⅳ. В наземной наблюдательной дверке и лазе радиантной камеры невозможной операции;

Ⅴ. В местах для ремонта и операции вентиляторов, приводов, подогревателей воздуха и других вспомогательных устройств;

Ⅵ. В местах всех соединений труб приборов и труб для отбора проб.

b. Минимальная чистая ширина платформы.

Ⅰ. Площадка для эксплуатации и ремонта: 900 мм.

Ⅱ. Проход: 750 мм.

c. Настила на платформе выполняется из рифленой листовой стали толщиной не менее 4 мм или решеток 25 мм × 5 мм.

d. Для прямой лестницы предусматривается защитное кольцо на высоте 2,2 м от пола, на входе и выходе из платформы – предохранительные перила.

e. Минимальная ширина наклонных лестниц составляет 600 мм. Минимальная ширина ступенек составляет 200 мм, максимальное расстояние между ступеньками –250 мм, максимальный угол наклона наклонных лестниц –60° .

f. Устанавливаются перила для всех платформ, проходов и наклонных лестниц.

（6）Горелка.

① Принцип выбора.

a. 燃烧器应与炉型相符。立式圆筒加热炉一般采用圆柱形火焰燃烧器。

a. Горелка должна соответствовать типу печи. Для вертикальной цилиндрической нагревательной печи, как правило, применяется цилиндрическая пламенная горелка.

b. 燃烧器应满足工艺要求，操作弹性大，调节性能好，燃烧稳定，操作灵活，检修方便。燃烧器的设计总发热量应在计算总热负荷基础上的增加25%。

b. Горелка должна удовлетворять технологическим требованиям, иметь большую упругость, операции, хорошую регулируемость, стабильность сжигания, гибкость операции, а также удобство для ремонта. Общая проектная теплопроизводительность горелки принята за сумму общей расчетной тепловой нагрузки на 25%.

c. 燃烧器的类型应与燃料种类相适应。由于可用天然气作燃料或在凝析油装置上用自产瓦斯气作燃料，因此可选用气体为燃料的燃烧器，也可选用油气联合燃烧器。

c. Тип горелки должен соответствовать типу топлива. В связи с возможностью применения природного газа в качестве топлива или применения самодельного газа в устройствах конденсата в качестве топлива, поэтому допускается выбор горелок на газообразном топливе, а также выбор нефтегазовых горелок.

d. 燃烧器应能在较低过剩空气系数（$\alpha \leqslant 1.25$）下完全燃烧。

d. В горелке сгорает полностью при низком коэффициенте избытка воздуха（$\alpha \leqslant 1,25$）.

e. 燃烧器的操作能耗（气耗和电耗）低，且便于自动控制。

e. Низкий расход энергии горелки（расход газа и энергии）, и удобство автоматического управления.

② 满足工艺操作要求。

② Удовлетворение технологическим требованиям.

a. 燃烧器在设计过剩空气系数下的最大放热量不应低于表 2.2.5 的规定。

a. Максимальная величина теплоотдачи горелки при проектном коэффициенте избытка воздуха не должна быть ниже значений, указанных в таблице 2.2.5.

表 2.2.5　燃烧器的最大放热量

Табл. 2.2.5　Максимальная величина теплоотдачи горелки

燃烧器数量 Количество горелок	最大放热量 / 正常放热量，% Максимальная величина теплоотдачи / нормальная величина теплоотдачи, %
≤3	150
4～5	125
6～7	120
≥8	115

b. 燃烧器的操作参数应与管式炉所在工艺装置的燃料系统和蒸汽系统相适应。

b. Рабочие параметры горелки соответствуют системе топлива и системе пара технологических установок в трубчатой печи.

c. 燃烧器应有足够的操作弹性,以适应管式炉热负荷的变化。

c. Горелка имеет достаточно упругость при изгибе, чтобы адаптироваться к изменению тепловой нагрузки трубчатой печи.

d. 燃烧器的火焰形状应稳定而不发飘,避免火焰舔炉管,造成局部过热。

d. Форма пламени горелки должна быть стабильной и без колебания, чтобы пламя не лижет печную трубу, в результате которого появится местный перегрев.

e. 单个燃烧器的发热量、数量和布置应尽量保证管排表面热强度均匀。

e. Теплотворная способность, количество и расположение отдельной горелки должны максимально обеспечить равномерность термопрочности на поверхности рядов труб.

f. 燃烧器焰形应与炉型、管排布置相配合:

f. Форма пламени горелки должна соответствовать типу печи и расположению ряда труб:

Ⅰ. 炉膛较大时,可选用圆柱形火焰的燃烧器。

Ⅰ. Для большой топки допускается применение горелок цилиндрической пламени.

Ⅱ. 底烧管式炉炉膛较高时,应选用细长火焰的燃烧器。

Ⅱ. Для высокой топки трубчатой печи с нижним обогревом следует выбрать горелки длинной и тонкой пламени.

③ 其他要求。

③ Прочие требования.

a. 燃烧器应采取隔声措施,炉区噪声 A 级一般不应大于 90dB,并应符合国家或地区环境保护的有关规定。

a. Для горелки следует принять меры по звукоизоляции. Уровень шума A в зоне печи, как правило, не должен превышать 90 дБ, при этом должен соответствовать соответствующим государственным или местным положениям по охране окружающей среды.

b. 自然通风或有可能短时间内在自然通风条件下操作的燃烧器,其空气通过风箱、隔声箱(或隔声罩)和燃料本身的总压降,在底烧时应不大于 15mm 水柱;侧烧时应不大于 6mm 水柱。

b. Для горелки естественной вентиляции или с возможностью работать короткое время в условиях естественной вентиляции, общий перепад давлений при входе воздуха через коробку дутья, шумоизоляционную коробку (или колпак) и давлением самого топлива, при нижнем обогреве не превышает 15 мм водяного столба; при боковом обогреве не выше 6 мм водяного столба.

c. 当一台管式炉的燃烧器以燃料气为主要燃料时，所选用的燃烧器必须具有火焰安全保护设施，如长明灯或火焰监测保护系统等。

c. Если для горелки одной трубчатой печи применяется топливный газ в качестве главного топлива, выбранная горелка должна иметь сооружение защиты безопасности пламени, как негасимая лампада или система защиты контроля пламени.

（7）烟囱。

（7）Дымовая труба.

① 烟囱高度。

① Высота дымовой трубы.

a. 在自然通风的加热炉中，烟囱实际高度应高于按满足抽力设计的烟囱高度，且应满足烟气排放达标所需的高度要求。

a. В нагревательной печи естественной вентиляции, фактическая высота дымовой трубы должна быть выше высоты дымовой трубы, проектированной в условиях соответствия тяги, а также удовлетворять требованиям к высоте, необходимые для доведения выброса дымового газа до нормы.

b. 在强制通风的加热炉中，烟囱实际高度应满足烟气排放达到有害气体排放标准的高度。

b. В нагревательной печи принудительной вентиляции, фактическая высота дымовой трубы должна соответствовать высоте, необходимой для доведения выброса дымового газа до нормы выбросов вредных газов.

② 烟气流速。

② Скорость потока дымового газа.

烟囱的净流通面积应按表 2.2.6 的气体流速确定。

Чистая площадь прохода дымовой трубы определяется согласно скорости газа в таблице 2.2.6.

表 2.2.6　烟囱内气体流速

Табл. 2.2.6　Скорость потока газа в дымовой трубе

通风方式 Режим вентиляции	气体流速，m/s Скорость потока газа, м/сек.
自然通风 Естественная вентиляция	8～10
强制通风 Принудительная вентиляция	12～20

③ 设计要求。

③ Проектные требования.

a. 烟囱应为自承重式并与其支承的结构用螺栓连接。

a. Дымовая труба выполняется в самонесущем исполнении и соединяется с его опорной конструкцией применением болтового соединения.

b. 在具有内衬的烟囱顶部，应设置防浸蚀的金属盖板，保护衬里水平表面免受风雨浸蚀。

b. В вершине дымовой трубы с футеровкой должно установить металлическую перекрышку против травления для защиты горизонтальной поверхности футеровки от травления ветра и дождя.

c. 烟囱的设计金属温度应为计算金属温度加50℃，计算金属温度按无风、环境温度27℃下各种操作工况的最高烟气温度计算。

c. Проектная температура металла дымовой трубы соответствует сумме расчетной температуры металла + 50℃, расчетная температура металла принята равным максимальной температуры дымового газа в разных рабочих режимах без ветра и при температуре окружающей среды 27℃ .

d. 包括腐蚀裕量的烟囱壁板最小厚度应为6mm。最小腐蚀裕量应为1.6mm。

d. Минимальная толщина стеновых панелей дымовой трубы с учетом запаса коррозии должна быть 6 мм. Минимальный запас коррозии должен быть 1,6мм.

e. 烟囱加强圈一般应布置在烟囱的筒体内部，其作用是加强筒体和支承衬里。加强圈可采用角钢50mm×5mm或角钢45mm×5mm，其间距为1～1.5m。

e. Укрепляющее кольцо дымовой трубы, как правило, расположится внутри цилиндра дымовой трубы, его роль включается в укреплении обечайки и поддержки футеровки. Для укрепляющего кольца допускается применение уголок 50мм×5мм или 45мм×5мм, расстояние между ними находится в диапазоне 1–1,5м.

（8）配件。

（8）Запасные части.

① 管式加热炉应设置看火门和观察孔，看火门和观察孔应能观察到所有辐射管和燃烧器正常操作和点火时的火焰情况。

① Для трубчатой нагревательной печи предусматриваются наблюдательная дверка и смотровой люк, где возможно наблюдать состояние пламени при нормальной работе и зажигании всех радиантных труб и горелок.

② 管式加热炉炉膛处及烟囱应设置人孔，人孔宜设置为快开式人孔。

② В месте топки трубчатой нагревательной печи и дымовой трубе устанавливается люк-лаз, который лучше выполняется в быстродействующем исполнении.

③ 管式加热炉辐射室应设置防爆门。防爆门数量按每100m^3炉膛体积设置一个确定，其开孔面积不应小于0.2m^2。

③ Предусматривается взрывобезопасная дверь для радиантной камеры трубчатой нагревательной печи. Каждые 100$м^3$ топки устанавливается одна взрывобезопасная дверь, ее площадь не менее 0,2$м^2$.

④ 防爆门应开启灵活,关闭时密封良好。防爆门应设在发生爆炸后不会危及人身和设备安全的部位。

④ Взрывобезопасная дверь открывается гибко, при закрытии уплотняется хорошо. Взрывобезопасная дверь должна находиться в месте, где не угрожать безопасность лиц и оборудования после взрыва.

⑤ 管式加热炉烟囱处应设置烟气调节挡板,当烟囱内部净截面面积不大于 1.2m^2 时可使用单轴式挡板。

⑤ В месте дымовой трубы трубчатой нагревательной печи предусматривается регулирующий отбойник дымового газа. Если чистая площадь сечения внутри дымовой трубы не превышает 1,2 м^2, можно использовать одноосный отбойник.

⑥ 烟气挡板上应装有手动或自动调节机构,并能使挡板处于从全开到全关之间的任何位置。

⑥ На отбойнике дымового газа следует установить ручной или автоматической регулирующий механизм, и делать отбойник на любое положение между полным открытием и полным закрытием.

⑦ 烟气挡板上应装有显示挡板开度的外部指示器,当挡板的控制信号失灵或驱动断开时,应保证挡板不会关闭,并能自动回到指定位置。

⑦ На отбойнике дымового газа устанавливается внешний индикатор для показания открытости отбойника. При отказе сигналов управления отбойником или отключении привода, обеспечивать не закрытие отбойника, и возможность автоматически вернуться до назначенного положения.

2.2.7.4 制造、检验和验收

2.2.7.4 Изготовление, контроль и приемка

(1)一般要求。

(1) Общие требования.

① 管式加热炉的制造应由持有"中华人民共和国特种设备设计许可证"压力容器相应资质且不低于 D2 级的单位或者具有锅炉 C 级以上(含 C 级)制造资质的单位承担。

① Изготовление трубчатых нагревательных печей должно выполняться организациями, имеющими соответствующую лицензию на проектирование специального оборудования КНР, и соответствующую квалификацию по изготовлению емкостей под давлением (класс квалификации не ниже D2), или квалификацию по изготовлению котлов класса С и выше.

② 管式加热炉的制造焊接应由考核合格的焊工担任。焊工考核应按有关安全技术规范的规定执行,取得资格证书的焊工方能在有效期内担任合格项目范围内的焊接工作。

② Изготовление и сварка трубчатых нагревательных печей должны осуществляться сварщиком, прошедшим аттестацию. Аттестация сварщика должна выполняться по требованиям соответствующих технических правил по безопасности, получивший сертификат о квалификации сварщик может осуществлять работу по сварке в рамках годных пунктов в течение срока действия.

③ 管式加热炉的无损检测人员应按相关技术规范进行考核取得相应资格证书后,方能承担与资格证书的种类和技术等级相对应的无损检测工作。

③ В соответствии с соответствующими техническими правилам следует аттестовать персонала по неразрушающему контролю трубчатой нагревательной печи, который может выполнить работу по неразрушающему контролю в соответствии с типом сертификата о квалификации и технической категорией, только после получения соответствующего сертификата о квалификации.

④ 制造单位应将管式加热炉的焊接工艺评定报告或焊接工艺规程保存至该工艺失效为止,将焊接评定试样保存 5 年以上,将产品质量证明文件保存 7 年以上。产品质量证明文件中的无损检测内容应包括无损检测记录和报告、射线底片和超声检测数据等检测资料(含缺陷返修前后记录)。

④ Изготовитель должен сохранить протокол аттестации технологии сварки трубчатой нагревательной печи или технологический регламент сварки вплоть до потери силы данной технологии, и сохранить образцы для аттестации технологии сварки более 5 лет и сертификат соответствия качества продукции более 7 лет. В документы, подтверждающие качество продукции, входят запись и отчет о неразрушающем контроле, негатив радиографического контроля, данные ультразвукового контроля и другие данные контроля (включая запись до и после повторного ремонта дефектов).

(2)焊接和焊后热处理。

(2) Сварка и термообработка после сварки.

① 管式加热炉施焊前,制造单位应按 NB/T 47014—2011《承压设备焊接工艺评定》的规定,对受压元件焊缝进行焊接工艺评定,评定合格后方可进行焊接施工。加热炉受压元件的焊接应符合 NB/T 47015—2011《压力容器焊接规程》的规定。

① Перед сваркой трубчатой. нагревательной печи изготовитель должен провести аттестацию технологии сварки сварных швов несущих элементов по требованиям NB/T 47014-2011 «Аттестация технологии сварки оборудования, работающего под давлением», можно провести сварку только после получения положительного результата аттестации. Сварка несущих элементов нагревательной печи должна соответствовать требованиям NB/T47015-2011 «Правила о сварке сосудов, работающих под давлением».

② 所有焊件不应强力组装,焊件组装质量应经检查合格后方可进行正式焊接。

② Нельзя собирать все сварные элементы принудительной силой, можно провести официальную сварку после получения положительного результата проверки качества сборки сварных элементов.

③ 当施焊环境出现下列情况之一,又无有效防护措施时,禁止施焊。

③ Не допускается сварка при происхождении любого из следующих случаев в окружающей среде проведения сварки и отсутствии эффективных защитных мер.

a. 手工焊时风速大于 8m/s。

a. Скорость ветра при ручной сварке более 8м/сек.

b. 气体保护焊时风速大于 2m/s。

b. Скорость ветра при сварке в среде защитного газа более 2м/сек.

c. 相对湿度大于 90%。

c. Относительная влажность более 90%.

d. 雨、雪环境。

d. Дождь и снег.

e. 焊件温度低于 –20℃。

e. Температура сварных элементов ниже –20℃ .

④ 在焊接过程中,环境温度为 –20～0℃时,焊件应在始焊处 100mm 范围内预热到 15℃以上。

④ В процессе сварки когда температура окружающей среды находится в пределах –20-0℃, следует проводить предварительный нагрев сварных элементов выше 15℃ в пределах 100мм в начале сварки.

⑤ 铬钼钢材质的炉管之间、炉管与弯头之间的对接接头焊前应按 SY/T 0538—2012《管式加热炉规范》的规定进行预热。

⑤ Стыковые соединения между печными трубами из хромомолибдена, печной трубой и отводом должны быть предварительно нагреты согласно требованиям SY/T 0538-2012 «Нормы трубчатых нагревательных печей» перед сваркой.

⑥ 施焊前应将坡口及两侧 50mm 范围内的铁锈、油污及其他杂质清除干净,打磨至见金属光泽。

⑥ Перед сваркой следует удалить ржавчины, масляные грязи и другие примеси в скосе кромок и в пределах 50мм со двух сторон, шлифовать до появления металлического блеска.

⑦ 所有对焊焊缝应为连续、全焊透焊缝。

⑦ Все стыковые сварные швы должны быть непрерывными и полными проваренными.

⑧ 焊接接头的返修应符合下列要求：

⑧ Повторный ремонт сварных соединений должен соответствовать следующим требованиям:

a. 分析接头中缺陷产生的原因,制定相应的返修方案,经焊接责任工程师批准后方可实施返修。

a. Анализировать причины дефектов в соединении, разработать соответствующий вариант повторного ремонта, можно осуществить повторный ремонт только после утверждения ответственным инженером по сварке.

b. 返修时缺陷应彻底清除,返修后的部位应按原要求检测合格。其中铬钼钢炉管系统的返修部位还应增加磁粉或渗透检测。

b. При ремонте дефекты должны быть полностью удалены, часть после повторного ремонта подлежит контролю в соответствии с оригинальными требованиями. Среди них, для части системы печных труб из хромомолибдена, отданной на ремонт, следует дополнительно провести магнитопорошковый или капиллярный контроль после завершения его повторного ремонта.

c. 焊后要求热处理的元件,应在热处理前返修,若在热处理后返修,返修后应重新进行热处理。

c. Следует перед термообработкой провести повторный ремонт элементов, требующих термообработки после сварки, в случае проведения повторного ремонта после термообработки, следует вновь провести термообработку после повторного ремонта.

d. 水压试验后进行返修的元件,如返修深度大于壁厚的一半,返修后应重新进行水压试验。

d. Для элементов повторного ремонта после гидравлического испытания, в случае глубины повторного ремонта более половины толщины стенки, следует вновь провести гидравлическое испытание после повторного ремонта.

e. 同一部位的返修次数不宜超过 2 次。超过 2 次的返修,应经制造单位技术总负责人批准,并将返修次数、部位、返修后的无损检测结果和技术总负责人批准字样记入加热炉产品质量证明文件。

e. Количество повторного ремонта одной части не должно превышать 2. В случае превышения два раза, данный повторный ремонт должен быть утвержден техническим ответственным лицом изготовителя, а также записать число и часть повторного ремонта, результаты неразрушающего контроля после повторного ремонта и подпись “Утверждение”технического ответственного лица в документах, подтверждающих качество нагревательной печи.

⑨ 铬钼钢炉管系统以及存在应力腐蚀倾向的炉管系统应按有关规定进行焊后热处理。存在应力腐蚀倾向的炉管系统的热处理还应符合 SY/T 0599—2006《天然气地面设施抗硫化物应力开裂和抗应力腐蚀开裂的金属材料要求》的规定。

⑨ Система печных труб из хромомолибдена и система печных труб, имеющая тенденцию к коррозии под напряжением, подлежат термообработке после сварки по соответствующим требованиям. Термообработка системы печных труб, имеющей тенденцию к коррозии под напряжением, также должна соответствовать SY/T 0599-2006 «Требованиям к металлическим материалам против сульфидного растрескивания под напряжением и коррозионного растрескивания под напряжением, применяемым для наземных сооружений на газовых месторождениях».

(3)外观检查。

(3) Внешний осмотр.

管式加热炉本体受压元件的全部焊接接头均应做外观检查,并符合下列要求:

Все сварные соединения несущих элементов трубчатой нагревательной печи подлежат внешнему осмотру, и должны соответствовать следующим требованиям:

① 焊缝外形尺寸应符合设计文件和有关标准的规定。

① Габаритные размеры сварных швов должны соответствовать требованиям проектной документации и соответствующих стандартов.

② 焊接接头无表面裂纹、未焊透、未熔合、表面气孔、弧坑、未填满和肉眼可见的夹渣等缺陷。

② На поверхности сварного соединения не допускаются трещины, непровар, несплавление, раковины, кратер, незаваливание, видимые шлаковины и другие дефекты.

③ 焊缝与母材应圆滑过渡,且角焊缝外形应呈凹形。

③ Переход сварного шва и основного метала должны быть плавным, внешний вид углового сварного шва должен вогнутым.

④ 不锈钢和铬钼钢炉管系统的焊缝表面以及设计压力大于或等于 9.8MPa 的其他炉管系统的焊缝表面不应咬边。其他焊缝表面的咬边深度不应大于 0.5mm,咬边连续长度不应大于 100mm,焊缝两侧咬边的总长度不应大于该焊接接头长度的10%;管子焊接接头两侧咬边总长度不应大于管子周长的 20%,且不应大于 40mm。

④ Не допускается подрез на поверхностях сварных швов системы печных труб из нержавеющей стали и хромомолибдена и систем других печных труб с проектным давлением≥9,8 МПа. Глубина подреза на поверхности других сварных швов должна быть не более 0,5мм, непрерывная длина подреза должна быть не более 100мм, общая длина подреза на двух сторонах сварных швов должна быть не более 10% длины сварного соединения; общая длина подреза на двух сторонах сварного соединения трубы должна быть не более 20% периметра трубы, и не более 40мм.

(4)无损检测。

(4) Неразрушающий контроль.

① 管式加热炉受压元件的焊接接头，应经外观检查合格后才能进行无损检测。有延迟裂纹倾向的材料应至少在焊接完成24h后进行无损检测。

① Может осуществляться неразрушающий контроль сварных соединений несущих элементов трубчатой нагревательной печи только после получения положительного результата внешнего осмотра. Материалы с тенденцией к замедленному трещинообразованию подлежат неразрушающему контролю не менее 24 часов после завершения сварки.

② 管式加热炉的受压元件的对接接头应采用射线检测或超声检测，其中超声检测包括脉冲反射法超声检测和衍射时差法超声检测。炉管系统的对接接头当采用脉冲反射法超声检测时，应采用可记录的脉冲反射法超声检测。

② Стыковое соединение несущих элементов трубчатой нагревательной печи подлежит радиографическому контролю или ультразвуковому контролю, среди них ультразвуковой контроль включает в себя ультразвуковой контроль методом отражения импульса и ультразвуковой контроль методом дифракции времени пролета. При проведении ультразвукового контроля методом отражения импульса для стыковых соединений системы печных труб следует записать данные ультразвукового контроля методом отражения импульса.

③ 管式加热炉受压元件焊接接头的无损检测比例应符合下列规定，制造单位对未检测部分的焊接接头质量仍应负责。

③ Процент неразрушающего контроля сварных соединений несущих элементов трубчатой нагревательной печи должен соответствовать следующим требованиям, изготовитель все еще должен взять на себя ответственность за качество сварных соединений части без контроля.

a. 炉管系统的对接接头应进行100%射线检测或100%超声检测。

a. Стыковые соединения системы печных труб подлежат 100% радиографическому контролю и 100% ультразвуковому контролю.

b. 管式加热炉其他受压元件的对接接头：局部射线检测或超声检测，检测长度不应小于各条焊接接头长度的20%，且不应小于250mm。

b. Стыковые соединения других несущих элементов трубчатой нагревательной печи подлежат частичному радиографическому контролю или ультразвуковому контролю, длина контроля должна быть не менее 20% длины каждого сварного соединения, и не менее 250мм.

④ 经磁粉或渗透检测发现的超标缺陷，应进行修磨及必要的补焊，并对该部位采用原检测方法重新检测，直至合格。

④ Следует провести отшлифовку и необходимую заварку для дефектов, обнаруженных при магнитопорошковом или капиллярном контроле, и применить прежний метод контроля для повторного контроля данной части вплоть до получения положительных результатов.

（5）衬里施工及验收。

（5）Строительство и приемка футеровки.

① 管式加热炉非金属衬里应在焊缝煤油渗漏试验合格，并检查合格，签订工序交接证明书后，才可进行施工。

① Следует провести строительство неметаллической футеровки трубчатой нагревательной печи только после получения положительных результатов испытания на непроницаемость керосином сварных соединений и проверки, а также подписания акта сдачи-приемки работ.

② 衬里施工前应对衬里接触的金属表面进行清理，使其表面无油污、铁锈及其他污物。除锈后的金属表面，应防止雨淋和受潮，并应尽快筑炉施工。

② Перед строительством футеровки следует очистить металлическую поверхность в контакте с футеровкой от масляных пятен, ржавчины и других загрязнений. Следует защищать металлическую поверхность после удаления ржавчины от дождя и влаги, и провести производство работ по кладке печей как можно быстрее.

③ 衬里施工应由具有相应炉窑衬里施工资质的单位承担，施工除应符合设计文件中规定外，还应符合 HG/T 20543—2006《化学工业炉砌筑技术条件》、SH/T 3115—2000《石油化工管式炉轻质浇注衬里工程技术条件》和 SH/T 3534—2012《石油化工筑炉工程施工质量验收规范》以及衬里材料供应商的筑炉、烘炉施工技术方案要求进行施工。

③ Строительство футеровки должно выполняться организацией, обладающей соответствующей лицензией на строительство футеровки печи, строительство должно соответствовать требованиям в проектной документации и требованиям HG/T 20543-2006 «Технические условия на кладку химпромышленных печей», SH/T 3115-2000 «Инженерно-технические условия на футеровку трубчатой печи из заливного легкого материала в нефтехимической промышленности» и SH/T 3534-2012 «Правилам производства и приемки работ по кладке печей в нефтехимической промышленности», а также технических решений по производству работ по кладке и сушке печей поставщика материалов футеровки.

④ 筑炉工程施工应建立质量保证体系和质量检验制度，施工单位应编制详细的施工技术方案，并按规定的程序审查批准。

④ При производстве работ по кладке печей следует создать систему обеспечения качества и систему контроля качества, строительная организация должна составить детальный технический вариант строительства, который должен быть рассмотрен и утвержден в установленном порядке.

⑤ 筑炉施工前施工单位应进行图纸会审。所有的设计变更应征得设计单位同意，并应取得确认文件。

⑤ Перед производством работ по кладке печей строительная организация должна провести рассмотрение чертежей. Внесение всех изменений в проект должно быть выполнено после получения соглашения проектной организации, а также подтверждающего документа.

⑥ 衬里施工作业的环境温度宜为5～35℃。施工过程应采取防止暴晒和雨淋的措施，并应有良好的通风和照明。当环境温度高于35℃，应采取降温等措施；环境温度低于5℃时，应采取冬期施工措施。

⑥ Лучше выдерживать температуру окружающей среды при производстве работ по устройству футеровки в пределах 5-35℃. В процессе производства работ следует принимать меры по защиты от солнца и дождя, и следует иметь хорошую вентиляцию и освещение. При температуре окружающей среды выше 35℃ следует принимать меры по снижению температуры; при температуре окружающей среды ниже 5℃ следует принимать меры по строительству в зимний период.

⑦ 衬里施工作业前，筑炉施工单位应按相关标准规范进行材料的抽样检验、试块的制作，并报送第三方检测机构进行理化性能指标检测，出具检测报告，并报监理审批，合格后方可进行筑炉施工。

⑦ Перед строительством футеровки строительная организация по кладке печей должна провести выборочный контроль материалов и изготовление пробных брусков по соответствующим стандартам и правилам, и представить их контрольной организации третьей стороны для контроля физико-химических свойств, данная контрольная организация составит отчет о контроле и представит надзору на рассмотрение, можно провести производство работ по кладке печей только после получения положительного результата.

⑧ 衬里筑炉施工完成后按相应规定进行养护,并经检验,若有不合格处应按相应规定的修补程序进行修复直至合格。合格后方可进行烘炉,烘炉前,应根据燃烧炉的结构和用途、耐火材料的性能和筑炉施工季节等制订烘炉曲线、烘炉措施和操作规程。

⑧ После завершения строительства футеровки, следует провести уход по соответствующим требованиям. В случае обнаружения несоответствия при контроле, следует провести ремонт в установленном порядке ремонта до получения положительного результата. Можно провести сушку печи только после получения положительного результата, перед сушкой печи следует разработать кривую по сушке печи, меры по сушке печи и инструкцию по эксплуатации согласно конструкции и назначению печи сжигания, характеристикам огнеупорных материалов, сезону производства работ по кладке печей.

⑨ 烘炉必须按烘炉曲线进行。烘炉时宜采用专用烘炉机进行烘炉,烘炉过程中,应做详细记录,并应测定和绘制实际烘炉曲线。对所发生的一切不正常现象,应采取相应措施,并注明其原因。

⑨ Сушка печи должна проводиться по кривой по сушке печи. При сушке печи следует использовать специальную установку для сушки печи, в процессе сушки печи следует сделать детальную запись, и определить и разработать фактическую кривую по сушке печи. Для всех ненормальных явлений следует принять соответствующие меры и указать причины.

⑩ 烘炉后应对炉衬进行全面检查,应明确检查项目和合格指标,并做好检查记录,如有缺陷应分析原因并加以修补。

⑩ После сушки печи следует провести всестороннюю проверку футеровки печи, определить пункты проверки и годные показатели, сделать запись о проверке. При наличии дефектов следует анализировать причины и устранить дефекты.

⑪ 管式加热炉的筑炉烘炉施工的整个过程应有监理单位监造。施工后的设备应经监理单位、施工、检验单位和建设单位检查验收,合格后方可投入使用。

⑪ Надзорная организация должна провести надзор за всем процессом производства работ по кладке и сушке трубчатой нагревательной печи. Оборудование после строительства должно быть проверено и принято надзорной организацией, строительной организацией, контрольной организацией и Заказчиком, и может быть введено в эксплуатацию только после получения положительного результата.

（6）水压试验。

① 管式加热炉的所有组装好的炉管应进行水压试验。试验压力应等于 1.5 倍炉管设计压力乘以炉管在试验温度下的许用应力与炉管在金属设计温度下的许用应力之比，同时还应满足以下要求：

（6）Гидравлическое испытание.

① Для всех собранных печных труб трубчатой нагревательной печи следует провести гидравлическое испытание. Давление испытания должно быть равно произведению 1,5 раз проектного давления печной трубы на отношение допустимого напряжения печной трубы при температуре испытания к допустимому напряжению печной трубы при проектной температуре металла, а также должно соответствовать следующим требованиям:

a. 试压元件的环向薄膜应力值不应大于试验温度下材料屈服强度下限的 90% 与试压元件焊接接头系数的乘积。

a. Кольцевое мембранное напряжение элемента для испытания под давлением не должно быть более произведения 90% нижнего предела текучести материала при температуре испытания на коэффициент сварного соединения элемента для испытания под давлением.

b. 水压试验压力至少保持 1h 以检查是否泄漏。

b. Давление гидравлического испытания должно поддерживаться в течение 1 часа для проверки на наличие утечки.

② 碳钢炉管试压时，水温不应低于 5℃；铬钼低合金钢炉管试压时水温不应低于 15℃。冬季试压时应采取防冻措施。试压合格后，应立即将水放净，并用压缩空气吹扫干净。

② При проведении испытания под давлением печной трубы из углеродистой стали температура воды не должна быть меньше 5℃; при проведении испытания под давлением печной трубы из хромомолибденовой низколегированной стали температура воды не должна быть меньше 15℃ . Следует применить противоморозные меры при проведении испытания под давлением зимой . После получения положительных результатов гидравлического испытания следует немедленно полностью отвести воду, и провести продувку сжатым воздухом.

③ 水压试验应采用洁净水。不锈钢炉管系统水压试验用水的氯离子含量不应大于 25mg/L。

③ При гидравлическом испытании следует применить чистую воду. Содержание ионов хлора в воде, использованной для гидравлического испытания системы печных труб из нержавеющей стали, должно быть не более 25 мг/л.

④ 对奥氏体不锈钢炉管,不应采用加热汽化的方法除去水分。

④ Не следует удалить влаги из печной трубы из аустенитной нержавеющей стали методом испарения нагревом.

2.2.8 水套炉

2.2.8 Ватержакетная печь

2.2.8.1 概述

2.2.8.1 Общие сведения

水套炉即水套加热炉,指各井口来气分别在壳体的独立盘管中,由中间载热体水或水蒸气中加热,而中间载热体水或水蒸气由火筒直接加热的火筒式加热炉。按壳体承压不同分为承压水套炉、常压水套炉和真空水套炉。考虑到天然气升温后的出口温度通常不高,因此宜优先选用常压水套炉和真空水套炉石油工业生产中用火焰通过炉管直接加热炉管中原油、天然气、水及其混合物等介质的专用设备。且热负荷不大于 1600 kW。

Ватержакетная печь является печью нагревания по форме жаровой трубы: газы из устьев соответственно поступают в независимые змеевики, где нагреваются промежуточными теплоносителями, как вода или водяной пар, а промежуточные теплоносители-вода или водяной пар непосредственно нагреваются с помощью жаровой трубы. Ватержакетная печь по несущей способности корпуса разделена на несущую, атмосферную и вакуумную. Поскольку температура газа на выходе после нагрева обычно невысокая, поэтому рекомендуется выбирать специальное оборудование для непосредственного нагрева нефти, природного газа, воды и их смесей в печной трубе пламенем в атмосферной и вакуумной ватержакетной печи в процессе нефтяного промышленного производства. И тепловая нагрузка не превышает 1600 кВт.

承压多井水套炉:壳体在承压下工作的水套炉。

Несущая ватержакетная печь для нескольких скважин: ватержакетная печь, корпус которой работает под несущим давлением.

常压多井水套炉:壳体在常压下工作的水套炉。

Атмосферная ватержакетная печь для нескольких скважин: ватержакетная печь, корпус которой работает под атмосферным давлением.

真空多井水套炉:壳体在负压下工作的水套炉。

Вакуумная ватержакетная печь для нескольких скважин: ватержакетная печь, корпус которой работает под отрицательным давлением.

2.2.8.2 材料

（1）材料选择原则。

① 火筒加热部受压元件的材料必须是有质量合格证书，必须经检验部门按JB/T 3375—2002《锅炉用材料入厂验收规则》的规定进行检验，未经检验或检验不合格的不准投料。

② 水套炉受压元件所采用的材料应符合本节的有关规定，凡与受压元件相焊接的非受压元件用钢，也应是可焊性良好的材料。

③ 选择水套炉用钢必须考虑炉子设计条件（如设计压力、设计温度、介质特性等），材料的焊接性能，加工工艺性能以及经济合理性。

④ 水套炉受压元件用钢应由平炉、电炉或氧气转炉冶炼。钢材的技术要求应符合相应的国家标准、行业标准或有关技术条件的规定。

⑤ 常压水套炉壳体不应采用沸腾钢板制造。

2.2.8.2 Материалы

(1) Принципы выбора материалов.

① Материалы несущих элементов для нагревательной части жаровой трубы должны иметь сертификаты качества, и подлежат контролю ОТК в соответствии с JB/T 3375-2002 «Правилами входной приемки сырьевых материалов для котла». Подача бесконтрольных или неквалифицированных материалов после контроля не допускается.

② Материалы, применяемые для несущих элементов ватержакетной печи, должны соответствовать соответствующим требованиям в настоящем разделе. Сталь для ненесущих элементов, сваренных с несущими элементами, должна иметь хорошую свариваемость.

③ Выбор стали для ватержакетной печи должен осуществляться с приоритетным учетом условий проектирования печи (например проектное давление, проектная температура, характеристика среды и т.д.), свариваемости материала, характеристики технологической обработки и экономической рациональности.

④ Сталь для несущих элементов ватержакетной печи должна выплавляться в мартеновских печах, электрических печах или кислородных конвертерах. Технические требования к стали должны соответствовать соответствующим государственным стандартам, отраслевым стандартам или техническим условиям.

⑤ Корпус атмосферной ватержакетной печи не должен выполняться из кипящих стальных листов.

⑥ 在酸性环境中使用的火筒式加热炉的材料应符合 SY/T 0599—2008《天然气地面设施抗硫化物应力开裂和抗应力腐蚀开裂的金属材料要求》的规定。

⑥ Материалы для печи нагревания по форме жаровой трубы, работающей в кислотной среде, должны соответствовать SY/T 0599-2008 «Требованиям к металлическим материалам против сульфидного растрескивания под напряжением и коррозионного растрескивания под напряжением, применяемым для наземных сооружений на газовых месторождениях».

（2）盘管材料。

（2）Материалы для змеевика.

① 水套炉选用钢管应符合表 2.2.7 的规定。

① Стальные трубы, применяемые для ватержакетной печи, должны соответствовать требованиям таблицы 2.2.7.

表 2.2.7 管材

Таблица 2.2.7 Трубы

序号 № п/п	钢号 № стали	标准 Стандарт	使用温度，℃ Рабочая температура，℃
1	10	GB/T 8163—2008	≤475
		GB 3087—2008	≤475
2	20	GB/T 8163—2008	≤475
		GB 3087—2008	≤475
		GB 6479—2013	≤400
3	Q345D	GB 6479—2013	≤400

② 高压盘管用钢管应选用 GB/T 6479—2013《高压化肥设备用无缝钢管》系列钢管。

② Стальные трубы, применяемые для змеевика высокого давления, должны быть выбраны согласно требованиям GB/T 6479-2013 «Бесшовная стальная труба высокого давления для оборудования химических удобрений».

③ 受火焰辐射热和接触热烟气的元件用钢管应符合 GB 3087—2008《低中压锅炉用无缝钢管》的规定。

③ Стальные трубы, применяемые для элементов, подвергающихся теплоте излучения пламени и соприкасающиеся с горячим дымовым газом, должны соответствовать требованиям GB 3087-2008 «Бесшовные стальные трубы для котлов среднего и низкого давления».

（3）钢结构材料。

（3）Материалы для металлоконструкции.

① 水套炉用钢板应符合表 2.2.8 的规定。

① Стальные листы, применяемые для ватержакетной печи, должны соответствовать требованиям таблицы 2.2.8.

表 2.2.8 钢板

Таблица 2.2.8 Стальные листы

序号 № п/п	钢号 № стали	标准 Стандарт	使用温度，℃ Рабочая температура，℃
1	Q235B	GB/T 3274—2017	≤350
2	Q245R	GB 713—2014	≤475
3	Q345R	GB713—2014	≤475

② 受火焰辐射热和接触热烟气的元件所使用的钢板应符合 GB/T 713—2014《锅炉和压力容器用钢板》的规定。

② Стальные листы, применяемые для элементов, подвергающихся теплоте излучения пламени и соприкасающиеся с горячим дымовым газом, должна соответствовать требованиям GB/T 713-2014 «Стальные листы для котлов и сосудов работающих под давлением».

③ 用于制造受压元件(法兰、平盖等)的厚度大于 50mm 的 Q245R 和 Q345R 钢板,应在正火状态下使用。

③ Стальные листы сорта Q245R и Q345R толщиной более 50мм, применяемые для изготовления несущих элементов (фланец, плоское днище и т.д.), должны находиться в нормализованном состоянии.

(4)锻件材料。

(4)Поковки.

① 水套炉用锻件应符合表 2.2.9 的规定。

① Поковки, применяемые для ватержакетной печи, должны соответствовать требованиям таблицы 2.2.9.

表 2.2.9 锻件

Таблица 2.2.9 Поковки

序号 № п/п	钢号 № стали	标准 Стандарт	使用温度，℃ Рабочая температура，℃
1	20	NB/T 47008—2017	≤450
2	16Mn	NB/T 47008—2017	≤450

② 锻件级别的选用由设计单位在图样或相应技术文件中注明。公称厚度大于 300mm 的碳素钢和低合金钢锻件应选用Ⅲ级或Ⅳ级。

② Выбранная группа поковки указывается на чертеже или соответствующей технической документации проектной организацией. Применяются поковки III или Ⅳ группы из углеродистой стали и низколегированной стали номинальной толщиной более 300мм.

（5）螺栓、螺母材料。

① 水套炉螺栓用钢应符合表 2.2.10 的规定。

（5）Болты и гайки.

① Сталь для болтов ватержакетной печи должна соответствовать требованиям таблицы 2.2.10.

表 2.2.10　螺栓

Таблица 2.2.10　Болты

序号 № п/п	钢号 № стали	标准 Стандарт	使用温度，℃ Рабочая температура，℃
1	35	GB/T 699—2015	≤350
2	35CrMoA	GB/T 3077—2015	≤500

② 螺母的硬度应低于螺栓，可通过选用不同强度级别的钢材或选用不同热处理状态获得。与螺栓配套的螺母用钢推荐见表 2.2.11。

② Твердость гайки должна быть ниже твердости болта, которая может быть получена путем применения стали различного уровня прочности или различных режимов термической обработки. Рекомендуется использовать сталь, применяемую для гаек в комплекте с болтами, указанную в таблице 2.2.11.

表 2.2.11　螺母

Таблица 2.2.11　Гайки

序号 № п/п	钢号 № стали	标准 Стандарт	使用温度，℃ Рабочая температура，℃	螺栓用钢 Сталь, применяемая для болтов
1	25	GB/T 699—2015	≤350	35
2	30CrMoA	GB/T 3077—2015	≤500	35 CrMoA

（6）焊接材料。

受压元件用焊接材料应符合 NB/T 47015—2011《压力容器焊接规程》的规定，同时焊条还应符合 NB/T 47018《承压设备用焊接材料订货技术条件》的要求。

（6）Сварочные материалы.

Сварочные материалы для несущих элементов должны соответствовать требованиям NB/T 47015-2011«Правила сварки сосудов, работающих под давлением», и электроды должны также соответствовать требованиям NB/T 47018«Технические условия на заказ сварочных материалов несущего оборудования».

（7）耐火材料。

水套炉的火嘴砖和燃烧道宜采用粘土质耐火材料制造，黏土质耐火材料的性能应符合 YB/T 5106—

（7）Огнеупорные материалы.

Укладка кирпичей для форсунки ватержакетной печи и тракта сгорания должна быть выполнена

2009《粘土质耐火砖》的要求，耐火度不应低于1730℃；砌筑火嘴砖或燃烧道所用的耐火泥浆应符合 GB/T 14982—2008《粘土质耐火泥浆》的规定。

из шамотных огнеупорных материалов. Свойства шамотных огнеупорных материалов должны соответствовать требованиям YB/T 5106-2009 «Огнеупорные шамотные кирпичи». Огнеупорность должна быть не менее 1730 ℃; Глиняно-шамотные растворы для укладки кирпичей для форсунки или тракта сгорания должны соответствовать требованиям GB/T 14982-2008 «Огнеупорные глиняно-шамотные растворы».

（8）绝热材料。

（8）Теплоизоляционные материалы.

水套炉用绝热材料导热系数应符合 GB/T 8175—2008《设备及管道绝热设计导则》。

Коэффициент теплопроводности теплоизоляционных материалов для ватержакетной печи должен соответствовать требованиям GB/T 8175-2008 «Инструкция по проектированию теплоизоляции оборудования и трубопроводов».

2.2.8.3 设计

2.2.8.3 Проектирование

（1）设计参数。

（1）Проектные параметры.

① 设计压力。

① Проектное давление.

设计压力指在相应设计温度下容器顶部的最高压力，用以确定加热炉壳体及受压元件厚度的压力，即标注在铭牌上的设计压力，其值不应小于工作压力。水套炉壳程设计压力不应大于0.40MPa。

Проектное давление означает максимальное давление в верхней части сосуда при соответствующей проектной температуре для определения толщин корпуса нагревательной печи и несущих элементов, то есть проектное давление на табличке, его значение не должно быть меньше рабочего давления. Проектное давление в межтрубном пространстве ватержакетной печи не должно превышать 0,40МПа.

② 设计温度。

② Проектная температура.

设计温度指加热炉正常工作过程中，在相应设计压力下壳壁或元件金属可能达到的最高温度。当各个部位在工作过程中可能产生不同温度时，取预计的不同温度作为各相应部位的设计温度。

Проектная температура означает максимальную температуру, которой может достигать стенка корпуса или металл элемента под соответствующим проектным давлением при условиях нормальной эксплуатации нагревательной печи. Когда различные части могут иметь разные температуры во время работы, то принимаются ожидаемые различные температуры в качестве проектных температур соответствующих частей.

③ 排烟温度。

排烟温度指在烟囱底部的烟管出口处的烟气温度,烟囱出口处烟气温度不应低于烟气露点温度。

③ Температура уходящих газов.

Температура уходящих газов означает температуру дымовых газов на выходе дымогарной трубы в нижней части дымовой трубы. Температура дымовых газов на выходе дымовой трубы не должна быть ниже температуры точки росы дымовых газов.

④ 基础数据。

④ Основные данные.

a. 介质基础数据。

a. Основные данные о среде.

Ⅰ. 被加热井口气的组分、密度、比热容、黏度、介质流量(包括最大、最小流量)、含水率和含沙量等。

Ⅰ. Компоненты нагреваемых газов на устье, плотность, удельная теплоемкость, вязкость, расход среды (включая максимальный и минимальный), водоносность, содержание песка и т.д..

Ⅱ. 被加热井口气在进出口处的操作温度、操作压力及允许压力降。

Ⅱ. Рабочая температура, рабочее давление и допустимое падение давления нагреваемых газов на устье на входе и выходе.

b. 燃料基础数据。

b. Основные данные о топливе.

燃料的种类、组分、温度、压力、密度、黏度及燃料油雾化剂的种类、温度、压力等。

Вид, компонент, температура, давление, плотность, вязкость топлива и вид, температура, давление и т.д. распыляющего агента жидкого топлива.

c. 场地条件。

c. Условия площадки.

Ⅰ. 使用地区的基本风压值、地震设防烈度、场地土类别、雪载荷、大气压力、大气温度、空气相对湿度等。

Ⅰ. Основная ветровая нагрузка, сейсмичность, категория грунта на площадке, снежная нагрузка, атмосферное давление, атмосферная температура, относительная влажность воздуха и т.д. в территории применения.

Ⅱ. 环境保护要求和其他数据。

Ⅱ. Требования к охране окружающей среды и другие данные.

⑤ 加热盘管设计参数。

⑤ Проектные параметры нагревательного змеевика.

a. 盘管内介质流速宜控制在:湿气 15～20m/s,干气 15～30m/s。

a. Скорость потока среды в змеевике должна находиться: для неосушенного газа-в пределах 15-20м/сек., для сухого газа-в пределах 15-30м/сек.

b. 盘管设计压力宜控制在 0.6～32MPa。

b. Проектное давление в змеевике должно находиться в пределах 0,6-32МПа.

（2）结构组成。

（2）Состав конструкции.

① 火筒。

① Жаровая труба.

火筒由火管和烟管组成。在多井水套加热炉中，具有燃烧室功能，且主要传递辐射热的元件称为火管；与火管相连通，且主要进行对流换热的元件称为烟管。

Жаровая труба состоит из огневой и дымогарной трубы. Элемент в ватержакетной печи для нескольких скважин, выполняющий функции топки и передающий теплоту излучения, называется огневой трубой; элемент, соединяющийся с огневой трубой и применяемый для конвекционного теплообмена, называется дымогарной трубой.

② 火管。

② Огневая труба.

火管一般由一根或多根 U 形管组成，每个 U 形管的一端为燃烧端，烟气通过另一端垂直烟囱排出。对于较大的加热炉，火管的第一管程直径较大，返回管程的多路烟管则汇合到共用烟囱中。火管是受火焰辐射热和接触高温烟气的受压元件，是火筒与中间加热介质相接触的部件。

Огневая труба, как правило, состоит из одной или более U-образных труб. Один конец U-образной трубы является концом сгорания, и дымовой газ выпускается по вертикальной дымовой трубе на другом конце. Для большой нагревательной печи, диаметр первого трубного пространства огневой трубы большой, многоканальные дымогарные трубы, возвращающиеся в трубное пространство, сходятся в общую дымовую трубу. Огневая труба-это несущий элемент, подвергающийся теплоте излучения пламени и соприкасающийся с высокотемпературным дымовым газом, и является узлом жаровой трубы соприкасающейся с промежуточной нагревательной средой.

③ 盘管。

③ Змеевик.

被加热的介质通过的一根或多根管子组成的蛇行管排称盘管。盘管的典型排列形式可有单程盘管、分程盘管或螺旋盘管。盘管也可被认为是一排管子，单程盘管一般是只有单一流程的蛇形管。这种盘管也可布置成具有两条或多条平行的流程以减少压降，但它仍被视为是单程盘管。分程盘管可设计成两个压力等级. 并允许在两段盘管之间安装节流装置。必要时分程盘管采用两级

Змеевиковый пучок труб, состоящий из одной или нескольких труб, через который проходит нагреваемая среда, называется Змеевиком. По типовому типу расположения змеевик может разделяться на одноходный змеевик, многоходный или спиральный змеевик. Змеевик также может рассматриваться как ряд труб. Одноходный змеевик-это змеевик только с единым процессом.

加热,以减少盘管内水合物的形成。多井水套加热炉的多路盘管可用于在同一加热炉内加热一种以上井口气或井液。

Этот змеевик может быть также расположен с двумя или более параллельными процессами для уменьшения перепада давления, но он по-прежнему считается одноходным. Многоходный змеевик должен быть выполнен в виде двух уровней давления. И допускается установка дросселирующего устройства между двумя секциями змеевика. При необходимости для многоходного змеевика применяется двухступенчатый нагреватель в целях уменьшения образования гидрата в змеевике. Многоканальный змеевик ватержакетной печи для нескольких скважин может применяться для нагрева более чем одного газа на устье или скважинной жидкости на устье в одной нагревательной печи.

盘管面积即为传热面积,通常按管子的外表面积计算。

Площадью змеевика является поверхность теплопередачи, как правило, рассчитывается по площади внешней поверхности трубы.

④ 燃烧器系统。

④ Система горелки.

加热炉的燃烧需要有一个按特定的燃料种类设计的燃烧器系统,该系统可设计成自然通风或是强制通风。燃烧器系统包括点火附件,入口阻火器及其他供选择的燃烧器附件。

Для нагревательной печи следует предусмотреть проектируемую по конкретному типу топлива систему горелки, которая может быть сконструирована естественной или принудительной вентиляционной. Система горелки включает в себя приспособления для зажигания, входной огнепреградитель и другие альтернативные аксессуары горелки.

⑤ 炉壳。

⑤ Корпус печи.

炉壳通常指一个内部装有盘管、火管及中间加热介质的卧式容器。

Корпус печи-это горизонтальный сосуд с змеевиком, огневой трубой и промежуточной нагревательной средой.

⑥ 烟囱阻火器。

⑥ Огнепреградитель на дымовой трубе.

烟囱阻火器是安装在烟囱出口来防止火管内火焰蹿入大气中的装置,通常是一个装在金属壳内表面呈波纹状的铝板或不锈钢板卷制元件。该装置安装在烟囱的顶部。

Огнепреградитель на дымовой трубе-это устройство, установленное на выходе дымовой трубы для предотвращения проникновения пламени в дымовой трубе в атмосферу, как правило, является элементом из гофрированного алюминиевого листа или нержавеющего стального листа, смонтированным в металлической оболочке. Данное устройство установлено на верхней части дымовой трубы.

⑦ 烟囱防雨罩。

烟囱防雨罩是安装在烟囱顶部用以防止雨水直接落入烟囱的装置。它也可用作烟囱防倒风装置。

⑦ Зонт для дымовой трубы.

Зонт для дымовой трубы-это устройство, установленное в верхней части дымовой трубы для предотвращения непосредственного попадания дождя непосредственно в дымовую трубу. Он также позволяет предотвратить возникновение обратной тяги в дымовой трубе.

⑧ 节水器。

⑧ Устройство для экономии конденсаторной воды.

节水器一个直接与炉壳相连的容器,它可以使水完全充满炉壳或将炉壳内的水补充到设计液位。容器内的水温要比炉内中间加热介质的温度低,这样可减少蒸发损失。节水器可以作为一个节能器或是一个膨胀箱,其容量应足以容纳炉内中间加热介质在环境温度和操作温度之间的膨胀量。

Устройство для экономии конденсаторной воды, непосредственно соединяющее с корпусом печи, может заполнить корпус печи водой или добавить воду в печь до проектного уровня жидкости. Температура воды в устройстве ниже температуры промежуточной нагревательной среды в печи, что может уменьшить потери от испарения. Устройство для экономии конденсаторной воды может использоваться в качестве экономайзера или расширительного бака, его емкость должна быть достаточной для того, чтобы вместить объем расширения промежуточной нагревательной среды между температурой окружающей среды и рабочей температурой.

(3)钢结构设计。

(3) Проектирование металлоконструкции.

① 一般要求。

① Общие требования.

a. 水套炉结构应便于制造、检查、操作、维修和更换。

a. Конструкция ватержакетной печи должна быть удобной для изготовления, проверки, эксплуатации, ремонта и замены.

b. 水套炉的火筒、盘管及可伸缩的部件在运行时应能自由膨胀。

b. Жаровая труба, змеевик и телескопические части ватержакетной печи могут свободно расширяться при эксплуатации.

c. 水套炉的最低安全液位应高于火筒最高点175mm。

c. Минимальный уровень жидкости в ватержакетной печи должен быть на 175мм выше наивысшей точки жаровой трубы.

d. 壳体上应开设必要的人孔、手孔、检查孔，其数量和位置应根据安装、检查、检修和清扫的要求确定。人孔直径不应小于450mm；手孔直径不应小于100mm；洗炉孔直径不应小于50mm。

d. Корпус должен быть снабжен необходимыми люками-лазами, лючками для руки и смотровыми отверстиями, а их количества и положения должны определяться в соответствии с требованиями установки, осмотра, ремонта и очистки. Диаметр люка-лаза должен быть не менее 450мм; диаметр лючки для руки-не менее 100мм; диаметр отверстия для промывки печи-не менее 50мм.

e. 水套炉宜采用双鞍式支座，其中有一个支座为滑动支座；鞍式支座型式和尺寸应符合JB/T 4712.1—2007的规定。

e. Для ватержакетной печи должны применяться двойные седельные опоры, одной из которых является скользящей; типы и размеры седельных опор должны соответствовать JB/T 4712.1-2007.

f. 水套炉应有可靠的防爆措施，防爆装置的排泄口不应安装在危及操作人员及其他设备安全的位置。

f. Ватержакетная печь должна быть снабжена взрывозащищенным оборудованием, его спускное отверстие не должно устанавливаться в месте, которое может поставить под угрозу безопасность оператора и другого оборудования.

g. 受压元件结构形式、开孔及焊接接头的布置应避免或减少复合应力和应力集中。

g. Конструктивное выполнение несущего элемента, а также расположение отверстия и сварного соединения должны избежать или уменьшить сложное напряжение и концентрацию напряжения.

h. 水套炉使用的容器法兰和连接外管道的法兰，应符合有关国家标准或行业标准的规定。

h. Фланцы сосудов, применяемые для ватержакетной печи, и фланцы, соединяющие с наружными трубопроводами, должны соответствовать соответствующим государственным стандартам или отраслевым стандартам.

Ⅰ. 法兰密封面应根据设计压力、设计温度以及介质特性综合考虑确定。

Ⅰ.Уплотнительная поверхность фланца должна выполняться в соответствии с проектным давлением, проектной температурой и характеристикой среды.

Ⅱ. 水套炉的焊接结构应有利于焊接，并便于做到熔合和焊透。

Ⅱ. Сварная конструкция ватержакетной печи должна быть полезной для сварки, и удобной для сплавки и провара.

Ⅲ. 当操作部位较高时，应根据具体情况装设平台、扶梯和防护栏杆等设施。

Ⅲ. При более высоком рабочем месте, платформы, лестницы и защитные перила должны устанавливаться в соответствии с конкретными условиями.

② 看火孔。

② Смотровое отверстие.

水套炉应设置看火孔，其位置应能看到整个火焰燃烧情况。微正压燃烧炉的看火孔应密闭。

Ватержакетная печь должна быть снабжена смотровым отверстием, положение которого должно обеспечить возможность видеть всю ситуацию горения пламени. Смотровое отверстие в печи сжигания под микро-давлением должно быть закрыто.

③ 安全阀。

③ Предохранительный клапан.

水套炉（常压、真空炉除外）至少应装设 1 个安全阀，额定热负荷大于或等于 630kW 的水套炉至少应装设两个安全阀；安全阀泄放面积的计算应按 SY 0031—2012《石油工业用加热炉安全规程》规定进行，安全阀的开启压力不得超过壳体的设计压力。

Ватержакетная печь (за исключением атмосферной, вакуумной печи) должна быть оснащена не менее чем 1 предохранительным клапаном, а ватержакетная печь с номинальной тепловой нагрузкой не менее 630кВт должна быть оснащена не менее чем двумя предохранительными клапанами; площадь сброса от предохранительного клапана должна быть рассчитана в соответствии с SY 0031-2012 «Правила безопасной эксплуатации нагревательной печи в нефтяной промышленности». Давление срабатывания предохранительного клапана не должно превышать проектное давление корпуса.

安全阀的设置应符合下列规定：

Предохранительный клапан должен быть установлен в соответствии со следующими требованиями:

a. 安全阀应铅直地安装在加热炉的壳体最高位置。

a. Предохранительный клапан должен быть устанавливаться вертикально на наиболее высокой части корпуса нагревательной печи.

b. 安全阀喉径不应小于 20mm。

b. Диаметр критического сечения предохранительного клапана не должен быть меньше 20 мм.

c. 几个安全阀共同装设在与壳体直接相连的短管上时，则短管的截面积不应小于所有安全阀喉径截面积之和的 1.25 倍。

c. При установке нескольких предохранительных клапанов на одном патрубке, непосредственно подключенном к корпусу, площадь поперечного сечения патрубка должна быть не менее 1,25 суммы площадей сечений всех предохранительных клапанов.

④ 加水口和膨胀罐。

④ Отверстие для наливания воды и расширительный резервуар.

常压水套炉壳体顶部应设置加水口和膨胀罐，膨胀罐的容积应大于壳体内的水由于升温产生的膨胀量。膨胀罐与壳体接管之间不应装设阀门，寒冷地区应有必要的防冻措施。其接管内直径不应下式的计算值：

В верхней части корпуса атмосферной ватержакетной печи должна быть установлены отверстие для наливания воды и расширительный резервуар. Объем расширительного резервуара должен быть больше объема расширения воды в корпусе за счет повышения температуры. Клапан не должен устанавливаться между расширительным резервуаром и штуцером корпуса. В холодных районах должны быть приняты необходимые профилактические меры против смерзания. Внутренний диаметр его штуцера не должен быть меньше определенной по следующей формуле величины:

$$D_{\mathrm{d}} = 20 + 88\sqrt{Q} \qquad (2.2.4)$$

式中 D_{d}——接管当量直径，mm；

Q——常压多井水套炉设计热负荷，MW。

В формуле D_{d}——эквивалентный диаметр штуцера, мм;

Q——проектная тепловая нагрузка атмосферной ватержакетной печи для нескольких скважин, МВт.

⑤ 压力表或压力传感器。

水套炉(常压水套炉除外)应安装压力表或压力传感器。

⑤ Манометр или датчик давления.

На ватержакетной печи (за исключением атмосферной ватержакетной печи) должен устанавливаться манометр или датчик давления.

⑥ 液位计。

有气相空间的多井水套炉至少应安装一个液位计。液位计安装应符合下列规定：

⑥ Уровнемер.

Ватержакетная печь для нескольких скважин с газовым пространством должна быть снабжена не менее чем одним уровнемером. Установка уровнемера должна соответствовать следующим требованиям:

a. 液位计应安装在便于观察和吹洗的位置。

a. Уровнемер должен устанавливаться в удобном месте для наблюдения и продувки.

b. 液位计与壳体之间的接管应尽可能短，其内径不应小于 18mm。

b. Штуцер между уровнемером и корпусом должен быть возможно короче, его внутренний диаметр должен быть не менее 18 мм.

c. 液位计下部可见边缘应低于最低安全液位 25mm，其上部可见边缘应比最高安全液位至少高 25mm，并应有防冻措施。

c. Нижняя видимая кромка уровнемера должна быть на 25мм ниже минимального уровня безопасности, а верхняя видимая кромка должна быть не менее чем на 25 мм выше максимального уровня безопасности, и должны быть приняты необходимые профилактические меры против смерзания.

d. 液位计内液位应清晰、准确。

d. Уровень жидкости в уровнемере должен быть ясным и точным.

⑦ 排污口。

⑦ Дренажное отверстие.

水套炉壳体最低处应装设排污口，其内径不应小于 40mm。

В самой нижней части корпуса ватержакетной печи должно устанавливаться дренажное отверстие, его внутренний диаметр должен быть не менее 40 мм.

⑧ 液位报警装置。

⑧ Устройство для сигнализации об уровне.

多井水套炉应设置低液位报警装置，液位不应低于最低安全液位。

Ватержакетная печь для нескольких скважин должна быть снабжена устройством для сигнализации при низком уровне. Уровень не должен быть ниже минимального уровня безопасности.

⑨ 点火装置及熄火保护装置。

⑨ Зажигатель и устройство защиты от погасания пламени.

水套炉应设置电点火装置及熄火保护装置；微正压燃烧加热炉还应设置断电自动切断燃料供应的连锁装置。

Ватержакетная печь должна быть снабжена зажигателем и устройством защиты от погасания пламени; печь сжигания под микро-давлением также должна быть снабжена блокирующим устройством, которое осуществляет автоматическое отключение подачи топлива при прекращении питания.

⑩ 火筒结构设计。

⑩ Проектирование конструкции жаровой трубы.

a. 水套炉宜采用U形火筒，对于大负荷的火筒式加热炉，宜采用一根火管和几根烟管组成的火筒。设计时亦可采用其他型式的火筒。

a. Для ватержакетной печи должна применяться U-образная жаровая труба, а для печи нагревания по форме жаровой трубы должна применяться жаровая труба, состоящая из одной или нескольких дымогарных труб. При проектировании можно применять другие типы жаровых труб.

b. 当水套炉采用几组火筒时，微正压燃烧炉每组火筒应有单独的燃烧系统和烟囱，负压燃烧炉每组火筒应有单独的燃烧系统并可共用一个烟囱。

b. При применении нескольких групп жаровых труб для ватержакетной печи, каждая группа жаровых труб для печи сжигания под микро-давлением должна иметь отдельную систему сжигания и дымовую трубу, а каждая группа жаровых труб для печи сжигания под отрицательным давлением должна иметь отдельную систему сжигания и дымовую трубу общего пользования.

c.U形或类似结构形式的火筒应有可靠的固定结构，以保证火筒不产生非轴向位移，且不应限制火筒轴向的自由膨胀。

c. U-образная или аналогичная жаровая труба должна иметь надежную фиксированную конструкцию для предотвращения неосевого перемещения жаровой трубы. И не следует ограничивать свободное осевое расширение жаровой трубы.

⑪ 加热盘管结构设计。

⑪ Проектирование конструкции нагревательного змеевика.

a. 水套炉宜采用蛇形加热盘管，其直径不宜大于100mm。根据工艺要求，水套炉设计可采用单组或多组加热盘管，各组盘管应依据各自设计参数进行设计。盘管宜设计成可抽出式结构。

a. Для ватержакетной печи должен применяться нагревательный змеевик, его диаметр не должен превышать Ду100мм. В соответствии с технологическими требованиями, для проектирования ватержакетной печи должны применяться один или несколько нагревательных змеевиков, каждая группа змеевиков должна проектироваться в соответствии с их проектными параметрами. Змеевик должен быть выдвижным.

b. 水套炉加热盘管可采用单管程或多管程，在多管程盘管设计中应使各管程的压力降相等。汇管截面积与各管程截面积和之比应不小于1。

b. Для ватержакетной печи может быть применяться нагревательный змеевик с одним внутритрубным пространством или несколькими внутритрубными пространствами. При проектировании нагревательного змеевика с несколькими внутритрубными пространствами падение давления между внутритрубными пространствами должно быть равным. Отношение площади сечения коллектора к сумме площадей сечений внутритрубных пространств должно быть не менее 1.

c. 水套炉加热盘管应用花板支承,其厚度不应小于 8mm。

c. Нагревательный змеевик ватержакетной печи должен поддерживаться трубными решетками, ее толщина не менее 8 мм.

d. 水套炉加热盘管所用的 180°弯头,其流通面积不应小于直管段流通面积的 90%。

d. Отвод 180°, применяемый для нагревательного змеевика ватержакетной печи, его площадь сечения потока не должна превышать 90% от площади сечения потока прямого участка трубы.

e. 每组加热盘管应平齐,长度相差不超过 2mm,盘管的直管段宜用整根钢管制作。若需拼接时,只允许拼接一次,拼接后每米长的直线度不应大于 1.5mm,相邻焊接接头距离不应小于 500mm。

e. Каждая группа нагревательного змеевика должна быть ровной, разность длины не более 2 мм. Прямой участок нагревательного змеевика должен быть выполнен из всей целой стальной трубы. При необходимости сращивания, допускается сращивание только один раз. Прямолинейность стальной трубы на каждый метр после сращивания не должна быть больше 1,5 мм, расстояние между соседними сварными соединениями не должно быть меньше 500 мм.

(4)炉衬结构设计。

(4) Проектирование конструкции футеровки.

① 纤维毡结构炉衬。

① Футеровка из волоконного войлока.

a. 按要求焊接保温钉,保温钉应焊接牢固,垂直度允许偏差不大于 2%,手工焊周围焊满接触面不小于 80%。

a. Отеплительные гвозди свариваются прочно согласно требованиям. Допустимое отклонение от вертикали не более 2%. Контактная поверхность после полной ручной сварки не менее 80%.

b. 炉体内表面应清除浮锈、焊渣及其他污物,然后涂防腐层,干燥后方可施工。

b. Следует удалить плавучие ржавчины, шлаки сварки и другие грязи с внутренней поверхности печи, а затем нанести антикоррозийное покрытие. Производство работ допускается только после полной сушки.

c. 纤维毡安装时，每层的接缝和层与层之间应100%贴合，各层纤维之间必须错缝安装，施工时，岩棉板的最大压缩量不得超过厚度的10%。

c. При установке волоконного войлока, степень прилегания швов между каждыми слоями войлока и слоев между собой должно быть 100%. Каждый слой войлока должен располагаться вразбежку. В ходе строительства максимальная величина сжатия минераловатной плиты не должна превышать 10% от толщины.

d. 耐火纤维边缘和保温钉之间的距离，应控制在76～100mm。

d. Расстояние между краем огнеупорного войлока и отеплительным гвоздем должно контролироваться в разделах 76-100 мм.

e. 炉衬施工时，应根据图纸上接管、管架的尺寸和位置，先将岩棉板及耐火纤维毡开孔，然后进行安装，安装后全部缝隙用耐火纤维毡填实，然后加压紧片，用方螺母固定。

e. При монтаже футеровки, сначала следует сверлить отверстия на минераловатной плите и огнеупорном волоконном войлоке согласно размерам и положениям штуцера, трубной эстакады на чертеже, потом монтировать ее. После монтажа все швы необходимо заполнять огнеупорным волоконным войлоком, потом установить прижимные пластины и закрепить их прямоугольными гайками.

f. 炉村安装完毕后，保温钉端部，必须用高温黏贴剂黏贴10mm厚的耐火纤维小块进行覆盖。

f. После монтажа футеровки, кусок огнеупорного войлока толщиной 10мм должен прикреплен к концу отеплительного гвоздя с применением высокотемпературного клея для покрытия.

g. 对炉衬安装质量的要求是：表面平整，不得有裂纹、缺角、起毛等缺陷，毡与毡之间不得有间隙。

g. Требования к качеству монтажа футеровки: поверхность должна быть гладкой, не допускается наличие трещин, окола, заусенца и других дефектов. Зазоры между войлоками не допускаются.

h. 炉衬安装完毕后，严禁硬物碰撞及雨水侵蚀。

h. После монтажа футеровки, строго запрещается столкновение с твердыми предметами и дождевая эрозия.

② 砖结构和浇注炉衬。

② Конструкция кирпича и заливка футеровки.

参照执行HG/T 20543—2006《化学工业炉砌筑技术条件》。

Выполняется в соответствии с HG/T 20543-2006 «Технические условия на кладку химпромышленных печей».

（5）烟囱结构设计。

（5）Проектирование конструкции дымовой трубы.

① 水套炉烟囱通常采用金属烟囱。烟囱的下部设置省煤器供站内采暖，在顶部设置有阻火器和防雨罩。

① Дымовая труба для ватержакетной печи является металлической. В нижней части дымовой трубы предусмотрен экономайзер для теплоснабжения на станции, а в верхней части предусмотрены огнепреградитель и зонт.

② 烟囱的下部设置省煤器时，应考虑设置旁通。

② При установке экономайзера в нижней части дымовой трубы, следует рассмотреть возможность установки байпаса.

③ 烟囱直线度应不大于长度的 3/1000，且不应大于 20mm。

③ Прямолинейность дымовой трубы должна быть не более 3/1000 от длины, и не более 20мм.

④ 法兰与烟囱焊接后的端面倾斜度应不大于 2.5mm。

④ Уклон торцевой поверхности, образованной после сварки фланца и дымовой трубы, не должен превышать 2,5 мм.

⑤ 烟囱直径偏差应在 –3～3mm。

⑤ Отклонение диаметра дымовой трубы должно превышать в пределах ± 3 мм.

（6）燃烧器。

（6）Горелка.

多井水套炉宜安装程控燃烧器。程控燃烧器应具有如下功能：

Ватержакетная печь для нескольких скважин должна быть снабжена программируемой горелкой. Программируемая горелка должна иметь следующие функции:

① 具有较大的调节比。

① Имеет больший динамический диапазон регулирования.

② 程序点火。

② Программируемое зажигание.

③ 熄火保护，能自动关闭燃料阀，并能远传到控制室报警。

③ Защита от погасания пламени. Может автоматически закрыть топливный клапан, и дистанционно передать в ПУ для сигнализации.

④ 热负荷变化时能自动调节燃料量，并能实现燃料与空气的比例调节。

④ Может автоматически регулировать количество топлива при изменении тепловой нагрузки, а также соотношение топлива и воздуха.

⑤ 燃烧器及其特性参数应满足加热负荷的要求。在防爆场所，燃烧器的空气进口应设置入口阻火器。

⑤ Горелка и ее характерные параметры должны соответствовать требованиям отопительной нагрузки. В взрывозащищенном помещении, на входе воздуха в горелку должен быть установлен входной огнепреградитель.

⑥ 燃烧器的噪声应符合环保有关规定值。

⑥ Производимый горелкой шум должен соответствовать значению, предусмотренному в правилах по охране окружающей среды.

2.2.8.4　制造、检验和验收

2.2.8.4　Изготовление, контроль и приемка

（1）一般要求。

① 水套炉的制造应由持有“中华人民共和国特种设备设计许可证”压力容器相应资质且不低于 D2 级的单位或者具有锅炉 C 级以上（含 C 级）制造资质的单位承担。

② 水套炉的制造焊接应由考核合格的焊工担任。焊工考核应按有关安全技术规范的规定执行，取得资格证书的焊工方能在有效期内担任合格项目范围内的焊接工作。

③ 水套炉的无损检测人员应按相关技术规范进行考核取得相应资格证书后，方能承担与资格证书的种类和技术等级相对应的无损检测工作。

④ 制造单位应将水套炉的焊接工艺评定报告或焊接工艺规程保存至该工艺失效为止，将焊接评定试样保存 5 年以上，将产品质量证明文件保存 7 年以上。产品质量证明文件中的无损检测内容应包括无损检测记录和报告、射线底片和超声检测数据等检测资料（含缺陷返修前后记录）。

（1）Общие требования.

① Изготовление ватержакетной печи должно выполняться организацией на уровне не ниже D2, имеющей соответствующую лицензию на проектирование спецоборудования（сосуды, работающие под давлением）, или организацией, имеющей лицензию на изготовление сосудов, работающих под давлением, на уровне выше С（включая С）.

② Изготовление и сварка ватержакетной печи должны осуществляться сварщиком, прошедшим аттестацию. Аттестация сварщика должна выполняться по требованиям соответствующих технических правил по безопасности, получивший сертификат о квалификации сварщик может осуществлять работу по сварке в рамках годных пунктов в течение срока действия.

③ В соответствии с соответствующими техническими правилами следует аттестовать персонала в области неразрушающего контроля ватержакетной печи, который может выполнить работу по неразрушающему контролю, соответствующую с типом сертификата о квалификации и технической категорией, только после получения соответствующего сертификата о квалификации.

④ Изготовитель должен сохранить протокол аттестации технологии сварки ватержакетной печи или технологический регламент сварки вплоть до выхода из строя данной технологии, и сохранить образцы для аттестации технологии сварки более 5 лет и сертификат соответствия качества продукции более 7 лет. В состав неразрушающего контроля в сертификат соответствия качества продукции входят запись и отчет о неразрушающем контроле, негатив радиографического контроля, данные ультразвукового контроля и другие данные контроля (включая запись до и после повторного ремонта дефектов).

（2）焊接和焊后热处理。

（2）Сварка и термообработка после сварки.

① 水套炉施焊前，制造单位应按 NB/T 47014—2011《承压设备焊接工艺评定》的规定，对受压元件焊缝进行焊接工艺评定，评定合格后方可进行焊接施工。加热炉受压元件的焊接应符合 NB/T 47015—2011《压力容器焊接规程》的规定。

① Перед сваркой ватержакетной печи, изготовитель должен провести аттестацию технологии сварки сварных швов несущих элементов по требованиям NB/T 47014-2011 «Аттестация технологии сварки оборудования, работающего под давлением», можно провести сварку только после получения положительного результата аттестации. Сварка несущих элементов нагревательной печи должна соответствовать требованиям NB/T 47015-2011 «Правила сварки сосудов, работающих под давлением».

② 所有焊件不应强力组装，焊件组装质量应经检查合格后方可进行正式焊接。

② Нельзя собирать все сварные элементы принудительной силой, можно провести официальную сварку после получения положительного результата проверки качества сборки сварных элементов.

③ 当施焊环境出现下列情况之一，又无有效防护措施时，禁止施焊：

③ Не допускается сварка при происхождении любого из следующих случаев в окружающей среде проведения сварки и отсутствии эффективных защитных мер.

a. 手工焊时风速大于 8m/s。

a. Скорость ветра при ручной сварке более 8м/сек.

b. 气体保护焊时风速大于 2m/s。

b. Скорость ветра при сварке в среде защитного газа более 2м/сек.

c. 相对湿度大于 90%。

c. Относительная влажность более 90%.

d. 雨、雪环境。

d. Дождь и снег.

e. 焊件温度低于 −20℃。

e. Температура сварных элементов ниже −20℃ .

④ 在焊接过程中，环境温度为 0～-20℃时，焊件应在始焊处 100mm 范围内预热到 15℃以上。

④ В процессе сварки температура окружающей среды: от 0℃ до–20 ℃, следует проводить предварительный нагрев сварных элементов более 15℃ в пределе 100мм в начале сварки.

⑤ 施焊前应将坡口及两侧 50mm 范围内的铁锈、油污及其他杂质清除干净，打磨至见金属光泽。

⑤ Перед сваркой следует удалить ржавчины, масляные грязи и другие примеси в скосе кромок и в пределах 50мм со двух сторон, шлифовать до появления металлического блеска.

⑥ 所有对焊焊缝应为连续、全焊透焊缝。

⑥ Все стыковые сварные швы должны быть непрерывными и полными проваренными.

⑦ 焊接接头的返修应符合下列要求：

⑦ Повторный ремонт сварных соединений должен соответствовать следующим требованиям:

a. 分析接头中缺陷产生的原因，制定相应的返修方案，经焊接责任工程师批准后方可实施返修。

a. Анализировать причины дефектов в соединении, разработать соответствующий вариант повторного ремонта, можно осуществить повторный ремонт только после утверждения ответственным инженером по сварке.

b. 返修时缺陷应彻底清除，返修后的部位应按原要求检测合格。

b. При ремонте дефекты должны быть полностью удалены, часть после повторного ремонта подлежит контролю в соответствии с прежними требованиями.

c. 焊后要求热处理的元件，应在热处理前返修，若在热处理后返修，返修后应重新进行热处理。

c. Следует провести повторный ремонт элементов, требуемых термообработки после сварки, в случае повторного ремонта после термообработки, после повторного ремонта следует вновь провести термообработку.

d. 水压试验后进行返修的元件，如返修深度大于壁厚的一半，返修后应重新进行水压试验。

d. Для элементов повторного ремонта после гидравлического испытания, в случае глубины повторного ремонта более половины толщины стенки, следует вновь провести гидравлическое испытание после повторного ремонта.

⑧ 同一部位的返修次数不宜超过 2 次。超过 2 次的返修，应经制造单位技术总负责人批准，并将返修次数、部位、返修后的无损检测结果和技术总负责人批准字样记入水套炉产品质量证明文件。

⑧ Нельзя превышать два раза по числу повторного ремонта одной части. В случае превышения два раза по числу повторного ремонта, следует утвердить данный повторный ремонт техническим ответственным лицом изготовителя, записать число и часть повторного ремонта, результаты неразрушающего контроля после повторного ремонта и подпись «утверждения» технического ответственного лица в сертификате соответствия качества продукции ватержакетной печи;

⑨ 高压盘管系统以及存在应力腐蚀倾向的盘管系统应按有关规定进行焊后热处理。存在应力腐蚀倾向的盘管系统的热处理还应符合 SY/T 0599—2006《天然气地面设施抗硫化物应力开裂和抗应力腐蚀开裂的金属材料要求》的规定。

⑨ Система змеевика высокого давления и система змеевика, имеющая тенденцию к коррозии под напряжением, подлежат термообработке после сварки по соответствующим требованиям; Термообработка системы змеевика, имеющей тенденцию к коррозии под напряжением, также должна соответствовать SY/T 0599-2006 «Требованиям к металлическим материалам против сульфидного растрескивания под напряжением и коррозионного растрескивания под напряжением, применяемым для наземных сооружений на газовых месторождениях».

(3)外观检查。

(3) Внешний осмотр.

水套炉本体受压元件的全部焊接接头均应做外观检查,并符合下列要求:

Все сварные соединения несущих элементов ватержакетной печи подлежат внешнему осмотру, и должны соответствовать следующим требованиям:

① 焊缝外形尺寸应符合设计文件和有关标准的规定。

① Габаритные размеры сварных швов должны соответствовать требованиям проектной документации и соответствующих стандартов.

② 焊接接头无表面裂纹、未焊透、未熔合、表面气孔、弧坑、未填满和肉眼可见的夹渣等缺陷。

② На поверхности сварного соединения не допускаются трещины, непровар, несплавка, раковины, кратер, незаваливание, видимые шлаковины и другие дефекты.

③ 焊缝与母材应圆滑过渡,且角焊缝外形应呈凹形。

③ Переход сварного шва и основного металла должны быть плавным, внешний вид углового сварного шва должен вогнутым.

④ 火筒的焊缝和 100% 无损检测的容器对接焊缝表面不应咬边。其他焊缝表面的咬边深度不应大于 0.5mm,咬边连续长度不应大于 100mm,焊

④ На поверхности сварного шва жаровой трубы и стыкового сварного шва, подлежащего неразрушающему контролю в объеме 100%, не

缝两侧咬边的总长度不应大于该焊接接头长度的10%；管子焊接接头两侧咬边总长度不应大于管子周长的20%，且不应大于40mm。

допускается подрез. Глубина подреза на поверхности других сварных швов должна быть не более 0,5мм, непрерывная длина подреза должна быть не более 100мм, общая длина подреза на двух сторонах сварных швов должна быть не более 10% длины сварного соединения; общая длина подреза на двух сторонах сварного соединения трубы должна быть не более 20% периметра трубы, и не более 40мм.

(4)无损检测。

(4) Неразрушающий контроль.

① 水套炉受压元件的焊接接头，应经外观检查合格后才能进行无损检测。有延迟裂纹倾向的材料应至少在焊接完成24h后进行无损检测。

① Допускается проведение неразрушающего контроля сварного соединения несущих элементов ватержакетной печи только после получения положительного результата внешнего осмотра. Материалы с тенденцией к замедленному трещинообразованию подлежат неразрушающему контролю не менее 24 часов после завершения сварки.

② 水套炉的受压元件的对接接头应采用射线检测或超声检测，其中超声检测包括脉冲反射法超声检测和衍射时差法超声检测。盘管系统的对接接头当采用脉冲反射法超声检测时，应采用可记录的脉冲反射法超声检测。

② Стыковое соединение несущих элементов ватержакетной печи подлежит радиографическому контролю или ультразвуковому контролю, в т.ч. ультразвуковой контроль включает в себя ультразвуковой контроль методом отражения импульса и ультразвуковой контроль методом дифракции времени пролета. При ультразвуковом контроле стыкового соединения системы змеевика методом отражения импульса следует записать данные ультразвукового контроля методом отражения импульса.

③ 水套炉受压元件焊接接头的无损检测比例应符合下列规定，制造单位对未检测部分的焊接接头质量仍应负责。

③ Процент неразрушающего контроля сварного соединения несущих элементов ватержакетной печи должен соответствовать следующим требованиям, изготовитель все еще должен взять на себя ответственность за качество сварного соединения части без контроля.

a. 水套炉盘管的对接接头应进行 100% 射线检测或 100% 超声检测附加至少 20% 射线检测复验。

a. Стыковое соединение змеевика ватержакетной печи подлежит радиографическому контролю в объеме 100% и ультразвуковому контролю в объеме 100%, а также повторному радиографическому контролю в объеме 20%.

b. 水套炉其他受压元件的对接接头：局部射线检测或超声检测，检测长度不应小于各条焊接接头长度的 20%，且不应小于 250mm。

b. Стыковые соединения других несущих элементов ватержакетной печи подлежат частичному радиографическому контролю или ультразвуковому контролю, длина контроля должна быть не менее 20% длины каждого сварного соединения, и не менее 250мм.

④ 经磁粉或渗透检测发现的超标缺陷，应进行修磨及必要的补焊，并对该部位采用原检测方法重新检测，直至合格。

④ Следует провести отшлифовку и необходимую заварку для дефектов, обнаруженных при магнитопорошковом или капиллярном контроле, и применить прежний метод контроля для повторного контроля данной части вплоть до получения положительных результатов.

（5）衬里施工及验收。

（5）Строительство и приемка футеровки.

① 水套炉非金属衬里应在水压试验合格，并检查合格，签订工序交接证明书后，才可进行施工。

① Следует провести строительства неметаллической футеровки ватержакетной печи только после получения положительных результатов гидравлического испытания и проверки, а также подписания акта сдачи-приемки работ.

② 衬里施工前应对衬里接触的金属表面进行清理，使其表面无油污、铁锈及其他污物。除锈后的金属表面，应防止雨淋和受潮，并应尽快筑炉施工。

② Перед строительством футеровки следует очистить металлическую поверхность в контакте с футеровкой от масляных пятен, ржавчины и других загрязнений. Следует защищать металлическую поверхность после удаления ржавчины от дождя и влаги, и провести производство работ по кладке печей как можно быстрее.

③ 衬里施工应由具有相应炉窑衬里施工资质的单位承担，施工除应符合设计文件中规定外，还应符合 HG/T 20543—2006《化学工业炉砌筑技术条件》、SH/T 3115—2000《石油化工管式炉轻质浇注衬里工程技术条件》和 SH/T 3534—2012

③ Строительство футеровки должно выполняться организацией, обладающей соответствующей лицензией на строительство футеровки печи, строительство должно соответствовать требованиям в проектной документации и требованиям

《石油化工筑炉工程施工质量验收规范》以及衬里材料供应商的筑炉、烘炉施工技术方案要求进行施工。

HG/T 20543-2006 «Технические условия на кладку химпромышленных печей», SH/T 3115-2000 «Инженерно-технические условия на легкую монолитную футеровку трубчатой печи в нефтехимической промышленности» и SH/T 3534-2012 «Правила производства и приемки работ по кладке печей в нефтехимической промышленности», а также техническим решениям производства работ по кладке и сушке печей поставщика материалов футеровки.

④ 筑炉工程施工应建立质量保证体系和质量检验制度，施工单位应编制详细的施工技术方案，并按规定的程序审查批准。

④ При строительстве работ по кладке следует создать систему обеспечения качества и систему контроля качества, строительная организация должна составить детальный технический вариант строительства, который рассмотрен и утвержден в установленном порядке.

⑤ 筑炉施工前施工单位应进行图纸会审。所有的设计变更应征得设计单位同意，并应取得确认文件。

⑤ Перед производством работ по кладке печей строительная организация должна провести рассмотрение чертежей. Внесение всех изменений в проект должно получить соглашение проектной организации и подтверждающий документ.

⑥ 衬里施工作业的环境温度宜为5～35℃。施工过程应采取防止暴晒和雨淋的措施，并应有良好的通风和照明。当环境温度高于35℃，应采取降温等措施；环境温度低于5℃时，应采取冬期施工措施。

⑥ Лучше выдерживать температуру окружающей среды строительства футеровки в пределах 5–35℃. В процессе строитсльства следует принимать меры по защиты от солнца и дождя, и следует иметь хорошую вентиляцию и освещение. При температуре окружающей среды выше 35 ℃ следует принимать меры по снижению температуры; при температуре окружающей среды ниже 5 ℃ следует принимать меры по строительству в зимний период.

⑦ 衬里施工作业前，筑炉施工单位应按相关标准规范进行材料的抽样检验、试块的制作，并

⑦ Перед строительством футеровки строительная организация по кладке печей должна

报送第三方检测机构进行理化性能指标检测，出具检测报告，并报监理审批，合格后方可进行筑炉施工。

провести выборочный контроль материалов и изготовление пробных брусков по соответствующим стандартам и правилам, и представить их контрольной организации третьей стороны для контроля физико-химических свойств, данная контрольная организация составит отчет о контроле и представит надзору на рассмотрение, можно провести производство работ по кладке печей только после получения положительного результата.

⑧ 衬里筑炉施工完成后按相应规定进行养护，并经检验，若有不合格处应按相应规定的修补程序进行修复直至合格。合格后方可进行烘炉，烘炉前，应根据燃烧炉的结构和用途、耐火材料的性能和筑炉施工季节等制订烘炉曲线、烘炉措施和操作规程。

⑧ После завершения строительства футеровки, следует провести уход по соответствующим требованиям. В случае обнаружения несоответствия при контроле, следует провести ремонт в установленном порядке ремонта до получения положительного результата. Можно провести сушку печи только после получения положительного результата, перед сушкой печи следует разработать кривую по сушке печи, меры по сушке печи и инструкцию по эксплуатации по конструкции и назначению печи сжигания, характеристикам огнеупорных материалов, сезону производства работ по кладке печей.

⑨ 烘炉必须按烘炉曲线进行。烘炉时宜采用专用烘炉机进行烘炉，烘炉过程中，应做详细记录，并应测定和绘制实际烘炉曲线。对所发生的一切不正常现象，应采取相应措施，并注明其原因。

⑨ Сушка печи должна проводиться по кривой по сушке печи. При сушке печи следует использовать специальную установку для сушки печи, в процессе сушки печи следует сделать детальную запись, и определить и разработать фактическую кривую по сушке печи. Для всех ненормальных явлений, следует принять соответствующие меры и указать причины.

⑩ 烘炉后应对炉衬进行全面检查，应明确检查项目和合格指标，并做好检查记录，如有缺陷应分析原因并加以修补。

⑩ После сушки печи следует проверить всестороннюю футеровку печи, определить пункты проверки и годные показатели, сделать запись о проверке. При наличии дефектов следует анализировать причины и устранить дефекты.

⑪ 水套炉的筑炉烘炉施工的整个过程应有监理单位监造。施工后的设备应经监理单位、施工、检验单位和建设单位检查验收，合格后方可投入使用。

⑪ Надзорная организация должна провести надзор за всем процессом производства работ по кладке и сушке ватержакетной печи. Оборудование после строительства должно быть проверено и принято надзорной организацией, строительной организацией и контрольной организацией, и может быть введено в эксплуатацию только после получения положительного результата.

（6）水压试验。

（6）Гидравлическое испытание.

① 水套炉水压试验应在无损检测合格和热处理后进行。

① Гидравлическое испытание ватержакетной печи должно проводиться после получения положительного результата неразрушающего контроля и термообработки.

② 水套炉水压试验场地应有可靠的安全防护设施，并应经单位技术负责人和安全管理部门检查认可。

② На площадке для проведения гидравлического испытания ветержакетной печи следует иметь надежные безопасные защитные устройства, которые подлежат проверке и утверждению техническим ответственным лицом организации и отделом по управлению безопасностью.

③ 水套炉水压试验的试验压力应符合表2.2.12的规定。水压试验时，试压元件的环向薄膜应力值不应大于试验温度下材料屈服强度下限的90%与试压元件焊接接头系数的乘积。

③ Давление гидравлического испытания ветержакетной печи должно соответствовать требованиям таблицы 2.2.12. При проведении гидравлического испытания, значение кольцевого мембранного напряжения элементов для гидравлического испытания не должно превышать произведепие 90% от нижнего предела текучести материала при испытательной температуре на коэффициент сварных соединений элементов для гидравлического испытания.

表 2.2.12 水压试验的试验压力

Талбица 2.2.12 Давление гидравлического испытания

元件名称 Наименование элементов	试验压力 p_T, MPa Испытательное давление p_T, МПа
承压壳体 Несущий корпус	$1.25p[\sigma]/[\sigma]^t$
水套炉盘管 Змеевик ватержакетной печи	$1.5p[\sigma]/[\sigma]^t$

元件名称 Наименование элементов	试验压力 p_T, MPa Испытательное давление p_T, МПа
受外压火筒 Жаровая труба, подвергающаяся внешнему давлению	1.5p（做内压试验） 1.5p（проведение испытания под внутренним давлением）
常压火筒 Атмосферная жаровая труба	0.15（做内压试验） 0.15（проведение испытания под внутренним давлением）
常压壳体 Атмосферный корпус	0.2 0,2

注：p_T——水压试验压力，MPa；

p——设计压力（盘管试压时，p 为盘管设计压力），MPa；

$[\sigma]$——试验温度下材料的许用应力，N/mm²；

$[\sigma]^t$——设计温度下材料的许用应力，N/mm²。

Примечание: p_T——давление гидравлического испытания, МПа:

p——проектное давление（при проведении испытания под давлением змеевика, p-проектное давление змеевика）, MPa;

$[\sigma]$——допустимое напряжение материала при температуре испытания, Н/мм²;

$[\sigma]^t$——допустимое напряжение материала при проектной температуре, Н/мм²;

④ 水压试验时，周围气温应高于 5℃，水压试验用水温度应保持高于周围空气露点温度。碳素钢、Q245R 和 Q345R 制造的水套炉，水压试验水温不应低于 5℃。

④ При проведении гидравлического испытания, температура окружающего воздуха должна быть выше 5℃, а температура воды для гидравлического испытания должна быть выше температуры точки росы в окружающем воздухе. Температура воды для гидравлического испытания ветержакетной печи, изготовленной из углеродистой стали, Q245R и Q345R, не должна быть ниже 5℃.

⑤ 奥氏体不锈钢无缝钢管水压试验时应控制水中氯离子含量不应大于 25mg/L。

⑤ При проведении гидравлического испытания для труб из аустенитной нержавеющей стали, содержание ионов хлора в воде не должно превышать 25мг/л.

⑥ 试验时压力应缓慢上升至设计压力，确认无渗漏和异常现象后继续升压到规定的试验压力，保压时间不应少于 30min。然后降至规定试验压力的 80%，保压足够时间进行检查。如有渗漏，修补后重新试验。

⑥ При проведении испытания, давление должно постепенно поднимается до проектного уровня, после проверки на отсутствие утечки и других аномальных явлений продолжает повышать давление до заданного давления. Время выдержки под давлением должно быть не менее 30мин., потом давление снижается до 80% от установленного испытательного давления с достаточным временем выдержки для проверки. В случае утечки следует снова провести испытание после ремонта.

⑦ 水压试验后，应将水排尽并用压缩空气将内部吹干。

⑦ После гидравлического испытания следует полностью удалить воду и высушить внутреннюю часть сжатым воздухом.

⑧ 水压试验合格标准及要求。

⑧ Критерий годности гидравлического испытания и требования.

a. 无渗漏。

a. Отсутствие утечки.

b. 无可见变形。

b. Отсутствие видимой деформации.

c. 试验过程中无异常响声。

c. В процессе проведения испытания отсутствует аномальный звук.

d. 对抗拉强度规定值下限不小于 540 N/mm^2 的材料，焊接接头表面经无损检测抽查未发现裂纹。

d. После проведения ультразвукового контроля сварных соединений из материалов с нижним пределом заданного значения прочности на растяжение не менее 540 Н/мм^2, на поверхностей которых трещины не обнаружены.

e. 水压试验结果应有记录备查，并有检查人员签字。

e. Результаты гидростатического испытания должны записываться для справки и подписываться контролерами.

2.2.9 燃烧炉

2.2.9 Печь сжигания

2.2.9.1 概述

2.2.9.1 Общие сведения

本节所涉及的燃烧炉指油气田地面建设工程中天然气净化厂硫黄回收装置中主燃烧炉、再热炉以及尾气焚烧炉。

Указанная в настоящем разделе печь сжигания означает главную печь сжигания, перенагревательную печь и печь дожига хвостовых газов в установке получения серы ГПЗ в объекте на обустройство нефтегазового месторождения.

（1）主燃烧炉。

（1）Главная печь сжигания.

主燃烧炉又称酸气燃烧炉，是硫黄回收装置中重要的设备之一，可以说是硫黄回收装置的心脏，60%～70% 的硫化氢酸气燃烧炉中转化为硫；杂质在燃烧炉中基本得到处理；控制部分硫化氢完全燃烧为二氧化硫。燃烧的好坏直接决定过程气中硫化氢与二氧化硫的配比，从而决定克劳斯反应进行的程度，进一步决定硫黄回收装置转化率的高低。可以说，在硫黄回收过程中，主燃烧炉对整个硫黄回收装置起决定性的作用。

Главная печь сжигания называется печью сжигания кислотного газа, являющаяся одним из важных устройств в установке получения серы, которую можно назвать «сердцевиной» установки получения серы. В печи сжигания кислотного газа сероводород 60%-70% превращает в серу; примеси в печи сжигания в основном обрабатываются; часть сероводорода полностью сжигается и образуется сернистый газ. От степени дожигания непосредственно зависит соотношение сероводорода к сернистому газу в технологическом газе, как степень реакции клаузулы, так и коэффициент превращения установки получения серы. Можно сказать, что в процессе получения серы главная печь сжигания играет решающую роль для всей установки получения серы.

主燃烧炉主要功能有两个:① 将原料气中1/3体积的H_2S转化为SO_2(部分燃烧法);② 使原料气中的杂质组分(如氨、烃类等)在燃烧过程中转化为N_2、CO_2等惰性气体。

Две основные функции главной печи сжигания: ① превращает 1/3 объема сероводорода в сырьевом газе в сернистый газ (метод частичного сжигания); ② превращает примесные компоненты (например аммиак, углеводороды и т. д.) в сырьевом газе в такие инертные газы, как N_2 и CO_2 в процессе зажигания.

主燃烧炉可以单独设置,也可以与余热锅炉组合为一体。一般对于规模不超过30t/d的小型装置,采用组合式设备比较经济。过程气在主燃烧炉内的停留时间与原料酸气中H_2S的含量有关,但至少为1s以上,贫酸气通常要求比富酸气更长的停留时间。

Главная печь сжигания может быть предусмотрена отдельно или объединена с котлом-утилизатора в целое. Для малой установки производительностью не более 30т / сут., как правило, применяется комбинированное оборудование с точки зрения экономики. Время пребывания технологического газа в главной печи сжигания зависит от содержания сероводорода в сырьевом кислом газе, но по крайней мере более 1сек.. И обычно требуется, чтобы время пребывания бедного кислого газа должно быть дольше времени пребывания насыщенного кислого газа.

(2)再热炉。

(2) Перенагревательная печь.

再热炉又称在线加热炉,在直接再热方式中的再热炉实质上就是一个以原料酸气或天然气为燃料,空气则在当量条件下操作的燃烧炉,再热炉的作用是将来自冷凝器的含饱和硫蒸汽的过程气加热到要求的克劳斯反应器进口温度。

Перенагревательная печь называется поточной нагревательной печью. Перенагревательная печь в режиме прямого перегрева по существу является печью сжигания, для которой применяется сырьевой кислый газ или природный газ, а также воздух в эквивалентных условиях в качестве топлива. Перенагревательная печь в основном предназначена для нагрева технологического газа, содержащего насыщенный пар серы, из конденсатора до требуемой температуры на входе реактора Клауса.

以原料酸性气为燃料气的在线加热炉,所需空气量以进炉酸性气中 1/3 体积的硫化氢转化为二氧化硫的计算量为准,炉内温度以进炉酸性气量的多少来控制,这对工艺操作及自控检测要求非常高,目前在国内外硫黄回收装置中还没有应用的情况。

Расход воздуха, необходимого для поточной нагревательной печи, применяющей сырьевой кислый газ в качестве топливного газа, определяется по расчетному количестве сернистого газа, в который превращается 1/3 объема сероводорода в кислом газе в печь. Температура в поточной нагревательной печи контролируется количеством кислого газа, подаваемого в печь. Это имеет более высокие требования к технологической операции и автоматическому контролю, поэтому в настоящее время еще не применяется поточная нагревательная печь для установки получения серы в Китае и за рубежом.

而以天然气为燃料的在线加热法,在天然气工业中,天然气组成比较稳定,在线加热炉的操作比较方便;该在线加热炉法是目前天然气硫黄回收中应用最为广泛的加热法。

А метод поточного нагрева, применяющий природный газ в качестве топлива, в газовой промышленности состав природного газа является относительно стабильным, эксплуатация поточной нагревательной печи более удобная; данная поточная нагревательная печь является наиболее широко применяемым методом нагрева при получении природного газа и серы.

(3)尾气焚烧炉。

(3)Печь дожига хвостовых газов.

由于硫化氢的毒性远比二氧化硫大,因而无论硫黄回收是否有后续的尾气处理,尾气均要通过焚烧将尾气中微量的硫化氢和其他硫化物全部氧化为二氧化硫后排放,同时由于焚烧后的尾气温度较高,能避免低温排放尾气时酸性物质对设备管线的腐蚀。因此尾气焚烧炉是硫黄回收装置必不可少的组成部分。

С учетом токсичности сероводорода больше сернистого газа, вне зависимости от необходимости последующей обработки хвостовых газов при получении серы, хвостовые газы сжигают и после получения сернистого газа окислением сероводорода и других сульфидов в небольшом количестве в хвостовом газе выбрасываются, в то же время более высокая температура хвостовых газов после сжигания может избежать коррозии оборудования и трубопроводов из-за кислых веществ при выбросе хвостовых газов в условиях низкой температуре. Таким образом, печь дожига хвостовых газов является неотъемлемой частью установки получения серы.

尾气焚烧主要有热焚烧和催化焚烧两种。热焚烧是指在有过量空气存在下,用燃料气把尾气加热到一定温度后,使其中的硫化氢和硫化物转化为二氧化硫;焚烧温度一般控制在500～800℃,低于500℃时硫化氢和其他硫化物不能完全燃烧,高于800℃对焚烧完全影响不大,但燃料气用量却大幅度增加。因此,综合各方面考虑,焚烧温度一般控制在500～800℃。各厂根据实际情况,指标可能不同,但一般不超过此范围。

Дожиг хвостовых газов разделен на два вида: термический дожиг и каталитический дожиг. Термический дожиг-это при наличии избыточного воздуха хвостовые газы нагреваются топливным газом до определенной температуры для превращения сероводорода и других сульфидов в сернистые газы; температура дожига обычно контролируется в пределах 500-800℃, а сероводород и другие сульфиды не могут быть полностью дожигаться при температуре ниже 500℃, температура выше 800℃ не оказывает никакого воздействия на дожиг, однако расход топливного газа значительно увеличился. Поэтому, с учетом различных факторов, температура дожига обычно контролируется в пределах 500-800℃. В соответствии с практическими условиями заводов, индикаторы могут быть различными, но, как правило, не превышают этот предел.

催化焚烧指在有催化剂存在,并在较低温度下,使其中的硫化氢和硫化物转化为二氧化硫。显然,催化剂的燃料和动力消耗均明显低于热焚烧,据相关资料统计,自20世纪70年代中期投入应用后,因催化剂费用较高、且存在二次污染,尾气中氢、一氧化碳等还原组分易导致催化剂失活等原因,目前国内外都很少使用该方法。因此在天然气处理厂硫黄回收工艺中通常采用的是热焚烧的尾气焚烧方法,即采用焚烧炉来进行尾气处理。

Каталитический дожиг-это при низкой температуре превращаются сероводород и другие сульфиды в сернистые газы с применением катализатора. Очевидно, что расход топлива и энергии при каталитическом дожиге значительно ниже расхода топлива и энергии при термическом дожиге. Согласно соответствующим статистическим данным, после ввода в эксплуатацию с середины семидесятых годов двадцатого века, в связи с такими причинами, как высокая стоимость катализатора, наличие вторичного загрязнения, а также водород, окись углерода и восстановительные компоненты в хвостовых газах легко приводят к дезактивации катализатора, данный метод редко применяется в Китае и за рубежом. Таким образом, в процессе получения серы ГПЗ, как правила, применяется термический дожиг хвостовых газов, то есть применяется печь дожига для обработки хвостовых газов.

2.2.9.2 材料

（1）材料选择原则。

① 燃烧炉所使用的材料和零部件必须都是全新且高质量的，不存在任何影响性能的缺陷，并能充分满足环境条件和运行工况要求。

② 燃烧炉所采用的材料应符合本节的有关规定，凡相焊接的元件用钢，应是可焊性良好的材料。

③ 选择燃烧炉用钢必须考虑炉子设计条件（如设计压力、设计温度、介质特性等），材料的焊接性能，加工工艺性能以及经济合理性。

④ 燃烧炉用钢应由平炉、电炉或氧气转炉冶炼。钢材的技术要求应符合相应的国家标准、行业标准或有关技术条件的规定。

（2）钢板材料。

燃烧炉用钢板应符合表 2.2.13 的规定。

（3）钢管材料。

燃烧炉用钢管应符合表 2.2.14 的规定。

2.2.9.2 Материалы

（1）Принципы выбора материалов.

① Материалы и детали, применяемые для печи сжигания, должны быть новыми и высококачественными, не допускается никакого дефекта, оказывающего воздействие на их характеристики. Применяемые материалы должны полностью соответствовать условиям окружающей среды и требованиям к режимам работы.

② Материалы, применяемые для печи сжигания, должны соответствовать соответствующим требованиям в настоящем разделе, сталь для сваренных элементов должна быть материалом с высокой свариваемостью.

③ Выбор стали для печи сжигания должен осуществляться с приоритетным учетом условий проектирования печи (например проектное давление, проектная температура, характеристика среды и т.д.), свариваемости материала, характеристики технологической обработки и экономической рациональности.

④ Сталь для печи сжигания должна выплавляться в мартеновских печах, электрических печах или кислородных конвертерах. Технические требования к стали должны соответствовать соответствующим государственным стандартам, отраслевым стандартам или техническим условиям.

（2）Стальные листы.

Стальные листы, применяемые для печи сжигания, должны соответствовать требованиям таблицы 2.2.13.

（3）Стальные трубы.

Стальные трубы, применяемые для печи сжигания, должны соответствовать требованиям таблицы 2.2.14.

表 2.2.13 钢板

Таблица 2.2.13 Стальные листы

序号 № п/п	钢号 № стали	标准 Стандарт	使用温度，℃ Рабочая температура，℃
1	Q235B	GB/T 3274—2017	≤350
2	Q245R	GB 713—2014	≤475
3	Q345R	GB 713—2014	≤475
4	S30408	GB 24511—2009	≤700
5	S31008	GB 24511—2009	≤800

表 2.2.14 钢管

Таблица 2.2.14 Стальные трубы

序号 № п/п	钢号 № стали	标准 Стандарт	使用温度，℃ Рабочая температура，℃
1	20	GB 6479—2013	≤475
2	Q345D	GB 6479—2013	≤475
3	S30408	GB/T 14976—2012	≤700
4	S31008	GB/T 14976—2012	≤800

（4）锻件材料。

燃烧炉用锻件应符合表 2.2.15 的规定。

（4）Поковки.

Поковки, применяемые для печи сжигания, должны соответствовать требованиям таблицы 2.2.15.

表 2.2.15 锻件

Таблица 2.2.15 Поковки

序号 № п/п	钢号 № стали	标准 Стандарт	使用温度，℃ Рабочая температура，℃
1	20	NB/T 47008—2017	≤450
2	16Mn	NB/T 47008—2017	≤450
3	S30408	NB/T 47010—2017	≤700
4	S31008	NB/T 47010—2017	≤800

锻件级别的选用由设计单位在图样或相应技术文件中注明。公称厚度大于 300mm 的碳素钢和低合金钢锻件应选用Ⅲ级或Ⅳ级。

Выбранная группа поковки указывается на чертеже или соответствующей технической документации проектной организацией. Применяются поковки III или Ⅳ группы из углеродистой стали и низколегированной стали номинальной толщиной более 300мм.

（5）螺柱、螺母及锚固爪钉材料。

（5）Болт-шпилька, гайка и анкерная скоба.

① 燃烧炉螺柱用钢应符合表 2.2.16 的规定。

① Сталь для болта-шпильки печи сжигания должна соответствовать требованиям таблицы 2.2.16.

表 2.2.16　螺柱

Таблица 2.2.16　Болт-шпилька

序号 № п/п	钢号 № стали	标准 Стандарт	使用温度，℃ Рабочая температура，℃
1	35CrMoA	GB/T 3077—2015	≤500
2	S30408 强化 S30408 усиленный	GB/T 4226—2009	≤700
3	S31008 强化 S31008 усиленный	GB/T 4226—2009	≤800

② 螺母的硬度应低于螺柱，可通过选用不同强度级别的钢材或选用不同热处理状态获得。与螺柱配套的螺母用钢推荐见表 2.2.17。

② Твердость гайки должна быть менее болта-шпильки, и получается путем выбора сталей различных классов прочности или разного режима термообработки. Рекомендуемая сталь для гайки в комплекте с болтом-шпилькой приведена в таблице 2.2.17.

表 2.2.17　螺母

Таблица 2.2.17　Гайки

序号 № п/п	钢号 № стали	标准 Стандарт	使用温度，℃ Рабочая температура，℃	螺柱用钢 Сталь для болта-шпильки
1	30CrMoA	GB/T 3077—2013	≤500	35CrMoA
2	S30408	GB/T 1220—2007	≤700	S30408 强化 S30408 усиленный
3	S31008	GB/T 1220—2007	≤800	S31008 强化 S31008 усиленный

③ 锚固爪钉用钢应符合表 2.2.18 的规定。

③ Сталь для анкерной скобы должна соответствовать требованиям таблицы 2.2.18.

表 2.2.18　锚固爪钉

Таблица 2.2.18　Анкерная скоба

序号 № п/п	钢号 № стали	标准 Стандарт	使用温度，℃ Рабочая температура，℃
1	S30408	GB/T 1221—2007	≤700
2	S31008	GB/T 1221—2007	≤800

(6)焊接材料。

燃烧炉用焊接材料应符合 NB/T 47015—2011《压力容器焊接规程》的规定,同时焊条还应符合 NB/T 47018《承压设备用焊接材料订货技术条件》的要求。

(6)Сварочные материалы.

Сварочные материалы для печи сжигания должны соответствовать требованиям NB/T 47015-2011 «Правила сварки сосудов, работающих под давлением», и электроды должны также соответствовать требованиям NB/T 47018 «Технические условия на заказ сварочных материалов несущего оборудования».

(7)非金属耐火隔热材料。

(7)Неметаллические огнеупорные и теплоизоляционные материалы.

① 耐火、隔热材料的选用,应考虑设备的最高操作温度、炉内介质组分、最高操作压力、有无熔渣侵蚀、有无夹带颗粒的气流冲刷、炉型结构及砌筑方法等因素。耐火、隔热材料的理化指标应由设计者在设计文件中提出要求。

① Выбор огнеупорных и теплоизоляционных материалов осуществляется с учетом минимальной рабочей температуры оборудования, состава среды в печи, минимального рабочего давления, состояния шлакоразъедания, состояния размыва воздушного потока с частицей, типа и конструкции печи и методов кладки и других факторов. Требования к физическим и химическим показателям огнеупорных и теплоизоляционных материалов должны быть указаны в проектной документации проектировщиком.

② 选用耐火材料,长期工作温度 +300℃≤最高工作温度 +200℃≤耐火度。

② Выбрать огнеупорные материалы, долгосрочная рабочая температура +300℃≤минимальная рабочая температура +200℃≤огнеупорность.

③ 选用的耐火隔热材料应与所接触的介质气氛相适应,当选用不同种类的耐火、隔热材料构成炉衬时,在操作条件下其相互之间不应起化学反应。

③ Выбранные огнеупорные и теплоизоляционные материалы должны соответствовать контактной среде, нельзя вступать в химическую реакцию между ними в условиях эксплуатации при выборе различных типов огнеупорных и теплоизоляционных материалов для кладки футеровки печи.

④ 应根据炉内介质气氛确定耐火材料的品种。炉内为氧化性介质时,不得选用碳化硅砖及炭砖;炉内为还原性气氛时,应注意耐火材料中二氧化硅及三氧化铁的含量,其中 SiO_2 含量应不大于 0.5%,Fe_2O_3 含量应不大于 0.4%。

④ Следует определить виды огнеупорных материалов в соответствии с средой в печи. При применении окислительной среды в печи нельзя выбрать кирпич из карбида кремния; при применении восстановительной среды в печи следует обратить внимание на содержание двуокиси кремния и окиси железа в огнеупорных материалах, в т.ч. содержание SiO_2 должно быть не более 0,5%, содержание Fe_2O_3 должно не более 0,4%.

⑤ 炉内介质为酸性或碱性时，不宜选用水泥结合耐火材料。

⑤ При применении кислой или щелочной среды в печи нельзя выбрать огнеупорные материалы на основе цемента.

⑥ 耐火、隔热材料的制品其单件质量，应便于制品的制作、运输与砌筑。

⑥ Поштучная масса изделий из огнеупорных и теплоизоляционных материалов должна быть удобной для изготовления, транспортировки и кладки.

⑦ 硫回收用燃烧炉设备所用高铝质耐火砖应符合 GB/T 2988—2012《高铝砖》标准规定；高铝质隔热耐火砖应符合 GB/T 3995—2014《高铝质隔热耐火砖》标准规定；耐火浇注料应符合 JC/T 498—2013《高强度耐火浇注料》标准规定；高铝质耐火泥浆的理化指标及颗粒组成应符合 GB/T 2994—2008《高铝质耐火泥浆》标准规定；硅酸铝纤维毡应符合 GB/T 3003—2017《耐火纤维及制品》的标准规定；此外耐火、隔热材料的选用还应符合 HG/T 20683—2005《化学工业炉耐火、隔热材料设计选用规定》的要求。

⑦ Высокоглиноземистый огнеупорный кирпич для печи сжигания для получения серы должен соответствовать требованиям стандарта GB/T 2988-2012 «Высокоглиноземистый кирпич»; высокоглиноземистый теплоизоляционный огнеупорный кирпич должен соответствовать требованиям стандарта GB/T 3995-2014 «Высокоглиноземистый теплоизоляционный огнеупорный кирпич»; огнеупорный заливный материал должен соответствовать требованиям стандарта JC/T 498-2013 «Высокопрочный огнеупорный заливный материал»; физико-химические показатели и гранулометрический состав высокоглиноземистого огнеупорного глинистого раствора должны соответствовать требованиям стандарта GB/T 2994-2008 «Высокоглиноземистый огнеупорный глинистый раствор»; волоконный войлок из кремнекислого алюминия должен соответствовать требованиям стандарта GB/T 3003-2017 «Керамическое волокно огнеупорных материалов и изделия»; кроме того, выбор огнеупорных и теплоизоляционных материалов должен соответствовать требованиям HG/T 20683-2005 «Правила по проектированию и выбору огнеупорных и теплоизоляционных материалов для печи химической промышленности».

2.2.9.3 设计

（1）设计参数。

天然气净化厂硫黄回收装置中主燃烧炉、再热炉以及尾气焚烧炉设备结构设计的重要参数主要有炉膛温度、炉膛体积、设计压力、炉壁温度等。

① 炉膛温度。

炉膛温度越高对反应越有利，尤其当酸性气含氨时，为保证氨分解，炉膛温度必须高于1250℃。当炉膛温度不够时，可采取空气和酸性气预热，加入燃料气，用富氧代替空气或采用双喷嘴燃烧器等办法，其中以空气和酸性气预热的方法最简单。

② 炉膛体积。

采用停留时间确定炉膛体积（国内原按炉膛体积热强度来确定），国外都控制在1s以内。因为增加停留时间，转化率提高很少，但设备体积陡然增加，投资和热损失也相应增加。国内燃烧器无测试手段，为保证酸性气和空气均匀混合，设计停留时间一般按1～2s考虑。

2.2.9.3 Проектирование

（1）Проектные параметры.

Основными параметрами проектирования конструкции главной печи сжигания, перенагревательной печи и печи дожига хвостовых газов в установке получения серы ГПЗ являются температура топки, объем топки, проектное давление, температура стенки печи и т.д..

① Температура топки.

Чем выше температура топки, тем быстрее идет реакция, в особенности при содержании аммиака в кислом газе, для обеспечения разложения аммиака температура топки должна быть выше 1250℃. При недостаточной температуре топки можно применять воздух и кислый газ для подогрева; добавить топливный газ; применять воздух, обогащенный кислородом, вместо обычного воздуха или двухсопловую горелку, в том числе метод подогрева воздухом и кислым газом является простейшим.

② Объем топки.

Объем топки измеряется как время пребывания (измеряется по тепловому напряжению объема топки в Китае), время пребывания контролируется в течение 1сек. за рубежом. С увеличением времени пребывания степень превращения повышается очень мало. Однако объем оборудования резко увеличивается, инвестиции и тепловые потери соответственно увеличиваются. Отсутствует метод испытания для горелки в Китае. Для обеспечения равномерного перемешивания кислого газа и воздуха. Проектное время пребывания, как правило, составляет 1-2сек..

③ 设计压力。

按压力源可能出现的最高压力，即上游塔的安全阀定压作为设备的设计压力，再按爆炸压力（爆炸压力一般按 0.7MPa）校核炉体不超过材料的设计温度下屈服极限的 0.9 倍，壁厚按其中较大者选取。

③ Проектное давление.

В качестве проектного давления оборудования применяется максимально возможного давления источника давления, то есть постоянное давление предохранительного клапана в предыдущей башни, потом согласно разрывному давлению（обычно 0,7МПа）проверить корпус печи не выше в 0,9 раз предела текучести материала при проектной температуре. По большому из них принимается толщина стенки.

④ 炉壁温度。

为防止腐蚀，炉壁温度应高于三氧化硫的露点温度，国内设计一般按 170～300℃考虑。

④ Температура стенки печи.

Для предотвращения коррозии температура стенки печи должна быть выше температуры точки росы серного ангидрида. Проектная температура стенки печи в Китае, как правило, составляет 170- 300℃.

（2）炉型结构。

（2）Конструкция печи.

① 主燃烧炉结构。

① Конструкция главной печи сжигания.

主燃烧炉主要由主燃烧器和主燃烧炉体(外设防烫装置)构成。主燃烧炉体(即燃烧反应室)一般为卧式圆筒型结构(图 2.2.41)，分金属壳体和非金属衬里部分。金属壳体部分由燃烧器接口、与余热锅炉连接接口、锥形大小头、主壳体、人孔、温度计接口、衬里爪丁(适用于浇注衬里结构)、鞍座及滑动板、防烫装置等组成；非金属衬里部分主要有耐火层、隔热层、挡火花墙、人孔用耐火隔热砖以及硅酸铝纤维毡等组成。

Главная печь сжигания в основном состоит из главной горелки и корпуса печи（наружное противоожоговое устройство）. Корпус главной печи сжигания（т. е. камера реакции горения）обычно является горизонтальным и цилиндрическим（см. рис. 2.2.41）, который состоит из металлического корпуса и неметаллической футеровки. Мсталлический корпус состоит из штуцера горелки, соединяющего с котлом-утилизатором штуцера, конусообразного перехода, основного корпуса, люка-лаза, штуцера термометра, скобы футеровки（для монолитной футеровки）, седла и скользящей плиты, противоожогового устройства и т.д.; неметаллическая футеровка состоит из огнеупорного слоя, теплоизоляционного слоя, декорированной противопожарной перегородки, теплоизоляционного огнеупорного кирпича для люка-лаза и волоконного войлока из кремнекислого алюминия.

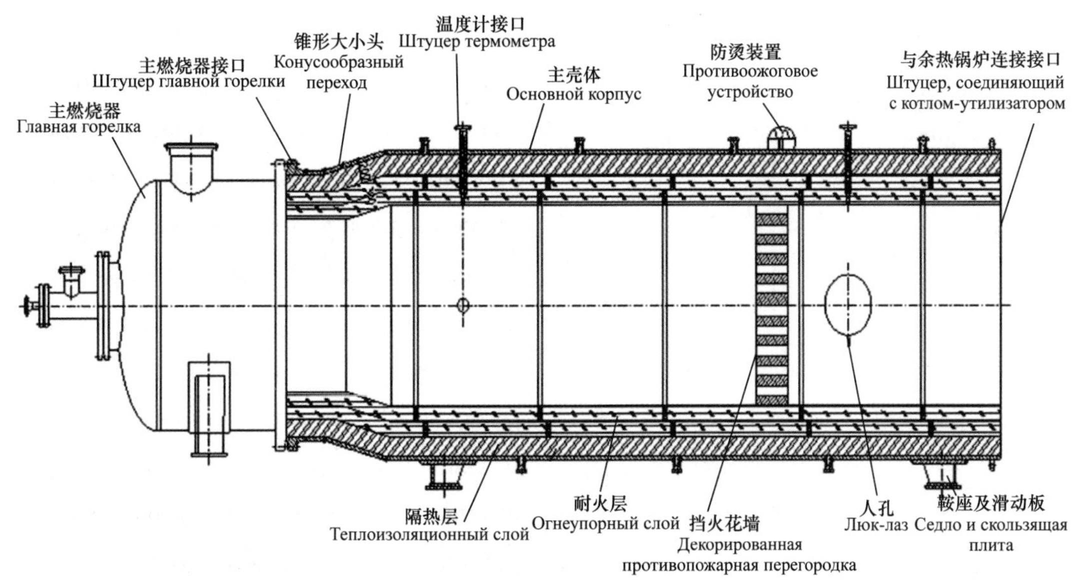

图 2.2.41　主燃烧炉结构示意图

Рис. 2.2.41　Схема конструкции главной печи сжигания

② 再热炉。

再热炉主要由燃烧器和再热炉体(外设防烫装置)构成。再热炉体一般为卧式圆筒型结构(图 2.2.42),由金属壳体和非金属衬里部分构成;工艺上分燃烧混合室和再热反应室,根据各炉内介质的燃烧温度,再热反应温度的不同而分别确定耐火隔热衬里的结构为燃烧器混合室段衬里设有耐火层和隔热层,再热反应室段只设有隔热层。金属壳体部分由燃烧器接口、过程气进口、进气环形分配腔体(设置该分配结构可将过程气“多股、均布”引入炉内,以便将过程气充分加热均匀)、过程气出口、锥形大小头、主壳体、人孔、温度计接口、视镜观察口、衬里爪丁(适用于浇注衬里结构)、鞍座及滑动板、防烫装置等组成;非金属衬里部分主要有耐火层、隔热层、挡火花墙、人孔用隔热砖以及硅酸铝纤维毡等组成。

② Перегревательная печь.

Перегревательная печь в основном состоит из горелки и корпуса печи (наружное противоожоговое устройство). Корпус перегревательной печи обычно является горизонтальным и цилиндрическим (см. рис. 2.2.42), который состоит из металлического корпуса и неметаллической футеровки; по технологии разделяется на смесительную камеру сгорания и перегревательную реакционную камеру. Конструкция теплоизоляционной огнеупорной футеровки определяется как огнеупорный и теплоизоляционный слой в футеровке смесительной камере горелки соответственно согласно различным температурам горения сред в печах и температуре перегревательной реакции, а в перегревательной реакционной камере предусматривается только теплоизоляция. Металлический корпус состоит из штуцера горелки, входа технологических газов, входной кольцевой распределительной полости (данная распределительная конструкция может быть использована для равномерного введения многих потоков технологических газов в печь в целях достаточного и равномерного нагрева технологических газов), выхода технологических газов, конусообразного перехода, основного корпуса, люка-лаза, штуцера термометра, смотрового окна с стеклом, скобы футеровки (для монолитной футеровки), седла и скользящей плиты, противоожогового устройства и т.д.; неметаллическая футеровка состоит из огнеупорного слоя, теплоизоляционного слоя, декорированной противопожарной перегородки, теплоизоляционного огнеупорного кирпича для люка-лаза и волоконного войлока из кремнекислого алюминия.

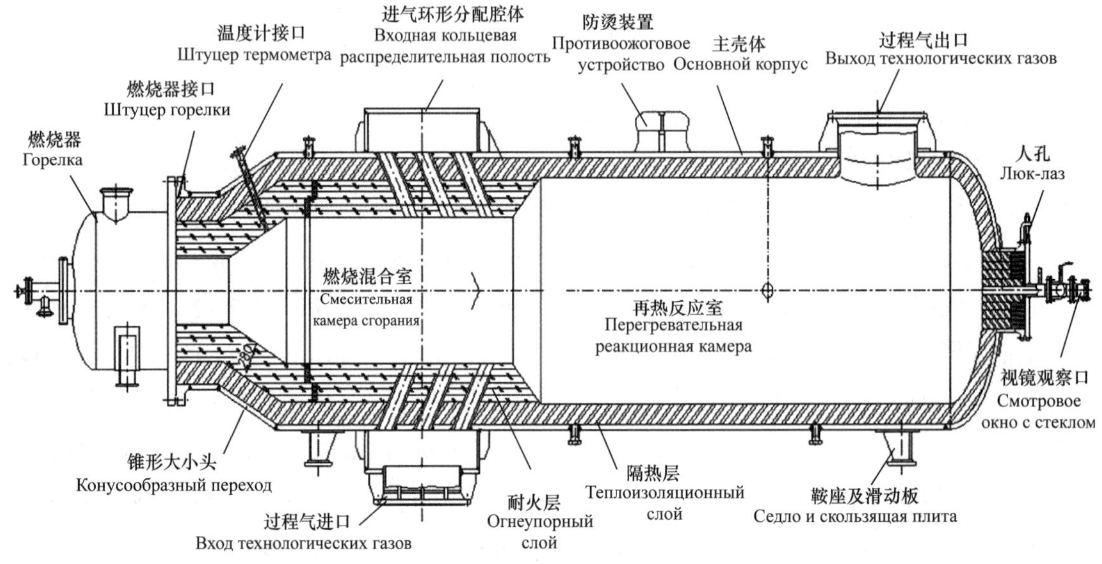

图 2.2.42 再热炉结构示意图

Рис. 2.2.42 Схема конструкции перегревательной печи

③ 尾气焚烧炉。

尾气焚烧炉主要由燃烧器和尾气焚烧炉体(外设防烫装置)构成。尾气焚烧炉体一般为卧式圆筒型结构(图 2. 2.43)(也有立式结构如图 2.2.44 所示),由金属壳体和非金属衬里部分构成;工艺上分燃烧混合室和反应室,根据各炉内介质的燃烧温度,反应温度的不同而分别确定耐火隔热衬里的结构为燃烧器混合室段衬里设有耐火层和隔热层,反应室段只设有隔热层。金属壳体部分由

③ Печь дожига хвостовых газов.

Печь дожига хвостовых газов в основном состоит из горелки и корпуса печи (наружное противоожоговое устройство). Корпус печи дожига хвостовых газов обычно является горизонтальным и цилиндрическим (см. рис. 2.2.43) (тоже существует вертикальный корпус, см. рис. 2.2.44), который состоит из металлического корпуса и неметаллической футеровки; по технологии

燃烧器接口、空气进口、尾气进口、进气环形分配腔体（设置该分配结构可将空气或尾气“多股、均布”引入炉内，以便充分混合燃烧、反应）、烟气出口、锥形大小头、主壳体、人孔、温度计接口、衬里爪丁（适用于浇注衬里结构）、鞍座及滑动板、防烫装置等组成；非金属衬里部分主要有耐火层、隔热层、挡火花墙、人孔用隔热砖以及硅酸铝纤维毡等组成。

разделяется на смесительную камеру сгорания и реакционную камеру. Конструкция теплоизоляционной огнеупорной футеровки определяется как огнеупорный и теплоизоляционный слой в футеровке смесительной камере горелки соответственно согласно различным температурам горения сред в печах и температуре реакции, а в реакционной камере предусматривается только теплоизоляция. Металлический корпус состоит из штуцера горелки, входа воздухов, входа хвостовых газов, входной кольцевой распределительной полости (данная распределительная конструкция может быть использована для равномерного введения многих потоков воздуха или хвостового газа в печь в целях полного смешения, горения и реакции), выхода дымовых газов, конусообразного перехода, основного корпуса, люка-лаза, штуцера термометра, скобы футеровки (для монолитной футеровки), седла и скользящей плиты, противоожогового устройства и т.д.; неметаллическая футеровка состоит из огнеупорного слоя, теплоизоляционного слоя, декорированной противопожарной перегородки, теплоизоляционного огнеупорного кирпича для люка-лаза и волоконного войлока из кремнекислого алюминия.

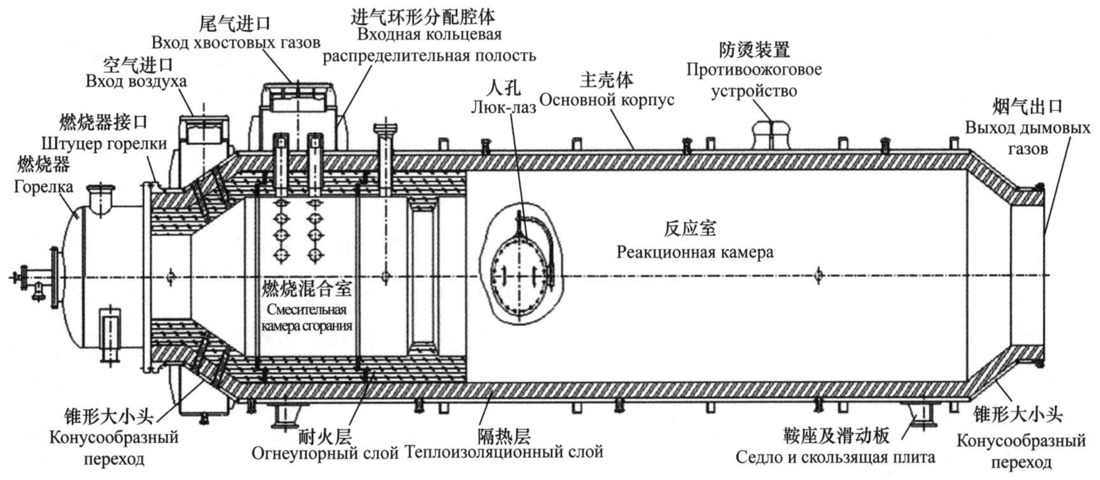

图 2.2.43 卧式尾气焚烧炉结构示意图

Рис. 2.2.43 Схема конструкции горизонтальной печи дожига хвостовых газов

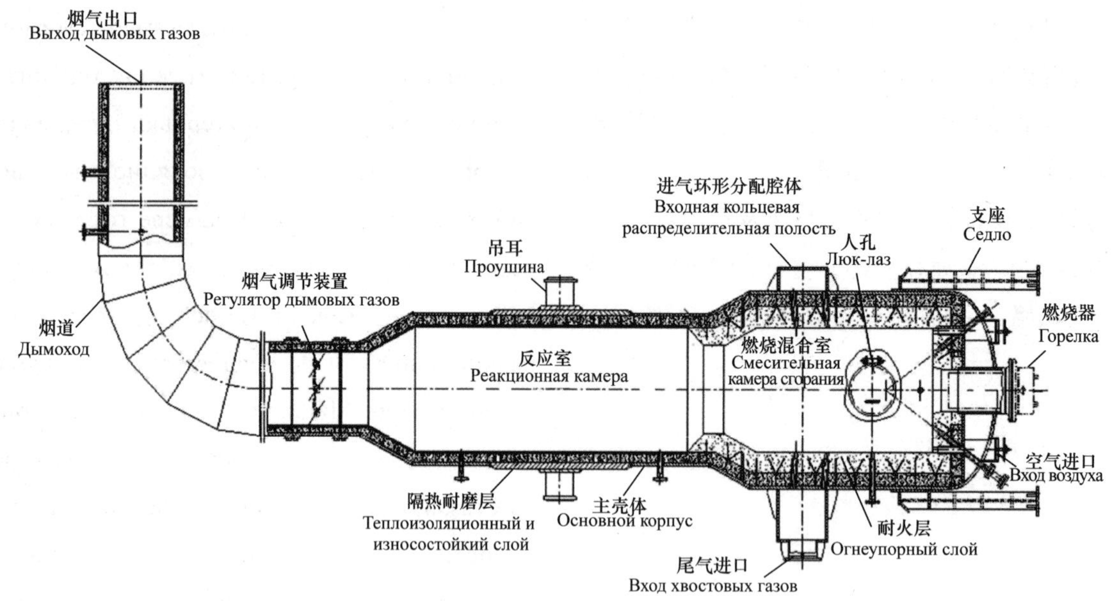

图 2.2.44　立式尾气焚烧炉结构示意图

Рис. 2.2.44　Схема конструкции вертикальной печи дожига хвостовых газов

（3）燃烧器。

燃烧器又称火嘴，是燃烧炉的关键设备，通常的燃烧炉采用分部器或导向片来强制酸性气（燃料气）与空气二者旋转、混合。燃烧器工作时，空气在外围，酸性气（燃料气）从中央火嘴出口螺旋均匀喷出，在空气的保证下，得到工艺理想的燃烧。燃烧器主要用于烘炉及为炉膛燃烧提供火源。燃烧器的效率不高或设计不能满足要求，将可能导致设备腐蚀加剧、催化剂失活、催化剂寿命缩短、装置转化率大幅度下降、系统堵塞等诸多问题。

（3）Горелка.

Горелка называется также топливной форсункой, которая является ключевым оборудованием печи сжигания. Печь сжигания, как правила, заставляет кислый газ（топливный газ）и воздух поворачиваться, смешиваться с помощью распределителя или направляющей пластины. При работе горелки, на ее периферии находится воздух, кислый газ（топливный газ）спирально и равномерно выбрасывается из центрального выхода форсунки, и может получить идеальное горение при помощи воздуха. Горелка в основном используется для сушки печи и обеспечивает очаг пожара для сжигания в печи. Невысокая эффективность горелки или несоответствие проектирования требованиям могут привести к обострению коррозии оборудования, дезактивации катализатора, сокращению срока службы катализатора, значительному снижению степени превращения устройства, блокировке системы и многим другим проблемам.

对于主燃烧炉燃烧器来说，酸性气和空气混合是否完全是影响燃烧效果的重要因素，而酸性气和空气的混合基本就自爱燃烧器内完成。因此，设计时要求火嘴应达到以下条件：

Для горелки главной печи сжигания, полное смешение кислого газа с воздухом является важным фактором, влияющим на эффект горения, а смешение кислого газа с воздухом по существу выполняется в горелке. Таким образом, при проектировании топливная форсунка должна удовлетворить следующим требованиям:

① 酸性气与空气能充分混合。

① Кислый газ полностью смешивается с воздухом.

② 燃烧器必须保证能将 1/3 的硫化氢燃烧成二氧化硫以满足反应器内克劳斯反应的化学计量要求。

② Горелка должна обеспечить превращение 1/3 сероводорода в сернистый газ для удовлетворения требованиям стехиометрии реакции Клауса в реакторе.

③ 能将酸性气中的杂质尽可能地燃烧完全。

③ Топливная форсунка может сжечь примеси в кислом газе для возможного полного сгорания.

④ 保证在满足以上燃烧要求后能基本消耗掉空气中带来的氧。

④ Обеспечивает то, что кислород в воздухе в основном потребляется после удовлетворения вышеуказанным требованиям.

⑤ 在较大流速波动范围内仍能发挥高效作用。

⑤ По-прежнему может играть высокоэффективную роль в диапазоне больших колебаний скорости потока.

⑥ 能在燃料气低于化学计量燃烧的情况下使用，以满足开停工的需要。

⑥ Может использоваться при условии топливного газа ниже стехиометрического горения для удовлетворения потребности в пуске и останове.

（4）炉体。

（4）Корпус печи.

炉体是燃烧炉的主体，所有部件均以炉体为依托。炉体材料一般为碳钢，炉体结构的设计应满足装置工艺过程的要求。金属壳体除应满足介质压力条件要求的强度外，还要满足支撑衬里及运输的刚度和稳定性要求。此外为了防止 SO_3 露点腐蚀，燃烧炉的金属壁温一般控制在 170～300℃。炉体内部设置有耐火层、隔热层。耐火层一般采用刚玉莫来石耐火砖或高强刚玉浇注衬里结构，隔热层一般采用高铝隔热耐火砖或

Корпус печи является основной частью печи сжигания. Все части опираются на корпус печи. Как правила, корпус печи выполняется из углеродистой стали. Проектирование конструкции корпуса должно соответствовать требованиям технологического процесса устройства. Металлический корпус должен удовлетворить не только прочности, требуемой при условии давления среды, но и жесткости и стабильности для упора

高铝隔热浇注衬里结构。衬里的作用是保持燃烧产生的热量,同时保护金属炉体。

футеровки и транспортировки. Кроме того, для предотвращения коррозии точки росы серного ангидрида, температура металлической стенки печи сжигания поддерживается в пределах 170 ℃ –300 ℃ . Внутри корпуса предусматриваются огнеупорный и теплоизоляционный слои. Огнеупорный слой, как правило, выполняется из корундового муллитового огнеупорного кирпича или высокопрочной корундовой монолитной футеровки, а теплоизоляционный слой-из высокоглиноземистого теплоизоляционного огнеупорного кирпича или высокоглиноземистой теплоизоляционной монолитной футеровки. Футеровка служит для поддержания тепла, выделившегося при горении, одновременно защиты металлического корпуса печи.

（5）挡火花墙。

（5）Декорированная противопожарная перегородка.

挡火花墙指主燃烧炉内一般设置一道或两道开有若干方孔的花墙,它的作用是使从燃烧器喷出的酸性气体与空气混合得更均匀,从而燃烧得更好;花墙不仅能提高并稳定主燃烧炉反应温度,也使过程气有一个稳定且充分接触的反应空间,同时使过程气流也能均匀地进入余热锅炉。花墙一般位于炉膛中部或后部合理位置一侧。早期国内设计的花墙一般是由砖缝错开的格子砖墙构成(图 2.2.45),整体稳定性差、易坍塌碎裂。现在花墙改用空心筒砖由下而上堆砌而成(图 2.2.46),其中下半部空心筒砖略大于上半部。通常在花墙下部设置半圆形或长圆形孔,由耐火砖干砌而成,其作用是便于必要时到炉体后部进行检修工作。在一般情况下仅设置一道花墙,毕竟花墙设置部位载荷较大,支撑处壳体和衬里结构都需特殊处理。

Декорированная противопожарная перегородка-это 1 или 2 декорированные перегородки с несколькими квадратными отверстиями в главной печи сжигания, которая служит для более равномерного смешения кислого газа из горелки с воздухом, таким образом сгорание лучшее; декорированная перегородка может не только улучшить и стабилизировать температуру реакции в главной печи сжигания, но и обеспечить стабильное реакционное пространство для достаточного контакта технологических газов между собой, в то время обеспечить возможность равномерного входа потока технологических газов в котел-утилизатор. Декорированная перегородка, как правило, расположена в центральной части топки или азумном заднем месте. Раннее декорированные перегородки в Китае выполняются из решетчатой кирпичной стены с швами в разбежку（см. рис. 2.2.45）, их общая стабильность плохая, и легко развалилась и раздробилась. Теперь декорированная перегородка выполняется из цилиндрических пустотелых кирпичей снизу вверх (см. рис. 2.2.46), в которых объем нижней половинной части пустотелых кирпичей немного больше верхней половинной части. В нижней части декорированной противопожарной перегородки, как правила, предусматриваются полукруглые или продолговатые отверстия, насухо выполняемые из огнеупорных кирпичей, которые служат для удобства проведения ремонта в задней части печи при необходимости. Обычно предусматривается только 1 декорированная противопожарная перегородка, все-таки нагрузка на месте, где предусматривается декорированная противопожарная перегородка, большая. Корпус и конструкция футеровки на опоре подлежат специальной обработке.

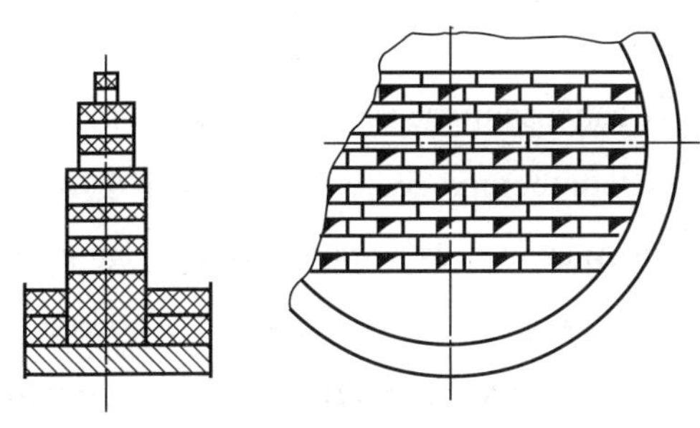

图 2.2.45 格子砖墙花墙结构示意图

Рис. 2.2.45 Схема конструкции декорированной противопожарной перегородки из решетчатой кирпичной стены

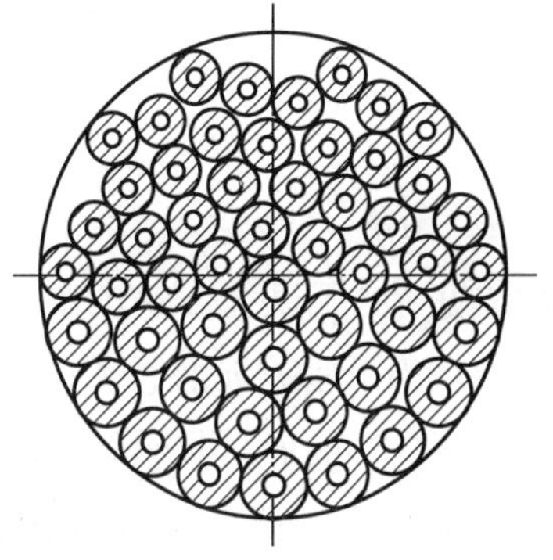

图 2.2.46 空心筒砖花墙结构示意图

Рис. 2.2.46 Схема конструкции декорированной противопожарной перегородки из цилиндрических пустотелых кирпичей

(6)温度检测。

燃烧炉的烘炉剂工作允许,均需要对炉内的温度进行检测跟踪。温度检测通常采用热电偶。热电偶用于测量炉膛温度,是判断炉子燃烧情况的重要依据。其测量数据在 DCS 终控系统上可

(6) Контроль температуры.

Разрешение на работу с агентами сушки печи для печи сжигания подлежит контролю и слежения за температурой в печи. Для контроля температуры, как правила, применяется термопара.

以显示。一般来说,热电偶有前后两支或多支,以便更好地监测炉膛温度。

Термопара, предназначенная для измерения температуры топки, является важной основой для определения ситуации сгорания в печи. Данные измерений могут быть отображены в распределенной системе управления DCS. Вообще говоря, предусматриваются две или более теплопар до и после печи для лучшего контроля температуры топки.

(7)温度检测。

燃烧炉的烘炉剂工作允许,均需要对炉内的温度进行检测跟踪。温度检测通常采用热电偶。热电偶用于测量炉膛温度,是判断炉子燃烧情况的重要依据。其测量数据在DCS终控系统上可以显示。一般来说,热电偶有前后两支或多支,以便更好地监测炉膛温度。

(7) Контроль температуры.

Разрешение на работу с агентами сушки печи для печи сжигания подлежит контролю и слежения за температурой в печи. Для контроля температуры, как правила, применяется термопара. Термопара, предназначенная для измерения температуры топки, является важной основой для определения ситуации сгорания в печи. Данные измерений могут быть отображены в распределенной системе управления DCS. Вообще говоря, предусматриваются две или более теплопар до и после печи для лучшего контроля температуры топки.

(8)防烫防雨罩。

燃烧炉炉壁上方弧度为270°的金属罩为防烫防雨罩。目的是为了保护碳钢外壳及内部的耐火材料免受热脆裂的影响而延长燃烧炉的寿命。防烫防雨罩与炉体外壳间留有一定的空隙,主要是为了提供一隔热空气间隙让空气在其中流动,这一隔热空气层稳定了壳层的温度,防止壳层过冷而引起酸冷凝及内部腐蚀。同时也起到操作防止人员烫伤的作用。

(8) Кожух защиты от ожога и дождя.

Металлическим кожухом с дугой 270° над стенкой печи сжигания является кожух защиты от ожога и дождя. Он служит для защиты корпуса из углеродистой стали и внутренних огнеупорных материалов от воздействия тепловой хрупкости и продления срока службы печи сжигания. Проектируется определенный зазор между кожухом защиты от ожога и дождя и корпусом печи для обеспечения воздушного зазора с теплоизоляцией, в которой течет воздушный поток. Данный воздушный слой с теплоизоляцией стабилизирует температуру корпуса для предотвращения конденсации кислоты и внутренней коррозии из-за переохлаждения корпуса, а также защиты персонала от ожога.

2.2.9.4 制造、检验和验收

（1）一般要求。

① 燃烧炉的制造应由持有“中华人民共和国特种设备设计许可证”压力容器相应资质且不低于 D2 级的单位或者具有锅炉 C 级以上（含 C 级）制造资质的单位承担。

② 燃烧炉的制造焊接应由考核合格的焊工担任。焊工考核应按有关安全技术规范的规定执行，取得资格证书的焊工方能在有效期内担任合格项目范围内的焊接工作。

③ 燃烧炉的无损检测人员应按相关技术规范进行考核取得相应资格证书后，方能承担与资格证书的种类和技术等级相对应的无损检测工作。

④ 制造单位应将燃烧炉的焊接工艺评定报告或焊接工艺规程保存至该工艺失效为止，将焊接评定试样保存 5 年以上，将产品质量证明文件保存 7 年以上。产品质量证明文件中的无损检测内容应包括无损检测记录和报告、射线底片和超声检测数据等检测资料（含缺陷返修前后记录）。

2.2.9.4 Изготовление, контроль и приемка

（1）Общие требования.

① Изготовление печи сжигания должно выполняться организацией на уровне не ниже D2, имеющей соответствующую лицензию на проектирование спецоборудования（сосуды, работающие под давлением）, или организацией, имеющей лицензию на изготовление сосудов, работающих под давлением, на уровне выше C（включая C）.

② Изготовление и сварка печи сжигания должны осуществляться сварщиком, прошедшим аттестацию. Аттестация сварщика должна выполняться по требованиям соответствующих технических правил по безопасности, получивший сертификат о квалификации сварщик может осуществлять работу по сварке в рамках годных пунктов в течение срока действия.

③ В соответствии с соответствующими техническими правилами следует аттестовать персонала в области неразрушающего контроля печи сжигания, который может выполнить работу по неразрушающему контролю, соответствующую с типом сертификата о квалификации и технической категорией, только после получения соответствующего сертификата о квалификации.

④ Изготовитель должен сохранить протокол аттестации технологии сварки печи сжигания или технологический регламент сварки вплоть до выхода из строя данной технологии, и сохранить образцы для аттестации технологии сварки более 5 лет и сертификат соответствия качества продукции более 7 лет. В состав неразрушающего контроля в сертификат соответствия качества продукции входят запись и отчет о неразрушающем контроле, негатив радиографического контроля, данные ультразвукового контроля и другие данные контроля（включая запись до и после повторного ремонта дефектов）.

（2）焊接。

① 燃烧炉施焊前，制造单位应按 NB/T 47014—2011《承压设备焊接工艺评定》的规定，对受压元件焊缝进行焊接工艺评定，评定合格后方可进行焊接施工。燃烧炉的焊接应符合 NB/T 47015—2011《压力容器焊接规程》的规定。

② 所有焊件不应强力组装，焊件组装质量应经检查合格后方可进行正式焊接。

③ 当施焊环境出现下列情况之一，又无有效防护措施时，禁止施焊。

a. 手工焊时风速大于 8m/s。

b. 气体保护焊时风速大于 2m/s。

c. 相对湿度大于 90%。

d. 雨、雪环境。

e. 焊件温度低于 −20℃。

④ 在焊接过程中，环境温度为 −20～0℃时，焊件应在始焊处 100mm 范围内预热到 15℃以上。

⑤ 施焊前应将坡口及两侧 50mm 范围内的铁锈、油污及其他杂质清除干净，打磨至见金属光泽。

（2）Сварка.

① Перед сваркой печи сжигания, изготовитель должен провести аттестацию технологии сварки сварных швов несущих элементов по требованиям NB/T 47014-2011 «Аттестация технологии сварки оборудования, работающего под давлением», можно провести сварку только после получения положительного результата аттестации. Сварка несущих элементов печи сжигания должна соответствовать требованиям NB/T 47015-2011 «Правила сварки сосудов, работающих под давлением».

② Нельзя собирать все сварные элементы принудительной силой, можно провести официальную сварку после получения положительного результата проверки качества сборки сварных элементов.

③ Не допускается сварка при происхождении любого из следующих случаев в окружающей среде проведения сварки и отсутствии эффективных защитных мер.

a. Скорость ветра при ручной сварке более 8м/сек.

b. Скорость ветра при сварке в среде защитного газа более 2м/сек.

c. Относительная влажность более 90%.

d. Дождь и снег.

e. Температура сварных элементов ниже −20℃ .

④ В процессе сварки температура окружающей среды: от −20 до 0 ℃, следует проводить предварительный нагрев сварных элементов более 15 ℃ в пределе 100мм в начале сварки.

⑤ Перед сваркой следует удалить ржавчины, масляные грязи и другие примеси в скосе кромок и в пределах 50мм со двух сторон, шлифовать до появления металлического блеска.

⑥ 所有对焊焊缝应为连续、全焊透焊缝。

⑥ Все стыковые сварные швы должны быть непрерывными и полными проваренными.

⑦ 焊接接头的返修应符合下列要求：

⑦ Повторный ремонт сварных соединений должен соответствовать следующим требованиям:

a. 分析接头中缺陷产生的原因，制定相应的返修方案，经焊接责任工程师批准后方可实施返修。

a. Анализировать причины дефектов в соединении, разработать соответствующий вариант повторного ремонта, можно осуществить повторный ремонт только после утверждения ответственным инженером по сварке.

b. 返修时缺陷应彻底清除，返修后的部位应按原要求检测合格。

b. При ремонте дефекты должны быть полностью удалены, часть после повторного ремонта подлежит контролю в соответствии с прежними требованиями.

c. 焊后要求热处理的元件，应在热处理前返修，若在热处理后返修，返修后应重新进行热处理。

c. Следует провести повторный ремонт элементов, требуемых термообработки после сварки, в случае повторного ремонта после термообработки, после повторного ремонта следует вновь провести термообработку.

d. 水压试验后进行返修的元件，如返修深度大于壁厚的一半，返修后应重新进行水压试验。

d. Для элементов повторного ремонта после гидравлического испытания, в случае глубины повторного ремонта более половины толщины стенки, следует вновь провести гидравлическое испытание после повторного ремонта.

⑧ 同一部位的返修次数不宜超过 2 次。超过 2 次的返修，应经制造单位技术总负责人批准，并将返修次数、部位、返修后的无损检测结果和技术总负责人批准字样记入燃烧炉产品质量证明文件。

⑧ Нельзя превышать два раза по числу повторного ремонта одной части. В случае превышения два раза по числу повторного ремонта, следует утвердить данный повторный ремонт техническим ответственным лицом изготовителя, записать число и часть повторного ремонта, результаты неразрушающего контроля после повторного ремонта и подпись «утверждения» технического ответственного лица в сертификате соответствия качества продукции печи сжигания;

(3) 外观检查。

(3) Внешний осмотр.

燃烧炉本体的全部焊接接头均应做外观检查，并符合下列要求：

Все сварные соединения корпуса печи сжигания подлежат внешнему осмотру, и должны соответствовать следующим требованиям:

① 焊缝外形尺寸应符合设计文件和有关标准的规定。

① Габаритные размеры сварных швов должны соответствовать требованиям проектной документации и соответствующих стандартов.

② 焊接接头无表面裂纹、未焊透、未熔合、表面气孔、弧坑、未填满和肉眼可见的夹渣等缺陷。

② На поверхности сварного соединения не допускаются трещины, непровар, несплавка, раковины, кратер, незаваливание, видимые шлаковины и другие дефекты.

③ 焊缝与母材应圆滑过渡,且角焊缝外形应呈凹形。

③ Переход сварного шва и основного металла должны быть плавным, внешний вид углового сварного шва должен вогнутым.

④ 焊缝表面的咬边深度不应大于 0.5mm,咬边连续长度不应大于 100mm,焊缝两侧咬边的总长度不应大于该焊接接头长度的 10%;管子焊接接头两侧咬边总长度不应大于管子周长的 20%,且不应大于 40mm。

④ Глубина подреза на поверхности сварных швов должна быть не более 0,5мм, непрерывная длина подреза должна быть не более 100мм, общая длина подреза на двух сторонах сварных швов должна быть не более 10% длины сварного соединения; общая длина подреза на двух сторонах сварного соединения трубы должна быть не более 20% периметра трубы, и не более 40мм.

(4)无损检测。

(4) Неразрушающий контроль.

① 燃烧炉的焊接接头,应经外观检查合格后才能进行无损检测。有延迟裂纹倾向的材料应至少在焊接完成 24h 后进行无损检测。

① Допускается проведение неразрушающего контроля сварного соединения печи сжигания только после получения положительного результата внешнего осмотра. Материалы с тенденцией к замедленному трещинообразованию подлежат неразрушающему контролю не менее 24 часов после завершения сварки.

② 燃烧炉的对接接头应采用≥20% 射线检测,且不应小于 250mm。

② Стыковое соединение печи сжигания подлежит радиографическому контролю в объеме 20%, и не менее 250мм.

③ 经磁粉或渗透检测发现的超标缺陷,应进行修磨及必要的补焊,并对该部位采用原检测方法重新检测,直至合格。

③ Следует провести отшлифовку и необходимую заварку для дефектов, обнаруженных при магнитопорошковом или капиллярном контроле, и применить прежний метод контроля для повторного контроля данной части вплоть до получения положительных результатов.

（5）焊缝煤油渗漏试验。

燃烧炉壳体焊缝无损检测合格后，须对焊缝进行煤油渗漏试验，检验焊缝质量。将焊接接头能够检查的一面清理干净，涂以白粉浆，晾干后，在焊接接头另一面涂以煤油，使表面得到足够的浸润，经0.5h后以白粉上没有油渍为合格。

（5）Испытание на утечку сварных швов керосином.

После получения положительных результатов неразрушающего контроля сварных швов корпуса печи сжигания, следует провести испытание на утечку сварных швов керосином для контроля качества сварочных швов. Необходимо очистить контролируемую поверхность сварочного соединения и на нее нанести жидкий мел, после сушки нанести керосин на другую поверхность сварочного соединения для достаточного смачивания поверхности, через полчаса отсутствие каких-либо масляных пятен на жидком меле считается годным.

（6）衬里施工及验收。

① 燃烧炉非金属衬里应在焊缝煤油渗漏试验合格，并检查合格，签订工序交接证明书后，才可进行施工。

（6）Строительство и приемка футеровки.

① Следует провести строительства неметаллической футеровки печи сжигания только после получения положительных результатов испытания на утечку сварных швов керосином и проверки, а также подписания акта сдачи-приемки работ.

② 衬里施工前应对衬里接触的金属表面进行清理，使其表面无油污、铁锈及其他污物。除锈后的金属表面，应防止雨淋和受潮，并应尽快筑炉施工。

② Перед строительством футеровки следует очистить металлическую поверхность в контакте с футеровкой от масляных пятен, ржавчины и других загрязнений. Следует защищать металлическую поверхность после удаления ржавчины от дождя и влаги, и провести производство работ по кладке печей как можно быстрее.

③ 衬里施工应由具有相应炉窑衬里施工资质的单位承担，施工除应符合设计文件中规定外，还应符合GB 50211—2014《工业炉筑炉工程施工及验收规范》、HG/T 20543—2006《化学工业炉砌筑技术条件》和SH/T 3534—2012《石油化工筑炉工程施工质量验收规范》以及衬里材料供应商的筑炉、烘炉施工技术方案要求进行施工。

③ Строительство футеровки должно выполняться организацией, обладающей соответствующей лицензией на строительство футеровки печи, строительство должно соответствовать требованиям в проектной документации и требованиям GB 50211-2014 «Правила строительства и приемки работ по кладке промышленных печей», HG/T 20543-2006 «Технические условия кладки химпромышленных печей» и SH/T 3534-2012 «Правила производства и приемки работ по кладке печей в нефтехимической промышленности», а также техническим решениям производства работ по кладке и сушке печей поставщика материалов футеровки.

④ 筑炉工程施工应建立质量保证体系和质量检验制度,施工单位应编制详细的施工技术方案,并按规定的程序审查批准。

④ При строительстве работ по кладке следует создать систему обеспечения качества и систему контроля качества, строительная организация должна составить детальный технический вариант строительства, который рассмотрен и утвержден в установленном порядке.

⑤ 筑炉施工前施工单位应进行图纸会审。所有的设计变更应征得设计单位同意,并应取得确认文件。

⑤ Перед производством работ по кладке печей строительная организация должна провести рассмотрение чертежей. Внесение всех изменений в проект должно получить соглашение проектной организации и подтверждающий документ.

⑥ 衬里施工作业的环境温度宜为 5～35℃。施工过程应采取防止暴晒和雨淋的措施,并应有良好的通风和照明。当环境温度高于 35℃,应采取降温等措施;环境温度低于 5℃时,应采取冬期施工措施。

⑥ Лучше выдерживать температуру окружающей среды строительства футеровки в пределах 5–35℃. В процессе строительства следует принимать меры по защиты от солнца и дождя, и следует иметь хорошую вентиляцию и освещение. При температуре окружающей среды выше 35 ℃ следует принимать меры по снижению температуры; при температуре окружающей среды ниже 5 ℃ следует принимать меры по строительству в зимний период.

⑦ 衬里施工作业前,筑炉施工单位应按相关标准规范进行材料的抽样检验、试块的制作,并报送第三方检测机构进行理化性能指标检测,出具检测报告,并报监理审批,合格后方可进行筑炉施工。

⑦ Перед строительством футеровки строительная организация по кладке печей должна провести выборочный контроль материалов и изготовление пробных брусков по соответствующим стандартам и правилам, и представить их контрольной организации третьей стороны для контроля физико-химических свойств, данная контрольная организация составит отчет о контроле и представит надзору на рассмотрение, можно провести производство работ по кладке печей только после получения положительного результата.

⑧ 衬里筑炉施工完成后按相应规定进行养护,并经检验,若有不合格处应按相应规定的修补程序进行修复直至合格。合格后方可进行烘炉,烘炉前,应根据燃烧炉的结构和用途、耐火材料的性能和筑炉施工季节等制订烘炉曲线、烘炉措施和操作规程。

⑧ После завершения строительства футеровки, следует провести уход по соответствующим требованиям. В случае обнаружения несоответствия при контроле, следует провести ремонт в установленном порядке ремонта до получения положительного результата. Можно провести сушку печи только после получения положительного результата, перед сушкой печи следует разработать кривую по сушке печи, меры по сушке печи и инструкцию по эксплуатации по конструкции и назначению печи сжигания, характеристикам огнеупорных материалов, сезону производства работ по кладке печей.

⑨ 烘炉必须按烘炉曲线进行。烘炉时宜采用专用烘炉机进行烘炉,烘炉过程中,应做详细记录,并应测定和绘制实际烘炉曲线。对所发生的一切不正常现象,应采取相应措施,并注明其原因。

⑨ Сушка печи должна проводиться по кривой по сушке печи. При сушке печи следует использовать специальную установку для сушки печи, в процессе сушки печи следует сделать детальную запись, и определить и разработать фактическую кривую по сушке печи. Для всех ненормальных явлений, следует принять соответствующие меры и указать причины.

⑩ 烘炉后应对炉衬进行全面检查,应明确检查项目和合格指标,并做好检查记录,如有缺陷应分析原因并加以修补。

⑩ После сушки печи следует проверить всестороннюю футеровку печи, определить пункты проверки и годные показатели, сделать запись о проверке. При наличии дефектов следует анализировать причины и устранить дефекты.

⑪ 燃烧炉的筑炉烘炉施工的整个过程应有监理单位监造。施工后的设备应经监理单位、施工、检验单位和建设单位检查验收,合格后方可投入使用。

⑪ Надзорная организация должна провести надзор за всем процессом производства работ по кладке и сушке печи сжигания. Оборудование после строительства должно быть проверено и принято надзорной организацией, строительной организацией и контрольной организацией, и может быть введено в эксплуатацию только после получения положительного результата.

2.2.10 余热锅炉

2.2.10.1 概述

本部分所涉及的余热锅炉指油气田地面建设工程中天然气净化厂硫黄回收装置中燃烧炉高温烟气余热利用的管壳式余热锅炉。

余热锅炉又称废热锅炉,其功能是从主燃烧炉出口气体中回收热量并发生蒸汽,同时按不同工艺要求使过程气的温度降至下游设备所需要的温度(一般为315℃左右),并冷凝和回收单质硫。废热锅炉的蒸汽室(汽包)可以内置,也可以外置,通常小型装置倾向于使用内置式,大型装置则都采用外置式,其典型结构如图2.2.47、图2.2.48所示,蒸汽室(汽包)设置在余热锅炉的上部,下部实质上是一个管壳式换热器,两者之间通过蒸汽上升导管及冷凝水下降导管连通。余热锅炉的结构可以是单程,也可以是双程;前者通过较长得管程一次性地将过程气的温度降到315℃左右,后者则先将过程气的温度降到540℃左右作为高温掺和的热源,然后再进一步降温至315℃左右后进入一级冷凝器。

2.2.10 Котел-утилизатор

2.2.10.1 Общие сведения

Указанный в настоящей части котел-утилизатор означает трубчатый котел-утилизатор для использования отбросного тепла высокотемпературного дыма из печи сжигания в установке получения серы ГПЗ в объекте на обустройство нефтегазового месторождения.

Котел-утилизатор применяется для получения тепла из газа на выходе главной печи сжигания и производства пара, обеспечения снижения температуры технологического газа до температуры, необходимой для последующего оборудования (обычно около 315℃), в соответствии с различными технологическими требованиями, а также конденсации и получения элементарной серы. Паровая камера (паросборник) котла-утилизатора может быть встроена и вынесена, как правило, предпочтительно применяется небольшая встроенная установка, большая установка-выносная, их типичная конструкция показана на рис. 2.2.47, 2.2.48. Как показано на рисунке, паровая камера (паросборник) установлена в верхней части котла-утилизатора, в нижней части установлен по существу трубчатый теплообменник, они соединяются паровой подъемной трубой и опускной направляющей трубой конденсационной воды. Конструкция котла-утилизатора может быть односторонней и двусторонней; бывшая конструкция однократно снижает температуру технологического газа до около 315 ℃ с помощью более длинного трубного пространства, последняя конструкция сначала снижает температуру технологического газа до около 540 ℃ в качестве смешанного источника тепла высокой температуры, потом проводит дальнейшее охлаждение до около 315℃, после того технологический газ поступает в конденсатор-холодильник 1-ого ступени.

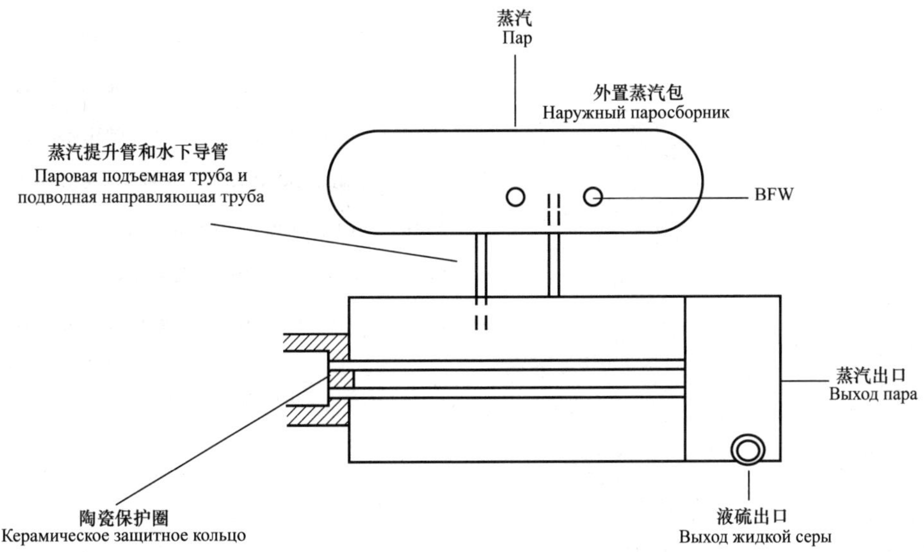

图 2.2.47 余热锅炉结构示意图

Рис. 2.2.47 Схема конструкции котла-утилизатора

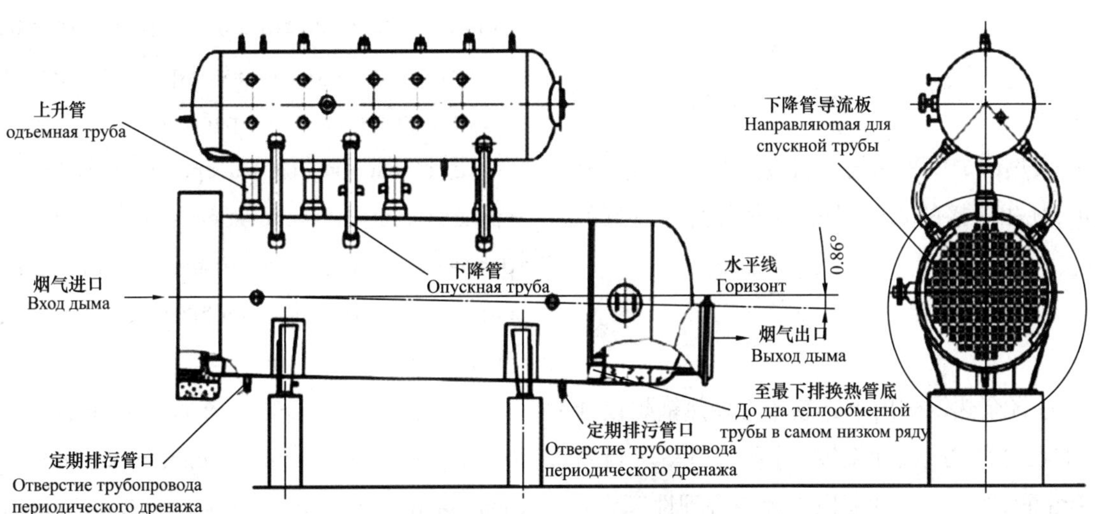

图 2.2.48 余热锅炉结构图

Рис. 2.2.48 Схема конструкции котла-утилизатора

余热锅炉发生的蒸汽压力大致在0.34～4.25MPa（g）。目前国内外大型硫黄回收装置经常生产3.5MPa以上的中压蒸汽，用以驱动中压蒸汽透平机来带动回收装置的主风机，然后再将乏气用于加热脱硫装置和尾气装置再生塔底的重沸器，从而合理地综合利用了高温位热能与低温位热能。

Давление пара из котла-утилизатора находится в пределах 0,34-4,25МПа（манн.）. В настоящее время большая установка получения серы в Китае и за пределами Китая часто производит пар среднего давления 3,5МПа и выше для приведения в движение паротурбины среднего давления, чтобы приводить в действие главного вентилятора установки получения, потом применяется отработанный газ для нагрева установки обессеривания и обезуглероживания газа и ребойлера на дне регенерационной колонны установки хвостового газа, чтобы обеспечить рациональное комплексное использование низкоуровневой и высокоуровневой тепловых энергией.

2.2.10.2 材料

2.2.10.2 Материалы

（1）材料选择原则。

（1）Принципы выбора материалов.

① 余热锅炉所使用的材料和零部件必须都是全新且高质量的，不存在任何影响性能的缺陷，并能充分满足环境条件和运行工况要求。

① Применяемые материалы и детали котла-утилизатора должны быть новыми и высококачественными, не допускается никакого дефекта, оказывающего воздействие на их характеристики. Применяемые материалы должны полностью соответствовать условиям окружающей среды и требованиям к режимам работы.

② 余热锅炉所采用的材料应符合本部分的有关规定，凡相焊接的元件用钢，应是可焊性良好的材料。

② Применяемые материалы котла-утилизатора должны соответствовать соответствующим требованиям в настоящей части, сталь для сваренных элементов должна быть материалом с высокой свариваемостью.

③ 选择余热锅炉用钢必须考虑余热锅炉设计条件（如设计压力、设计温度、介质特性等），材料的焊接性能，加工工艺性能以及经济合理性。

③ Следует выбрать сталь для котла-утилизатора с учетом проектных условий котла-утилизатора（например, проектное давление, проектная температура, характеристики среды）, сварных свойств материалов, свойств технологии обработки, экономической рациональности и т.д..

④ 余热锅炉用钢应由平炉、电炉或氧气转炉冶炼。钢材的技术要求应符合相应的国家标准、行业标准或有关技术条件的规定。

④ Сталь для котла-утилизатора должна быть обработана в мартеновской печи, электропечи или кислородном конвертере. Технические требования к стали должны соответствовать соответствующим государственным стандартам, отраслевым стандартам или техническим условиям.

（2）钢板材料。

（2）Материал стального листа.

① 余热锅炉用钢板应符合表 2.2.19 的规定。

① Стальной лист для котла-утилизатора должен соответствовать требованиям таблицы 2.2.19.

表 2.2.19 钢板

Табл. 2.2.19 Стальной лист

序号 № п/п	钢号 Марка стали	标准 Стандарт	使用温度，℃ Рабочая температура，℃
1	Q235B	GB/T 3274—2017	≤350
2	Q245R	GB 713—2014	≤475
3	Q345R	GB 713—2014	≤475
4	15CrMoR	GB 713—2014	≤550
5	S30408	GB 24511—2017	≤700
6	S31008	GB 24511—2017	≤800

② 余热锅炉受压元件用钢板应根据压力、温度、介质等使用条件选用 Q245R、Q345R、15CrMoR 等钢板。汽包壳体、锅炉壳程筒体宜选用 Q245R 或 Q345R 钢板制造。

② Следует применять стальные листы Q245R, Q345R, 15CrMoR для несущих элементов котла-утилизатора в соответствии с давлением, температурой, средой и другими условиями использования. Корпус паросборника и цилиндр межтрубного пространства котла должны быть изготовлены из стальной листа Q245R или Q345R.

③ 对设计压力大于 1.6MPa 余热锅炉的管板用钢板，制造厂必须对钢板进行复验。复验内容至少应包括：逐张检验钢板的表面质量和材料标志；按炉复验钢板的化学成分；按批复验钢板力学性能、冷弯性能。当钢厂未提供钢板超声检测保证书时，应按 NB/T 47013.1—NB/T 47013.13《承压设备无损检测》进行超声检测复验，质量等级应不低于Ⅱ级。当设计压力大于 2.5MPa、锅炉和汽

③ Завод-изготовитель должен провести повторный контроль стального листа для трубной решетки котла-утилизатора с проектным давлением более 1,6МПа. В состав повторного контроля входят по меньшей мере: контроль качества поверхности стального листа и знаков материалов поштучно; повторный контроль химического состава стального листа по печи; повторный

包的壳体以及锅炉挠性管板的厚度大于20mm时，还应按炉号复验设计温度下的屈服强度。钢板的高温屈服强度应符合 GB 150.1—GB 150.4《压力容器》的要求。

контроль механических свойств и свойств при холодном изгибе стального листа по партии. Если металлургический завод не представляет сертификат качества ультразвукового контроля стальных листов, следует провести повторный ультразвуковой контроль по NB/T 47013.1-NB/T 47013.13 «Неразрушающий контроль оборудования, работающего под давлением», класс качества должен быть не менее Ⅱ. Когда проектное давление более 2,5МПа, толщина корпуса котла и паросборника и гибкой трубной решетки котла более 20мм, следует также провести повторный контроль предела текучести при проектной температуре по номеру печи. Предел текучести при высокой температуре стального листа должен соответствовать требованиям GB 150.1-GB 150.4 «Сосуды, работающие под давлением».

④ 对制造过程中要求进行焊后消除应力热处理的主要受压元件用低合金钢钢板，当设计压力不小于 4.0MPa、板厚不小于 40mm 时，钢厂和制造厂均应从经过模拟焊后消除应力热处理状态的样坯上取样，检验钢板的力学性能，其中三个试样夏比 V 形缺口冲击试验吸收能量 KV_2 不小于 31J，且应满足设计要求。

④ Для листов из низколегированной стали для основных несущих элементов, требуемых термообработки для снятия напряжения после сварки в процессе изготовления, при проектном давлении не менее 4,0МПа и толщине листа не менее 40мм металлургический завод и завод-изготовитель должны провести отбор образцов из заготовки образцов после термообработки для снятия напряжения после аналоговой сварки, и контроль механических свойств стального листа, средняя величина 3 образцов поглощенная энергия при испытании по Шарпи образцов с V-образным надрезом на ударную вязкость, Дж. $KV_2 \geqslant 31$J и должна соответствовать требованиям к проектированию.

（3）钢管材料。

（3）Материал стальной трубы.

① 余热锅炉用换热管应符合表 2.2.20 的规定。

① Теплообменная труба для котла-утилизатора должна соответствовать требованиям таблицы 2.2.20.

表 2.2.20 换热管用钢管

Табл. 2.2.20 Стальная труба для теплообменной трубы

序号 № п/п	钢号 Марка стали	标准 Стандарт	使用温度，℃ Рабочая температура，℃
1	20	GB 3087—2008	≤475
2	20G	GB 5310—2008	≤475
3	15CrMoG	GB 5310—2008	≤550
4	20	GB 9948—2013	≤475
5	15CrMo	GB 9948—2013	≤550
6	1Cr5Mo	GB 9948—2013	≤600

余热锅炉换热管必须逐根按相应标准的要求进行水压试验。当有成熟的使用经验时，也可选用其他牌号或其他材料的无缝钢管。换热管的精度不应低于表 2.2.21 的规定。

Теплообменная труба для котла-утилизатора подлежит гидравлическому испытанию поштучно в соответствии с требованиями соответствующих стандартов. Можно также выбрать бесшовную стальную трубу другой марки или из других материалов при наличии зрелого опыта использования. Точность теплообменной трубы должна быть не менее установленной точности в таблице 2.2.21.

表 2.2.21 换热管精度要求

Табл. 2.2.21 Требования к точности теплообменной трубы

钢管尺寸，mm Размер стальной трубы，мм		精度，mm Точность，мм
钢管外径 Наружный диаметр стальной трубы	＞30～50	±0.30
	≥51	±0.8%
壁厚 Толщина стенки	≤3	+12% 或 -10%
	＞3	±10%

② 余热锅炉开口接管用钢管应符合表 2.2.22 的规定。

② Стальная труба для штуцеров отверстий котла-утилизатора должна соответствовать требованиям таблицы 2.2.22.

（4）锻件材料。

（4）Материал поковки.

余热锅炉用锻件应符合表 2.2.23 的规定。

Поковка для котла-утилизатора должна соответствовать требованиям таблицы 2.2.23.

表 2.2.22 开口接管用钢管

Табл. 2.2.22 Стальная труба для штуцеров отверстий

序号 № п/п	钢号 Марка стали	标准 Стандарт	使用温度，℃ Рабочая температура，℃
1	20	GB 6479—2013	≤475
2	20	GB 9948—2013	≤475
3	15CrMo	GB 9948—2013	≤550
4	1Cr5Mo	GB 9948—2013	≤600
5	S30408	GB/T 14976—2012	≤700
6	S31008	GB/T 14976—2012	≤800

表 2.2.23 锻件

Табл. 2.2.23 Поковка

序号 № п/п	钢号 Марка стали	标准 Стандарт	使用温度，℃ Рабочая температура，℃
1	20	NB/T 47008—2017	≤450
2	16Mn	NB/T 47008—2017	≤450
3	15CrMo	NB/T 47008—2017	≤525
4	1Cr5Mo	NB/T 47008—2017	≤600
5	S30408	NB/T 47010—2017	≤700
6	S31008	NB/T 47010—2017	≤800

锻件级别的选用由设计单位在图样或相应技术文件中注明。公称厚度大于 300mm 的碳素钢和低合金钢锻件应选用Ⅲ级或Ⅳ级。

Выбранный класс поковки указывается на чертеже или соответствующем техническом документе проектной организацией. Класс поковки из углеродистой стали и низколегированной стали условной толщиной более 300мм-III или IV.

（5）螺柱、螺母及锚固爪钉材料。

（5）Материал болта-шпильки, гайки и анкерной скобы.

① 余热锅炉螺柱用钢应符合表 2.2.24 的规定。

① Сталь для болта-шпильки котла-утилизатора должна соответствовать требованиям таблицы 2.2.24.

② 螺母的硬度应低于螺柱，可通过选用不同强度级别的钢材或选用不同热处理状态获得。与螺柱配套的螺母用钢推荐见表 2. 2.25。

② Твердость гайки должна быть менее болта-шпильки, и получается путем выбора сталей различных классов прочности или разного режима термообработки. Рекомендуемая сталь для гайки в комплекте с болтом-шпилькой приведена в таблице 2.2.25.

表 2.2.24 螺柱

Табл. 2.2.24 Болт-шпилька

序号 № п/п	钢号 Марка стали	标准 Стандарт	使用温度，℃ Рабочая температура，℃
1	35CrMoA	GB/T 3077—2007	≤500
2	S30408 强化 S30408 усиленный	GB/T 4226—2009	≤700
3	S31008 强化 S31008 усиленный	GB/T 4226—2009	≤800

表 2.2.25 螺母

Табл. 2.2.25 Гайка

序号 № п/п	钢号 Марка стали	标准 Стандарт	使用温度，℃ Рабочая температура，℃	螺柱用钢 Сталь для болта-шпильки
1	30CrMoA	GB/T 3077—2007	≤500	35CrMoA
2	S30408	GB/T 1220—2007	≤700	S30408 强化 S30408 усиленный
3	S31008	GB/T 1220—2007	≤800	S31008 强化 S31008 усиленный

③ 锚固爪钉用钢应符合表 2.2.26 的规定。

③ Сталь для анкерной скобы должна соответствовать требованиям таблицы 2.2.26.

表 2.2.26 锚固爪钉

Табл. 2.2.26 Анкерная скоба

序号 № п/п	钢号 Марка стали	标准 Стандарт	使用温度，℃ Рабочая температура，℃
1	S30408	GB/T 1221—2007	≤700
2	S31008	GB/T 1221—2007	≤800

（6）焊接材料。

余热锅炉用焊接材料应符合 NB/T 47015—2011《压力容器焊接规程》的规定，同时焊条还应符合 NB/T 47018《承压设备用焊接材料订货技术条件》的要求。

（6）Сварочные материалы.

Применяемые сварочные материалы котла-утилизатора должны соответствовать требованиям NB/T 47015-2011 «Правила о сварке сосудов, работающих под давлением», и электрод также должен соответствовать требованиям NB/T 47018 «Технические условия на заказ сварочных материалов для оборудования, работающего под давлением».

（7）保护套管。

当管程介质温度不小于 900℃时，应选用刚玉瓷保护套管；当管程介质温度小于 900℃时，宜选用刚玉瓷保护套管，也可选用高铬镍奥氏体钢保护套管（如 0Cr25Ni20）。

（7）Защитная труба.

При среде в трубном пространстве не менее 900℃ следует выбрать защитную трубу из корундовой керамики; при среде в трубном пространстве менее 900 ℃ следует выбрать защитную трубу из корундовой керамики, также можно выбрать защитную трубу из высокой хром-никелевой аустенитной стали（например, 0Cr25Ni20）.

刚玉瓷保护套管中的 Al_2O_3 含量应不小于 98.5%，导热系数应不大于 1.5W/（m·K），耐火度应大于 1790℃。

Содержание Al_2O_3 в защитной трубе из корундовой керамики должно быть не менее 98,5%, коэффициент теплопроводности должен быть не более 1,5Вт/（м·К）, огнеупорность должна быть более 1790℃ .

（8）非金属耐火隔热材料。

（8）Неметаллические огнеупорные и теплоизоляционные материалы.

① 耐火、隔热材料的选用，应考虑设备的最高操作温度、管程介质组分、最高操作压力、有无熔渣侵蚀、有无夹带颗粒的气流冲刷、炉型结构及砌筑方法等因素。耐火、隔热材料的理化指标应由设计者在设计文件中提出要求。

① Выбор огнеупорных и теплоизоляционных материалов осуществляется с учетом минимальной рабочей температуры оборудования, состава среды в трубном пространстве, минимального рабочего давления, состояния шлакоразъедания, состояния размыва воздушного потока с частицей, типа и конструкции печи и методов кладки и других факторов. Требования к физическим и химическим показателям огнеупорных и теплоизоляционных материалов должны быть указаны в проектной документации проектировщиком.

② 选用耐火材料，长期工作温度 +300℃≤最高工作温度 +200℃≤耐火度。

② Выбрать огнеупорные материалы, долгосрочная рабочая температура +300℃≤минимальная рабочая температура +200℃≤ огнеупорность.

③ 选用的耐火隔热材料应与所接触的介质气氛相适应，当选用不同种类的耐火、隔热材料构成炉衬时，在操作条件下其相互之间不应起化学反应。

③ Выбранные огнеупорные и теплоизоляционные материалы должны соответствовать контактной среде, нельзя вступать в химическую реакцию между ними в условиях эксплуатации при выборе различных типов огнеупорных и теплоизоляционных материалов для кладки футеровки печи.

④ 应根据管程内介质气氛确定耐火材料的品种。当为氧化性介质时，不得选用碳化硅砖及炭砖；当为还原性气氛时，应注意耐火材料中二氧化硅及三氧化二铁的含量，其中二氧化硅含量应不大于 0.5%，三氧化二铁含量应不大于 0.4%。

④ Следует определить виды огнеупорных материалов в соответствии с средой в трубном пространстве. При применении окислительной среды нельзя выбрать кирпич из карбида кремния; при применении восстановительной среды следует обратить внимание на содержание двуокиси кремния и окиси железа в огнеупорных материалах, в т.ч. содержание SiO_2 должно быть не более 0,5%, содержание Fe_2O_3 должно не более 0,4%.

⑤ 管程介质为酸性或碱性时，不宜选用水泥结合耐火材料。

⑤ При применении кислой или щелочной среды в трубном пространстве нельзя выбрать огнеупорные материалы на основе цемента.

⑥ 耐火、隔热材料的制品其单件质量，应便于制品的制作、运输与砌筑。

⑥ Поштучная масса изделий из огнеупорных и теплоизоляционных материалов должна быть удобной для изготовления, транспортировки и кладки.

⑦ 余热锅炉所用高铝质耐火砖应符合 GB/T 2988—2012《高铝砖》标准规定；高铝质隔热耐火砖应符合 GB/T 3995—2014《高铝质隔热耐火砖》标准规定；耐火浇注料应符合 JC/T 498—2013《高强度耐火浇注料》标准规定，管板用耐火材料应符合 YB/T 5083—2014《粘土质和高铝质致密耐火浇注料》标准规定；高铝质耐火泥浆的理化指标及颗粒组成应符合 GB/T 2994—2008《高铝质耐火泥浆》标准规定；硅酸铝纤维毡应符合 GB/T 3003—2017《耐火纤维及制品》的标准规定；此外耐火、隔热材料的选用还应符合 HG/T 20683—2005《化学工业炉耐火、隔热材料设计选用规定》的要求。

⑦ Высокоглиноземистый огнеупорный кирпич для котла-утилизатора должен соответствовать требованиям стандарта GB/T 2988-2012 «Высокоглиноземистый кирпич»; высокоглиноземистый теплоизоляционный огнеупорный кирпич должен соответствовать требованиям стандарта GB/T 3995-2014 «Высокоглиноземистый теплоизоляционный огнеупорный кирпич»; огнеупорный заливный материал должен соответствовать требованиям стандарта JC/T 498-2013 «Высокопрочный огнеупорный заливный материал», огнеупорные материалы для трубной решетки должны соответствовать требованиям стандарта YB/T 5083-2014 «Глинистый и высокоглиноземистый плотный огнеупорный заливный материал»; физико-химические показатели и гранулометрический состав высокоглиноземистого огнеупорного глинистого раствора должны соответствовать требованиям стандарта GB/T 2994-2008 «Высокоглиноземистый огнеупорный глинистый раствор»; волоконный ферт из силиката алюминия должен соответствовать требованиям стандарта GB/T 3003-2017 «Волокно из огнеупорных материалов и изделия»; кроме того, выбор огнеупорных и теплоизоляционных материалов должен соответствовать требованиям HG/T 20683-2005 «Правила по проектированию и выбору огнеупорных и теплоизоляционных материалов для печи химической промышленности».

2.2.10.3 设计

（1）设计参数。

① 设计压力。

a. 余热锅炉设计压力的确定应符合 GB 150.1—GB 150.4《压力容器》、GB 151—2014《管壳式换热器》的规定。当工程设计有规定时，其设计压力应符合有关规定。

b. 余热锅炉的锅炉壳程及汽包的工作压力相同，均为饱和蒸汽压力；且余热锅炉均设置有安全阀，设计压力应不低于安全阀的开启压力。

② 设计温度。

a. 余热锅炉的设计温度指余热锅炉在正常工作情况下，设定元件的金属温度。当各元件在工作状态下的金属温度不同时，可分别设定每一元件的设计温度。

b. 余热锅炉无隔热衬里的管箱壳体及法兰、接管、与锅炉壳程筒体相连的环形件等受压元件，其设计温度应按表 2.2.27 确定。

2.2.10.3 Проектирование

（1）Проектные параметры.

① Проектное давление.

a. Проектное давление котла-утилизатора должно соответствовать требованиям GB 150.1—GB 150.4 «Сосуды, работающие под давлением» и GB 151-2014 «Кожухотрубчатый теплообменник». При наличии требований к инженерному проектированию проектное давление должно соответствовать соответствующим требованиям.

b. Рабочее давление корпуса котла-утилизатора и паросборника одинаковое и является давлением насыщенного пара; в котле-утилизаторе установлены предохранительные клапаны, проектное давление должно быть не менее давления открытия предохранительного клапана.

② Проектная температура.

a. Проектная температура котла-утилизатора означает установленную температуру металла элементов в нормальном рабочем режиме котла-утилизатора. При наличии разных температур металла элементов в рабочем режиме, можно отдельно установить проектную температуру каждого элемента.

b. Проектная температура корпуса трубной камеры без теплоизоляционной футеровки котла-утилизатора, фланца, штуцера, кольцевого элемента соединения с цилиндром межтрубного пространства котла и других несущих элементов определяется по таблице 2.2.27.

表 2.2.27 设计温度

Табл. 2.2.27 Проектная температура

最高工作温度 T_w，℃） Максимальная рабочая температура T_w，℃	设计温度 T，℃ Проектная температура T，℃
$250 \leqslant T_w \leqslant 350$	$T \geqslant T_w+20$
$T_w > 350$	$T \geqslant T_w+（15–5）$

c. 对带有非金属隔热衬里的管箱壳体、接管、法兰、与锅炉壳程筒体相连的环形件，在无可靠的传热计算或经验数据的情况下进行强度计算时，其设计温度取350℃；在确定非金属隔热衬里厚度时，其设计温度应高于管程介质的露点温度。

c. Проектная температура корпуса трубной камеры с неметаллической теплоизоляционной футеровкой, штуцера, фланца, кольцевого элемента соединения с цилиндром межтрубного пространства котла составляет 350℃ при расчете на прочность в случае отсутствия надежного расчета теплопередачи или эмпирических данных; проектная температура должна превышать температуру точки росы среды в трубном пространстве при определении толщины неметаллической теплоизоляционной футеровки.

d. 不与管程介质接触的余热锅炉筒体、汽包壳体及接管、法兰等元件，其设计温度取设计压力（绝）下对应的饱和蒸汽温度。

d. Проектная температура цилиндра котла-утилизатора без контакта с средой в трубном пространстве, корпуса паросборника, штуцера, фланца и других элементов равняется соответствующей температуре насыщенного пара при проектном давлении（абс.）.

e. 管板、换热管的设计温度（即计算壁温）应按表2.2.28确定，但任何情况下其计算壁温不得低于250℃。

e. Проектная температура трубной решетки и теплообменной трубы（т.е. расчетная температура стенки）определяется по таблице 2.2.28, но расчетная температура стенки должна быть не менее 250℃ в любом случае.

f. 除上述规定外，余热锅炉设计温度的确定还应符合GB 150.1—GB 150.4《压力容器》、GB 151—2014《热交换器》的规定。

f. Кроме вышеуказанных требований, расчетная температура котла-утилизатора должна соответствовать требованиям GB 150.1-GB 150.4 «Сосуды, работающие под давлением» и GB 151-2014 «Теплообменник».

表 2.2.28 计算壁温

Табл. 2.2.28 Расчетная температура стенки

受压元件形式及工作条件 Тип и рабочие условия несущих элементов	计算壁温 t_{bi}，℃ Расчетная температура стенки t_{bi}，℃
与温度 900℃以上介质接触的折边管板 Трубная решетка с отбортованной кромкой в контакте со средой температурой выше 900℃	t_J+70
与温度 600～900℃介质接触的折边管板 Трубная решетка с отбортованной кромкой в контакте со средой температурой 600–900℃	t_J+50
与温度低于 600℃介质接触的折边管板 Трубная решетка с отбортованной кромкой в контакте со средой температурой ниже 600℃	t_J+25
换热管 Теплообменная трубка	t_J+25

注：t_J—计算压力（绝）下介质的饱和温度，℃。

t_J— Температура насыщения среды под расчетным давлением（абс.），℃ .

③ 载荷。

设计时应考虑以下载荷：

a. 压力。

b. 液注静压力（当液注静压力小于 5% 设计压力时可忽略不计）。

c. 锅炉、汽包自重（包括内构件），以及正常工作条件下或试压状态下内装液体的重力载荷。

d. 附属设备、保温材料、扶梯、平台等集中及均布重力载荷。

e. 地震载荷。

f. 支座的反作用力。

g. 管道外载荷（管道推力和力矩）。

h. 由于热膨胀量或线膨胀系数的不同引起的作用力。

③ Нагрузка.

При проектировании следует учитывать следующие нагрузки:

a. Давление.

b. Статическое давление столба жидкости（при статическом давлении столба жидкости ниже 5% проектного давления, оно может считываться незначительным）.

c. Собственный вес котла и паросборника（включая внутренние элементы）, а также весовая нагрузка внутренней жидкости при нормальном рабочем режиме или испытании под давлением.

d. Сосредоточенная и равномерная весовая нагрузка вспомогательного оборудования, теплоизоляционного материала, лестницы и платформы.

e. Сейсмическая нагрузка.

f. Противодействующая сила опор.

g. Внешняя нагрузка трубопровода（тяговая сила и крутящий момент трубопровода）.

h. Действующая сила, вызванная разницей объема теплового расширения или коэффициента линейного расширения.

i. 运输或吊装时的作用力。

i. Действующая сила при перевозке или подъеме.

（2）余热锅炉结构。

（2）Конструкция котла-утилизатора.

余热锅炉又称蒸汽发生器，属于压力容器。余热锅炉主要由蒸汽汽包和锅炉换热器组成。一般采用热虹式循环。脱氧水直接进入汽包，再进入锅炉换热器壳程内，锅炉换热器所产生的蒸汽和水的混合相进入蒸汽汽包，蒸汽从汽包的顶部出来经过过热、调温后进入蒸汽管网系统，水则继续循环。

Котел-утилизатор также называется парогенератором, относится к сосуду, работающему под давлением. Котел-утилизатор в основном состоит из паросборника и теплообменника котла. Обычно применяется термосифонная циркуляция. Деаэрационная вода непосредственно поступает в паросборник, потом входит в межтрубное пространство теплообменника котла, смешанная фаза пара и воды из теплообменника котла поступает в паросборник, пар из верхней части паросборника входит в систему сети пара после перегрева и терморегулирования, вода продолжает циркуляцию.

在天然气硫黄回收装置中，余热锅炉通常为卧式扰性固定薄管板管壳式结构。主要由过程气进口管箱、换热器、汽包、鞍座及滑动板、过程气出口烟箱、上升管下降管、蒸汽匀气分离装置、给水分配管、连续排污管、开工蒸汽分配管以及安全阀、压力表、液位计接口等部件组成。根据不同的工况，汽包设计结构可分有外置式（图 2.2.49）和内置式（图 2.2.50）等。过程气进出管箱内设有耐火、隔热衬里，外设防烫装置，换热器壳体以及汽包均考虑保温措施。

В установке получения серы ГПЗ, обычно применяется кожухотрубный котел-утилизатор из горизонтальной гибкой стационарной тонкой трубной решетки. Она в основном состоит из трубной камеры на входе технологического газа, теплообменника, паросборника, седла и скользящей плиты, трубной камеры на выходе технологического газа, подъемной и опускной труб, распределительной установки для сепарации пара, распределительной трубы питающей воды, трубы непрерывного дренажа, распределительной трубы пускового пара, предохранительного клапана, манометра, соединения для уровнемера и других узлов. Паросборник может быть разделен на выносную конструкцию（см. рис. 2.2.49）и встроенную конструкцию（см. рис. 2.2.50）по различным режимам работы. В трубной камере на входе и выходе технологического газа установлена огнестойкая и теплоизоляционная футеровка, противоожоговое устройство установлено открыто, для корпуса теплообменника и паросборника следует применять теплоизоляционные меры.

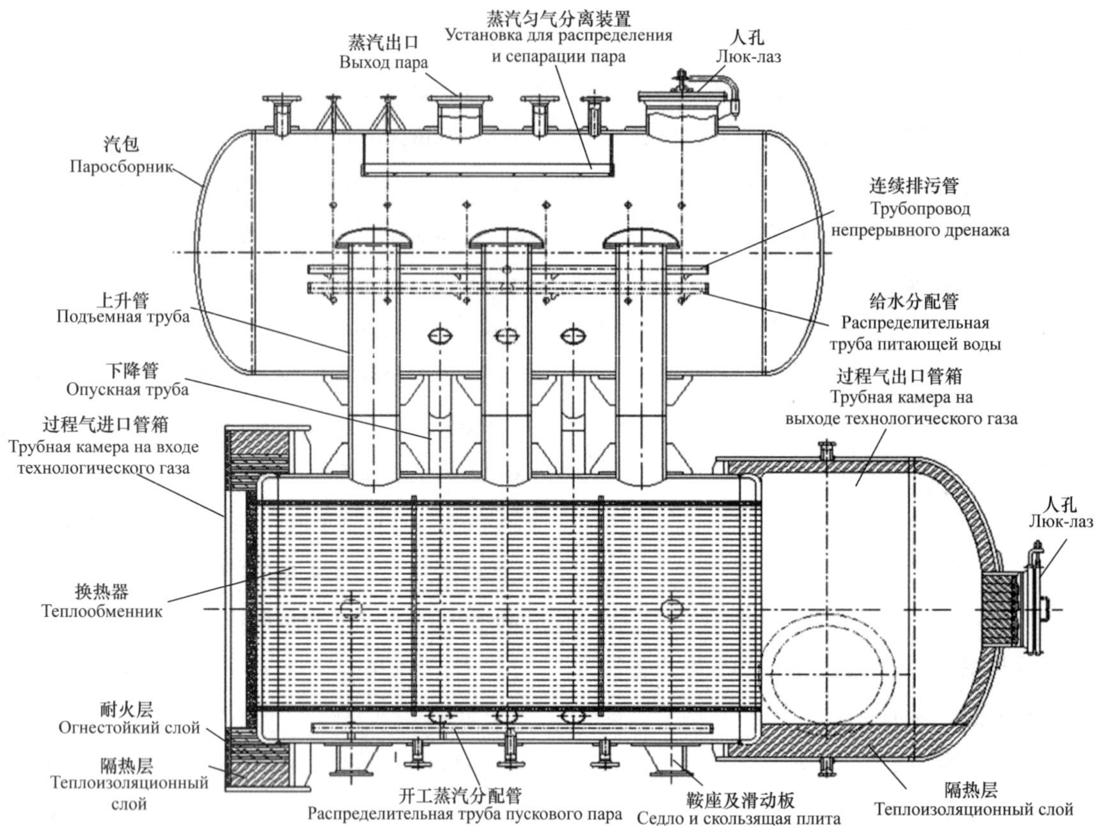

图 2.2.49 带外置汽包余热锅炉示意图

Рис. 2.2.49 Схема котла-утилизатора с внешним паросборником

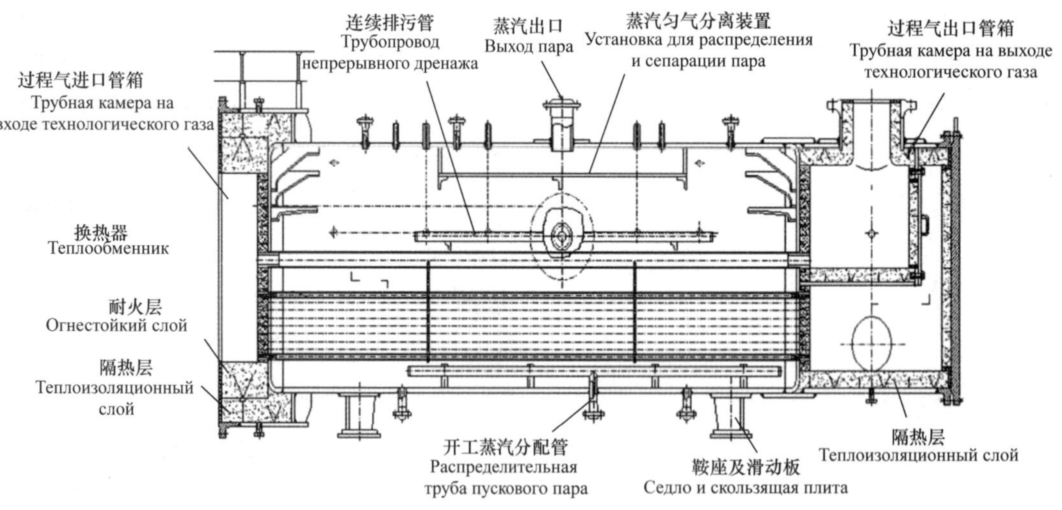

图 2.2.50 内置式蒸发空间余热锅炉示意图

Рис. 2.2.50 Схема встроенного котла-утилизатора с испарительным пространством

（3）保护套管。

由于燃烧炉的末端接余热锅炉入口，其介质温度高，组成复杂，因此，必须对余热锅炉的换热管的进口和表面加以保护，以避免高温和腐蚀的影响。管板金属表面应采用耐高温材料加以保护，管头必须采用保护套管；保护套管通常使用高铝陶瓷管，主要是保护余热锅炉的管壳及管入口。保护套管一般为圆形密封套，有一个或两个凸缘，插入锅炉管一端，管板外留有约 8cm 长，再用耐火材料盖住套管。这一部分的维修比较困难，必须在停工后才能处理。因此，这里的施工质量必须得到保证，安装过程不能有缝隙，安装完后应有充分时间使耐火材料固化。

（3）Защитная труба.

В связи с соединением конца печи сжигания с входом котла-утилизатора, высокой температурой среды и сложным составом, таким образом, необходимо защитить вход и поверхность теплообменной трубы котла-утилизатора во избежание влияния высокой температуры и коррозии. Металлическая поверхность трубной решетки должна быть защищена термостойким материалом, для штуцера должна применяться защитная труба; защитная труба обычно выполняется из высокоглиноземистой керамики, которая в основном предназначается для защиты трубного корпуса котла-утилизатора и входа трубы. В качестве защитной трубы обычно применяется круглая уплотнительная втулка с одним или двумя фланцами, вставленная в конец котловой трубы, оставляя около 8 см вне трубной решетки, потом втулка покрыта огнеупорными материалами. Ремонт данной части трудный, можно провести обработку только после останова. Таким образом, необходимо обеспечить качество строительства здесь, в процессе установки не допускается наличие зазора, после завершения установки следует иметь достаточное время для отверждения огнеупорных материалов.

（4）锅炉换热器。

锅炉换热器是脱氧水与过程气换热的场所，在这里，过程气从 1000℃以上的温度降至 300℃左右；同时过程气的热量将脱氧水汽化，产生高温汽体进入汽包。

（4）Теплообменник котла.

Теплообменник котла является местом теплообмена деаэрационной воды и технологического газа, где температура технологического газа снижается от 1000℃ и выше до около 300℃; одновременно тепло технологического газа превращает деаэрационную воду в пар, образовавшийся высокотемпературный газ поступает в паросборник.

（5）液位计。

此处的液位计必须耐高温、高压，主要用来观察余热锅炉内液位变化情况。

（5）Уровнемер.

Уровнемер здесь должен быть стойким к высокой температуре и высокому давлению, в основном используется для наблюдения за изменением уровня в котле-утилизаторе.

（6）过程气出、入口。

承接来自燃烧炉的高温气体，排出经冷却的过程气。过程气出口有的装有冷热掺和阀，可以对出口过程气的温度进行冷热掺和，从而调控出口过程气的温度。

（6）Вход и выход технологического газа.

Получать высокотемпературный газ из печи сжигания, выпускать технологический газ после охлаждения. На выходе технологического газа установлен клапан для смешивания холода и тепла, который может использоваться для смешивания холода и тепла для регулирования температуры технологического газа на выходе.

（7）上升管。

壳程里的蒸汽进入汽包的通道，余热锅炉壳程中的水受热后汽化，产生蒸汽，通过此通道进入汽包。

（7）Подъемная труба.

Пар в межтрубном пространстве поступает в проход паросборника, вода в межтрубном пространстве котла-утилизатора после нагрева испаряется и образуется пар, который поступает в паросборник через данный проход.

（8）下降管。

汽包内的液体流回壳程的通道，汽包中的蒸汽部分冷凝为水，通过此通道流回壳程。

（8）Опускная труба.

Жидкость в паросборнике течет обратно в проход межтрубного пространства, пар в паросборнике конденсируется в воду, и течет обратно в межтрубное пространство через данный проход.

（9）管程。

管程指余热锅炉内排列的直管，是过程气通过的通道，高温气体在这里得到冷却，使温度满足后续工艺的要求。因再热方式的不同，管程布置有所分别。

（9）Трубное пространство.

Трубное пространство означает прямую трубу, расположенную в котле-утилизаторе, является проходом технологического газа, где охлаждается высокотемпературный газ, чтобы обеспечить соответствие температуры требованиям к последующему процессу. Трубное пространство расположено в зависимости от метода перегрева.

（10）壳程。

余热锅炉外壳与管程之间的空间称为壳程，是软化水驻留并汽化的场所。

（10）Межтрубное пространство.

Пространство между корпусом котла-утилизатора и трубным пространством называется межтрубным пространством, где находится и испаряется умягченная вода.

(11)汽包。

汽包位于余热锅炉换热器上方,是蒸汽与水分离的场所。在这里产生的蒸汽被送往蒸汽管网,水则自下降管流入锅炉换热器中。

(11) Паросборник.

Паросборник расположен над теплообменником котла-утилизатора, где осуществляется сепарация пара от воды. Пар, генерируемый здесь, направляется в сеть пары, вода течет в теплообменник котла вдоль опускной трубы.

(12)余热锅炉的安全附件。

由于余热锅炉产生低中压蒸汽,为了保证其安全可靠,余热锅炉必须安装安全附件,并保证完好。主要的安全附件有安全阀、压力表、液位计。

(12) Предохранительные принадлежности котла-утилизатора.

Так как котел-утилизатор будет производить пар среднего и низкого давления, в целях обеспечения его безопасности и надежности, для котла-утилизатора следует установить предохранительные принадлежности и обеспечить их исправность. Основные предохранительные принадлежности: предохранительный клапан, манометр, уровнемер.

(13)排污装置。

为了确保蒸汽质量和余热锅炉的长周期运行,余热锅炉装有排污装置,定期或不定期排除锅炉内沉淀的污垢。排污装置装在余热锅炉下部,汽包内排污为连续排污,排污量一般为进水量的2%,锅炉换热器的排污为定期排污,一般为一天一次。在非正常状态下,排污有可能需增加,视具体情况而定。

(13) Дренажное устройство.

В целях обеспечения качества пара и долгосрочной эксплуатации котла-утилизатора, для котла-утилизатора установлено дренажное устройство, которое регулярно или нерегулярно удаляет осажденную грязь из котла. Дренажное устройство установлено в нижней части котла-утилизатора, осуществляется непрерывный дренаж для паросборника, объем дренажа обычно составляет 2% расхода входной воды, и осуществляется периодический дренаж для теплообменника котла, как правило, один раз в день. В ненормальном режиме, объем дренажа может быть увеличен по конкретному состоянию.

2.2.10.4 制造、检验和验收

2.2.10.4 Изготовление, контроль и приемка

(1)一般要求。

① 余热锅炉的制造应由持有"中华人民共和国特种设备设计许可证"压力容器类别相适应制造资质的单位承担。

(1) Общие требования.

① Изготовление котла-утилизатора должно выполняться организацией, имеющей соответствующую лицензию на проектирование специального оборудования КНР и лицензию на изготовление сосудов, работающих под давлением.

② 余热锅炉的制造焊接应由考核合格的焊工担任。焊工考核应按有关安全技术规范的规定执行,取得资格证书的焊工方能在有效期内担任合格项目范围内的焊接工作。

② Изготовление и сварка котла-утилизатора должны осуществляться сварщиком, прошедшим аттестацию. Аттестация сварщика должна выполняться по требованиям соответствующих технических правил по безопасности, получивший сертификат о квалификации сварщик может осуществлять работу по сварке в рамках годных пунктов в течение срока действия.

③ 余热锅炉的无损检测人员应按相关技术规范进行考核取得相应资格证书后,方能承担与资格证书的种类和技术等级相对应的无损检测工作。

③ В соответствии с соответствующими техническими правилами следует аттестовать персонала по неразрушающему контролю котла-утилизатора, который может выполнить работу по неразрушающему контролю, соответствующую с типом сертификата о квалификации и технической категорией, только после получения соответствующего сертификата о квалификации.

④ 制造单位应将余热锅炉的焊接工艺评定报告或焊接工艺规程保存至该工艺失效为止,将焊接评定试样保存 5 年以上,将产品质量证明文件保存 7 年以上。产品质量证明文件中的无损检测内容应包括无损检测记录和报告、射线底片和超声检测数据等检测资料(含缺陷返修前后记录)。

④ Изготовитель должен сохранить протокол аттестации технологии сварки котла-утилизатора или технологический регламент сварки вплоть до потери силы данной технологии, и сохранить образцы для аттестации технологии сварки более 5 лет и сертификат соответствия качества продукции более 7 лет. В состав неразрушающего контроля в сертификат соответствия качества продукции входят запись и отчет о неразрушающем контроле, негатив радиографичсского контроля, данные ультразвукового контроля и другие данные контроля (включая запись до и после повторного ремонта дефектов).

(2)焊接和焊后热处理。

(2) Сварка и термообработка после сварки.

① 余热锅炉施焊前,制造单位应按 NB/T 47014—2011《承压设备焊接工艺评定》的规定,对受压元件焊缝进行焊接工艺评定,评定合格后方可进行焊接施工。余热锅炉受压元件的焊接应符合 NB/T 47015—2011《压力容器焊接规程》的规定。

① Перед сваркой котла-утилизатора, изготовитель должен провести аттестацию технологии сварки сварных швов несущих элементов по требованиям NB/T 47014-2011 «Аттестация технологии сварки оборудования, работающего под давлением», можно провести сварку только после получения положительного результата аттестации. Сварка несущих элементов котла-утилизатора должна соответствовать требованиям NB/T 47015-2011 «Правила о сварке сосудов, работающих под давлением».

② 所有焊件不应强力组装,焊件组装质量应经检查合格后方可进行正式焊接。

② Нельзя собирать все сварные элементы принудительной силой, можно провести официальную сварку после получения положительного результата проверки качества сборки сварных элементов.

③ 当施焊环境出现下列情况之一,又无有效防护措施时,禁止施焊。

③ Не допускается сварка при происхождении любого из следующих случаев в окружающей среде проведения сварки и отсутствии эффективных защитных мер.

a. 手工焊时风速大于 8m/s。

a. Скорость ветра при ручной сварке более 8м/сек.

b. 气体保护焊时风速大于 2m/s。

b. Скорость ветра при сварке в среде защитного газа более 2м/сек.

c. 相对湿度大于 90%。

c. Относительная влажность более 90%.

d. 雨、雪环境。

d. Дождь и снег.

e. 焊件温度低于 −20℃。

e. Температура сварных элементов ниже −20℃ .

④ 在焊接过程中,环境温度为 −20～0℃时,焊件应在始焊处 100mm 范围内预热到 15℃以上。

④ В процессе сварки температура окружающей среды: от 0 до −20℃, следует проводить предварительный нагрев сварных элементов более 15 ℃ в пределе 100мм в начале сварки.

⑤ 施焊前应将坡口及两侧 50mm 范围内的铁锈、油污及其他杂质清除干净,打磨至见金属光泽。

⑤ Перед сваркой следует удалить ржавчины, масляные грязи и другие примеси в скосе кромок и в пределах 50мм с двух сторон, шлифовать до появления металлического блеска.

⑥ 所有对焊焊缝应为连续、全焊透焊缝。

⑥ Все стыковые сварные швы должны быть непрерывными и полными проваренными.

⑦ 焊接接头的返修应符合下列要求:

⑦ Повторный ремонт сварных соединений должен соответствовать следующим требованиям:

a. 分析接头中缺陷产生的原因，制定相应的返修方案，经焊接责任工程师批准后方可实施返修。

a. Анализировать причины дефектов в соединении, разработать соответствующий вариант повторного ремонта, можно осуществить повторный ремонт только после утверждения ответственным инженером по сварке.

b. 返修时缺陷应彻底清除，返修后的部位应按原要求检测合格。

b. При ремонте дефекты должны быть полностью удалены, часть после повторного ремонта подлежит контролю в соответствии с прежними требованиями.

c. 焊后要求热处理的元件，应在热处理前返修，若在热处理后返修，返修后应重新进行热处理。

c. Следует провести повторный ремонт элементов, требуемых термообработки после сварки, в случае повторного ремонта после термообработки, после повторного ремонта следует вновь провести термообработку.

d. 水压试验后进行返修的元件，如返修深度大于壁厚的一半，返修后应重新进行水压试验。

d. Для элементов повторного ремонта после гидравлического испытания, в случае глубины повторного ремонта более половины толщины стенки, следует вновь провести гидравлическое испытание после повторного ремонта.

⑧ 同一部位的返修次数不宜超过 2 次。超过 2 次的返修，应经制造单位技术总负责人批准，并将返修次数、部位、返修后的无损检测结果和技术总负责人批准字样记入水套炉产品质量证明文件。

⑧ Нельзя превышать два раза по числу повторного ремонта одной части. В случае превышения два раза по числу повторного ремонта, следует утвердить данный повторный ремонт техническим ответственным лицом изготовителя, записать число и часть повторного ремонта, результаты неразрушающего контроля после повторного ремонта и подпись «утверждения» технического ответственного лица в сертификате соответствия качества продукции ватержакетной печи;

⑨ 存在应力腐蚀倾向的管程元件应按有关规定进行焊后热处理；其热处理还应符合 SY/T 0599—2006《天然气地面设施抗硫化物应力开裂和抗应力腐蚀开裂的金属材料要求》的规定。

⑨ Элементы трубного пространства, имеющие тенденцию к коррозии под напряжением, подлежат термообработке после сварки по соответствующим требованиям; его термообработка также должна соответствовать SY/T 0599-2006 «Требованиям к металлическим материалам против сульфидного растрескивания под напряжением и коррозионного растрескивания под напряжением, применяемым для наземных сооружений на газовых месторождениях».

(3)外观检查。

(3)Внешний осмотр.

余热锅炉本体受压元件的全部焊接接头均应做外观检查,并符合下列要求:

Все сварные соединения несущих элементов котла-утилизатора подлежат внешнему осмотру, и должны соответствовать следующим требованиям:

① 焊缝外形尺寸应符合设计文件和有关标准的规定。

① Габаритные размеры сварных швов должны соответствовать требованиям проектной документации и соответствующих стандартов.

② 焊接接头无表面裂纹、未焊透、未熔合、表面气孔、弧坑、未填满和肉眼可见的夹渣等缺陷。

② На поверхности сварного соединения не допускаются трещины, непровар, несплавка, раковины, кратер, незаваливание, видимые шлаковины и другие дефекты.

③ 焊缝与母材应圆滑过渡,且角焊缝外形应呈凹形。

③ Переход сварного шва и основного металла должны быть плавным, внешний вид углового сварного шва должен вогнутым.

④ 100% 无损检测的对接焊缝表面不应咬边。其他焊缝表面的咬边深度不应大于 0.5mm,咬边连续长度不应大于 100mm,焊缝两侧咬边的总长度不应大于该焊接接头长度的 10%;管子焊接接头两侧咬边总长度不应大于管子周长的 20%,且不应大于 40mm。

④ На поверхности стыкового сварного шва, подлежащего неразрушающему контролю 100%, не допускается подрез. Глубина подреза на поверхности других сварных швов должна быть не более 0,5мм, непрерывная длина подреза должна быть не более 100мм, общая длина подреза на двух сторонах сварных швов должна быть не более 10% длины сварного соединения; общая длина подреза на двух сторонах сварного соединения трубы должна быть не более 20% периметра трубы, и не более 40мм.

(4)无损检测。

(4)Неразрушающий контроль.

① 余热锅炉受压元件的焊接接头,应经外观检查合格后才能进行无损检测。有延迟裂纹倾向的材料应至少在焊接完成 24h 后进行无损检测。

① Может осуществляться неразрушающий контроль сварного соединения несущих элементов котла-утилизатора только после получения положительного результата внешнего осмотра. Материалы с тенденцией к замедленному трещинообразованию подлежат неразрушающему контролю не менее 24 часов после завершения сварки.

② 余热锅炉的受压元件的对接接头应采用射线检测或超声检测，其中超声检测包括脉冲反射法超声检测和衍射时差法超声检测。当采用脉冲反射法超声检测时，应采用可记录的脉冲反射法超声检测。

② Стыковое соединение несущих элементов котла-утилизатора подлежит радиографическому контролю или ультразвуковому контролю, в т.ч. ультразвуковой контроль включает в себя ультразвуковой контроль методом отражения импульса и ультразвуковой контроль методом дифракции времени пролета. При ультразвуковом контроле методом отражения импульса следует записать данные ультразвукового контроля методом отражения импульса.

③ 余热锅炉受压元件焊接接头的无损检测比例应符合下列规定，制造单位对未检测部分的焊接接头质量仍应负责。

③ Процент неразрушающего контроля сварного соединения несущих элементов котла-утилизатора должен соответствовать следующим требованиям, изготовитель все еще должен взять на себя ответственность за качество сварного соединения части без контроля.

a. 余热锅炉壳程的对接接头应进行 100% 射线检测和 100% 超声检测。

a. Стыковое соединение корпуса котла-утилизатора подлежит 100% радиографическому контролю и 100% ультразвуковому контролю.

b. 余热锅炉其他受压元件的对接接头：局部射线检测或超声检测，检测长度不应小于各条焊接接头长度的 20%，且不应小于 250mm。

b. Стыковые соединения других несущих элементов котла-утилизатора подлежат частичному радиографическому контролю или ультразвуковому контролю, длина контроля должна быть не менее 20% длины каждого сварного соединения, и не менее 250мм.

④ 经磁粉或渗透检测发现的超标缺陷，应进行修磨及必要的补焊，并对该部位采用原检测方法重新检测，直至合格。

④ Следует провести отшлифовку и необходимую заварку для дефектов, обнаруженных при магнитопорошковом или капиллярном контроле, и применить прежний метод контроля для повторного контроля данной части вплоть до получения положительных результатов.

（5）衬里施工及验收。

（5）Строительство и приемка футеровки.

① 余热锅炉非金属衬里应在水压试验合格，并检查合格，签订工序交接证明书后，才可进行施工。

① Следует провести строительства неметаллической футеровки котла-утилизатора только после получения положительных результатов гидравлического испытания и проверки, а также подписания акта сдачи-приемки работ.

② 衬里施工前应对衬里接触的金属表面进行清理,使其表面无油污、铁锈及其他污物。除锈后的金属表面,应防止雨淋和受潮,并应尽快筑炉施工。

② Перед строительством футеровки следует очистить металлическую поверхность в контакте с футеровкой от масляных пятен, ржавчины и других загрязнений. Следует защищать металлическую поверхность после удаления ржавчины от дождя и влаги, и провести производство работ по кладке печей как можно быстрее.

③ 衬里施工应由具有相应炉窑衬里施工资质的单位承担,施工除应符合设计文件中规定外,还应符合 GB 50211—2014《工业炉筑炉工程施工及验收规范》、HG/T 20543—2006《化学工业炉砌筑技术条件》和 SH/T 3534—2012《石油化工筑炉工程施工质量验收规范》以及衬里材料供应商的筑炉、烘炉施工技术方案要求进行施工。

③ Строительство футеровки должно выполняться организацией, обладающей соответствующей лицензией на строительство футеровки печи, строительство должно соответствовать требованиям в проектной документации и требованиям GB 50211-2014 «Правилам строительства и приемки работ по кладке промышленных печей», HG/T 20543-2006 «Технические условия кладки химпромышленных печей», SH/T 3534-2012 «Правила по производству работ и приемке работ по кладке печей для нефтехимической промышленности» и технических вариантов работ по кладке и сушке печей поставщика материалов футеровки.

④ 筑炉工程施工应建立质量保证体系和质量检验制度,施工单位应编制详细的施工技术方案,并按规定的程序审查批准。

④ При строительстве работ по кладке следует создать систему обеспечения качества и систему контроля качества, строительная организация должна составить детальный технический вариант строительства, который рассмотрен и утвержден в установленном порядке.

⑤ 筑炉施工前施工单位应进行图纸会审。所有的设计变更应征得设计单位同意,并应取得确认文件。

⑤ Перед производством работ по кладке печей строительная организация должна провести рассмотрение чертежей. Внесение всех изменений в проект должно получить соглашение проектной организации и подтверждающий документ.

⑥ 衬里施工作业的环境温度宜为 5～35℃。施工过程应采取防止暴晒和雨淋的措施,并应有良好的通风和照明。当环境温度高于 35℃,应采取降温等措施;环境温度低于 5℃时,应采取冬期施工措施。

⑥ Лучше выдерживать температуру окружающей среды строительства футеровки в пределах 5–35℃. В процессе строительства следует принимать меры по защиты от солнца и дождя, и следует иметь хорошую вентиляцию и освещение.

При температуре окружающей среды выше 35 ℃ следует принимать меры по снижению температуры; при температуре окружающей среды ниже 5 ℃ следует принимать меры по строительству в зимний период.

⑦ 衬里施工作业前，筑炉施工单位应按相关标准规范进行材料的抽样检验、试块的制作，并报送第三方检测机构进行理化性能指标检测，出具检测报告，并报监理审批，合格后方可进行筑炉施工。

⑦ Перед строительством футеровки строительная организация по кладке печей должна провести выборочный контроль материалов и изготовление пробных брусков по соответствующим стандартам и правилам, и представить их контрольной организации третьей стороны для контроля физико-химических свойств, данная контрольная организация составит отчет о контроле и представит надзору на рассмотрение, можно провести производство работ по кладке печей только после получения положительного результата.

⑧ 衬里筑炉施工完成后按相应规定进行养护，并经检验，若有不合格处应按相应规定的修补程序进行修复直至合格。合格后方可进行烘炉，烘炉前，应根据燃烧炉的结构和用途、耐火材料的性能和筑炉施工季节等制订烘炉曲线、烘炉措施和操作规程。

⑧ После завершения строительства футеровки, следует провести уход по соответствующим требованиям. В случае обнаружения несоответствия при контроле, следует провести ремонт в установленном порядке ремонта до получения положительного результата. Можно провести сушку печи только после получения положительного результата, перед сушкой печи следует разработать кривую по сушке печи, меры по сушке печи и инструкцию по эксплуатации по конструкции и назначению печи сжигания, характеристикам огнеупорных материалов, сезону производства работ по кладке печей.

⑨ 烘炉必须按烘炉曲线进行。烘炉时，余热锅炉壳程内应充满锅炉用水，水质应符合 GB/T 1576—2008《工业锅炉水质》的要求，并进行水循环保护。在任何情况下，必须保证余热锅炉的水位在安全水位以上。烘炉时宜采用专用烘炉机进行烘炉，烘炉过程中，应做详细记录，并应测定和

⑨ Сушка печи должна проводиться по кривой по сушке печи. При сушке печи межтрубное пространство котла-утилизатора должно быть заполнено котловой водой, качество воды должно соответствовать требованиям GB/T 1576-2008 «Качество воды для промышленного котла», и

绘制实际烘炉曲线。对所发生的一切不正常现象，应采取相应措施，并注明其原因。

проводится защита циркуляцией воды. В любом случае, необходимо обеспечить уровень воды в котле-утилизаторе над безопасным уровнем воды. При сушке печи следует использовать специальную установку для сушки печи, в процессе сушки печи следует сделать детальную запись, и определить и разработать фактическую кривую по сушке печи. Для всех ненормальных явлений, следует принять соответствующие меры и указать причины.

⑩ 烘炉后应对炉衬进行全面检查,应明确检查项目和合格指标,并做好检查记录,如有缺陷应分析原因并加以修补。

⑩ После сушки печи следует проверить всестороннюю футеровку печи, определить пункты проверки и годные показатели, сделать запись о проверке. При наличии дефектов следует анализировать причины и устранить дефекты.

⑪ 余热锅炉的筑炉烘炉施工的整个过程应有监理单位监造。施工后的设备应经监理单位、施工、检验单位和建设单位检查验收,合格后方可投入使用。

⑪ Надзорная организация должна провести надзор за всем процессом производства работ по кладке и сушке печей котла-утилизатора. Оборудование после строительства должно быть проверено и принято надзорной организацией, строительной организацией, контрольной организацией и Заказчиком, и может быть введено в эксплуатацию только после получения положительного результата.

(6)水压试验。

(6)Гидравлическое испытание.

① 余热锅炉水压试验应在无损检测合格和热处理后进行。

① Гидравлическое испытание котла-утилизатора должно проводиться после получения положительного результата неразрушающего контроля и термообработки.

② 余热锅炉水压试验场地应有可靠的安全防护设施,并应经单位技术负责人和安全管理部门检查认可。

② На площадке для проведения гидравлического испытания котла-утилизатора следует иметь надежные безопасные защитные устройства, которые подлежат проверке и утверждению техническим ответственным лицом организации и отделом по управлению безопасностью.

③ 余热锅炉水压试验的种类和试验压力值应在设计图样中注明，其试验要求应符合 GB 150—2011《压力容器》的规定。

③ Виды гидравлического значения котла-утилизатора и значение испытательного давления должны быть указаны на проектном чертеже, испытание должно соответствовать требованиям GB 150-2011 «Сосуды, работающие под давлением».

④ 余热锅炉水压试验应按以下步骤进行：

④ Гидравлическое испытание котла-утилизатора должно проводиться по следующим шагам:

a. 余热锅炉壳程试压，同时检查换热管与管板的连接接头；

a. Испытание под давлением межтрубного пространства котла-утилизатора, проверка соединительного штуцера теплообменной трубы и трубной решетки;

b. 余热锅炉管程试压；

b. Испытание под давлением трубного пространства котла-утилизатора;

c. 汽包试压；

c. Испытание под давлением паросборника;

d. 余热锅炉现场组装后进行系统试压。

d. Испытание под давлением системы после сборки котла-утилизатора на месте.

3 动设备

3 Динамическое оборудование

泵和压缩机在工业领域十分常见,在石化行业中主要起到输送流体和提供化学反应的压力流量或者进行温度调节的作用。本章对气田工程中常用泵和压缩机等转动设备的种类划分、工作原理、结构形式及制造、安装和运行维护原则等进行了介绍,并对可能造成动设备故障或损坏等方面提出了详尽要求。

Насосы и компрессоры широко применяются в отраслях промышленности, предназначены для перекачки флюида и предоставления напорного потока, необходимого для химической реакции, или регулировки температуры в нефтехимической промышленности. В данной главе изложены классификации, принципы работы, конструктивные исполнения, принципы изготовления, монтажа, эксплуатации и технического обслуживания оборудования с поворотным механизмом, например, насосов и компрессоров, широко применяющихся в наземном обустройстве газовых месторождений, а также описаны детальные требования в аспекте возможных отказов и повреждений оборудования.

3.1 泵

3.1 Насос

3.1.1 概述

3.1.1 Общие сведения

泵是把原动机的机械能转换成液体能量的机器。泵用来增加液体的位能、压能、动能。原动机通过泵轴带动叶轮旋转,对液体做功,使其能量增加,从而使液体由吸入口经泵输送到要求的高处或增压到所需的压力。

Насос является машиной, превращающей механическую энергию первичного двигателя в жидкую энергию. Насос используется для повышения потенциальной энергии, энергии давления и кинетической энергии жидкости. Первичный двигатель приводит во вращение крыльчатки с помощью вала насоса, что действует на жидкости, чтобы увеличить ее энергию, таким образом, жидкость подается через насос от всасывающего отверстия к требуемому высоте или под давлением до требуемого давления.

在气田开发工程中，典型的用泵有进料泵、回流泵、循环泵、注入泵、输送泵、补给泵、排污泵、燃料油泵、润滑油泵和封液泵等。例如，气田集输装置中的缓蚀剂注入泵，脱硫脱碳装置中的吸收塔塔顶回流泵、胺液循环泵，脱水装置的TEG循环泵，污水处理装置的排污泵，压缩机润滑油系统的润滑油泵，等等。

Типичные насосы для объекта по разработке газовых месторождений включают в себя питательный насос, рефлюксный насос, циркуляционный насос, насос для закачки, насос для перекачки, подпиточный насос, дренажный насос, топливный насос, смазочный насос, насос с жидкостным уплотнением и т.д.. Например, насос для закачки ингибитора коррозии в установке сбора и транспорта газ; рефлюксный насос на вершине абсорбера в установке обессеривания и обезуглероживания газа, циркуляционный насос аминного раствора; циркуляционный насос TEG установки осушки газа; дренажный насос установки очистки сточных вод; смазочный насос системы смазки компрессора и т.д..

3.1.2　泵的结构和分类

3.1.2　Конструкция и классификация насосов

3.1.2.1　泵的分类

3.1.2.1　Классификация насосов

泵的种类很多，按其作用原理和结构可分以下几种。

Существуют многие типы насосов, которые могут быть классифицированы следующим образом в зависимости от их принципами действия и конструкциями:

叶片式泵：连续地给液体施加能量，如离心泵、混流泵、轴流泵等。

Лопастный насос: применяется для непрерывной подачи энергии к жидкости, например, центробежный насос, диагональный насос и осевой насос.

容积式泵：通过封闭而充满液体容积的周期性变化，不连续地给液体施加能量，如活塞泵、齿轮泵、螺杆泵等。

Объемный насос: применяется для прерывной подачи энергии к жидкости путем периодического изменения объема заполненной жидкости после уплотнения, например, поршневой насос, шестеренчатый насос и винтовой насос.

其他类型泵：这些泵的作用原理各异，如射流泵、电磁泵等。

Другие типы насосов: принципы действия таких насосов различные, например, струйный насос, электромагнитный насос.

泵的详细分类见表 3.1.1：

Подробная классификация насосов приведена в следующей таблице 3.1.1.

表 3.1.1 泵的分类

Табл. 3.1.1 Классификация насосов

类型 Тип		主要特点 Основные характеристики
叶片式泵 Лопастный насос	离心泵 Центробежный насос	单级(单吸、双吸、自吸、非自吸)、多级(节段式、涡壳式)、立式、卧式 Одноступенчатый насос (насос одностороннего всасывания, насос двухстороннего всасывания, самовсасывающий насос, несамовсасывающий насос), многоступенчатый насос (секционный, спиральный), вертикальный и горизонтальный насосы
	混流泵 Диагональный насос	涡壳泵、导叶式(固定叶片、可调叶片) Спиральный насос, лопастный насос (неподвижные лопатки, регулируемые лопатки)
	轴流泵 Осевой насос	固定叶片、可调叶片 Неподвижные лопатки, регулируемые лопатки
	旋涡泵 Вихревой насос	单级、多级、自吸、非自吸 Одноступенчатый, многоступенчатый, самопоглощений, несамовсасывающий
容积式泵 Объемный насос	往复泵 Возвратно-поступательный насос	电动式(活塞泵、柱塞泵、隔膜泵)、蒸汽直接作用泵 Электрический насос (поршневой насос, плунжерный насос, диафрагменный насос), паровой прямодействующий насос
	转子泵 Роторны й насос	螺杆泵(单、双杆)、齿轮泵、罗茨泵、滑片泵 Винтовой насос (одновинтовой, двухвинтовой), шестеренчатый насос, насос Рута, шиберный насос
其他类型泵 Другие типы насосов		射流泵、电磁泵等 Струйный насос, электромагнитный насос и т.д.

3.1.2.2 泵的基本参数

表征泵主要性能的参数有以下几个。

（1）流量。

泵的流量指泵在单位时间内由泵出口排出液体的量(体积或质量)。体积流量用 Q 表示，单位是 m^3/s、m^3/h、L/s 等。质量流量用 Q_m 表示，单位是 t/h、kg/s 等。

（2）扬程 H。

扬程是泵所抽送的单位重量液体从泵进口处到泵出口处能量的增值，即单位重量的流体通过泵所获得的能量，单位是 m。

3.1.2.2 Основные параметры насоса

Параметры, характеризующие основные характеристики насоса, показаны ниже:

(1) Расход.

Расход насоса означает расход жидкости из выхода насоса в единицу времени (объем или масса). Объемный расход обозначается знаком Q, единица–$м^3$/сек, $м^3$/ч, л/сек. и т.д.. Массовый расход обозначается знаком Q_m, единица–т/ч, кг/сек. и т.д..

(2) Напор H.

Напор означает приращение энергии перекачиваемой жидкости единичного веса насосом от входа насоса до выхода насоса, т.е. полученная энергия жидкости единичного веса насосом с помощью насоса, единица–м.

扬程表征泵的性能，只和泵进、出口法兰处的液体能量有关，而和泵装置无直接联系。

Напор характеризует характеристики насоса, только связывается с энергией жидкости в месте фланцев на входе и выходе насоса, непосредственно не связывается с насосной установкой.

（3）转速 n。

（3）Скорость вращения n.

转速是泵轴单位时间的转数，单位是 r/min。

Скорость вращения означает число оборотов вала насоса в единицу времени, обозначается знаком n, единица–r/мин.

（4）轴功率。

（4）Мощность на валу.

泵的轴功率通常指单位时间内原动机传到泵轴上的功率，故又称输入功率，用 P_a 表示，单位是 W 或 kW。

Мощность на валу насоса обычно означает мощность на валу насоса, переданную первичным двигателем в единицу времени, также называется входной мощностью, обозначается знаком P_a, единица–Вт или кВт.

（5）有效功率。

（5）Эффективная мощность.

有效功率指单位时间内泵输送出液体获得的有效能量，也称输出功率，用 p_v 表示，单位是 W 或 kW：

Эффективная мощность означает полученную эффективную энергию путем перекачки жидкости насосом в единицу времени, также называется выходной мощностью, обозначается знаком P_v, единица–Вт или кВт:

$$P_v = \frac{\rho g Q H}{1000} \tag{3.1.1}$$

式中 Q—— 泵的体积流量，m^3/s；
H—— 泵的扬程，m；
ρ—— 介质密度，kg/m^3；
g—— 重力加速度，$9.81m/s^2$。

Где Q——объемный расход насоса, $м^3/сек$;
H——напор насоса, м;
ρ——плотность среды, $кг/м^3$;
g——гравитационное ускорение, $9,81м/сек^2$.

（6）效率 η。

（6）КПД η.

泵的效率是泵的有效功率与轴功率之比。

КПД насоса означает отношение эффективной мощности к мощности к валу насоса.

（7）汽蚀余量 NPSH。

（7）Кавитационный запас NPSH.

汽蚀余量又叫净正吸头，是表示汽蚀性能的主要参数。

Кавитационный запас также называется эффективным положительным напором на всасывании насоса, является основным параметром, отражающим кавитационную характеристику.

3.1.2.3 泵的性能特点

3.1.2.3 Характеристики насосов

泵的性能特点对比见表 3.1.2。

Сравнение характеристик насосов приведено в таблице 3.1.2.

表 3.1.2 泵的性能特点对比

Табл. 3.1.2 Сравнение характеристик насосов

<table>
<tr><td colspan="2" rowspan="2">指标
Показатели</td><td colspan="3">叶片泵
Лопастный насос</td><td colspan="2">容积式泵
Объемный насос</td></tr>
<tr><td>离心泵
Центробежный насос</td><td>轴流泵
Осевой насос</td><td>旋涡泵
Вихревой насос</td><td>往复泵
Возвратно-поступательный насос</td><td>转子泵
Роторный насос</td></tr>
<tr><td rowspan="3">流量
Расход</td><td>均匀性
Равномерность</td><td colspan="3">均匀
Равномерный</td><td>不均匀
Неравномерность</td><td>比较均匀
Более равномерный</td></tr>
<tr><td>稳定性
Стабильность</td><td colspan="3">不恒定，随管路情况变化而变化
Это не является постоянным, но изменяется в зависимости от состояния трубопровода</td><td colspan="2">恒定
Постоянный</td></tr>
<tr><td>范围，m^3/h
Диапазон，$м^3$ / ч</td><td>1.6～30000
1,6–30000</td><td>150～245000</td><td>0.4～10
0,4–10</td><td>0～600</td><td>1～600</td></tr>
<tr><td rowspan="2">扬程
Напор</td><td>特点
Особенность</td><td colspan="3">对应一定流量，只能达到一定的扬程
Соответствовать определенному расходу, можно достичь только определенного напора</td><td colspan="2">对应一定流量可达到不同扬程，由管路系统确定
Соответствовать определенному расходу, можно достичь различных напоров, определяется системой трубопровода</td></tr>
<tr><td>范围
Диапазон</td><td>10～2600m
10–2600м</td><td>2～20m
2–20м</td><td>8～150m
8–150м</td><td>0.2～100MPa
0,2–100 МПа</td><td>0.2～60MPa
0,2–60 МПа</td></tr>
<tr><td rowspan="2">效率
Эффективность</td><td>特点
Особенность</td><td colspan="3">结构简单，造价低，体积小，重量轻，安装检修方便
Простая конструкция, низкая стоимость, небольшой объем, легкий вес, удобная установка и ремонт.</td><td>结构复杂，振动大，体积大，造价高
Сложная конструкция, сильная вибрация, большой объем, высокая стоимость</td><td>同离心泵
С центробежным насосом</td></tr>
<tr><td>范围(最高点)
Диапазон (самая высокая точка)</td><td>0.5～0.9
0,5–0,9</td><td>0.7～0.9
0,7–0,9</td><td>0.25～0.5
0,25–0,5</td><td>0.7～0.85
0,7–0,85</td><td>0.6～0.8
0,6–0,8</td></tr>
<tr><td colspan="2">适用范围
Область применения</td><td>黏度较低的各种介质
Для разных сред с низкой вязкостью</td><td>适用于大流量、低扬程、黏度低的介质
Для сред с большим расходом, низким напором и низкой вязкостью</td><td>适用于小流量、较高压力、低黏度清洁介质
Для чистых сред с небольшим расходом, высоким давлением и низкой вязкостью</td><td>适用于高压力、小流量的清洁介质
Для чистых сред с высоким давлением и небольшим расходом</td><td>适用于中低压力、中小流量，尤其是高黏度介质
Для сред с средним и низким давлением, средним и небольшим расходом и особенно с высокой вязкостью</td></tr>
</table>

3.1.2.4 泵的结构

在气田地面工程的各类装置中，离心泵因其具有性能范围广、流量均匀、结构简单、运转可靠和维修方便等诸多优点，应用最为广泛。除了在高压小流量或需要计量时常采用往复式泵，液体含气体时采用容积式泵外，其余场合，绝大多数使用离心泵。据统计，离心泵的使用量占泵总量的80%以上，如注入泵、循环泵、输送泵等均是离心泵。

3.1.2.4 Конструкция насоса

В различных установках объекта по обустройству газовых месторождений, центробежный насос широко применяется благодаря широкому диапазону характеристик, равномерному расходу, простой конструкции, надежности работы, удобному ремонту и другим преимуществам. При высоком давлении и небольшом расходе или при необходимости учета обычно применяется возвратно–поступательный насос, в случае наличия жидкости, содержащей газ, применяется объемный насос, в другом случае обычно применяется центробежный насос. Согласно статистике, количество использования центробежного насоса занимает выше 80% от общего количества насосов, в состав центробежного насоса входят насос для закачки, циркуляционный насос, насос для перекачки и т.д..

由于泵的种类较多，不同类型的泵，其结构形式也略有区别。结合气田地面工程中泵的选用情况，这里主要介绍离心泵和往复泵的结构。

В результате разных типов насосов, конструкция насосов разных типов немного отличается. Согласно выбору насосов для объекта по обустройству газовых месторождений, здесь в основном описана конструкция центробежных и возвратно–поступательных насоса.

（1）离心泵的结构。

离心泵主要由叶轮、泵壳、密封部件等组成。一般离心泵启动前泵壳内要灌满液体，当原动机带动泵轴和叶轮旋转时，液体一方面随叶轮做圆周运动，另一方面在离心力的作用下自叶轮中心向外周抛出，液体从叶轮获得了压力能和速度能。当液体流经蜗壳到排液口时，部分速度能将转变为静压力能。在液体自叶轮中心抛出时，叶轮中心部分造成低压区，与吸入液面的压力形成压力差，于是液体不断的被吸入，并以一定的压力排出。泵的结构如图 3.1.1 所示。

（1）Конструкция центробежного насоса：

Центробежный насос в основном состоит из крыльчатки, вала, корпуса насоса, уплотнения вала и т.д.. Перед запуском центробежного корпуса обычно необходимо заполнить корпус насоса жидкостью. Когда первичный двигатель приводит во вращение вал насоса и крыльчатку, с одной стороны, жидкость двигается по кругу с крыльчаткой, с одной стороны, жидкость отбрасывается от центра крыльчатки к периферии под действием центробежной силы, жидкость получила энергию давления и энергию скорости от крыльчатки. Когда жидкость проходит через спиральную камеру до выхода дренажа жидкости, частичная энергия скорости будет превращаться в энергию статического давления. Когда жидкость отбрасывается от центра крыльчатки, что приводит к образованию центральной части крыльчатки низкого давления, и образуется разность давления между данной частью и поверхностью всасывания жидкости, таким образом, жидкость непрерывно всасывается и выпускается при постоянном давлении. Конструкция насоса приведена на рис. 3.1.1.

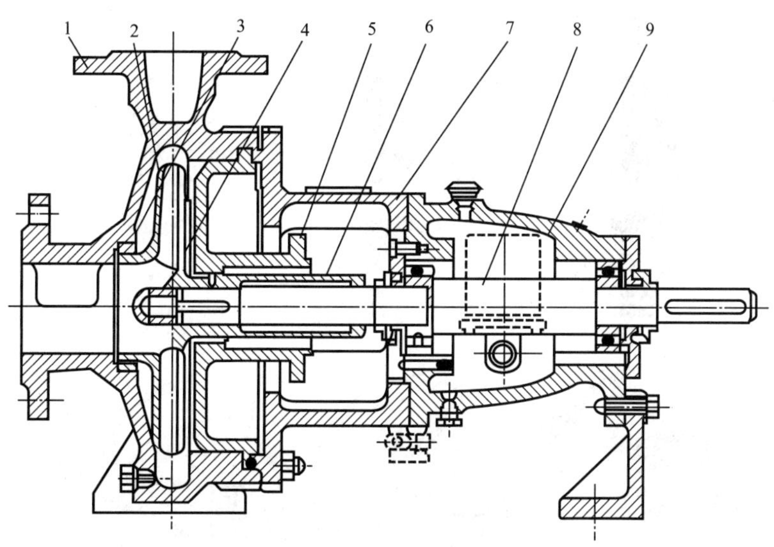

图 3.1.1　离心泵的结构图

Рис. 3.1.1　Схема конструкции центробежного насоса

1—泵壳；2—叶轮；3—密封环；4—叶轮螺母；5—泵盖；6—密封部件；7—支中间支撑；8—轴；9—悬架部件

1— Корпус насоса; 2— Крыльчатка; 3— Уплотнительное кольцо; 4— Гайка крыльчатки; 5— Крышка насоса; 6— Уплотнительная часть; 7— Промежуточная опора; 8— Вал; 9— Узел подвески

① 泵壳。泵壳有轴向剖分式和径向剖分式两种。大多数单级泵的壳体都是蜗壳式的，多级泵径向剖分壳体一般为环形壳体或圆形壳体。一般蜗壳式泵壳的内腔呈螺旋形液道，用以收集从叶轮中甩出的液体，并引向扩散管至泵出口。泵壳承受全部的工作压力和液体的热负荷。

① Корпус насоса: применяется осевой и радиальный разъемный корпус насоса. Применяется спиральный корпус большинства одноступенчатых насосов, радиальный разъемный корпус многоступенчатого насоса–обычно кольцевой или круглый корпус. Внутренняя полость корпуса спирального насоса–спиральный канал для жидкости, применяется для сбора жидкости из крыльчатки, и направляется к трубе диффузора до выхода насоса. Корпус насоса выдержит полное рабочее давление и тепловую нагрузку жидкости.

② 叶轮。叶轮是唯一的做功部件，泵通过叶轮对液体做功。叶轮形式有闭式、开式、半开式三种，如图 3.1.2 所示。闭式叶轮由叶片、前盖板、后盖板组成。半开式叶轮由叶片和后盖板组成。开式叶轮只有叶片，无前后盖板。闭式叶轮效率较高，开式叶轮效率较低。

② Крыльчатка: крыльчатка является единственным узлом работы, насос действует на жидкости с помощью крыльчатки. Имеются закрытая, открытая и полуоткрытая крыльчатки. Как показано в рис. 3.1.2, закрытая крыльчатка состоит из лопатки, передней крышки и задней крышки. Полуоткрытая крыльчатка состоит из лопатки и задней крышки. Открытая крыльчатка только имеет лопатку без задней крышки. Высокая эффективность закрытой крыльчатки, низкая эффективность открытой крыльчатки.

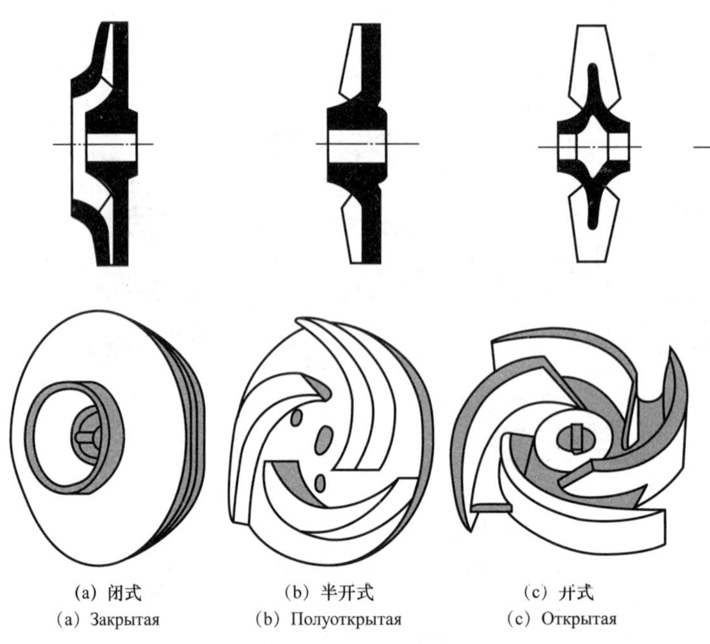

图 3.1.2　叶轮结构形式
Рис 3.1.2　Тип конструкции крыльчатки

③ 密封环。密封环也称口环。密封环的作用是防止泵的内泄漏和外泄漏，由耐磨材料制成的密封环，镶于叶轮前后盖板和泵壳上，磨损后可以更换。

③ Уплотнительное кольцо: также называется противоизносным кольцом. Уплотнительное кольцо применяется для предотвращения внутренней утечки и наружной утечки насоса, уплотнительного кольцо из износостойкого материала устанавливается на передней и задней крышках и корпусе насоса, может быть заменено после износа.

④ 轴和轴承。泵轴一端固定叶轮，一端装联轴器。根据泵的大小，轴承可选用滚动轴承和滑动轴承。

④ Вал и подшипник: на одном конце вала насоса фиксируется крыльчатка, на другом конце устанавливается муфта. По размеру насоса могут применяться подшипника качения и скользящий подшипник.

⑤ 轴封。轴封一般有机械密封和填料密封两种。一般泵均设计成既能装填料密封，又能装机械密封。

⑤ Уплотнение вала: обычно применяются механическое уплотнение и сальниковое уплотнение. Для общего насоса применяются сальниковое уплотнение и механическое уплотнение.

（2）往复泵结构。

（2）Конструкция.

возвратно–поступательного насоса

往复泵由液力端和动力端组成。液力端直接输送液体，把机械能转换成液体的压力能；动力端将原动机的能量传给液力端。动力端由曲轴、连杆、十字头、轴承和机架等组成。液力端由液缸、活塞(或柱塞)、吸入阀和排出阀、填料等组成。外形结构如图 3.1.3 所示。

Возвратно–поступательный насос состоит из гидравлической части и приводной части. Гидравлическая часть прямо транспортирует жидкость, превращает механическую энергию в энергию давления жидкости; приводная часть передает энергию первичного двигателя гидравлической части. Приводная часть состоит из коленчатого вала, шатуна, крейцкопфа, подшипника и станины и т.д.. Гидравлическая часть состоит из гидроцилиндра, поршня（или плунжера）, всасывающего клапана и выходного клапана, сальника и т.д.. Габаритная конструкция приведена на рис. 3.1.3.

图 3.1.3 往复泵外形结构

Рис. 3.1.3 Габаритная конструкция возвратно–поступательного насоса

往复泵主要依靠曲柄转动带动活塞往复运动,当液缸容积增大时,压力降低,吸入阀开启,被输送的液体进入到液缸。当曲柄转过 180° 后,液缸容积变小时,液体被挤压,液缸内液体压力急剧增加,排出阀开启,液体被排送到排出管路中去。当往复泵的曲柄不停地旋转时,往复泵就不断地吸入和排出液体,完成液体输送。

Возвратно–поступательный насос приводит в возвратно–поступательное движение поршня путем вращения кривошипа, при увеличении объема гидроцилиндра давление снижается, открывается всасывающий клапан, транспортируемая жидкость поступает в гидроцилиндр. Когда кривошип поворачивается на 180 °, объем гидроцилиндра становится малым, жидкость будет нажата, давление жидкости в гидроцилиндре резко увеличится, будет открываться выходной клапан, жидкость транспортируется в выпускной трубопровод. Возвратно–поступательный насос непрерывно всасывает и выпускает жидкость при непрерывном вращении кривошипа возвратно–поступательного насоса, чтобы завершить транспортировку жидкости.

3.1.3 泵的制造、检验和安装

3.1.3 Изготовление, контроль и монтаж насосов

3.1.3.1 泵的制造与检验

3.1.3.1 Изготовление и контроль насосов

泵等转动设备,因为结构复杂、存在转动部件,零部件之间有较高的公差配需要求。其制造过程涉及铸造、机械加工(车削加工、铣床加工、磨床加工、钳工划线、钻孔攻丝等)、表面处理、测量、检验与试验等多个环节。

Из–за сложной конструкции, наличия вращающегося элемента, существуют более высокие требования к допуску посадки между деталями и узлами насосов и другого вращающегося оборудования. Процесс изготовления включает в себя литье, механические обработки (точение, фрезерование, шлифование, слесарная разметка, сверление, нарезание резьбы, и т.д.), обработку поверхности, измерение, контроль и испытание и и т.д..

为了保证泵等转动设备的良好性能,除了采用先进的生产设备和测量仪器外,生产过程中及出厂前的检验与试验也至关重要。

В целях обеспечения хороших свойств насосов и другого вращающегося оборудования, помимо применения передового производственного оборудования и измерительных приборов, контроль и испытание в процессе производства и до выпуска с завода также имеют решающее значение.

各类泵的检验与试验应参照相应的标准规范执行，这里仅以 API 系列标准为例，列出离心泵与往复泵的标准规定，见表 3.1.3。

Контроль и испытание различных насосов должны выполняться по соответствующим стандартам и правилам, здесь только применяются стандарты серии API в качестве примера, и приведены стандарты центробежного насоса и возвратно–поступательного насоса, см. в таблице 3.1.3.

（1）离心泵检验与试验。

（1）Контроль и испытание центробежного насоса.

表 3.1.3 API 610（石油、重化学和天然气工业用离心泵）标准规定

Табл. 3.1.3 API 610 Стандарт «Центробежный насос для нефтяной, нефтехимической и газовой промышленности»

项目 Пункты	内容 Содержание
检验方式 Способ контроля	规定有观察、见证和非目睹三种检验方式，可任意选定其中一种。 （1）观察试验：在试验（检查）前，制造厂需事先通知用户具体试验时间，用户如果未按指定时间到场，制造厂可不等候用户代表，照常进行试验。 （2）见证试验：卖方应提前通知买方检查或试验时间安排，只有买方或其代理人出席才能进行检查或试验。 （3）非目睹试验：指用户代表可以不在现场的情况下，制造厂自行试验或检查 Применяются три способа контроля: испытание с осмотром представителя потребителя, испытание с присутствием представителя покупателя и испытание без присутствия представителя потребителя, один из которых может быть произвольно выбран. （1）Испытание с осмотром представителя потребителя: Перед испытанием（контролем）, завод–изготовитель должен предварительно сообщить потребителю о конкретном времени испытания. Если потребитель не прибыл в назначенное время, завод–изготовитель не может ждать представителя потребителя, и проводит испытание по обыкновению. （2）Испытание с присутствием представителя покупателя: Продавец обязан заранее сообщить покупателю о контроле или испытании, может проводить контроль или испытание только после присутствия покупателя или его представителя. （3）Испытание без присутствия представителя потребителя: Завод–изготовитель может проводить испытание или контроль самостоятельно при отсутствии представителя потребителя на месте
检查 Проверка	（1）应根据材料规范的要求做无损探伤检验，如果对焊缝或买方规定的材料作附加的 X 射线照相探伤、超声探伤、磁粉探伤或液体着色探伤，检查的方法和验收标准应符合 ASME 规范要求，替代的标准可有卖方推荐或买方规定。 （2）如果有规定，应当通过试验来证实零件的硬度、焊缝的硬度以及热影响区的硬度是在允许值的范围内。其试验方法、范围、文件和见证试验由卖方与买方共同商定 （1）Следует провести неразрушающий контроль в соответствии с требованиями спецификации на материал. При необходимости дополнительного рентгеновского контроля, ультразвукового контроля и магнитопорошкового контроля сварных швов или материалов, установленных покупателем, или капиллярного контроля жидкости методы контроля и стандарт приемки должны соответствовать требованиям правил ASME. Альтернативный стандарт рекомендован продавцом или указан покупателем. （2）При наличии требований следует проверить твердость деталей и сварных швов, а также твердость на зоне термического влияния в пределах допустимого значения путем испытания. Продавец согласовывает с покупателем методы испытаний, сферу, документации и испытания при присутствии покупателя

续表
продолжение

<table>
<tr><th colspan="2">项目
Пункты</th><th>内容
Содержание</th></tr>
<tr><td rowspan="2">试验
Испытание</td><td>概述
Общие сведения</td><td>(1)性能试验和汽蚀余量试验应参照 ISO 9906 1 级、HI1.6(用于离心泵)或 HI2.6(用于立式泵)标准的规定进行,但效率除外,效率只作为参考资料而不作为额定值用。
(2)水静压试验期间不应当使用机械密封,而在所有运转试验或性能试验期间应当使用
(1)Испытание на характеристики и испытание кавитационного запаса должны выполняться по требованиям стандарта ISO 9906 1 класса 1, HI1.6 (для центробежного насоса) или HI2.6 (для вертикального насоса), за исключением КПД, КПД используется только для справочных данных, не используется в качестве номинального значения.
(2)Не следует применять механическое уплотнение во время гидростатического испытания, следует применять механическое уплотнение во время всех испытаний на эксплуатацию и характеристики</td></tr>
<tr><td>水静压试验
. Гидростатическое испытание</td><td>(1)所有压力泵壳组件,使用至少 1.5 倍的最大允许工作压力的液体,结合下列规定的特殊条款进行水静压试验:
① 双层壳体泵、多级泵、整体齿轮箱驱动泵以及其他经同意特殊设计的泵可以分段进行试验;
② 装配好的压力泵壳(不包括密封压盖)在做水静压试验过程中所用的垫片应与出厂时所用垫片具有相同设计;
③ 蒸汽、冷却水和润滑油管路,如果是通过焊接焊合的,应以 1.5 倍最大工作表压或 1000kPa 两者中的较大者,进行试验。
(2)用于奥氏体不锈钢材料试验的液体,氯化物含量不应超过 50mg/kg。为了防止氯化物因蒸发而沉淀,在试验结束后应把所有残余液体清除掉。
(3)水静压试验应维持足够长的时间,以便对零件做全面彻底地检验。在历时至少 30min 内,如果未发现泄漏或渗漏现象,应认为水静压试验合格。大型和重型承压件可需要更长的试验周期,需买、卖双方共同商定
(1)Все узлы корпуса нагнетательного насоса подлежат гидростатическому испытанию жидкостью давления не менее 1, 5 раза максимального допустимого рабочего давления по указанным ниже особым условиям:
① Насос двойного корпуса, многоступенчатый насос, насос привода коробки передач в целом и другие согласованные специально спроектированные насосы могут быть испытаны по участкам;
② Применяемые прокладки во время гидростатического испытания собранного корпуса нагнетательного насоса (не включая уплотнительную грундбуксу) и заводские прокладки должны иметь такую же конструкцию;
③ Трубопроводы пара, охлаждающей воды и смазочного масла подлежат испытанию под большим давлением из 1, 5 раза максимального рабочего избыточного давления или 1000кПа, если они присоединены с помощью сварки.
(2)Содержание хлоридов в жидкости для испытания материалов из аустенитной нержавеющей стали не должно быть более 50 мг / кг. В целях предотвращения осаждения хлорида из-за испарения, после завершения испытания следует удалить всю остаточную жидкость.
(3)Следует провести гидростатическое испытание в течение достаточно длинного времени, чтобы провести всесторонне тщательно контроль деталей. В случае не обнаружения утечки за 30 мин. по крайней мере, гидростатическое испытание считается годным. Крупные и тяжелые несущие узы могут требоваться более длительного периода испытания по согласованию продавца и покупателя</td></tr>
</table>

续表
продолжение

项目 Пункты		内容 Содержание
试验 Испытание	性能试验 Испытание на характеристики	(1)除非另有规定,每台泵都要做性能试验。性能试验应当使用水在低于65℃的温度下进行。 (2)进行试验前,泵运转时应达到下列要求: ① 做性能试验时,泵内应使用合同规定的密封和轴承; ② 所有密封面和接头应检查其严密性,应消除任何泄漏; ③ 对试验期间使用的报警装置、保护装置和控制装置进行检查。 (3)除非另有规定,性能试验应按下列规定进行: ① 卖方应测取至少5个点的试验数据,包括扬程、流量、功率、适当的轴承温度和振动。通常这5个点为:关死点(不需要振动数据)、最小连续稳定流量、最小与额定流量之间的中间点、额定流量点、最大允许流量点(至少为最佳效率点的120%)。 ② 额定流量的试验点应在额定流量 ±5% 范围内。 ③ 卖方应保留一套包括所有最终试验的完整详尽的记录及其复印件。 (4)性能试验期间,应能达到以下要求: ① 试验过程中振动值不应超过API 610标准中的给定值; ② 泵在额定转速下运转时,泵性能应在规定允许的范围内。 (5)性能试验后应对出现的问题做及时地改善措施 (1) Если не указано иное, каждый насос подлежит испытанию на характеристики. Испытание на характеристики выполняется при температуре ниже 65℃ с использованием воды. (2) Перед испытанием насос должен соответствовать следующим требованиям при работе: ① При проведении испытания на характеристики следует применять уплотнение насоса и подшипник в соответствии с требованиями контракта; ② Следует проверить герметичность всех уплотнительных поверхностей и соединений, и устранить любую утечку; ③ Проверить устройство сигнализации, защитное устройство и устройство контроля используемые во время испытания. (3) Если не указано иное, испытание на характеристики выполняется по следующим требованиям: ① Продавец должен измерить данные испытаний не менее 5 точек, включая напор, расход, мощность, соответствующую температуру подшипника и вибрацию. Как правило, 5 точек: мертвая точка (не нужны данные колебания), точка минимального непрерывного и стабильного расхода, промежуточная точка между минимальным и номинальным расходами, точка номинального расхода, точка максимального допустимого расхода (не менее 120% расхода на точке оптимальной КПД). ② Точка испытания при номинальном расходе должна быть в пределах ± 5% номинального расхода. ③ Продавец должен сохранить полную и подробную запись о всех окончательных испытаниях и ее копию. (4) Во время испытания на характеристики, следует соответствовать следующим требованиям: ① Значение вибрации во время испытания не должно превышать заданное значение в стандарте API 610; ② Во время работы насоса при номинальной скорости вращения, характеристики насоса должны быть в установленных допустимых пределах. (5) После испытания на характеристики, следует своевременно принимать меры по исправлению обнаруженных проблем
可自由选择的试验 Свободно выбираемое испытание		以下试验,买方可根据需要自行选择,包括必须汽蚀余量试验、整台机组试验、声压级试验、辅助设备试验、轴承箱共振试验、机械运转试验等 Покупатель может выбрать самостоятельно следующие испытания по необходимости, включая испытание необходимого кавитационного запаса, испытание целого агрегата, испытание уровня звукового давления, испытание вспомогательного оборудования, испытание на резонанс картера подшипника, механическое испытание на эксплуатацию и т.д.

（2）往复泵检验与试验见表 3.1.4。

（2）Контроль и. испытание возвратно–поступательного насоса, см. в таблице 3.1.4.

表 3.1.4 API 674（容积泵——往复泵）标准规定

Табл 3.1.4 Стандарт API 674（объемный насос–возвратно–поступательный насос）

项目 Пункты	内容 Содержание
检查 Проверка	（1）直到完成规定部件检查之前，承压部件不应涂漆。 （2）买方可做下列规定： ① 规定哪些部件须经表面或子表面检查； ② 要求检验的形式，如磁粉、液体渗透、射线或超声波检测； （3）材料检查应根据材料规范的要求做无损探伤检验，如果对焊缝或买方规定的材料作附加的 X 射线照相探伤、超声探伤、磁粉踏上或液体着色探伤，检查的方法和验收标准应符合 ASME 规范要求，替代的标准可有卖方推荐或买方规定 （1）Перед завершением проверки установленных узлов, несущие узлы не подлежат окраске. （2）Покупатель может предъявить следующие требования： ① Какие узлы подлежат поверхностной или подповерхностной проверке； ② Существуют требования к виду контроля, например, магнитопорошковый контроль, капиллярный контроль жидкости, радиографический или ультразвуковой контроль； （3）Следует провести неразрушающий контроль материалов в соответствии с требованиями спецификации на материал. При необходимости дополнительного рентгеновского контроля, ультразвукового контроля и магнитопорошкового контроля сварных швов или материалов, установленных покупателем, или капиллярного контроля жидкости методы контроля и стандарт приемки должны соответствовать требованиям правил ASME. Альтернативный стандарт рекомендован продавцом или указан покупателем
机械检查 Проверка машины	（1）设备组装和试验之前，每个组件、所有管道及附属设备应进行清理，清除杂质等。 （2）提供的油系统任何部分应符合 API 614 所要求的清洁度。 （3）当有规定时，可通过对部件、焊缝或区域的试验来检查部件、焊缝和热影响区的硬度是否在允许值的范围内。其试验方法、范围、文件和见证试验由卖方与买方共同商定 （1）Перед сборкой и испытанием оборудования, следует очистить каждый узел, все трубопроводы и вспомогательное оборудование от примесей. （2）Любая часть предоставленной масляной системы должна соответствовать требуемой чистоте API 614. （3）При наличии требований можно проверить твердость узлов, сварных швов или зоны термического влияния в пределах допустимого значения методом испытания узлов, сварных швов или зоны. Продавец согласовывает с покупателем методы испытаний, сферу, документации и испытания при присутствии покупателя
水静压 Гидростатическое 试验 испытание	（1）承压部件（包括辅助设备）应以 1.5 倍的最大允许工作压力的最低限量，但不能低于 1.5bar 表压，用液体进行水压试验。 （2）在应用之处，试验应符合 ASME 规范的要求。在 ASME 与本规范试验压力不同时，应取两者的较高值。 （3）用于奥氏体不锈钢材料试验的液体，氯化物含量不应超过 50mg/kg。为了防止氯化物因蒸发而沉淀，在试验结束后应把所有残余液体清除掉。 （4）水静压试验应维持足够长的时间，以便对零件做全面彻底地检验。在历时至少 30min 内，如果未发现泄漏或渗漏现象，应认为水静压试验合格。大型和重型承压件可需要更长的试验周期，需买、卖双方共同商定 （1）Несущие узлы（в т.ч. вспомогательное оборудование）подлежат гидравлическому испытанию под давлением не менее 1, 5 раза максимального допустимого рабочего давления и не менее 1, 5 МПа（манн.）с помощью жидкости. （2）При применении испытание должно соответствовать требованиям правил ASME. При наличии разных испытательных давлений в ASME и настоящих правилах следует принимать более высокое значение давления. （3）Содержание хлоридов в жидкости для испытания материалов из аустенитной нержавеющей стали не должно быть более 50 мг / кг. В целях предотвращения осаждения хлорида из–за испарения, после завершения испытания следует удалить всю остаточную жидкость. （4）Следует провести гидростатическое испытание в течение достаточно длинного времени, чтобы провести всесторонне тщательно контроль деталей. В случае не обнаружения утечки за 30 мин. по крайней мере, гидростатическое испытание считается годным. Крупные и тяжелые несущие узы могут требоваться более длительного периода испытания по согласованию продавца и покупателя

续表
продолжение

项目 Пункты	内容 Содержание
性能试验 Испытание на характеристики	（1）直接作用泵。 ① 制造厂应在其工厂内运行泵足够长的时间，以得到完整的试验数据，包括速度、排出压力、入口压力和流量等； ② 泵应在 5 种转速（25%、50%、75%、100%、125%）下运行； ③ 泵应在试验装置允许的情况下尽量按接近额定压力的条件运行； ④ 在额定转速下，泵的效率应不小于报价时的预期效率。 （2）动力泵。 ① 制造厂应在其工厂内运行泵足够长的时间，以得到完整的试验数据，包括速度、排出压力、入口压力和流量等； ② 当试验装置不具备额定工况试验条件，可在减速或减压条件下进行。 ③ 如果为了修正泵的缺陷而需要拆卸，则因修正而影响的泵的特性应通过重新试验来证实。 （3）试验的允许偏差应按标准中的规定执行。 （4）当有规定时，泵应做 NPSH 试验，在额定转速和 NPSHa 与报价单上的 NPSHz 相同时，泵的流量与不汽蚀时的流量的差额应小于 3% （1）Прямодействующий насос. ① Завод–изготовитель должен запустить насос в течение достаточно длинного времени на его заводе, чтобы получить полные данные испытания, включая скорость, выпускное давление, давление на вход и расход; ② Насос должен работать при пяти видах скорости вращения（25%, 50%, 75%, 100%, 125%）; ③ Насос должен работать как можно по условиям близко к номинальному давлением в возможном случае испытательного устройства; ④ При номинальной скорости вращения эффективность насоса должна быть не менее ожидаемой эффективности предложения. （2）Динамический насос. ① Завод–изготовитель должен запустить насос в течение достаточно длинного времени на его заводе, чтобы получить полные данные испытания, включая скорость, выпускное давление, давление на вход и расход; ② При отсутствии условий испытания в номинальном рабочем режиме испытательное устройство может работать в условиях замедления или снижения давления. ③ Характеристики насоса из–за влияния устранения должны быть подтверждены методом повторного испытания при необходимости разборки с целью устранения недостатков насоса. （3）Допустимое отклонение при испытании должно соответствовать требованиям в стандарте. （4）При наличии требований насос подлежит испытанию NPSH. Когда номинальная скорость вращения и NPSHa одинаковы с NPSHz в предложении, разница между расходом насоса и расходом при отсутствии кавитации должна быть менее 3%

3.1.3.2　泵安装的通用要求

本部分结合机械设备安装工程的相关规范，主要描述泵（也适用于压缩机等）安装的通用要求，为体现通用性，对待安装的泵、压缩机等设备，统称机器。

3.1.3.2　Общие требования к монтажу насоса

В сочетании с соответствующими правилами работ по монтажу механического оборудования, в этой части в основном указываются общие требования к монтажу насоса（также распространяются на компрессор）. В целях проявления универсальности, монтажный насос, компрессор и другое оборудование коллективно называются машиной.

（1）施工准备。

① 技术资料。

安装施工前应具备下列工程设计图样和技术文件：

a. 机器、设备的工艺平面位置图、标高图、设备基础图、安装施工图及施工说明和注释技术文件；

b. 机器、设备使用说明书及与机械设备安装有关的技术文件；

c. 与机器、设备安装有关的建筑结构、管线和道路等图样；

d. 机器及附属设备等机组施工及验收相关的现行标准及规范；

e. 经批准的施工技术方案或施工技术措施等。

② 开箱检查及管理。

机器、设备开箱检验，应有建设单位组织有关单位人员参加。

a. 依据订货合同、装箱清单及技术文件进行检查并记录，主要内容如下：

Ⅰ. 核对机器、设备、材料包装箱的包装状况、箱号、规格及数量；

Ⅱ. 检查随机技术文件及专用工具是否齐全；

（1）Подготовительные работы.

① Технические данные.

Перед монтажом и строительством следует иметь проектные чертежи и технические документы следующих работ：

a. Технологический план расположения машин и оборудования, чертеж отметки, чертеж фундаментов под оборудование, рабочий чертеж по монтажу и инструкция по строительству и технический документ с комментариями；

b. Инструкция по эксплуатации машин и оборудования, технический документ, связанный с монтажом механического оборудования；

c. Чертежи строительной конструкции, трубопроводов и дорог, связанные с монтажом машин и оборудования；

d. Соответствующие действующие стандарты и правила строительства и приемки машин и оборудования и других агрегатов；

e. Утвержденный технический вариант строительства или технические меры по строительству.

② Проверка при распаковке и управление

Заказчик должен организовать участие персонала соответствующей организации в проверке при распаковке машин и оборудования.

a. Согласно контракту заказа, упаковочному листу и техническому документу провести проверку и запись следующего основного содержания：

Ⅰ. Проверить состояние упаковки, номер ящика, характеристики и количество упаковочных листов машин, оборудования и материалов；

Ⅱ. Проверить комплектность сопровождающего технического документа и специальных инструментов；

Ⅲ. 对机器及附属设备、零件、部件进行外观检查，并核实零件、部件的种类、规格、型号及数量；

Ⅲ. Проверить внешний вид машин и вспомогательного оборудования, деталей и узлов, а также вид, характеристики, тип и количество деталей и узлов;

Ⅳ. 检验后，参加验收的各方代表应签署检验记录。

Ⅳ. После контроля, представители сторон, участвующие в приемке, должны подписать запись о контроле.

b. 机器及附属设备、零件、部件若暂不安装，应采取邮箱的防护、保管措施。严防变形、损坏、锈蚀、老化、错乱、丢失等现象。

b. Если машины и вспомогательное оборудование, детали и узлы временно не установятся, следует принять меры по защите и хранению почтового ящика. Строго предотвратить деформацию, повреждение, ржавление, старение, помрачение, потерю и другие явления.

c. 凡与机器配套的电气、仪表等设备及配件，应由各专业人员进行验收、妥善保管。

c. Комплектное электрическое оборудование и приборы и принадлежности с машинами должны быть приняты и сохранены надлежащим образом разными специалистами.

d. 施工单位按照建设单位提供的检验记录，对机器及附属设备、材料的外观、规格、型号、数量和随机技术文件进行复查验收。

d. Строительная организация должна провести повторный контроль внешнего вида, характеристик, типов, количества и сопровождающего технического документа машин, вспомогательного оборудования и материалов, а также приемку по записи о контроле, предоставленной Заказчиком.

③ 施工现场应具备的条件。

③ Необходимые условия на строительной площадке.

a. 机器安装前，施工现场应具备下列条件：

a. Перед монтажом машин, необходимые условия на строительной площадке приведены ниже:

Ⅰ. 土建工程已基本结束，基础具备安装条件；基础附近的地下工程已基本完成，场地已平整；

Ⅰ. Архитектурно-строительные работы были в основном завершены, можно приступить к монтажу фундамента; подземные работы вблизи фундамента были в основном завершены, площадка была спланирована;

Ⅱ. 施工运输和消防道路畅通；

Ⅱ. Транспортные дороги строительства и пожарные дороги бесперебойны;

Ⅲ. 施工用的水源、电源及通信系统已备齐；

Ⅲ. Системы водоснабжения, электроснабжения и связи для строительства уже готовы;

Ⅳ. 安装用的起重运输机具设备具备使用条件；

Ⅴ. 施工暂设及零部件和材料贮存库房具备使用条件；

Ⅵ. 机器安装所需用的检测器具和试验设备准备齐全；

Ⅶ. 备有必要的消防器材。

b. 施工人员、工机具装备、材料等能按工程统筹计划进入施工现场。

c. 当施工现场环境、气象条件等不适应施工要求时，应采取有效措施后，方可施工。

④ 基础验收及处理。

a. 基础验收时，应有质量证明文件和实测记录，并签发专业工序间交接记录。在基础上应明显的画出标高基准线，纵中心线、横中心线；在建筑物上应标有坐标轴线；重要机器的基础，应在设计规定部位设置沉降观测点及沉降观测记录。

b. 对基础进行外观检查，不得有裂纹、蜂窝、空洞、露筋等缺陷。

c. 相关图样及机器的技术文件，对基础的尺寸及位置进行复测检查，其允许偏差应符合相关标准的规定。表 3.1.5 摘自中国标准 HG 20203—2000，仅供参考。

Ⅳ. Подъемно-транспортное оборудование для монтажа готово к эксплуатации;

Ⅴ. Временно установленный склад при строительстве и склад хранения деталей и узлов и материалов готовы к эксплуатации;

Ⅵ. Контрольно-измерительные приборы и испытательное оборудование для монтажа машин уже готовы;

Ⅶ. Имеются необходимые пожарные средства.

b. Работники, инструменты и оборудование для строительства, материалы могут войти на строительную площадку в соответствии с комплексным планом объекта.

c. Когда окружающая среда и метеорологические условия на строительной площадке соответствуют требованиям к строительству, следует принять эффективные меры до строительства.

④ Приемка и обработка фундамента.

a. При приемке фундамента следует иметь сертификат соответствия качества и запись о фактическом измерении, и выдать запись о передаче работ между специальным процессом работы. На фундаменте надо четко нарисовать базисную линию отметки, продольную и поперечную центральную линию; на здании следует отметить координатную ось; для фундамента важной машины, следует установить точку наблюдения за оседанием на указанном месте проектом и провести запись о наблюдении за оседанием.

b. Провести внешний осмотр фундамента, не допускаются внешние дефекты, как трещины, соты, отверстия, оголение арматуры.

c. Повторная проверка размера и положения фундамента проводится по чертежу на месте монтажа и техническому документу машины, допустимое отклонение должно соответствовать требованиям соответствующих стандартов. Таблица

3.1.5 взята из Китайского стандарта HG 20203-2000, приведена только для справки.

表 3.1.5 机器基础尺寸和位置允许偏差

Табл. 3.1.5 Допустимое отклонение размера и положения фундамента машины

<table>
<tr><th colspan="2">项目
Пункты</th><th>允许偏差, mm
Допустимое отклонение, mm</th></tr>
<tr><td colspan="2">坐标位置(纵横轴线)
Положение координаты (продольная и поперечная оси)</td><td>±20</td></tr>
<tr><td colspan="2">不同平面的标高
Отметка в разной плоскости</td><td>0
−20</td></tr>
<tr><td colspan="2">平面外形尺寸
Габариты плоскости</td><td>±20</td></tr>
<tr><td colspan="2">凸台上平面外形尺寸
Габариты поверхности выступа</td><td>0
−20</td></tr>
<tr><td colspan="2">凹穴尺寸
Размер впадины</td><td>+20
0</td></tr>
<tr><td colspan="2">基础上平面的水平度(包括地坪上需要安装设备的部分)
Горизонтальность верхней поверхности фундамента (в том числе для монтажа оборудования на полу)</td><td>5mm/m 且全长 10
5мм/м и общей длиной 10</td></tr>
<tr><td colspan="2">垂直度
Вертикальность</td><td>5mm/m 且全长 10
5мм/м и общей длиной 10</td></tr>
<tr><td rowspan="2">预埋地脚螺栓
Закладной фундаментный болт</td><td>标高(顶端)
Отметка верха</td><td>+20
0</td></tr>
<tr><td>中心距(在根部和顶部两处测量)
Расстояние между центрами (измеренное на коренной части и верхней части)</td><td>±2</td></tr>
<tr><td rowspan="3">预埋地脚螺栓孔
Отверстие под закладной фундаментный болт</td><td>中心位置
Центральное положение</td><td>±10</td></tr>
<tr><td>深度
Глубина</td><td>+20
0</td></tr>
<tr><td>孔壁铅垂度
Вертикальность стенки скважины</td><td>10</td></tr>
<tr><td rowspan="4">带锚板的预埋活动地脚螺栓
Закладной подвижной фундаментальный болт с анкерной плитой</td><td>标高
Отметка</td><td>+20
0</td></tr>
<tr><td>中心位置
Центральное положение</td><td>±5</td></tr>
<tr><td>带槽的锚板水平度
Горизонтальность анкерной плиты с пазом</td><td>5mm/m
5мм/м</td></tr>
<tr><td>带螺纹空的锚板水平度
Горизонтальность анкерной плиты с резьбовым отверстием</td><td>2mm/m
2мм/м</td></tr>
</table>

d. 机器安装前应对基础做以下处理：

Ⅰ. 需要二次灌浆的基础表面，应铲出麻面。麻点深度宜大于 10mm，密度以每 100mm×100mm 内不少于 3～5 个点为宜；基础表面的油雾或疏松层，必须清除掉；

Ⅱ. 放置垫铁处（至周边约 30mm）的基础表面应铲平，其水平度允许偏差为 2mm/m；

Ⅲ. 螺栓孔内的碎石、泥土、积水等杂物，必须清除干净。

e. 基础验收时，如出现超出规定的允许偏差，应有责任单位采取处理措施；对于较重大的质量问题，应由责任单位提出处理方案，并经批准后，方可对基础进行处理。

（2）机器的安装。

① 垫铁安装。

a. 垫铁组的布置应符合下列规定：

Ⅰ. 垫铁组应放在底座立筋及纵向中心线等负荷集中处；

Ⅱ. 在地脚螺栓两侧各放置一组垫铁，并尽量靠近螺栓；当地脚螺栓间距小于 300mm 时，可在各地脚螺栓的同一侧放置一组垫铁；

d. Перед монтажом машины следует провести следующие обработки фундамента：

Ⅰ. Надо удалить углубление с поверхности фундамента, требуемой вторичного цементирования. Глубина точек углубления должна быть не менее 10мм, плотность должна быть не менее 3–5 точек на 100 мм × 100 мм; следует удалить масляное пятно или пористый слой с поверхности фундамента;

Ⅱ. Поверхность фундаментов, где положены поддержки（расстояние от периметра около 30 мм）, должна быть ровной, допустимое отклонение горизонтальности составляет 2 мм/м;

Ⅲ. Необходимо полностью удалить щебень, глину и накопленную воду и другие примеси из отверстия под болт.

e. В случае возникновения допустимого отклонения за пределами установленного значения при приемке фундамента, ответственная организация должна принять меры обработки; для более серьезных проблем качества, ответственная организация должна предоставить вариант решения, и может провести обработку фундамента после утверждения данного варианта.

（2）Монтаж машины.

① Монтаж поддержек.

a.Расположение группы поддержки должно соответствовать следующим требованиям：

Ⅰ. Группа поддержки должна быть помещена в продольной арматуре основания и поперечной центральной линии, а также в месте, где концентрируется нагрузка.

Ⅱ. Надо поместить по 1 группе поддержек на обеих сторонах фундаментных болтов, поддержки должны быть установлены близко к болтам по мере возможности; когда расстояние между фундаментными болтами превышает 300 мм, можно поместить одну группу поддержек на одинаковой стороне фундаментных болтов;

Ⅲ. 对于带锚板的地脚螺栓两侧的垫铁组，应放置在预留孔的两侧；

Ⅲ. Группа поддержки на обеих сторонах фундаментных болтов с анкерной плитой должна быть помещена на обеих сторонах резервного отверстия;

Ⅳ. 相邻两垫铁组的间距，可根据机器的重量、底座的结构形式及负荷分布等情况而定，宜为500mm 左右；

Ⅳ. Расстояние между двумя соседними группами поддержки может быть определено по весу машины, конструкции основания и состоянию распределения нагрузки, и должно быть около 500 мм;

b. 每一垫铁组的最小面积应能承受机器的分布负荷。

b. Минимальная площадь каждой группы поддержки должна выдержать распределительную нагрузку машины.

c. 垫铁非加工的表面应平整、无氧化物、飞边、毛刺等；斜垫铁的斜面粗糙度 R_a 为 12.5μm，斜度一般为 1∶20～1∶10；对于重心较高或震动较大的机器采用 1∶20 的斜度为宜；对于安装精度要求较高的机器，应按技术文件要求执行。

c. Необработанная поверхность поддержки должна быть гладкой без оксида, грата и заусенцев; шероховатость наклонной плоскости наклонной поддержки Ra составляет 12,5 мкм, наклон обычно составляет 1∶20–1∶10; для машины с высоким центром тяжести или сильной вибрацией должен приниматься наклон 1∶20; машина с высокой точностью монтажа должна соответствовать требованиям технического документа.

d. 斜垫铁应配对使用并进行优选，与平垫铁组成垫铁组时，不宜超过 5 块，且薄垫铁应放在两块厚平垫铁之间。垫铁组的高度宜为 30～70mm。

d. Наклонные поддержки должны быть использованы в паре и выбраны преимущественно, с плоскими поддержками составят группу поддержки, количество поддержек не превышает 5, тонкие поддержки должны быть помещены между толстой поддержкой и плоской поддержкой. Высота группы поддержки составляет 30–70 мм.

e. 机器找平后，垫铁组应露出底座的外边缘 10～30mm；地脚螺栓两侧的垫铁组，每块垫铁伸入机器底座面的长度应超过地脚螺栓直径，且保证机器的底座受力均衡。

e. После выравнивания машины, группа поддержки должна выступать из наружной кромки основания на 10–30 мм; длина всунутая каждой поддержки в группе поддержки на обеих сторонах фундаментных болтов в плоскость основания машины должна превысить диаметр фундаментного болта, и равномерное напряжение основания машины гарантируется.

f. 机器用垫铁找平、找正后，应用 0.25kg 或 0.5kg 的手锤敲击检查垫铁组的松紧度，应无松动现象；垫铁组的各层之间及垫铁与机器底座面之间，用 0.05mm 的塞尺检查其间隙。检查合格后，应随即用电焊在垫铁组的三侧进行层间电焊固定，垫铁与机器底座之间不得电焊。

f. После выверки и выравнивания машины поддержкой, следует проверить натяжение группы поддержки постукиванием ручным молотком 0, 25кг или 0, 5кг, не допускается ослабление; проверить зазор между слоями группы поддержки, поддержкой и плоскостью основания машины щупом 0, 05мм. После получения положительных результатов проверки, следует провести междуслойную электросварку на трех сторонах поддержки электросварочным аппаратом для крепления, не допускается электросварка между поддержкой и основанием машины.

② 地脚螺栓。

② Фундаментный болт.

a. 放置在基础预留孔中的地脚螺栓，应符合下列要求：

a. Фундаментные болты в резервных отверстиях под фундамент должны соответствовать следующим требованиям:

Ⅰ. 地脚螺栓的光杆部分应无油污和氧化皮，螺纹部分应涂上少量的钙基油脂；

Ⅰ. Стержень фундаментного болта должен быть очищен от масляной грязи и оксида, резьба должна быть покрыта небольшим количеством смазки на основе кальция;

Ⅱ. 螺栓应垂直无歪斜，并居中于机器底座螺栓孔的中心位置；

Ⅱ. Болты должны быть вертикальными без перекоса, и расположены на центральном положении отверстия под болт основания машины;

Ⅲ. 地脚螺栓任一部位距离预留孔的孔底、孔壁应大于 15mm；

Ⅲ. Расстояние любой части фундаментного болта от дна и стенки резервного отверстия должно быть более 15мм;

Ⅳ. 拧紧螺母后，螺栓必须露出螺母 1.5～3 个螺距。

Ⅳ. После затягивания гайки, болты должны выступить из гайки на 1,5–3 шага резьбы.

b. 拧紧地脚螺栓应在预留孔的一次灌浆混凝土达到设计强度的 75% 以上时进行。拧紧力应均匀，拧紧力矩数值参照相关规范执行。

b. Затягивание фундаментальных болтов должно осуществляться при прочности бетона для первичного цементирования резервного отверстия более 75%. Усилие затяжки должно быть равномерным, значение момента затяжки соответствует соответствующим нормам.

c. 放置带锚板的地脚螺栓，应符合下列要求：

c. Размещение фундаментных болтов с анкерной плитой должно соответствовать следующим требованиям:

Ⅰ. 地脚螺栓光杆部分及锚板应刷防锈漆；

Ⅰ. Стержень фундаментного болта и анкерная плита должны быть покрыты антикоррозионной краской;

Ⅱ. 用螺母托着的钢锚板的螺母与锚板之间应点焊固定；

Ⅱ. Следует провести закрепление точечкой сваркой между гайкой стальной анкерной плиты, поддерживаемой гайкой, и анкерной плитой;

Ⅲ. 若锚板直接焊在地脚螺栓上时，其角焊缝高度应大于 1/2 螺杆直径。

Ⅲ. Если анкерная плита непосредственно приварена к фундаментному болту, высота углового шва должна быть более 1/2 диаметра стержня винта.

③ 就位、找平及找正。

③ Монтаж на место, выравнивание и выверка.

a. 机器上作为定位基准的点、线和面对安装基准的平面位置及标高的允许偏差，应符合相应规范的规定，表 3.1.6 所列数值供参考。

a. Допустимое отклонение точки, линии и плоскости ориентировочной базы на машине от положения и отметки плоскости установочной базы должно соответствовать соответствующим нормам, значения в таблице 3.1.6 приведены только для справки.

表 3.1.6 定位基准的点、线和面对安装基准的允许偏差

Табл. 3.1.6 Допустимое отклонение точки, линии и плоскости ориентировочной базы от положения и отметки плоскости установочной базы

项目 Пункты	允许偏差，mm Допустимое отклонение，mm	
	平面位置 Положение плоскости	标高 Отметка
与其他设备无机械联系时 Без механического контакта с другим оборудованием	±5	±5
与其他设备有机械联系时 С механическим контактом с другим оборудованием	±2	±1

b. 机器找平找正时，安装基准的选择和水平度的允许偏差必须符合相应规范或技术文件的规定。当无规定时，安装基准部位的水平度允许偏差为：横向 0.10mm/m，纵向 0.05mm/m。不得用松紧地脚螺栓的办法调整找平及找正数值。

b. Выбор установочной базы и допустимое отклонение горизонтальности должны соответствовать соответствующим правилам или техническим документам при выверке и выравнивании машины. При отсутствии указаний допустимое отклонение горизонтальности части установочной базы составляет: поперечное–0,10 мм/м; продольное–0,05 мм/м. Нельзя регулировать значение выверки и выравнивания методом ослабления фундаментных болтов.

c. 联轴器传动的机器，根据机器找正精度要求不同，可分别采用以下测量仪器和方法进行联轴器对中找正：

c. Для машины с приводом от муфты, в соответствии с различными требованиями к точности выравнивания машины можно провести выравнивание муфты следующими измерительными приборами и способами соответственно:

Ⅰ. 激光找正仪对中找正法；

Ⅰ. Выравнивание с применением лазерного инструмента выравнивания;

Ⅱ. 百分表双向（径向、轴向）对中找正法。

Ⅱ. Двунаправленное выравнивание (радиальное, осевое) с применением микрометра.

联轴器两轴的对中允许偏差及断面间隙，应符合机器技术文件的要求。

Допустимые отклонения центровки двух валов муфты и торцевой зазор должны соответствовать требованиям технического документа машины.

④ 灌浆。

④ Цементирование.

a. 地脚螺栓预留孔的一次灌浆工作，必须在机器的初步找平、找正，并经过检查合格后进行。灌浆时，应符合下列规定：

a. Первичное цементирование резервных отверстий под фундаментальные болты должно выполняться только после предварительной выверки и выравнивания и получения положительных результатов проверки. Цементирование должно соответствовать следующим требованиям:

Ⅰ. 灌浆前，须清除预留孔内的全部杂质等，并需浸湿，环境温度应高于 5℃，否则应采取防冻措施；

Ⅰ. Перед цементированием необходимо удалить все примеси из резервных отверстий и провести замачивание. Температура окружающей среды должна быть выше 5℃, в противном случае следует принять меры по защите от замерзания;

Ⅱ. 捣实预留孔内的混凝土时，不得使地脚螺栓歪斜或机器产生位移；

Ⅱ. Во время трамбовки бетона в резервных отверстиях, не допускается перекос фундаментальных болтов или смещение машины;

Ⅲ. 灌浆混凝土的强度达到 75% 以上后，方可进行机器的最终找平、找正及地脚螺栓的紧固工作。

Ⅲ. Можно провести окончательную выверку и выравнивание машины и закрепление фундаментальных болтов только после достижения прочности бетона для цементирования более 75%.

b. 二次灌浆工作，应在机器的最终找平、找正及隐蔽工程检查合格后 24h 内进行，否则在灌浆前应对机器找平、找正的数据进行复测核查。灌浆时应符合下列规定：

b. Следует провести вторичное цементирование в течение 24 часов после окончательной выверки и выравнивания машины и получения положительных результатов проверки скрытых работ, в противном случае следует провести повторное измерение и проверку данных выверки и выравнивания машины до цементирования. Цементирование должно соответствовать следующим требованиям:

Ⅰ. 基础表面的污垢等必须清除干净，并进行浸湿；

Ⅰ. Необходимо полностью очистить поверхность фундамента от грязи и т.д., и провести замачивание;

Ⅱ. 与二次灌浆层接触的机器底座涤棉应清洁无油垢、无防锈漆等。

Ⅱ. Нижняя поверхность основания машины в контакте со слоем вторичного цементирования должна быть чистой без масляной грязи и антикоррозийной краски.

c. 一次灌浆和二次灌浆的混凝土骨料，宜采用细碎石配置的混凝土，其标号应比基础混凝土高一级。

c. Для заполнителя бетона для первичного и вторичного цементирований должен применяться бетон с щебнями, марка которого должна быть выше на 1 класс, чем марка применяемого бетона для фундамента.

d. 当环境温度低于 5℃时，在一次灌浆和二次灌浆层养护期间，应采取保温防冻措施或混凝土综合蓄热法。

d. Во время ухода за слоями первичного и вторичного цементирований, следует принять меры по теплозащите и защите от замерзания или комплексный метод регенерации тепла бетона при температуре окружающей среды ниже 5℃ .

⑤ 清洗与零部件装配。

⑤ Очистка и сборка деталей и узлов.

对于解体机械设备和超过防锈保存期的整体机械设备，应进行拆卸、清洗与装配。如果清洗不净或装配不当，会给设备正常运行造成不良影响。设备装配的一般步骤如下：

Следует провести разборку, очистку и сборку разборного механического оборудования и монолитного механического оборудования по истечении срока защиты от ржавчины. Неполная очистка или неправильная сборка может привести к отрицательному влиянию на нормальную работу оборудования. Общие шаги сборки оборудования приведены ниже:

a. 熟悉装配图、技术说明、零部件结构和配合要求，确定装配或拆卸程序和方法。

a. Ознакомиться с сборочным чертежом, технической инструкцией, конструкциями деталей и узлов и требованиями к посадке, определить процедуры и методы сборки или разборки.

b. 按装配或拆卸程序进行装配件摆放和妥善保护，按规范要求处理装配件表面锈蚀、油污和油脂。

b. Поставить и защитить надлежащим образом сборочные узлы по процедуре сборки или разборки, удалить ржавчину, масляную грязь и жир с поверхности сборочных узлов по требованиям правил.

c. 对装配件配合尺寸、相关精度、配合面、滑动面进行复查和清洗。

c. Провести повторную проверку размеров посадки, соответствующей точности, посадочной поверхности и скользящей поверхности сборочных узлов, и очистки сборочных узлов.

d. 清洗的零部件涂润滑油(脂),并按标记及装配顺序进行装配。

d. Покрыть очищаемые детали и узлы смазочным маслом (смазкой), и провести сборку по отметке и порядке сборки.

⑥ 附属设备及管道安装。

⑥ Монтаж вспомогательного оборудования и трубопроводов.

a. 附属设备及管道应保证安装前、后内部必须清洁、无异物。

a. Вспомогательное оборудование и трубопроводы должны быть чистыми и без посторонних веществ до и после монтажа.

b. 油系统及其他系统(水、气、汽)管道的施工及验收应参照相应的标准规范执行。

b. Строительство и приемка трубопроводов масляной системы и других систем (вода, газ, пар) должны выполняться по соответствующим стандартам и нормам.

c. 不锈钢材质(油、水、气、汽)管子不得采用火焰加热煨弯,焊接后应用稀盐酸或酸膏洗去焊缝及热影响区内的氧化物。

c. Запрещается нагрев и изгиб трубопроводов из нержавеющей стали (масло, вода, газ, пар) пламени, после сварки следует удалить оксид от сварного шва и зоны термического влияния с применением разбавленной соляной кислоты или кислой пасты.

d. 与机器连接的管道固定焊口应远离(距离机器不宜小于 1000mm)机器进行焊接,避免焊接热应力对机器影响。

d. Фиксированный сварной стык трубопровода, соединенного с машиной, должен расположить далеко от машины (расстояние от машины должно быть не менее 1000мм) во избежание влияния сварного термического напряжения на машину.

e. 管道对机器连接时,不得使机器承受附加载荷,严禁强制对口连接。安装尺寸的允许偏差应参照相应标准规范执行。

e. При соединении трубопровода с машиной машина не может быть подвергнута дополнительным нагрузкам, строго запрещается принудительное стыковое соединение. Допустимое отклонение монтажных размеров должно соответствовать соответствующим стандартам.

⑦ 预试车工作。

a. 预试车工作分工及职责。

Ⅰ. 试车总体方案应由建设单位或总承包单位组织生产、设计、施工等单位参加，并以建设单位生产部门为主进行编制，经相关单位会签、建设单位总工程师审定、上级主管领导批准后执行。

Ⅱ. 单机试车的准备和组织工作以施工单位为主，建设单位协助试车操作、记录及协调工作。

Ⅲ. 联动试车和进气投料试车应有建设单位进行组织、准备、操作及试车记录等工作，施工单位受建设单位委托（签订协议）进行试车保障工作。

b. 预试车具备条件。

Ⅰ. 组建由建设、施工、监理、设计单位有关人员参加的预试车领导小组。

Ⅱ. 主机、附属设备及工艺管道及电气、仪表等相关的安装工程已按设计文件及相关规范的质量标准全部完成，质量记录齐全，经检查合格并签证。

⑦ Работа по предварительному опробованию.

a. Разделение работы по предварительному опробованию и обязанности.

Ⅰ. Заказчик или Генподрядчик должен организовать участие организацией производства, проектирования и строительства и других организацией в составлении общего варианта опробования, который составлен под руководством производственного отдела Заказчика и выполнен после контрассигнации соответствующими организациями, рассмотрения главным инженером Заказчика и утверждения руководством вышестоящего органа.

Ⅱ. Работы по подготовке и организации опробования отдельной машины в основном выполняются строительной организацией, Заказчик оказывает содействие работам по опробованию, записи и координации.

Ⅲ. Организация, подготовка, эксплуатация, запись совместного опробования и приемочного опробования при впуске должны выполняться Заказчиком. По поручению Заказчика (заключение соглашения), строительная организация осуществляет работу по обеспечению опробования.

b. Необходимые условия для предварительного опробования.

Ⅰ. Создать руководящая группа по предварительному опробованию, состоящую из соответствующих работников Заказчика, строительной, надзорной и проектной организацией.

Ⅱ. Все монтажные работы главного и вспомогательного оборудования, технологических трубопроводов, электрического оборудования и приборов уже завершены по проектному документу и соответствующим нормам и стандартам качества полная запись по качеству подписана после получения положительных результатов проверки.

Ⅲ. 二次灌浆达到设计强度，基础抹面及其他建筑工程施工结束。

Ⅲ. Результат вторичного цементирования удовлетворит требования в проекте, работы по нанесения покрытия фундамента и другие строительные работы завершены.

Ⅳ. 预试车相关的公用工程（水、气、汽）及电气、仪表、通信系统施工并满足试车的要求。

Ⅳ. Строительство связанных коммунальных услуг с предварительным опробованием (вода, газ, пар) и систем электрооборудования, приборов и связи соответствует требованиям к опробованию.

Ⅴ. 脱脂、防腐、绝热等工作已基本完成，并检查合格。

Ⅴ. Работы по обезжириванию, антикоррозии и теплоизоляции и другие работы были в основном завершены, и получены положительные результаты проверки.

Ⅵ. 安全、消防设施完备，并清除一切有碍试车的障碍物。

Ⅵ. Безопасные и пожарные устройства полные, и удалены все препятствия, мешающие опробование.

c. 预试车的准备工作。

c. Подготовленные работы к предварительному опробованию.

Ⅰ. 将已审定批准的各项施工技术方案向参加试车的相关人员进行逐级技术交底，并签发“技术交底卡”。

Ⅰ. Выполняется техническое разъяснение утвержденных технических вариантов строительства участвующего соответствующего персонала в опробовании по порядку, и выдается «карта технического разъяснения».

Ⅱ. 由建设单位（或总承包单位）组织有关单位对预试车相关的安装工程在施工单位自检的基础上，进行全面质量检查，发现问题及时整改。

Ⅱ. Заказчик (или генеральный подрядчик) организует всестороннюю проверку качества связанных монтажных работ с предварительным опробованием на основании самоконтроля строительной организацией. В случае обнаружения проблем своевременно устранить обнаруженные проблемы.

Ⅲ. 按照各项施工技术方案及技术文件的要求，进行拆除、恢复、增减临时设施，并认真做好标识和记录。

Ⅲ. По требованиям технических вариантов строительства и технических документов проводить демонтаж, восстановление, увеличение и уменьшение временных сооружений, и тщательно делать отметки и запись.

d. 系统实验。

d. Испытание системы.

Ⅰ. 工艺设备和管道系统的耐压试验—内部清理—空气或蒸汽吹扫。

Ⅰ. Испытание на прочность под давлением технологического оборудования и системы трубопроводов–внутренняя очистка–продувка воздухом или паром.

Ⅱ. 油系统的清洗—酸洗—中和—干燥喷油—严密性试验—油循环。

Ⅱ. Очистка масляной системы–травление–нейтрализация–осушка и впрыск масла–испытание на герметичность–циркуляция масла.

Ⅲ. 循环水系统耐压试验—冲洗—预膜。

Ⅲ. Испытание на прочность под давлением системы циркуляционной воды–промывка–предварительное пенообразование.

Ⅳ. 易燃、易爆、有毒有害介质的设备、管道系统在耐压试验完成并合格—严密性试验—气体置换。

Ⅳ. Испытание на прочность под давлением систем оборудования и трубопровода огнеопасных, взрывоопасных, токсичных и вредных веществ завершены с положительными результатами–испытание на герметичность–вытеснение газа.

Ⅴ. 电气系统的调试—受电—变电—送电—模拟实验。

Ⅴ.Наладка электрической системы–прием электроэнергии–преобразование электроэнергии–электропередача–аналоговое испытание.

Ⅵ. 自动化控制仪表系统的调试—受电—模拟实验。

Ⅵ. Наладка системы КИП и А–прием электроэнергии–аналоговое испытание.

e. 单机试车。

e.Опробование отдельной машины.

Ⅰ. 单机试车一般分为无负荷和有负荷两个阶段进行，试车时间及增减负荷的步骤应按机器技术文件及“专项规范”的规定执行。

Ⅰ. Опробование отдельной машины обычно состоит из опробования без нагрузки и опробования под нагрузкой, время опробования и шаг изменения нагрузки должны соответствовать требованиям технического документа машины и «специальные правила».

Ⅱ. 机器试车时采用的介质，应根据设计技术文件及实际条件决定。

Ⅱ. Применяемая среда при опробовании машины должна определяться по проектному техническому документу и фактическим условиям.

Ⅲ. 驱动机为电动机，试车前其电动机应进行2h 无负荷试运转，并检查电机的旋转方向、电流、温度、转速等技术参数，应符合相应技术文件及“专项规范”的规定。

Ⅲ. Привод осуществляется электродвигателем, до опробования пробная эксплуатация электродвигателя без нагрузки должна осуществляться в течение 2ч., и проводится проверка направления вращения, тока, температуры, скорости вращения и других технических параметров электродвигателя, чтобы обеспечить соответствие требованиям соответствующих технических документов и «специальные правила».

Ⅳ. 试车程序：盘车—启动—无负荷运行—负荷运行—升压（速）—额定负荷运行—降压（速）—公用工程停车—排放—断开电源及其他动力来源。

Ⅳ. Процесс опробования: пробное медленное вращение–пуск–работа без загрузки–работа под нагрузкой–повышение давления（скорости）–работа под номинальной нагрузкой–снижение давления（скорости）–останов коммунальных услуг–выброс–отключение источника питания и других силовых источников.

Ⅴ. 单机试车的操作及考核项目应符合设计技术文件及“专项规范”的规定。试车过程中，应指定专人负责检查、测试、填写单机试车记录，并由参与试车的单位代表共同签证。

Ⅴ. Опробование отдельной машины и пункты проверки должны соответствовать требованиям проектного технического документа и «специальные правила». В процессе опробования следует назначить специального ответствующего за проверку, испытание, заполнение записи об опробовании отдельной машины, и данная запись подписывается представителями участвующих организацией в опробовании.

Ⅵ. 单机试车合格停车后，应及时做好盘车、泄压、排污、检查等工作。

Ⅵ. После получения положительного результата опробования отдельной машины и останова, следует своевременно выполнять пробное медленное вращение, сброс давления, дренаж, проверку и другие работы.

⑧ 工程验收。

机械设备安装工程试车合格后，应及时办理工程验收手续。工程验收时应具备下列资料：

⑧ Приемка работ.

После получения положительных результатов опробования монтажных работ механического оборудования, следует своевременно оформлять формальность приемки работ. При приемке работ следует иметь следующие материалы:

a. 竣工图或按时间完成情况注明修改部分的施工图；

b. 设计修改的有关文件；

c. 主要材料、加工件和成品出厂合格证，检验记录或试验资料；

d. 重要焊接工作的焊接质量评定书、检测记录、焊工证复件；

a. Исполнительный чертеж или рабочий чертеж с указанием изменений по состоянию завершения;

b. Документы, связанные с внесением изменений в проект;

c. Заводский паспорт основных материалов, обработанных деталей и готовой продукции, запись о контроле или материалы испытания;

d. Акт оценки качества важных сварочных работы, запись о контроле и копия сертификата квалификации сварщиков;

e. 隐蔽工程质量检查及验收记录；

f. 地脚螺栓、无垫铁安装和垫铁灌浆所用混凝土配合比和强度试验记录；

g. 预试车各项检查记录；

h. 质量问题及处理有关文件和记录；

i. 其他有关资料等。

3.1.3.3 泵安装的专项要求

泵安装的专项要求，主要体现在泵试车阶段，有以下要点。

（1）泵启动时，应按下列要求进行：

① 往复泵、螺杆泵等容积式泵启动时，必须先开启进、出口阀门；

② 离心泵应先开入口阀门，关出口阀门后再启动，待泵出口压力稳定口，立即缓慢打开出口阀门调节流量；在关闭出口阀门的条件下，泵连续运转时间不应过长。

（2）泵必须在额定负荷下连续进行单机试运转 4h，凡允许以水为介质进行是运转的泵，应用水进行试运转。

e. Запись о проверке качества и приемки скрытых работ；

f. Запись о соотношении бетона для монтажа фундаментных болтов без поддержки и цементирования с поддержкой и испытании на прочность；

g. Запись о проверке работы по предварительному опробованию；

h. Соответствующие документы и запись о проблемах качества и решении их；

i. Другие соответствующие материалы.

3.1.3.3 Специальные требования к монтажу насоса

Следующие специальные требования к монтажу насоса в основном выражаются на стадии опробования насоса.

（1）Запуск насоса должен выполняться по следующим требованиям：

① При запуске возвратно–поступательных насосов, винтовых насосов и других объемных насосов необходимо сначала открыть входной и выходной клапаны；

② Следует запустить центробежный насос после открытия входного клапана и закрытия выходного клапана, медленно открыть выходной клапан для регулирования расхода после стабилизации давления на выходе насоса；время непрерывной работы насоса не должно быть слишком длинным при условии закрытия выходного клапана.

（2）Пробная эксплуатация отдельного насоса должна выполняться непрерывно под номинальной нагрузкой в течение 4 часов, пробная эксплуатация насосов, для которых может применяться вода в качестве среды, должна выполняться с применением воды.

（3）往复泵试运转时，应按下述规定升压：无负荷运转不少于 15min。正常后，在工作压力的 1/4、1/2、3/4 的条件下分段运转，各段运转时间应不少于 0.5h。最后在工作压力下应连续运转 4h 以上。

（3）При пробной эксплуатации возвратно–поступательного насоса следует провести повышение давления по следующим требованиям：время эксплуатации без нагрузки не менее 15 минут. После восстановления нормальности，осуществляется эксплуатация по секциям под давлением 1/4，1/2，3/4 рабочего давления，время эксплуатации по секциям должно быть не менее полчаса. В конце концов，надо провести непрерывную эксплуатацию под рабочим давлением в течение более 4 часов.

（4）计量泵应进行流量测定。流量调节的计量泵，其调节机构必须动作灵活、准确。可连续调节流量的计量泵，宜分别在指示流量为额定流量的 1/4、1/2、3/4 和额定流量下测定其实际流量。

（4）Насос–дозатор должен измерить расход. Регулирующий механизм насоса–дозатора для регулирования расхода должен быть ловким и надежным. Насос–дозатор для непрерывного регулирования расхода должен измерить фактический расход в условиях указательного расхода–1/4，1/2，3/4 номинального расхода и номинального расхода.

（5）低温泵如在低温介质下试运转，必须做好泵及管道的预冷和除湿处理。

（5）Если пробная эксплуатация криогенного насоса осуществляется при низких температурах среды，необходимо выполнить предварительное охлаждение и осушку насоса и трубопровода.

（6）泵试运转时，应符合下列要求：

（6）Пробная эксплуатация насоса должна соответствовать следующим требованиям：

① 运转中，滑动轴承、滚动轴承及往复运动部件的温升及最高温度要求，应符合相关技术文件和标准规范的规定；

① Во время эксплуатации повышенная температура и максимальная температура подшипника скольжения，подшипника качения и частей возвратно–поступательного движения должны соответствовать требованиям соответствующих технических документов и стандартов и правил；

② 泵的振动值应符合技术文件和相关标准规范的规定；

② Значение вибрации насоса должно соответствовать требованиям технических документов и соответствующих стандартов и правил；

③ 电动机温升不得超过铭牌或技术文件的规定，如无规定应根据绝缘等级不同进行确定；

③ Повышенная температура не должна превышать установленное значение в табличке или техническом документе；при отсутствии требований следует определить температуру в зависимости от класса изоляции;

④ 转子及各运动部件不得有异常声响和摩擦现象;

④ Не допускаются ненормальный звук и трение ротора и подвижных частей;

⑤ 各润滑点的润滑油温度、密封液和冷却水温度,不得超过技术文件的规定。

⑤ Температура смазочного масла в смазываемых точках, уплотнительной жидкости и охлаждающей воды должна быть не выше установленного значения в техническом документе.

3.1.4 泵的操作运行以及维护

3.1.4 Эксплуатация и обслуживание насоса

3.1.4.1 泵的日常运行与维护

3.1.4.1 Ежедневная эксплуатация и обслуживание насоса

(1)离心泵的运行与维护。

(1)Эксплуатация и обслуживание центробежного насоса.

① 润滑。

① Смазка.

离心泵在运行中,由于被输送介质、水以及其他物质可能窜入油箱内,影响泵的正常运行,因此,要经常检查润滑剂的质量和油位。检查润滑剂的质量可用肉眼观察和定期取样分析。润滑油的油量,可以从油位标记上看出。

В процессе работы центробежного насоса, так как возможность входа транспортируемых сред, воды и других веществ в маслобак влияет на нормальную работу насоса, таким образом, необходимо часто проверять качество и уровень смазки. Проверка качества смазки может осуществляться методом визуального наблюдения и периодического отбора проб и анализа. Объем смазочного масла может наблюдаться на указателе уровня масла.

② 振动。

② Вибрация.

泵在运行中,由于零配件质量和检修质量不好,操作不当或管道振动影响等原因,往往会产生振动。如果振动超过允许值,应停车检修,以免使机器受到损坏。表 3.1.7 为离心泵振动范围允许范围。

Во время работы насоса, как правило, вибрация возникает из–за плохого качества запчастей и ремонта, неправильной эксплуатации или вибрации трубопровода и т.д.. Если вибрация превышает допустимое значение, следует провести ремонт после останова во избежание повреждения машины. В таблице 3.1.7 приведен допустимый диапазон значения вибрации центробежного насоса.

表 3.1.7　离心泵振动值允许范围

Табл. 3.1.7　Допустимый диапазон значения вибрации центробежного насоса

转速，r/min Скорость вращения，об./мин	双峰值振幅，mm Двойная пиковая амплитуда，мм		转速，r/min Скорость вращения，об./мин 滚动轴承 Подшипник качения	双峰值振幅，mm Двойная пиковая амплитуда，мм	
	滚动轴承 Подшипник качения	滑动轴承 Подшипник скольжения		滑动轴承 Подшипник скольжения	滑动轴承 Подшипник скольжения
1800 以下 Ниже 1800 1801～4500 4501～6000	＜ 0.0762 ＜ 0.0508	＜ 0.0762 ＜ 0.0635 ＜ 0.0508	6000 以上测量部位 Места измерения 6000 и выше	轴承座 Основание подшипника	＜ 0.0381 轴 Вал

③ 轴承升温。

泵运行过程中，如果轴承温升很快，温升稳定后轴承温度过高，说明轴承在制造或安装质量有问题；或者轴承润滑油（脂）质量、数量或润滑方式不符要求，应及时处理。离心泵轴承温度允许值为，滑动轴承小于 65℃，滚动轴承小于 70℃。

③ Повышение температуры подшипника.

Во время работы насоса, в случае быстрого повышения температуры подшипника, слишком высокой температуры подшипника после стабилизации повышения температуры, то значит, что существуют проблемы качества изготовления или монтажа подшипника; или качество и объем смазочного масла（смазки）подшипника или способ смазывания не соответствуют требованиям, следует немедленно решить их. Допустимое значение температуры подшипника центробежного насоса: подшипника скольжения <65℃; подшипника качения <70℃ .

④ 离心泵运行性能。

泵在运行过程中，如果液体来源无变化，进出口管线上阀门的开度未变，而流量或进出口压力变化了，说明泵内或管道内有了故障。要迅速查明原因，及时排除，否则将造成不良后果。

④ Эксплуатационные характеристики центробежного насоса.

Во время работы насоса, в случае отсутствия изменений источника жидкости и степени открытия клапана на входном и выходном трубопроводах, изменения расхода или входного и выходного давления, то значит, что возникли неисправности в насосе или трубопроводе. Следует быстро выяснить причины и устранить неисправности, в противном случае эти неисправности приведут к неприятным последствиям.

⑤ 机组声响。

泵在运行中发出声响，有的是属正常的，有的则属于非正常的。对于非正常声响，要查明原因，及时清除。

⑤ Звук при работе агрегата.

Выдаются нормальный и ненормальный звуки при работе насоса. Следует выяснить причины ненормального звука и немедленно устранить их.

（2）往复泵的运行与维护。

（2）Эксплуатация и обслуживание возвратно–поступательного насоса.

① 运行中的注意事项。

① Внимания при эксплуатации.

往复泵根据液缸的形式，动力及传动方式、缸数及液缸布置方式等可分为若干种类型，所以其日常运行和操作也略有不同。但以下几条是各种往复泵在运行中必须注意的。

Возвратно–поступательный насос может быть разделен на несколько типов по типу гидроцилиндра, силовой энергии и способу привода, количеству гидроцилиндров и способу расположения гидроцилиндра, поэтому ежедневная эксплуатация и обслуживание немного отличаются. Во время работы возвратно–поступательного насоса необходимо обратить внимание на следующее:

a. 开车前应严格检查泵进出口管线及阀门、盲板等，如有异物堵塞管路的情况，一定及时清除。

a. Перед пуском следует строго проверить входной и выходной трубопроводы насоса и клапаны, заглушку и т.д. В случае засорения трубопроводов посторонними предметами, следует немедленно удалить посторонние предметы.

b. 机体内加入清洁润滑油至油窗上指示刻度。

b. Заливать чистое смазочное масло в корпус до индикаторной шкалы в масломерном стекле.

c. 运转前先打开液缸冷却水阀门，确保液缸在运转时冷却状态良好。

c. Перед работой сначала открыть клапан охлаждающей воды гидроцилиндра, чтобы обеспечить хорошее состояние охлаждения гидроцилиндра при работе.

d. 运转中应无冲击声，否则应立即停车，找出原因，进行修理或调整。

d. Во время работы отсутствует ударный звук, в противном случае следует немедленно остановить насос, выявить причины, провести ремонт или регулирование.

e. 在严寒冬季，水套内的冷却水停车时必须放尽，以免在静止时结冰冻裂液缸。

e. В холодной зиме охлаждающая вода в водяной рубашке при останове должна быть полностью сброшена во избежание растрескивания гидроцилиндра из–за замерзания воды в состоянии покоя.

② 维护与保养。

② Обслуживание и уход.

a. 每日检查机体内及油杯内润滑油液面，如需加油即应补充。

a. Ежедневно проверять уровень смазочного масла в корпусе и масленке, при необходимости заправки следует заправить масло немедленно.

b. 经常检查进出口阀及冷却水阀，如有泄漏应立即更换。

b. Часто проверять входной и выходной клапаны и клапан охлаждающей воды, в случае утечки следует немедленно заменить эти клапаны.

c. 轴承、十字头等部位应经常检查，如有过热现象，应及时检修。

c. Следует часто проверять подшипник, крейцкопф и другие части, в случае перегрева следует немедленно провести ремонт.

d. 检查活塞杆填料，如遇太松或损坏应及时更换新填料。

d. Проверить сальник штока поршня, в случае слишком ослабления или повреждения следует немедленно заменить новым сальником.

e. 运转1000～1500h后应更换润滑油，并对泵的各摩擦部位进行全面检查。

e. Следует заменить смазочное масло после работы на 1000–1500ч., и проверить всестороннюю проверку частей трения насоса.

3.1.4.2 泵的常见故障排除

3.1.4.2 Устранение часто встречающихся неисправностей насоса

泵在运行中故障分为腐蚀和磨损、机械故障、性能故障和轴封故障四类。这四类故障往往相互影响，难以分开。如叶轮的腐蚀和磨损会引起性能故障和机械故障，轴封的损坏也会引起性能故障和机械故障。

Неисправности при работе насоса включают в себя коррозию и износ, механическую неисправность, неисправность функционирования и неисправность уплотнения вала, эти четыре вида неисправностей влияют друг на друга, и трудно отделить их. Если коррозия и износ крыльчатки может привести к неисправности функционирования и механической неисправности, повреждение уплотнения вала также может привести к неисправности функционирования и механической неисправности.

（1）腐蚀和磨损。

（1）Коррозия и износ.

腐蚀的主要原因是选材不当，发生腐蚀故障时应从介质和材料两方面入手解决。

Основной причиной коррозии является неправильный выбор материалов, при возникновении коррозии следует устранить неисправность с обеих сторон сред и материалов.

磨损常发生在输送浆液式，主要是介质含有固体颗粒。对输送浆液的泵，泵的过流部件应采用耐蚀耐磨材料，轴封应选用合适的型式，另外对易损件也应及时更换。

В насосе для перекачки шлихты часто возникает износ, вызванный содержанием твердых частиц в среде. Проходные узлы насоса для перекачки шлихты должны быть изготовлены из антикоррозийного и износостойкого материалов. Следует выбрать подходящее уплотнение вала, кроме того, также своевременно заменить быстроизнашивающиеся детали.

（2）机械故障。

（2）Механическая неисправность.

振动和噪声是主要的机械故障。振动的主要

Основные механические неисправности–

原因是轴承损坏、出现汽蚀或装配不良，如泵轴与原动机轴不同心、基础刚度不够或基础下沉、配管存在安装应力等。

вибрация и шум. Основными причинами вибрации являются повреждение подшипника, возникновение кавитации или плохая сборка, например, неконцентричность вала насоса и вала первичного двигателя, недостаток жесткости фундамента или осадка фундамента, наличие монтажного напряжения трубы.

（3）性能故障。

(3) Неисправность функционирования.

性能故障主要指流量、扬程不足，泵汽蚀和驱动机超载等意外事故。

Неисправность функционирования в основном включает в себя недостаток расхода и напора, кавитация насос, перегрузка привода и другие аварийные ситуации.

（4）轴封故障。

(4) Неисправность уплотнения вала.

轴封故障主要指密封处出现泄漏。填料密封泄漏的主要原因是填料选用不当、轴套磨损。机械密封泄漏的主要原因是端面损坏或辅助密封圈被划伤、折皱或损坏。

Неисправность уплотнения вала в основном означает утечку в месте уплотнения. Основными причинами утечки при сальниковом уплотнении являются неправильный выбор насадки и износ втулки. Основной причиной механического уплотнения является повреждение торцевой поверхности или задир, складка или повреждение вспомогательного уплотнительного кольца.

下面将不同类型的泵常见故障及处理方法归纳如下。

Ниже приведены часто встречающиеся неисправности насосов разных типов и методы их устранения:

（1）离心泵常见故障及处理方法见表 3.1.8。

(1) Часто встречающиеся неисправности центробежного насоса и методы их устранения приведены в таблице 3.1.8.

表 3.1.8　离心泵常见故障及处理方法

Табл. 3.1.8　Часто встречающиеся неисправности центробежного насоса и методы их устранения

序号 № п/п	故障现象 Признак неисправностей	原因 Причина	处理方法 Методы устранения
1 1	轴承发热 Перегрев подшипника	（1）润滑油过多。 （2）润滑油过少。 （3）润滑油变质。 （4）机组不同心。 （5）振动 (1) Слишком большая смазка. (2) Слишком малая смазка.	（1）减油。 （2）加油。 （3）排去并清洗油池再加新油。 （4）检查并调整泵和原动机的对中。 （5）检查转子的平衡度或在较小流量处运转 (1) Увеличить объем масла. (2) Уменьшить объем масла.

续表
продолжение

序号 № п/п	故障现象 Признак неисправностей	原因 Причина	处理方法 Методы устранения
1 1	轴承发热 Перегрев подшипника	(3) Ухудшение смазки. (4) Неконцентричность агрегата. (5) Вибрация	(3) Слить масло и очистить масляный бассейн, потом залить новое масло. (4) Проверить и отрегулировать центровку насоса и первичного двигателя. (5) Проверить степень балансировки ротора или провести работу при небольшом расходе
2 2	泵不输出液体 Не выход жидкости из насоса	(1)吸入管路或泵内留有空气。 (2)进口或出口侧管道阀门关闭或未移去盲板。 (3)使用扬程高于泵的最大扬程。 (4)泵吸入管漏气。 (5)错误的叶轮旋转方向。 (6)吸入高度太高。 (7)吸入管路过小或堵塞。 (8)转速不符 (1) Наличие воздуха в всасывающем трубопроводе или насосе. (2) Закрытие клапана трубопровода на входной или выходной стороне или не снятие заглушки. (3) Используемый напор эксплуатации выше максимального напора насоса. (4) Утечка газа из всасывающего трубопровода насоса. (5) Неправильное направление вращения крыльчатки. (6) Высота всасывания слишком высокая. (7) Слишком малый или засорение всасывающего трубопровода. (8) Несоответствие скорости вращения	(1)注满液体,排出空气。 (2)开启阀门或移去盲板。 (3)更换扬程高的泵。 (4)杜绝进口侧的泄漏。 (5)纠正电机转向。 (6)降低泵安装高度,增加进口处压力。 (7)加大吸入管径,消除堵塞物。 (8)使转速负荷要求 (1) Заполнить жидкостью, выпустить воздух. (2) Открыть клапан или снять заглушку. (3) Заменить насосом с высоким напором. (4) Предотвратить утечку на стороне входа. (5) Исправить направление вращения электродвигателя. (6) Уменьшить высоту установки насоса, увеличить давление на входе. (7) Увеличить диаметр всасывающего трубопровода, устранить забивание. (8) Обеспечить соответствие скорости вращения требованиям
3 3	流量扬程不足 Недостаточный расход и напор	(1)叶轮损坏。 (2)密封环磨损过多。 (3)转速不足。 (4)进口或出口阀未充分开启。 (5)在吸入管路中漏入空气。 (6)吸入端的过滤器堵塞。 (7)介质密度与泵要求不符。 (8)装置扬程与泵扬程不符。 (9)泵旋转方向错误 (1) Повреждение крыльчатки. (2) Чрезмерный износ уплотнительного кольца. (3) Недостаточная скорость вращения. (4) Не полностью открытие входного или выходного клапана. (5) Вход воздуха во всасывающий трубопровод. (6) Засорение фильтра на всасывающем конце.	(1)更换叶轮。 (2)更换密封环。 (3)按要求增加转速。 (4)充分开启阀门。 (5)杜绝泄漏。 (6)清理过滤器。 (7)重新核算或更换电动机。 (8)改变叶轮直径或更换。 (9)检查调整泵旋转方向 (1) Заменить крыльчатку. (2) Заменить уплотнительное кольцо. (3) Увеличить скорость вращения по требованиям. (4) Полностью открыть клапан. (5) Предотвратить утечку. (6) Очистить фильтр. (7) Провести пересчет или замену электродвигателя.

续表
продолжение

序号 № п/п	故障现象 Признак неисправностей	原因 Причина	处理方法 Методы устранения
3 3	流量扬程不足 Недостаточный расход и напор	(7)Несоответствие плотности среды требованиям к насосу. (8)Несоответствие напора установки напору насоса. (9)Неправильное направление вращения насоса	(8)Изменить диаметр крыльчатки или заменить крыльчатку. (9)Проверить и отрегулировать направление вращения насоса
4 4	密封泄漏严重 Серьезная утечка при уплотнении	(1)密封元件材料选用不当。 (2)摩擦副严重磨损。 (3)动静环吻合不匀。 (4)摩擦副过大,静环破坏。 (5)O 形圈损坏 (1)Неправильный выбор материалов уплотнительного элемента. (2)Серьезный износ пар трения. (3)Неравномерное совпадение динамического и статического колец. (4)Слишком большая пара трения, повреждение статического кольца. (5)Повреждение О-образного кольца	(1)重新更换合适的密封件。 (2)更换磨损部件,并调整弹簧压力。 (3)重新调整密封组件。 (4)更换静环,按要求组装密封组件。 (5)更换 O 形圈 (1)Замена подходящими уплотняющими элементами. (2)Замена изношенных деталей, и регулирование давления пружины. (3)Повторное регулирование уплотнительного узла. (4)Замена статического кольца, сборка уплотнительного узла по требованиям. (5)Замена О-образного кольца
5 5	泵发生振动及杂音 Вибрация и шума насоса	(1)泵轴与电机轴中心不对中。 (2)轴弯曲。 (3)泵或电机滚动轴承磨损。 (4)泵产生汽蚀。 (5)转子与定子有磨损。 (6)转子失去平衡。 (7)管路或泵内有杂物。 (8)进口阀为充分开启。 (9)底座刚度不足或地脚螺栓松动 (1)Несоосность вала насоса и центра вала электродвигателя. (2)Изгибание вала. (3)Износ насоса или подшипника качения электродвигателя. (4)Кавитация насоса. (5)Износ ротора и статора. (6)Разбалансировка ротора. (7)Наличие посторонних веществ в трубопроводе или насосе. (8)Полностью открытие входного клапана. (9)Недостаточная жесткость основания или ослабление фундаментного болта	(1)校正对中。 (2)更换新轴。 (3)更换轴承。 (4)增加吸入端压力或降低安装高度。 (5)检修泵或改善使用情况。 (6)检查原因,设法消除。 (7)检查排污。 (8)打开进口阀,调节出口阀。 (9)加固底座或紧固地脚螺栓 (1)Выправление и центрирование. (2)Замена новым валом. (3)Замена подшипника. (4)Увеличение давления на всасывающем конце или уменьшение высоты установки. (5)Ремонт или улучшение использования насоса. (6)Проверка причин и попытка устранения. (7)Проверка дренажа. (8)Открытие входного клапана и регулирование выходного клапана. (9)Укрепление основания или крепление фундаментного болта

(2)往复泵常见故障及处理方法见表 3.1.9。

(2)Часто встречающиеся неисправности возвратно-поступательного насоса и методы их устранения приведены в таблице 3.1.9.

表 3.1.9 往复泵常见故障及处理方法

Табл. 3.1.9 Часто встречающиеся неисправности возвратно-поступательного насоса и методы их устранения

序号 № п/п	故障现象 Признак неисправностей	原因 Причина	处理方法 Методы устранения
1 1	产生声响或振动 Генерация звука или вибрация	(1)活塞冲程过大或汽化抽空。 (2)活塞或活塞杆螺母松动。 (3)缸套松动。 (4)地脚螺栓松动。 (5)十字头中心加连接处松动 (1)Слишком большой такт поршня или опорожнение при испарении. (2)Ослабление поршня или гайки штока поршня. (3)Ослабление гильзы цилиндра. (4)Ослабление фундаментного болта. (5)Ослабление в центре и месте соединения крейцкопфа	(1)调节活塞冲程和往复次数。 (2)紧固螺母。 (3)紧固缸套螺钉。 (4)固定地脚螺栓。 (5)修理或更换十字头 (1)Регулирование такта поршня или числа возвратно-поступательного движения. (2)Крепление гайки. (3)Крепление винта гильзы цилиндра. (4)Крепление фундаментного болта. (5)Ремонт замена крейцкопфа
2 2	压盖漏油或漏气 Утечка масла или газа из грундбуксы	(1)活塞杆磨损或表面不光滑。 (2)填料损坏。 (3)填料压盖未紧固或填料不足 (1)Износ штока поршня или не гладкая поверхность. (2)Нарушение набивки. (3)Не закрепление грундбуксы набивки или недостаток насадок	(1)更换活塞环。 (2)更环填料。 (3)紧固压盖或加填料 (1)Заменить поршневое кольцо. (2)Заменить набивку. (3)Закрепить грундбуксу или добавить набивку
3 3	压力不稳 Нестабильное давление	(1)阀关不严或弹簧力不均匀。 (2)活塞环在槽内不灵活 (1)Неполное закрытие клапана или неравномерное усилие пружины. (2)Заедание поршневого кольца во впадине	(1)研磨阀或更换弹簧。 (2)调整活塞环与槽的配合 (1)Отшлифовать клапан или заменить пружину. (2)Отрегулировать сопряжение поршневого кольца с впадиной
4 4	流量不足 Недостаточный расход	(1)阀不严。 (2)活塞环与缸套间隙过大。 (3)冲程次数太少。 (4)冲程太短 (1)Плохое уплотнение клапана. (2)Слишком большой зазор между поршневым кольцом и гильзой цилиндра. (3)Слишком малое число тактов. (4)Слишком короткий такт	(1)研磨或更换阀门,调节弹簧。 (2)更换活塞环或缸套。 (3)调节冲程数。 (4)调节冲程 (1)Отшлифовать или заменить клапан, отрегулировать пружину. (2)Заменить поршневое кольцо или гильзу цилиндра. (3)Отрегулировать число тактов. (4)Отрегулировать такт

3.2 压缩机

3.2 Компрессор

3.2.1 概述

3.2.1 Общие сведения

压缩机是将低压气体提升为高压气体的一种

Компрессор является ведомой гидромашиной,

从动流体机械,将原动机(通常为电动机)的机械能转换成气体压力能的装置。工业生产中为气体增压,有的是为了满足工艺反应的参数要求,有的是为了满足管道传输过程中的流体动力学的要求。

которая предназначается для нагнетания газа с низкого давления до высокого давления, превращает механическую энергию первичного двигателя (обычно электродвигатель) в энергию давления газа, применяется для нагнетания газа в процессе промышленного производства, одни компрессоры применяются для обеспечения удовлетворения требований к параметрам реакции в процессе, а другие компрессоры применяются для обеспечения удовлетворения требований к гидродинамике в процессе передачи по трубопроводам.

在气田开发工程中,多种场合涉及气体的增压。例如天然气集输装置中,设置压缩机组对原料气增压,以满足处理厂内工艺系统的压力要求;在天然气处理厂内脱水脱烃装置中,丙烷制冷压缩机满足制冷工艺的压力要求,空氮站装置的空气压缩机等;天然气外输装置中,主要在长输管道各增压站利用压缩机对天然气增压,补偿天然气在输送过程中的压力损失,以满足其压力要求等。

В объекте по разработке газовых месторождений, во многих случаях присутствует нагнетание газа. Например, в установке сбора и транспорта газа установлен компрессорный агрегат для нагнетания сырьевого газа, чтобы удовлетворить требованиям к давлению технологической системы на ГПЗ; в установках осушки газа и очистки газа от углеводородов на ГПЗ установлен компрессор охлаждения пропаном, чтобы удовлетворить требованиям к давлению в процессе охлаждения, на станции воздуха и азота установлен воздушный компрессор; в экспортной установке газа, в основном на ДКС магистральных трубопроводов применяется компрессор для нагнетания газа, чтобы компенсировать потерю давления газа во время транспорта для удовлетворения требований к давлению.

3.2.2 压缩机的分类和结构

3.2.2 Классификация и конструкция компрессоров

3.2.2.1 压缩机的分类

3.2.2.1 Классификация компрессоров

(1)压缩机种类很多,按工作原理分类见表3.2.1。

(1) Существуют многие типы компрессоров, которые могут быть классифицированы следующим образом по принципу работы, см. в таблице 3.2.1.

表 3.2.1 压缩机按工作原理分类表

Табл. 3.2.1 Классификация компрессоров по принципу работы

容积式 Объемный	往复式 Возвратно–по-ступательный	活塞式、隔膜式、斜盘式、自由活塞式 Поршневой, мембранный, с наклонным диском, свободный поршневой
	回转式 Ротационный	螺杆式、罗茨式、液环式、滑片式、回转活塞式 Винтовой, типа Рута, с жидким кольцом, пластинчатый, ротационный поршневой
流体动力式 Гидродинамиче-ский	透平式 Турбинный	离心式、轴流式、混流式 Центробежный, осевой, диагональный
	喷射式 Струйный	

（2）压缩机按排气压力分类见表 3.2.2。

（2）По давлению газа на выходе компрессор может быть разделен по таблице 3.2.2.

表 3.2.2 压缩机按排气压力分类表

Табл. 3–2–2 Классификация компрессоров по давлению газа на выходе

名称 Наименование	压力，bar Давление，бар
鼓风机 Воздуходувка	小于 3 Менее 3
低压压缩机 Компрессор низкого давления	3～10 3–10
中压压缩机 Компрессор среднего давления	10～100 10–100
高压压缩机 Компрессор высокого давления	100～1000 100–1000
超高压压缩机 Компрессор сверхвысокого давления	大于 1000 Более 1000

3.2.2.2 压缩机的基本参数

（1）排气量 Q_n。

排气量也称压缩机的流量或气量，指单位时间内压缩机最后一级排出的气体，换算到第一级进口状态时的气体容积值。常用单位为 m^3/min、m^3/h。

3.2.2.2 Основные параметры компрессора

（1）Производительность Q_n.

Производительность также называется расходом или объемом газа компрессора, означает значение объема газа, полученное путем приведения объема газа, выпущенного из последней степени компрессора в единицу времени, к объему газа на входе первой ступени. Общие единицы–$м^3$/мин, $м^3$/ч.

工业生产中，压缩机所需的气量 Q_0（也称供气量）常以标准状态下（1 个大气压，0℃）的干气容积值表示。供气量 Q_0 可按下式换算至进口状态时的排气量：

В процессе промышленного производства, требуемый объем газа компрессора Q_0 (также называется объемом подачи газа) выражается объемом сухого газа при нормальных условиях (1 атмосферное давление, 0℃). Объем подачи газа Q_0 может быть приведен к производительности на входе по формуле 3.2.1:

$$Q_n = Q_0 \frac{p_0 T_1}{(p_1 - \varphi p_{s1}) T_0} \tag{3.2.1}$$

式中 p_0, T_0——分别为标准状态下的压力（1.013barA）、温度（273K）；

p_1, T_1——分别为压缩机进口状态下的压力（barA）、温度（K）；

φ——压缩机进气相对湿度；

p_{s1}——进气温度 T_1 下的饱和水蒸气压力，barA。

Где p_0, T_0——давление (1, 013 бар), температура (273K) при нормальных условиях соответственно;

p_1, T_1——давление на входе компрессора (бар), температура (K) соответственно;

φ——относительная влажность газа на входе компрессора;

p_{s1}——давление насыщенного водяного пара при температуре газа на входе T_1, бар.

（2）排气压力 p_d。

排气压力通常指压缩机最终排出的气体压力，即压缩机末级排气压力，常用单位为 MPa、bar。

(2) Давление газа на выходе p_d.

Давление газа на выходе обычно означит окончательное давление газа на выходе компрессора, т.е. давление газа на выходе последующей ступени компрессора, общие единицы–МПа, бар.

（3）额定排气量 [Q]。

额定排气量即为压缩机铭牌上标注的排气量，指压缩机在特定进口状态下的排气量。常用单位为 m^3/min、m^3/h。

(3) Номинальная производительность [Q].

Номинальная производительность–производительность, указанная на табличке компрессора, означит производительность на конкретном входе компрессора. Общие единицы–$м^3/мин$, $м^3/ч$.

（4）额定排气压力 [p_d]。

额定排气压力即为压缩机铭牌上标注的排气压力，常用单位为 MPa、bar。

(4) Номинальное давление газа на выходе [p_d].

Номинальное давление газа на выходе–давление газа на выходе, указанное на табличке компрессора, общие единицы–МПа, бар.

往复式压缩机排气压力的高低不取决于机器本身，而是由压缩机排气系统的压力，即背压决定。

Давление на выходе возвратно–поступательного компрессора не зависит от самой машины, а определяется давлением выпускной системы компрессора, т.е. противодавление.

（5）进气温度 T_s 和排气温度 T_d。

进气温度指进入压缩机首级的进气温度。排气温度通常指最终排出压缩机的气体温度，即末级的排气温度。常用单位为℃、K。

考虑积碳和安全运行的需要，需对往复式压缩机的排气温度有所限制。对于分子量不大于 12 的介质，终了排气温度不超过 135℃。

（6）级数。

大型压缩机以省功原则选择级数，通常情况系，各级压比应不大于 4。对排气有限制的气体，可选确定排气温度，再根据进气、排气温度算出压比，最后确定级数。

（5）Температура газа на входе T_s и температура газа на выходе T_d.

Температура газа на входе *T*s означит температуру газа на входе в первую ступень компрессора. Температура газа на выходе T_d обычно означит окончательную температуру газа на выходе компрессора, т.е. температура газа на выходе последующей степени. Общие единицы–℃, K.

С учетом необходимости закоксования и безопасной эксплуатации, необходимо ограничить температуру газа на выходе возвратно–поступательного компрессора. Для среды с молекулярным весом не более 12, окончательная температура газа на выходе не превышает 135 ℃ .

（6）Число ступеней.

Для крупного компрессора выбирается число ступеней по принципу уменьшения мощности, как правило, отношение сжатия в разных ступенях должны быть не более 4. Для газа ограниченного сброса, можно сначала определить температуру газа на выходе, потом вычислить отношение сжатия по температуре газа на входе и выходе, окончательно определить число ступеней.

3.2.2.3 压缩机的性能特点

压缩机的性能特点见表 3.2.3。

3.2.2.3 Характеристики компрессора

Сравнение характеристик компрессора приведено в таблице 3.2.3.

表 3.2.3 压缩机的性能特点

Табл. 3.2.3 Сравнение характеристик компрессора

类型 Тип	特点 Характеристики
往复式压缩机 Возвратно–поступательный компрессор	适用于中小气量；大多采用电动机拖动，一般不调速；气量调节通过补助容积装置或顶开进气阀装置，功率损失较大；压力范围广泛，尤其适用于高压、超高压；性能曲线陡峭，气量基本不随压力的变化而变化；排气不均匀，气流有脉动；机组结构复杂，外形尺寸和质最大；易损件多，维修量大 Распространяется на положение с малым и средним объемами газа; обычно применяется электродвигатель для привода, как правило, не регулируется скорость; регулирование объема газа выполняется путем компенсации объемного устройства или открытия впускного клапана, потеря мощности большая; широкий диапазон давления, особенно используется в режиме высокого давления и сверхвысокого давления; характеристическая кривая крутая, объем газа в основном не изменяется в зависимости от давления; неравномерный выпуск, пульсирующий поток газа; сложная конструкция агрегата, максимальный габарит и масса; многие быстроизнашивающиеся детали, большой объем ремонтных работ

续表
продолжение

类型 Тип	特点 Характеристики
离心式压缩机 Центробежный компрессор	适用于大中气量；要求介质为干净气；高转速时常采用汽轮机或燃气轮机拖动；气量调节常通过调速实现，功率损失小；压力范围广泛，适用于高中低压；性能曲线平坦，操作范围宽；排气均匀，气流无脉动；体积小，质量轻；连续运转周期长，运转可靠；易损件少，维修量小 Распространяется на положение с большим и средним объемами газа; среда должна быть чистым газом; обычно применяется паротурбина или газотурбина для привода при высокой скорости вращения; регулирование объема газа обычно выполняется путем регулирования скорости, потеря мощности малая; широкий диапазон давления, используется в режиме высокого и среднего давлений; характеристическая кривая ровная, широкий рабочий диапазон; равномерный выпуск, отсутствует пульсация потока газа; небольшой объем, легкая масса; длительный период непрерывной работы, надежная работа; малые быстроизнашивающиеся детали, небольшой объем ремонтных работ
轴流式压缩机 Осевой компрессор	适用于大气量；尤其要求介质为干净气体；高转速时常采用汽轮机或燃气轮机拖动；气量调节常通过调速实现，也可采用可调导叶和静叶，功率损失小；适用于低压，性能曲线陡峭，操作范围较窄；排气均匀，气流无脉动；体积小，质量轻；连续运转周期长，运转可靠；易损件少，维修量小 Распространяется на положение с большим объемом газа; в частности, среда должна быть чистым газом; обычно применяется паротурбина или газотурбина для привода при высокой скорости вращения; регулирование объема газа обычно выполняется путем регулирования скорости, а также могут применяться регулируемые направляющие лопатки и неподвижные лопатки, потеря мощности малая; используется в режиме низкого давления; характеристическая кривая крутая, узкий рабочий диапазон; равномерный выпуск, отсутствует пульсация потока газа; небольшой объем, легкая масса; длительный период непрерывной работы, надежная работа; малые быстроизнашивающиеся детали, небольшой объем ремонтных работ
螺杆式压缩机 Винтовой компрессор	适用于中小气量，或含尘、湿、脏的气体；大多采用电动机拖动；气量调节可通过滑阀调节或调速实现，功率损失较小；适用于中低压；性能曲线陡峭，气量基本不随压力的变化而变化；排气均匀，气流脉动比往复式压缩机小得多；机组结构简单，外形尺寸和质最小；连续运转周期长，运转可靠；与往复式压缩机相比，易损件少；与离心式压缩机相比，无喘振 Распространяется на положение с малым и средним объемами газа, или запыленный, мокрый и грязный газы; обычно применяется электродвигатель для привода; регулирование объема газа может выполняться золотниковым клапаном или путем регулирования скорости, потеря мощности малая; используется в режиме среднего и низкого давлений; характеристическая кривая крутая, объем газа в основном не изменяется в зависимости от давления; равномерный выпуск, пульсация потока газа меньше, чем возвратно-поступательного компрессора; простая конструкция агрегата, минимальный габарит и масса; длительный период непрерывной работы, надежная работа; по сравнению с возвратно-поступательным компрессором, быстроизнашивающиеся детали малые; по сравнению с центробежным компрессором, отсутствует помпаж

3.2.2.4 压缩机的结构

压缩机种类很多，不同类型的压缩机结构略有不同。在气田地面工程建设中，由于生产工况的特点，常用的压缩机类型主要为离心式压缩机、螺杆式压缩机和往复式压缩机。因此，此处主要介绍以上三种压缩机的结构。

3.2.2.4 Конструкция компрессора

Существует много типов компрессоров, различные типы компрессоров немного отличаются друг от друга. В объекте на наземное обустройство газового месторождения в соответствии с характеристиками производственных условий обычно используют центробежный компрессор, винтовой компрессор и возвратно-поступательный компрессор. В связи с этим, здесь в основном описывают конструкции вышеуказанных трех компрессоров.

（1）离心式压缩机结构。

（1）Конструкция центробежного компрессора.

在离心式压缩机中，气体在流经叶轮时，高速运转的叶轮使气体在离心力的作用下，一方面压力有所提高，另一方面速度也极大增加，即离心式压缩机通过叶轮首先将原动机的机械能转变为气体的静压能和动能。此后，气体在流经扩压器的通道时，流道截面逐渐增大，前面的气体分子流速降低，后面的气体分子不断涌流向前，使气体的绝大部分动能又转变为静压能，也就是进一步起到增压的作用。然后，气体通过弯道、回流器进入下一级叶轮，继续进行压缩，直到最后一级，气体压力达到工艺设计要求，便通过最后一级的蜗壳排出。离心式压缩机结构如图 3.2.1 所示。

В центробежном компрессоре, когда газ протекает через крыльчатку, крыльчатка, работающая с высокой скоростью, позволяет повышение давления газа под действием центробежной силы, с одной стороны, значительное повышение скорости газа, с другой стороны, т.е. центробежный компрессор сначала преобразует механическую энергию первичного двигателя в энергию статического давления и кинетическую энергию газа с помощью крыльчатки. После этого, когда газ протекает через канал диффузора, сечение проходного канала постепенно увеличивается, скорость течения передних молекул газа снижается, задние молекулы газа продолжают хлынуть вперед, что позволяет преобразование подавляющей части кинетической энергии газа в энергию статического давления, т.е. дальнейшее повышение давления. Затем газ протекает через криволинейный канал и обратный аппарат, и входит в следующую крыльчатку для продолжения сжатия; и давление газа достигает технологических проектных требований вплоть до прибытия газом в последнюю степень, после чего газ выпускается через последнюю спиральную камеру. Конструкция центробежного компрессора преведена в рис. 3.2.1.

由于气体在压缩过程中温度升高，为减少压缩功耗，对压力较高的离心式压缩机在压缩过程中采用中间冷却器，即由某中间级出口的气体，不直接进入下一级，而是通过蜗室和出气管引到外面的中间冷却器进行冷却，冷却后的低温气体再经吸气室进入下一级压缩。

В связи с тем, что температура газа повышается в процессе сжатия, следует применять промежуточный охладитель в процессе сжатия центробежного компрессора с относительно высоким давлением в целях уменьшения потери работы сжатия, т.е. газ с выхода какой–нибудь промежуточной ступени не непосредственно входит в следующую ступень, а приводится к наружному промежуточному охладителю для охлаждения через спиральную камеру и выпускную трубу, а затем низкотемпературный газ после охлаждения входит в следующую ступень для сжатия через всасывающую камеру.

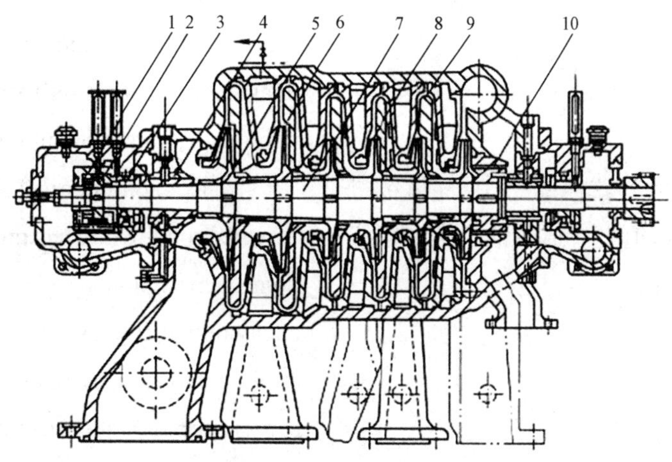

图 3.2.1　离心式压缩机结构剖面图

Рис. 3.2.1　Разрез конструкции центробежного компрессора

1—止推轴承；2—止推盘；3—径向轴承；4—轴封；5—叶轮；6—隔板；7—主轴；8—级间密封；9—机壳；10—平衡活塞

1— Упорный подшипник; 2— Упорный диск; 3— Радиальный подшипник; 4— Уплотнение вала; 5— Крыльчатка; 6— Перегородка; 7— Главный вал; 8— Межступенчатое уплотнение; 9— Корпус; 10— Противовесный поршень

离心式压缩机具体零部件介绍如下。

① 气缸：压缩机的壳体，也称机壳，由壳体和进、排气室组成，内装有隔板、密封体、轴承等。气缸通常用铸铁或铸钢浇铸出来的。对于高压离心压缩机，采用圆筒形锻钢机壳，以承受高压。气缸一般有水平中分面，以便于装配、检修。上下机壳用定位销定位，用螺栓联接，下机壳装有导向柱，便于拆装定位。

Конкретные детали и узлы центробежного компрессора описаны ниже:

① Цилиндр: является корпусом компрессора, состоит из корпуса, впускной камеры и выхлопной камеры, в его внутренности установлены перегородка, уплотнение, подшипник и д. Цилиндр, как правило, выполняется из чугуна или литой стали. Для центробежного компрессора высокого давления применять цилиндрический корпус из кованой стали для выдержки высокого давления. Цилиндр, как правило, имеет горизонтальную плоскость разъема для облегчения сборки и технического обслуживания. Верхний и нижний корпус фиксируются фиксаторами и соединяются болтами, нижний корпус снабжен направляющей для легкого фиксирования при разборке.

② 扩压器：气体从叶轮流出时，具有较高的流动速度，为了充分利用这部分速度能，常常在叶轮后面设置了流通面积逐渐扩大的扩压器，用以把速度能转化为压力能，以提高气体的压力。扩压器有无叶型、叶片型、直壁型等多种形式。

② Диффузор：газ имеет относительно высокую скорость течения при выхода из крыльчатки，чтобы полностью использовать такую энергию скорости，обычно предусматривать диффузор после крыльчатки，проходная площадь которого постепенно увеличивается в целях преобразования энергии скорости в энергию давления для повышения давления газа. Тип диффузор：безлопаточный，лопаточный и прямостенный и д.

③ 弯道：在多级离心式压缩机中，气体欲进入下一级就必须采用弯道。弯道石油机壳和隔板构成的弯环形通道空间。

③ Криволинейный канал：в многоступенчатом центробежном компрессоре необходимо использовать криволинейный канал для входа газа в следующую ступень. Криволинейный канал является изогнутым кольцевым проходным пространством，образованным корпусом и перегородкой.

④ 回流器：由隔板和导流叶片组成。其作用是使气流按所需要的方向均匀地进入下一级。通常隔板和导流叶片整体铸造在一起。隔板借销钉或外缘凸肩与机壳定位。

④ Обратный аппарат：состоит из перегородки и направляющих лопаток. позволяет равномерный вход потока газа в следующую ступень по желаемому направлению. Как привила，перегородка и направляющие лопатки вылиты в целом. Перегородка фиксируется к корпусу с помощью штифтов и внешних заплечиков.

⑤ 蜗室：蜗室的主要目的是把扩压器后面或叶轮后面的气体汇集起来，把气体引导到压缩机外面去，使它流道气体输送管线或流到冷却器去进行冷却。此外，在汇集气体的过程中，在多数情况下，由于蜗室外径逐渐增大和通流界面的扩大，也对气流起到一定降速扩压作用。

⑤ Спиральная камера：спиральная камера в основном предназначена для стечения газа после диффузора или крыльчатки，введения газа к внешней стороне компрессора，чтобы газ мог течь к трубопроводу для транспортировки газа или охладителю для охлаждения. Кроме того，в процессе стечения газа，в большинстве случаев，постепенное увеличение наружного диаметра спиральной камеры и проходной поверхности оказывают определенное действие на сжижение скорости и увеличение давления потока газа.

⑥ 叶轮：压缩机中最重要的部件。叶轮随主轴高速旋转，对气体做功；气体在叶轮叶片的作用下，跟着叶轮做高速旋转，受离心力作用以及叶轮里的扩压流动，在流出叶轮时，气体的压力、速度

⑥ Крыльчатка：является самой важной частью компрессора. Крыльчатка вращается с высокой скорость вместе с главным валом для произведения работы газа；газ вращается с высокой скорость вместе

和温度都升高。叶轮按结构特点可分为开式、半开式和闭式三种形式。

с крыльчаткой под действием лопаток крыльчатки, и давление, скорость и температура газа повышаются при его выходе из крыльчатки под действием центробежной силы и нагнетательного потока в крыльчатке. Крыльчатка разделяется на открытую, полуоткрытую и закрытую в соответствии со структурными характеристиками.

⑦ 主轴:压缩机的管件部件,主要上安装叶轮、平衡盘、推力盘等所有的旋转部件。通过联轴器与驱动机相连传递扭矩,是转子的中心部位。

⑦ Главный вал: является трубчатым элементом компрессора, на него в основном установлены все вращающиеся части, как крыльчатка, балансировочный диск, упорный диск и д. Он передает крутящий момент путем соединения муфты с приводом, является центральной частью ротора.

主轴通常为阶梯轴,以便于零件的安装,各阶梯的突肩起轴向定位作用。

Главный вал, как правило, является ступенчатым для облегчения монтажа деталей, заплечики на разных ступенях играют роль фиксации в осевом направлении.

⑧ 平衡盘:在多级离心式压缩机中,由于每级叶轮两侧的气体作用力大小不等,使转子受到一个指向低压力端的合力,这个合力称为轴向力。轴向力对压缩机的正常运转是不利的,它使转子向一端窜动,甚至使转子与机壳相碰,因此需设法消除轴向力。

⑧ Балансировочный диск: в многоступенчатом центробежном компрессоре из-за неравных сил действия газа на двух сторонах крыльчатки на каждой ступени ротор подвергается результирующей силе, направляющей на сторону низкого давления, которая называется осевой силой. Осевая сила является вредной для нормальной работы компрессора, может приводить к малому перемещению ротора в один конец, а также сталкиванию ротора с корпусом, поэтому необходимо принять меры для устранения осевой силы.

平衡盘是利用它两边气体压力差来平衡轴向力的零件。它一般安装在气缸末级的后面,一侧受末级气体的压力,另一侧常与机器的吸气室相通,平衡盘的外缘上一般都有迷宫密封装置,使盘的两侧维持压差。

Балансировочный диск балансирует детали под осевой силой с помощью разности давлений газа на его двух сторонах. Как правило, он установлен на месте после последней ступени цилиндра, одна сторона подвергается давления газа в последней ступени, другая обычно соединяется с всасывающей камерой машины, на внешних краях балансировочного диска, как правило, установлены лабиринтные уплотнения для поддержки разности давлений на двух сторонах диска.

⑨ 密封：压缩机重要部件之一。密封分有隔板密封、轮盖密封和轴端密封，其中隔板密封和轮盖密封的作用是防止气体在级间倒流。轴端密封的作用是为了减少和杜绝内部气体向外泄露或外部气体向机器内窜入。

⑨ Уплотнение：является важной частью компрессора. Уплотнение разделено на уплотнение перегородки, уплотнение крышки крыльчатки, концевое уплотнение вала, среди них уплотнение перегородки и уплотнение крышки крыльчатки предназначены для предотвращения обратного потока газа между ступенями. Концевое уплотнение вала предназначено для уменьшения и устранения утечки внутреннего газа наружу, или проникновения внешнего газа в внутреннюю часть машины.

根据密封的原理不同，压缩机常用密封有迷宫密封、浮环密封、机械密封和干气密封。

В соответствии с принципами уплотнения обычно применять лабиринтное уплотнение, уплотнение с плавающими кольцами, механическое уплотнение и сухое газовое уплотнение для компрессора.

（2）往复式压缩机结构。

（2）Конструкция возвратно-поступательного компрессора.

往复式压缩机属于容积式压缩机，是使一定容积的气体顺序地吸入和排出封闭空间提高静压力的压缩机。曲轴带动连杆，连杆带动活塞，活塞做上下运动。活塞运动使气缸内的容积发生变化，当活塞向下运动的时候，汽缸容积增大，进气阀打开，排气阀关闭，空气被吸进来，完成进气过程；当活塞向上运动的时候，气缸容积减小，出气阀打开，进气阀关闭，完成压缩过程。通常活塞上有活塞环来密封气缸和活塞之间的间隙，气缸内有润滑油润滑活塞环。L 型往复式压缩机结构如图 3.2.2 所示。

Возвратно-поступательный компрессор относится к объемному компрессору, представляет собой компрессор, который проводит последовательно всасывание и выпуск газа с определенным объемом из замкнутого пространства для повышспия статического давления. Коленчатый вал приводит шатун в движение, шатун приводит поршень в движение, что приводит поршень в движение вверх и вниз. Движение поршня позволяет изменению объема цилиндра. Когда поршень двигается вниз, объем цилиндра увеличивается, впускной клапан открывается, выпускной клапан закрывается, воздух всасывается, чтобы завершить процесс впуска; когда поршень двигается вверх, объем цилиндра уменьшается, выпускной клапан открывается, впускной клапан закрывается, чтобы завершить процесс сжатия. Как правило, поршневое кольцо на поршне применяется для уплотнения зазора между цилиндром и поршнем, смазывание поршневого кольца осуществляется смазочным маслом в цилиндре. Конструкция возвратно–поступательного компрессора приведена в рис. 3.2.2.

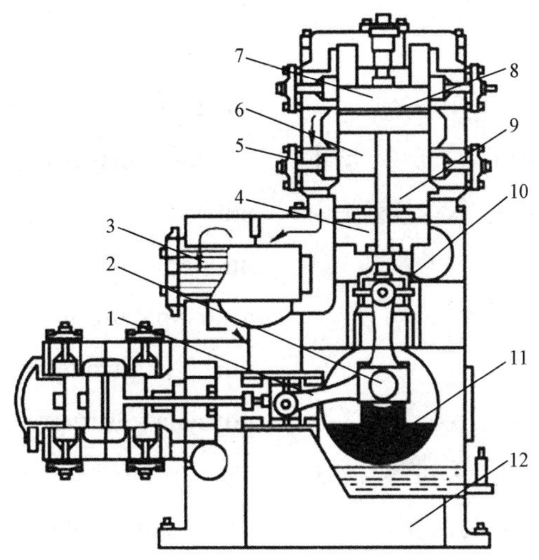

图 3.2.2 L 型往复式压缩机结构剖面图

Рис. 3.2.2 Г–образный разрез конструкции возвратно–поступательного компрессора

1—连杆；2—曲轴；3—中间冷却器；4—活塞杆；5—气阀；6—气缸；7—活塞；8—活塞环；9—填料；10—十字头；11—平衡重；12—机身

1—Шатун; 2—Коленчатый вал; 3—Промежуточный охладитель; 4—Шток поршня; 5—Воздушный клапан; 6—Цилиндр; 7—Поршень; 8—Поршневое кольцо; 9—Набивка; 10—Крейцкопф; 11—Уравновешивающий груз; 12—Корпус

往复式压缩机多为活塞压缩机，主要有气缸、活塞、防止气体泄漏的填料函，控制气流吸入排出的吸排气阀以及传递动力的曲轴、连杆、十字头和保证机组运行角速度变化不能超标的飞轮等组成。

Возвратно–поступательный компрессор обычно представляет собой поршневой компрессор, в основном состоит из цилиндра, поршня, сальника для предотвращения утечки газа, всасывающего и выпускного клапанов для контроля всасывания и выпуска потока газа, коленчатого вала для передачи энергии, шатуна, крейцкопфа и маховика для обеспечения соответствия изменения рабочей угловой скорости агрегата требованиям.

① 曲轴：作用是传递动力，原动机的转动转化为曲拐的圆周运动。曲轴为钢件锻制加工成的整体实心结构，轴体内不钻油孔，以减少应力集中现象。

① Коленчатый вал: применяется для передачи энергии, и преобразования вращательного движения первичного двигателя в круговое движение кривошипа. Коленчатый вал–монолитная сплошная конструкция, обработанная из стальных деталей кованием, в теле вала не сверлить отверстия, чтобы уменьшить концентрацию напряжений.

② 连杆：连杆体、连杆大小头、连杆螺栓等组成，其作用是将曲轴和十字头相连，将曲轴的旋转运动转换成活塞的往复运动，将外界输入的功率传给活塞组件。

② Шатун: состоит из стержня шатуна, нижней и верхней головок шатуна, болтов шатуна и т.д., применяется для соединения коленчатым валом с крейцкопфом, преобразования вращательного движения коленчатого вала в возвратно-поступательное движение поршня, и передачи внешней входной мощности поршневому узлу.

③ 十字头：连接连杆和活塞杆的部件，是将回转运动转化为往复直线运动的关节。十字头由十字头体、滑板、十字头销等组成。

③ Крейцкопф: является частью соединения шатуна со штоком поршня, применяется для преобразования круговращательного движения в возвратно-поступательное линейное движение. Крейцкопф состоит из корпуса крейцкопфа, ползуна и штифта крейцкопфа и т.д..

④ 活塞：包括活塞体、活塞杆、活塞环、支承环等，每级活塞体上装有不同数量的活塞环和支承环，用于密封压缩介质和支承活塞重量。

④ Поршень: поршневой узел включает в себя корпус поршня, шток поршня, поршневое кольцо и опорное кольцо, на корпусе поршня каждой ступени устанавливается различное количество поршневых колец и опорных колец для уплотнения сжимаемой среды и поддерживания веса поршня.

⑤ 填料函：主要由密封盒、闭锁环、密封圈等做成。填料函的作用是防止压缩气体沿活塞杆方向向外泄漏。当密封气体属易燃易爆性质时，在密封填料中设有漏气回收孔，用于收集泄漏的气体并引至处理系统。

⑤ Сальник: в основном состоит из уплотнительной коробки, стопорного кольца, уплотнительного кольца и т.д.. Сальник применяется для предотвращения утечки наружу сжатого газа по направлению штока поршня. Когда уплотнительный газ характеризуется огнеопасностью и взрывоопасностью, в уплотнительном сальнике предусматривается отверстие для получения утечных газов, которые применяется для сбора утечных газов и подачи их в систему обработки.

⑥ 气缸：主要由缸座、缸体、缸盖三部分组成，低压级多为铸铁气缸，设有冷却水夹层；高压级气缸采用钢件锻制，由缸体两侧中空盖板及缸体上的孔道形成冷却水腔。气缸是构成压缩工作容积，在其中实现压缩工作循环的主要部件。

⑥ Цилиндр: в основном состоит из основания цилиндра, блока цилиндра и крышки цилиндра, цилиндр ступени низкого давления обычно является цилиндром из чугуна, предусматривается прослойка охлаждающей воды; цилиндр ступени высокого давления изготовляется из стальных деталей кованием, полость охлаждения состоит из полой крышки на двух сторонах блока цилиндра и канала на блоке цилиндра. Цилиндр является основной частью для формирования рабочего объема сжатия, в котором осуществляется рабочий цикл сжатия.

⑦ 气阀：由阀座、升高限制器、阀片和弹簧组成。气阀的作用是控制气缸中气体吸入和排出。一般要求气阀有如下特点：气阀开闭及时，关闭时严密不漏气；气流通过气阀时，阻力损失小；气阀的使用寿命长；气阀形成的余隙容积小等。常用的气阀有：环状阀、网状阀、蝶形阀等。

⑦ Воздушный клапан: состоит из седла клапана, ограничителя подъема, пластины клапана и пружины. Воздушный клапан применяется для контроля всасывания и выпуска газа из цилиндра. Общие воздушные клапаны должны характеризоваться следующими: своевременное открытие и закрытие воздушного клапана, плотное уплотнение при закрытии; малая потеря сопротивления при прохождении газового потока через воздушный клапан; длительный срок службы воздушного клапана; небольшой объем мертвого пространства воздушного клапана. Обычно используемые воздушные клапаны включают в себя: кольцевой клапан, сетчатый клапан, дроссельный клапан и т.д..

⑧ 飞轮：作用是保证压缩机有足够的飞轮矩和均匀的切向力曲线，通过飞轮旋转过程中贮存的动能来缓冲活塞式压缩机旋转角速度的波动。

⑧ Маховик: применяется для обеспечения того, что компрессор имеет достаточный момент инерции маховика и кривую равномерной касательной силы, осуществляется буфер колебания угловой скорости вращения поршневого компрессора с помощью накопленной кинетической энергии в процессе вращения маховика.

⑨ 曲轴箱：放置曲轴的地方，位于机体最中央，多为方形箱体，同时也是机组润滑油箱。上面装有呼吸器。

⑨ Картер: это место, где поместить коленчатый вал, он расположен в самом центре корпуса, в основном является квадратной коробкой, также является маслобаком агрегата. На картере установлен дыхательный аппарат.

⑩ 接筒：连接曲轴箱和气缸的部件，内部装有十字头、刮油环、填料函以及各种放空接口。

⑩ Соединительная муфта: является частью для соединения картера с цилиндром, внутри установлены крейцкопф, маслосборочное кольцо, сальник и различные сбросные соединения.

除了基本结构外，为保证压缩机的正常运行，往复式压缩机还包含气路系统、润滑油系统和冷却系统三大辅助系统。

Кроме основной конструкции, в целях обеспечения нормальной работы компрессора, возвратно-поступательный компрессор также включает в себя три вспомогательных системы: система газопроводов, система смазочного масла и система охлаждения.

（3）螺杆式压缩机结构。

（3）Конструкция винтового компрессора.

螺杆式压缩机的工作是依靠啮合运动着的一个阳转子与一个阴转子，并借助于包围这对转子四周的机壳内壁的空间完成的。当转子转动时，转子的齿、齿槽与机壳内壁所构成的呈V字形的一对齿间容积（基元容积）大小会发生周期性变化，同时它还会沿着转子的轴向由吸气口侧向排气口侧移动，将气体吸入并压缩至一定的压力后排出。

Работа винтового компрессора завершается ведущим ротором и ведомым ротором зацепления с помощью пространства внутренней стенки корпуса, окружающего пару роторов. При вращении ротора одна пара V-образных объемов между зубьями (элементарный объем), образованная зубьями ротора, впадиной зубьев и внутренней стенкой корпуса, периодически изменяется, при этом она перемещается по осевому направлению ротора со стороны всасывающего отверстия до стороны выпускного отверстия, чтобы всасывать и сжимать газ до определенного давления, потом выпускать газ.

一对转子可以组成多个基元容积对，每一对基元容积内的压力各不相同，各自完成自己的吸气、压缩和排气三个过程，如此不断循环。螺杆压缩机的工作循环吸气、压缩和排气三个过程随着转子旋转，每对相互啮合的齿相继完成相同的工作循环。

Пара роторов может составить многие пары элементарных объемов, каждая пара элементарных объемов имеет различное давление, завершает непрерывную циркуляцию трех процессов: всасывание, сжатие и выпуск соответственно. Рабочий цикл винтового компрессора может быть разделен на всасывание, сжатие и выпуск. При вращении ротора каждая пара зубьев в зацеплении друг с другом последовательно завершает одинаковый рабочий цикл.

通常所说的螺杆压缩机即指双螺杆压缩机，其基本结构如图3.2.3所示。

Обычный винтовой компрессор означает двухвинтовой компрессор, его основная конструкция показана на рисунке 3.2.3.

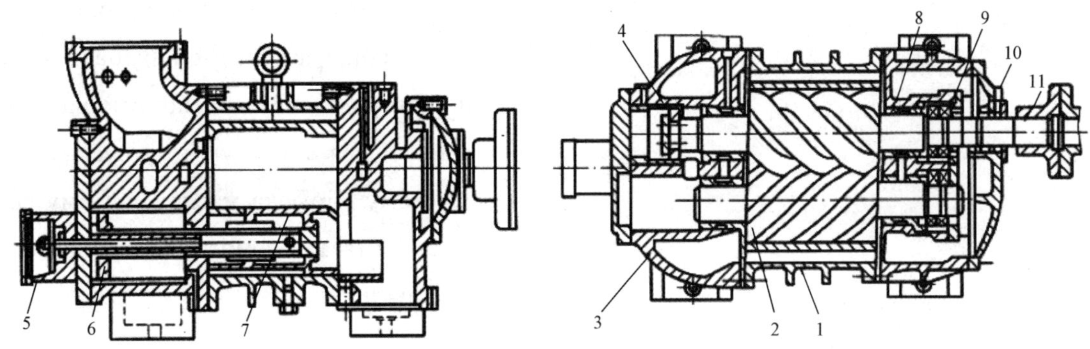

图 3.2.3 双螺杆压缩机结构剖面图

Рис. 3.2.3 Разрез конструкции двухвинтового компрессора

1—汽缸体；2—阴螺杆；3—端盖；4—平衡活塞；5—调节指示器；6—推力活塞；7—调节滑阀；8—滑动轴承；9—推力轴承；10—轴端密封；11—阳螺杆（驱动轴）

1— Блок цилиндра; 2— Внутренний винт; 3— Торцевая крышка; 4— Уравновешивающий поршень; 5— Индикатор-регулятор; 6— Упорный поршень; 7— Регулирующий золотник; 8— Подшипник скольжения; 9— Упорный подшипник; 10— Концевое уплотнение вала; 11— Внешний винт (приводной вал)

在压缩机的主机中平行地配置着一对相互啮合的螺旋形转子，通常把节圆外具有凸齿的转子（从横截面看），称为阳转子或阳螺杆；把节圆内具有凹齿的转子（从横截面看），称为阴转子或阴螺杆。一般阳转子作为主动转子，由阳转子带动阴转子转动。转子上的球轴承使转子实现轴向定位，并承受压缩机中的轴向力。转子两端的圆锥滚子推力轴承使转子实现径向定位，并承受压缩机中的径向力和轴向力。在压缩机主机两端分别开设一定形状和大小的孔口，一个供吸气用的叫吸气口；另一个叫排气口。一般螺杆压缩机组主要由主机和辅机两大部分组成，主机包括螺杆压缩机和电机；辅机包括进排气系统、喷油及油气分离系统、冷却系统、控制系统等。

В главном блоке компрессора расположена параллельно одна пара винтовых роторов в зацеплении друг с другом, как правило, ротор с выпуклыми зубами снаружи делительной окружности (смотреть со стороны поперечного сечения) называется ведущим ротором или внешним винтом; ротор с вогнутыми зубами внутри делительной окружности (смотреть со стороны поперечного сечения) называется ведомым ротором или внутренним винтом. Обычно ведущий ротор приводит ведомый ротор в вращение. Шариковый подшипник ротора обеспечит осевую фиксацию ротора, и выдерживает осевую силу в компрессоре. Конический роликовый упорный подшипник на двух концах ротора обеспечит радиальную фиксацию ротора, и выдерживает радиальную и осевую силы в компрессоре. На двух концах главного блока компрессора предусматриваются соответственно отверстия определенной формы и размеров, одно отверстие для всасывания называется всасывающим отверстием, другое отверстие называется выпускным отверстием. Общий винтовой компрессорный агрегат в основном состоит из главного и вспомогательной блоков, главный блок включает в себя винтовой компрессор и электродвигатель; вспомогательный блок включает в себя впускную и выпускную системы, систему впрыска масла, систему сепарации масла и газа, систему охлаждения, систему управления и т.д..

3.2.3 压缩机的制造、检验和安装

3.2.3 Изготовление, контроль и монтаж компрессоров

3.2.3.1 压缩机的制造与检验

3.2.3.1 Изготовление и контроль компрессоров

(1)离心压缩机的检验与试验。

离心压缩机的检验与试验标准规定见表3.2.4。

(1)Контроль и испытание центробежного компрессора.

Проверка и испытание центробежного компрессора проведены по нормам в таблице 3.2.4.

表 3.2.4 API 617《石油、化工及气体工业用离心压缩机及膨胀机—压缩机》标准规定

Табл. 3.2.4 API 617 Стандарт «Центробежный компрессор и турбодетандер-компрессор для нефтяной, химической и газовой промышленности»

项目 Пункты	内容 Содержание
检验方式 Способ контроля	规定有观察、见证和非目睹三种检验方式,可任意选定其中一种: (1)观察试验:在试验(检查)前,制造厂需事先通知用户具体试验时间,用户如果未按指定时间到场,制造厂可不等候用户代表,照常进行试验。 (2)见证试验:卖方应提前通知卖方检查或试验时间安排,只有卖方或其代理人出席才能进行检查或试验。 (3)非目睹试验:指用户代表可以不在现场的情况下,制造厂自行试验或检查 Применяются три способа контроля: испытание с осмотром представителя потребителя, испытание с присутствием представителя покупателя и испытание без присутствия представителя потребителя, один из которых может быть произвольно выбран: (1)Испытание с осмотром представителя потребителя: Перед испытанием (контролем), завод-изготовитель должен предварительно сообщить потребителю о конкретном времени испытания. Если потребитель не прибыл в назначенное время, завод-изготовитель не может ждать представителя потребителя, и проводит испытание по обыкновению. (2)Испытание с присутствием представителя покупателя: Продавец обязан заранее сообщить покупателю о контроле или испытании, может проводить контроль или испытание только после присутствия покупателя или его представителя. (3)Испытание без присутствия представителя потребителя: Завод-изготовитель может проводить испытание или контроль самостоятельно при отсутствии представителя потребителя на месте

续表
продолжение

项目 Пункты		内容 Содержание
材料检查 Проверка материалов		(1)应根据材料规范的要求做无损探伤检验,如果规定对焊缝或材料做射线照相探伤、超声探伤、磁粉探伤或液体着色探伤,检查的方法和验收标准应符合 ASME/ASTM 规范要求。 (2)如果有规定,应当通过试验来证实零件的硬度、焊缝的硬度以及热影响区的硬度是在允许值的范围内。其试验方法、范围、文件和见证试验由卖方与买方共同商定 (1)Следует провести неразрушающий контроль в соответствии с требованиями спецификации на материал. При необходимости радиографического контроля, ультразвукового контроля и магнитопорошкового контроля сварных швов или материалов или капиллярного контроля жидкости по требованиям методы контроля и стандарт приемки должны соответствовать требованиям правил ASME/ASTM. (2)При наличии требований следует проверить твердость деталей и сварных швов, а также твердость на зоне термического влияния в пределах допустимого значения путем испытания. Продавец согласовывает с покупателем методы испытаний, сферу, документации и испытания при присутствии покупателя
试验 Испытание	概述 Общие сведения	(1)在首次计划的机械运转试验之前至少 6mon,卖方应提交所有审查和评定的机械运行试验和规定的任选运转试验的详细试验程序,包括监控参数的验收准则。 (2)卖方应在设备将准备好做实验之前不少于 5 个工作日通知买方 (1)Продавец должен представить подробные процедуры механического испытания на эксплуатацию и установленного любого испытания на эксплуатацию для рассмотрения и оценки не менее 6 месяцев до механического испытания на эксплуатацию в первом плане, включая правила приемки контролируемых параметров. (2)Продавец должен сообщить покупателю не менее 5 рабочих дней до подготовки к испытанию оборудования
	水静压试验 Гидростатическое испытание	(1)所有承压部件,应以流体静力学方法至少为最大允许工作压力的 1.5 倍但不低于 0.14MPa(g)的压力进行水压试验。水的温度应高于试验零件材料无塑性转变温度。 (2)用于奥氏体不锈钢材料试验的液体,氯化物含量不应超过百万分之五十。为了防止氯化物因蒸发而沉淀,在试验结束后应把所有残余液体清除掉。 (3)水静压试验应维持足够长的时间,以便对零件做全面彻底地检验。在历时至少 30min 内,如果未发现泄漏或渗漏现象,应认为水静压试验合格。大型和重型承压件可需要更长的试验周期,需买、卖双方共同商定 (1)Все несущие узлы подлежат гидравлическому испытанию под давлением не менее максимального допустимого рабочего давления в 1, 5 раза и не менее 0, 14 МПа (манн.)гидростатическим методом. Температура воды должна превышать температуру перехода к нулевой пластичности материалов деталей испытания. (2)Содержание хлоридов в жидкости для испытания материалов из аустенитной нержавеющей стали не должно быть более 50 миллионных долей. В целях предотвращения осаждения хлорида из-за испарения, после завершения испытания следует удалить всю остаточную жидкость. (3)Следует провести гидростатическое испытание в течение достаточно длинного времени, чтобы провести всесторонне тщательно контроль деталей. В случае не обнаружения утечки за 30 мин. по крайней мере, гидростатическое испытание считается годным. Крупные и тяжелые несущие узы могут требоваться более длительного периода испытания по согласованию продавца и покупателя
	叶轮超速试验 Испытание на разнос крыльчатки	(1)每个叶轮至少应在最高连续转速 115% 的转速下做超速试验,时间至少持续 1min。制造厂标注的叶轮关键尺寸在每次超速前后都应测量。全部测量结果和试验转速都应记录并提交给买方。 (2)为防止潜在电压积聚在轴内,转动之间的剩余磁性,不应超过 0.0005T。 (3)气体密封应按照本标准中相应条款在卖方的工厂进行试验

续表
продолжение

<table>
<tr><th colspan="2">项目
Пункты</th><th>内容
Содержание</th></tr>
<tr><td rowspan="3">试验
Испытание</td><td>叶轮超速试验
Испытание на разнос крыльчатки</td><td>(1) Каждая крыльчатка подлежит испытанию на разнос не менее 1 мин. при 115% от максимальной непрерывной скорости вращения. Ключевые размеры крыльчатки, указанные заводом–изготовителем, должны быть измерены до и после каждого превышения скорости. Все результаты измерений и скорость вращения при испытании должны быть записаны и представлены покупателю.
(2) В целях накопления потенциальных напряжение в вале, оставшийся магнетизм вращающегося детали должен быть не более 0, 0005 тесла.
(3) Испытание на герметичность должно выполняться на заводе продавца в соответствии с соответствующими требованиями в стандарте</td></tr>
<tr><td>机械运转试验
Механическое испытание на эксплуатацию</td><td>(1)机械运转试验时,所试验的全部设备机械运行及试验用仪表都应符合要求。所测量的未滤波的振动值不应超过标准中的规定值,并在整个运行范围内进行记录。
(2)同步振动振幅和相位角与减速的关系曲线,应在4h运转前后做出。
(3)在压缩机机械运转试验期间,应该去的下面密封流量数据,以保证这些密封正确安装和使用:
① 对于有油封的压缩机,各密封上应测量内部油泄漏;
② 对于单个干气密封,应测量来自各个密封的通气管线中的流量;
③ 对于双干气密封,应测量各密封的总流量。
(4)完成机械运转试验后,所有液动轴承应被拆卸、检查和重装。
(5)如果需要更换或改进轴承或密封、调节同步齿轮、或拆卸壳体更换其他部件来改正机械方面和性能方面缺陷时,原来试验不被接受
(1) Приборы для механической эксплуатации всего испытательного оборудования и испытания должны соответствовать требованиям при проведении механического испытания на эксплуатацию. Измеренное значение нефильтрованной вибрации не должно превышать установленное значение в стандарте, и записаны во всем рабочем диапазоне.
(2) Кривая зависимости амплитуда синхронных колебаний и фазового угла от замедления должна быть составлена до и после работы за 4 часа.
(3) Во время механического испытания на эксплуатацию компрессора, следует получить следующие данные расхода при уплотнении для обеспечения правильного монтажа и эксплуатации:
① Для компрессора с масляным уплотнением, следует измерить внутренние утечки масла при уплотнении.
② При одном сухом газовом уплотнении следует измерить расход в уплотнительных вентиляционных трубопроводах.
③ При двойном сухом газовом уплотнении следует измерить общий расход.
(4) После завершения механического испытания на эксплуатацию, следует провести разборку, проверку и повторную сборку всех гидравлических подшипников.
(5) При необходимости замены или улучшения подшипника или уплотнения, регулирования синхронной шестерни, или разборки корпуса и замены другими частей для исправления механических дефектов и дефектов свойств, первоначальное испытание не было принято</td></tr>
<tr><td>气体泄露试验
Испытание на утечку газа</td><td>关于组装后气体泄漏试验,应满足标准中相应章节的规定要求
Испытание на утечку газа после сборки должно соответствовать требованиям в соответствующем разделе</td></tr>
<tr><td colspan="2">可自由选择的试验
Свободно выбираемое испытание</td><td>以下试验,买方可根据需要自行选择,包括性能试验、氦气试验、噪声级试验、辅助设备试验、压缩机内件试验后检查、全压/全负荷/全速试验和备件试验等
Покупатель может выбрать самостоятельно следующие испытания по необходимости, включая испытание на характеристики, испытание гелием, испытание уровня шума, испытание вспомогательного оборудования, проверку внутренних элементов компрессора после испытания, испытания под полным давлением / под полной нагрузкой / на полном ходу и испытание запасных частей и т.д.</td></tr>
</table>

（2）往复式压缩机的检验与试验。

往复式压缩机的检验与试验标准规定见表3.2.5。

（2）Контроль и испытание возвратно-поступательного компрессора.

Контроль и испытание возвратно-поступательного компрессора проведены по нормам в таблице 3.2.5.

表 3.2.5 API 618《石油、化工和天然气工业用往复式压缩机》标准规定

Табл. 3.2.5 API 618 Стандарт «Возвратно-поступательный компрессор для нефтяной, химической и газовой промышленности»

项目 Пункты		内容 Содержание
材料检查 Проверка материалов		（1）应根据材料规范的要求做无损探伤检验，如果规定对焊缝或材料做射线照相探伤、超声探伤、磁粉探伤或液体着色探伤，检查的方法和验收标准应符合 ASME/ASTM 规范要求。 （2）如果有规定，应当通过试验来证实零件的硬度、焊缝的硬度以及热影响区的硬度是在允许值的范围内。其试验方法、范围、文件和见证试验由卖方与买方共同商定 （1）Следует провести неразрушающий контроль в соответствии с требованиями спецификации на материал. При необходимости радиографического контроля, ультразвукового контроля и магнитопорошкового контроля сварных швов или материалов или капиллярного контроля жидкости по требованиям методы контроля и стандарт приемки должны соответствовать требованиям правил ASME/ASTM. （2）При наличии требований следует проверить твердость деталей и сварных швов, а также твердость на зоне термического влияния в пределах допустимого значения путем испытания. Продавец согласовывает с покупателем методы испытаний, сферу, документации и испытания при присутствии покупателя
试验 Испытание	概述 Общие сведения	（1）在首次计划的机械运转试验之前至少 6 周，卖方应提交审查和评定的机械运行试验和规定的任选运转试验的详细方法，包括监控参数的验收标准。 （2）卖方应在设备将准备好做实验之前不少于 5 个工作日通知买方 （1）Продавец должен представить подробные методы механического испытания на эксплуатацию и установленного любого испытания на эксплуатацию для рассмотрения и оценки не менее 6 недель до механического испытания на эксплуатацию в первом плане, включая стандарт приемки контролируемых параметров. （2）Продавец должен сообщить покупателю не менее 5 рабочих дней до подготовки к испытанию оборудования
	水静压试验和气体泄漏试验 Гидростатическое испытание и испытание на утечку газа	（1）所有承压部件应进行水压试验，水的温度应高于试验零件材料无塑性转变温度，且最低试验压力如下： ① 气缸的气道和气腔：最大允许工作压力的 1.5 倍但不低于 0.15MPa（g）； ② 气缸冷却夹套和填料箱：最大允许工作压力的 1.5 倍； ③ 管路、压力容器、过滤器和其他承压部件：最大允许工作压力的 1.5 倍或按规定的压力规范，但不低于 0.15 MPa（g）。 （2）用于奥氏体不锈钢材料试验的液体，氯化物含量不应超过 50ppm。为了防止氯化物因蒸发而沉淀，在试验结束后应把所有残余液体清除掉。 （3）水静压试验应维持足够长的时间，以便对零件做全面彻底地检验。在历时至少 30min 内，如果未发现泄漏或渗漏现象，应认为水静压试验合格。大型和重型承压件可需要更长的试验周期，需买、卖双方共同商定。 （4）应进行如下气体泄漏试验以确保部件不泄露工艺流程气体。压缩机气缸应不带缸套进行泄露试验。但应有缸头、阀盖、余隙腔和紧固件。 ① 承压件，如压缩机气缸和余隙腔，压送摩尔质量不大于 12 的气体或含有不小于 0.1%（摩尔分数）的硫化氢气体，应用氦气在最高许用工作压力下进行压力试验； ② 气缸压送气体不同于以上所述，应用空气或氦气作实验气体做上述的气体泄漏试验

续表
продолжение

项目 Пункты		内容 Содержание
试验 Испытание	水静压试验和气体泄漏试验 Гидростатическое испытание и испытание на утечку газа	(1) Все несущие узлы подлежат гидравлическому испытанию, температура воды должна превышать температуру перехода к нулевой пластичности материалов деталей испытания, минимальное испытательное давление показано ниже: ① Газопровод цилиндра и газовая камера: давление составляет 1, 5 раза максимального допустимого рабочего давления, но не менее 0, 15 МПа (манн.); ② рубашка охлаждения цилиндра и набивочная коробка: давление составляет 1, 5 раза максимального допустимого рабочего давления; ③ Трубопроводы, сосуды, работающие под давлением, фильтры и другие несущие узлы: давление составляет 1, 5 раза максимального допустимого рабочего давления или установленное давление, но не менее 0, 15 МПа (манн.). (2) Содержание хлоридов в жидкости для испытания материалов из аустенитной нержавеющей стали не должно быть более 50ppm. В целях предотвращения осаждения хлорида из-за испарения, после завершения испытания следует удалить всю остаточную жидкость. (3) Следует провести гидростатическое испытание в течение достаточно длинного времени, чтобы провести всесторонне тщательно контроль деталей. В случае не обнаружения утечки за 30 мин. по крайней мере, гидростатическое испытание считается годным. Крупные и тяжелые несущие узы могут требоваться более длительного периода испытания по согласованию продавца и покупателя. (4) Следует проводить следующие испытания на утечку газа, чтобы обеспечить отсутствие утечки технологического газа из части. Цилиндр компрессора без гильзы цилиндра подлежит испытанию на утечку. Но следует иметь головку цилиндра, крышку клапана, полость зазора и крепежные детали. ① Несущие узы, такие как цилиндр компрессора и полость зазора, осуществляет подачу под давлением газа с молярной массой не более 12 или газа, содержащего сероводород не менее 0, 1% (мол.), и подлежит испытанию под максимальным допустимым рабочим давлением гелием; ② Подача под давлением газа цилиндром отличается от вышеуказанного, следует применять воздух и гелий в качестве испытательного газа и проводить испытание на утечку вышеуказанных газов
	机械运转试验 Механическое испытание на эксплуатацию	(1)所有压缩机、驱动机和传动机构应按卖方标准进行车间试验。 (2)如有规定,压缩机的车间试验应包括 4h 的无负荷运行试验。 (3)如有规定,包括整个辅助系统的成套机组,装运前应经受 4h 的机械运转试验。该试验应验证所有的辅助设备及压缩机、减速装置和驱动机作为整套机组的机械运行。 (4)如需更换或修理轴承,拆换或修理其他零件以矫正机械或性能缺陷,初次试验应不被接受,并在校正后,应再进行最终车间试验。 (5)除非规定,不与压缩机连成一体的辅助设备,如油冷却器、过滤器等,不需要用于压缩机车间试验 (1) Все компрессоры и приводные механизмы должны подвергаться испытанию в цехе по стандарту продавца. (2) При наличии указаний испытание компрессоров в цехе должно включать испытание на эксплуатацию без нагрузки в течение 4 часов. (3) При наличии указаний комплектный агрегат, включающий целую вспомогательную систему, должен подвергаться механическому испытанию на эксплуатацию в течение 4 часов до погрузки. Данное испытание должно использоваться для проверки механической эксплуатации целого агрегата, состоящего из вспомогательного оборудования, компрессора, редуктора и привода. (4) При необходимости замены или ремонта подшипников, разборки и замены или ремонта других деталей для исправления механических дефектов и дефектов свойств, первоначальное испытание не должно быть принято, после исправления следует снова проводить окончательное испытание в цехе. (5) Если иное не указано, вспомогательное оборудование, не соединяющее с компрессором, такое как охладитель масла и фильтры, не требуется для испытания компрессора в цехе

续表
продолжение

项目 Пункты		内容 Содержание
试验 Испытание	其他试验 Прочие испыта-ния	(1)所有压缩机气缸的吸气和排气阀应按卖方的标准程序进行泄露试验。 (2)如有规定,压缩机应根据 ISO1217 或适用 ASME 动力试验规程进行性能试验 (1) Всасывающие и выпускные клапаны цилиндров всех компрессоров подлежат испытанию на утечку в установленном порядке продавца. (2) При наличии требований компрессор подлежит испытанию на характеристики по ISO1217 или применимым правилам силового испытания ASME

(3)螺杆压缩机的检验与试验。

螺杆压缩机的检验与试验标准规定见表 3.2.6。

(3) Контроль и испытание винтового компрессора.

Контроль и испытание винтового компрессора проведены по нормам в таблице 3.2.6.

表 3.2.6　API 619《石油、化工及气体工业用螺杆压缩机》标准规定

Табл. 3.2.6　API 619 Стандарт «Винтовый компрессор для нефтяной, химической и газовой промышленности»

项目 Пункты		内容 Содержание
材料检查 Проверка материалов		(1)应根据材料规范的要求做无损探伤检验,如果规定对焊缝或材料做射线照相探伤、超声探伤、磁粉探伤或液体着色探伤,检查的方法和验收标准应符合 ASME/ASTM 规范要求。 (2)如果有规定,应当通过试验来证实零件的硬度、焊缝的硬度以及热影响区的硬度是在允许值的范围内。其试验方法、范围、文件和见证试验由卖方与买方共同商定 (1) Следует провести неразрушающий контроль в соответствии с требованиями спецификации на материал. При необходимости радиографического контроля, ультразвукового контроля и магнитопорошкового контроля сварных швов или материалов или капиллярного контроля жидкости по требованиям методы контроля и стандарт приемки должны соответствовать требованиям правил ASME/ASTM. (2) При наличии требований следует проверить твердость деталей и сварных швов, а также твердость на зоне термического влияния в пределах допустимого значения путем испытания. Продавец согласовывает с покупателем методы испытаний, сферу, документации и испытания при присутствии покупателя
试验 Испытание	概述 Общие сведения	(1)在首次计划的机械运转试验之前至少 6 周,卖方应提交审查和评定的机械运行试验和规定的任选运转试验的详细方法,包括监控参数的验收标准。 (2)卖方应在设备将准备好做实验之前不少于 5 个工作日通知买方 (1) Продавец должен представить подробные методы механического испытания на эксплуатацию и установленного любого испытания на эксплуатацию для рассмотрения и оценки не менее 6 недель до механического испытания на эксплуатацию в первом плане, включая стандарт приемки контролируемых параметров. (2) Продавец должен сообщить покупателю не менее 5 рабочих дней до подготовки к испытанию оборудования
	水静压试验 Гидростатическое испытание	(1)所有承压部件,应以流体静力学方法至少为最大允许工作压力的 1.5 倍但不低于 0.14MPa(g)的压力进行水压试验。水的温度应高于试验零件材料无塑性转变温度。 (2)用于奥氏体不锈钢材料试验的液体,氯化物含量不应超过 50mg/L。为了防止氯化物因蒸发而沉淀,在试验结束后应把所有残余液体清除掉。 (3)水静压试验应维持足够长的时间,以便对零件做全面彻底地检验。在历时至少 30min 内,如果未发现泄漏或渗漏现象,应认为水静压试验合格。大型和重型承压件可需要更长的试验周期,需买、卖双方共同商定

续表
продолжение

项目 Пункты		内容 Содержание
试验 Испытание	水静压试验 Гидростатическое испытание	(1) Все несущие узлы подлежат гидравлическому испытанию под давлением не менее максимального допустимого рабочего давления в 1, 5 раза и не менее 0, 14 МПа (манн.) гидростатическим методом. Температура воды должна превышать температуру перехода к нулевой пластичности материалов деталей испытания. (2) Содержание хлоридов в жидкости для испытания материалов из аустенитной нержавеющей стали не должно быть более 50мг/л. В целях предотвращения осаждения хлорида из-за испарения, после завершения испытания следует удалить всю остаточную жидкость. (3) Следует провести гидростатическое испытание в течение достаточно длинного времени, чтобы провести всесторонне тщательно контроль деталей. В случае не обнаружения утечки за 30 мин. по крайней мере, гидростатическое испытание считается годным. Крупные и тяжелые несущие узы могут требоваться более длительного периода испытания по согласованию продавца и покупателя
	机械运转试验 Механическое испытание на эксплуатацию	(1)机械运转试验的速度要求: ① 机械运行试验应在最大连续转速下运转至少 4h; ② 可变速设备应以大约 10% 的速度增量从 0 到最大连续速度运转,并以最大连续运转速度运行直到轴承金属温度和轴的振动稳定为止; ③ 可变速设备的速度应增至跳闸转速并运转至少 15min。 (2)机械运行试验期间的要求: ① 当压缩机以最大连续运转速度或者试验备忘录要求的其他转速运转时,应采用光谱分析来确定不同步频率时的振幅; ② 如有规定,润滑油和密封入口压力和温度应在压缩机操作手册规定的范围进行变化,这项工作在 4 小时的试验过程中完成。 (3)机械运转试验完成后的要求: ① 如果需要更换或改进轴承或密封、调节同步齿轮、或拆卸壳体更换其他部件来改正机械方面和性能方面缺陷时,原来试验不被接受。而应在这些试验改进完成后,进行最终的工厂试验。 ② 当备用转子已订货并同时制造时,每个备用转子也应按照本标准要求进行机械运转试验。 ③ 壳体应加压至额定排气压力,并在该压力下保持至少 30min,同时用肥皂泡或其他被认可的试验来检查有无气体泄漏。在观察不到机壳或机壳结合处有渗漏时,该试验就可认为是合格的 (1) Требования к скорости механического испытания на эксплуатацию: ① Механическое испытание на эксплуатацию должно осуществляться в течение не менее 4 часов при максимальной непрерывной рабочей скорости. ② Оборудование с переменной скоростью должно работать с увеличением скорости от нуля до максимальной непрерывной скорости по приращению скорости около 10%, и работает при максимальной непрерывной рабочей скорости до стабилизации температуры металла подшипника и вибрации вала. ③ Скорость оборудования с переменной скоростью должна увеличиваться до рабочей скорости при отключении и работает не менее 15 мин. (2) Требования к периоду механического испытания на эксплуатацию: ① Когда компрессор работает при максимальной непрерывной рабочей скорости или другой рабочей скорости, установленной в протоколе испытания, должен осуществляться спектральный анализ для определения амплитуды при несинхронной частоте. ② При наличии указаний давление на входе и температура смазочного масла и уплотнения должны изменяться в пределах, установленных в инструкции по эксплуатации компрессора, эта работа завершается в процессе испытания в течение 4 часов. (3) Требования после завершения механического испытания на эксплуатацию: ① При необходимости замены или улучшения подшипника или уплотнения, регулирования синхронной шестерни, или разборки корпуса и замены другими частей для исправления механических дефектов и дефектов свойств, первоначальное испытание не было принято. После завершения усовершенствования испытаний, следует проводить окончательное заводское испытание на заводе.

续表
продолжение

项目 Пункты		内容 Содержание
试验 Испытание	机械运转试验 Механическое испытание на эксплуатацию	② Когда резервные роторы были заказаны и изготовлены, каждый резервный ротор подлежит механическому испытанию на эксплуатацию по требованиям данного стандарта. ③ Корпус должен подвергаться нагнетанию давления до номинального давления газа на выходе, и выдерживает под данным давлением в крайней мере на 30 минут, одновременно проверять утечку газа с помощью мыльного пузыря или других признанных испытаний. При отсутствии утечки газа из корпуса или места соединения корпуса, данное испытание может считаться удовлетворенным
	热式车 Огневое испытание	对于螺杆压缩机,热式车应在 4h 机械试验之前进行。压缩机应在最大连续转速下进行热式车,排气温度应在任何工况下的最大操作温度加上 11K 下稳定至少 30min Для винтовых компрессоров, огневое испытание должно проводиться до механического испытания за 4 часа. Компрессор подлежит огневому испытанию при максимальной непрерывной рабочей скорости, температура выхлопных газов равняется максимальной рабочей температуре + 11K, и надо поддерживать температуру выхлопных газов не менее 30 минут
可自由选择的试验 Свободно выбираемое испытание		以下试验,买方可根据需要自行选择,包括性能试验、整机试验、减速试验、串联试验、齿轮箱试验、氦气试验、噪声级试验、辅助设备试验、压缩机内件试验后检查、全压 / 全负荷 / 全速试验和备件试验等 Покупатель может выбрать самостоятельно следующие испытания по необходимости, включая испытание на характеристики, испытание целого агрегата, испытание замедления, последовательное испытание, испытание коробки передач, испытание гелием, испытание уровня шума, испытание вспомогательного оборудования, проверку внутренних элементов компрессора после испытания, испытания под полным давлением / под полной нагрузкой / на полном ходу и испытание запасных частей и т.д.

3.2.3.2 压缩机的安装

压缩机安装首先应满足 3.1.3.2 节中动设备安装的通用要求。

压缩机安装的专项要求,主要体现在试车阶段,具体有以下方面。

(1)压缩机单机试车时间可参照表 3.2.7 执行。

3.2.3.2 Монтаж компрессора

Монтаж компрессора должен соответствовать общим требованиям к монтажу динамического оборудования в разделе 3.1.3.2 этой книги.

Следующие специальные требования к монтажу компрессора в основном выражаются на стадии опробования:

(1) Время опробования отдельного компрессора определяется по следующей таблице:

表 3.2.7 压缩机单机试车时间表

Табл. 3.2.7 Время опробования отдельного компрессора

压缩机种类 Виды компрессоров		连续运转时间 Непрерывное рабочее время	
		无负荷 Без нагрузки	有负荷(额定) Под нагрузкой (номинальной)
活塞式 Поршневой	大型 Крупный 中小型 Средний и малый	16 8	≥ 24 12

续表
продолжение

压缩机种类 Виды компрессоров	连续运转时间 Непрерывное рабочее время	
	无负荷 Без нагрузки	有负荷(额定) Под нагрузкой（номинальной）
离心式 Центробежный	8	≥ 24
螺杆式 Винтовой	2	4

(2)压缩机试车前,应做好以下准备工作。

(2)До опробования компрессора следует выполнить следующие подготовительные работы.

① 油系统准备:在接通电、仪表空气、冷却水等外部能源后,把油系统投入运行。首先检查油温,如果油温较低,需进行加热。一般要求15℃以上允许启动辅油泵进行油循环,24℃以上启动主油泵,停辅油泵,并把各部分油压调整到规定压力。

① Подготовка масляной системы: после включения внешних энергий, таких как электричество, воздух для КИПиА и охлаждающая вода, масляная система вводится в эксплуатацию. Сначала проверить температуру масла, если температура масла относительно низкая, необходимо провести нагрев. Как правило, допускается запуск вспомогательного маслонасоса для циркуляции масла при 15℃ и выше, запуск главного маслонасоса и останов вспомогательного маслонасоса при 24℃ и выше, и регулирование давления масла в разных частях до установленного давления.

② 压缩机气体准备:对工艺气体不允许与空气混合时,在油系统正常运行后,需用氮气置换空气,要求压缩机系统内的气体含氧量小于规定值,例如0.5%。再用工艺气体置换氮气到复合要求,并把工艺气加压到规定的入口压力。

② Подготовка газа в компрессоре: если не допускается смешивание технологического газа с воздухом, после нормальной работы масляной системы необходимо вытеснить воздух азотом, содержание кислорода в газе в системе компрессора должно быть менее установленного значения, например, 0, 5%. Потом вытеснить азот технологическим газом до соответствия требованиям, и увеличить давление технологического газа до установленного давления на входе.

③ 启动前,全部仪表、联锁装置投入使用,中间冷却器通冷却水。

③ До запуска ввести все приборы и устройства блокировки в эксплуатацию, и добавить охлаждающая вода в промежуточный охладитель.

（3）压缩机空负荷试运转。

（3）Пробная эксплуатация компрессора на холостом ходу.

① 检查盘车装置，应处于压缩机启动所要求的位置。

① Проверить валоповоротное устройство в положении, необходимом для запуска компрессора.

② 点动压缩机，应在各部位无异常现象后，依次运转 5min、30min 和 2h 以上，每次启动运转前，应检查压缩机润滑情况且正常。

② Осуществляется толчковый запуск компрессора, компрессор должен работать по очереди более 5мин, 30мин и 2ч после отсутствия аномальных явлений частей. До каждого запуска и работы следует проверять нормальность смазки компрессора.

③ 运转中各运动部件应无异常声响。冷却水、润滑油等温度不应高于规定值。

③ Отсутствует анормальный звук подвижных частей во время работы. Температура охлаждающей воды и смазочного масла не должна превышать заданное значение.

（4）压缩机带负荷试运转。

（4）Пробная эксплуатация компрессора под нагрузкой.

① 带负荷运行前，应装上空气过滤器，并装上吸、排气阀，再启动压缩机进行吹扫，吹扫时间不低于 30min，直至排出空气清洁为止。

① До работы под нагрузкой следует установить воздушный фильтр и всасывающий и выпускной клапаны, потом запустить компрессор для продувки（время продувки не менее 30 мин）до сброса воздуха и очистки.

② 吹扫后应拆下吸、排气阀清洗，并随即装上复原。

② После продувки следует сначала снять всасывающий и выпускной клапаны для очистки, потом установить и восстановить их.

③ 升压运转程序、压力和运转时间应符合随机技术文件的规定；若无规定，可按下面方法进行：排气压力为额定压力 1/4 时，运转 1h；排气压力为额定压力 1/2 时，运转 2h；排气压力为额定压力 3/4 时，运转 2h；在额定压力下运转不小于 3h。且应保证每次运转无异常时，再进行升压。

③ Процедура эксплуатации после повышения давления, давление и время эксплуатации должны соответствовать требованиям сопровождающего технического документа; при отсутствии требований можно проводить эксплуатацию по следующим способом: если давление на выходе составляет 1/4 номинального давления, проводится эксплуатация на 1ч.; если давление на выходе составляет 1/2 номинального давления, проводится эксплуатация на 2ч.; если давление на выходе составляет 3/4 номинального давления, проводится эксплуатация на 2ч.; проводится эксплуатация не менее 3ч. при номинальном давлении.

Также следует провести повышение давления при обеспечении каждой нормальной эксплуатации.

④ 压缩机运转时的振动速度有效值或峰—峰值应符合随机技术文件的规定。

④ Эффективное значение или пик—пиковое значение скорости вибрации при эксплуатации компрессора должно соответствовать требованиям сопровождающего технического документа.

⑤ 压缩机带负荷试运行后,应排除管路和附属设备中的剩余压力,清洗油过滤器,更换润滑油,排除凝液。

⑤ После пробной эксплуатации под нагрузкой компрессора, следует сбросить избыточное давление в трубопроводе или вспомогательном оборудовании, очистить масляный фильтр, заменить смазочное масло, удалить конденсационную жидкость.

3.2.4 压缩机的操作运行以及维护

3.2.4 Эксплуатация и обслуживание компрессора

3.2.4.1 压缩机的日常运行与维护

3.2.4.1 Ежедневная эксплуатация и обслуживание компрессора

(1)离心压缩机的运行与维护。

(1)Эксплуатация и обслуживание центробежного компрессора.

① 压缩机维护内容。

① Предметы обслуживания компрессора.

为了使压缩机能够正常可靠的运行,保证机组的使用寿命,须制定详细的维护计划,执行定人操作、定期维护、定期检查保养,使压缩机组保持清洁、无泄漏、无污垢。

В целях обеспечения нормальной надежной работы компрессора и срока службы агрегата, необходимо разработать детальный план обслуживания, выполнить операцию с назначенным человеком, периодическое обслуживание, проверку и уход, чтобы обеспечить чистый компрессорный агрегат без утечки и грязи.

a. 日检查维护内容。

a. Предметы ежедневной проверки и обслуживания.

Ⅰ. 检查机组有无异常声响和泄漏。

Ⅰ. Проверить агрегат на наличие звука и утечки.

Ⅱ. 检查仪表读数是否正确。

Ⅱ. Проверить правильность показаний прибора.

Ⅲ. 检查温度显示是否正常。

Ⅲ. Проверить нормальность температуры.

b. 每月检查内容。

Ⅰ. 检查机内是否有锈蚀、松动之处，如发现问题及时处理解决。

Ⅱ. 排放冷凝水。

c. 季检查维护内容。

Ⅰ. 清楚冷却器外表面及风扇罩、扇叶处的灰尘。

Ⅱ. 加注润滑油与电动机轴承上。

Ⅲ. 检查软化管有无老化、破裂现象。

Ⅳ. 检查电器元件，清洁电控箱。

② 压缩机油系统检查维护。

压缩机在运行状态下，压缩机的油位应保持在最低与最高油位之间，油多会影响分离效果，油少会影响机器润滑和冷却性能。压缩机油系统检查维护时注意以下几点：

a. 压缩机维修和更换部件时，应确定压缩机系统内压力全部释放，与其他压力源已隔开，主电路上的开关已经断开，且已做好不准合闸的安全标识。

b. 压缩机润滑油更换时间取决于使用环境。新购置压缩机首次运行 500h 须更换新油，以后按正常换油周期每 4000h 更换一次，年运行不足 4000h 的应每年更换一次。

b. Предметы ежемесячной проверки.

Ⅰ. Проверить агрегат на наличие ржавчины и ослабления. В случае обнаружения проблем, следует своевременно решить их.

Ⅱ. Выпустить конденсационную воду.

c.Предметы квартальной проверки и обслуживания.

Ⅰ.Удалить пыль с внешней поверхности охладителя, колпачка вентилятора и лопасти вентилятора.

Ⅱ. Добавить смазочное масло в подшипник электродвигателя.

Ⅲ. Проверить шланг на наличие старения и разрыва.

Ⅳ. Проверить электрические элементы, очистить электрический шкаф управления.

② Проверка и обслуживание масляной системы компрессора.

Уровень масла в компрессоре должен поддерживаться между минимальным и максимальным уровнем масла при режиме эксплуатации компрессора, большой объем масла может влиять на эффект сепарации, небольшой объем масла может влиять на свойства смазывания и охлаждения. При проверке и обслуживании масляной системы компрессора следует обратить внимание на следующее:

a. При ремонте и замене частей компрессора следует обеспечить: полный сброс давления в системе компрессора, отделение от другого источника давления, отключение выключателя на основной цепи, и установление знака безопасности «Запрещается включение».

b. Время замены смазочного масла компрессора зависит от эксплуатационных условий. Необходимо заменить новым маслом после 500 часов первой эксплуатации нового закупаемого компрессора, в будущем заменить масло один раз через каждые 4000 часов по нормальному периоду замены масла, для компрессора с годовым временем эксплуатации менее 4000 часов, следует заменить масло один раз в каждый год.

c. 油过滤器在第一次开机运行 300～500h 需更换,以后按正常时间每 2000h 更换。

c. Необходимо заменить масляный фильтр после 300–500 часов первого пуска и эксплуатации, в будущем провести замену через каждые 2000 часов по нормальному времени.

d. 尽可能采用原装设备配件,防止由于配件问题引起机器事故。

d. Применять исходные принадлежности оборудования по возможности во избежание аварии машины из–за проблем принадлежностей.

③ 离心压缩机喘振控制。

③ Управление помпажом центробежного компрессора.

a. 喘振发生原因和条件。

a. Причины и условия возникновения помпажа.

Ⅰ. 在流量减小时,流量降到该转速下的喘振流量时发生。离心压缩机的特性决定了在转速一定的条件下,流量与出口压力对应,并且一定转速下存在一个极限流量——喘振流量。当流量低于喘振流量时,就会发生喘振。

Ⅰ. Если расход снижается до расхода при помпаже при данной скорости вращения возникает помпаж. Зависимость расхода от давления на выходе зависит от характеристик центробежного компрессора при условии определенной скорости вращения, и существует предельный расход при определенной скорости вращения – расход при помпаже. В случае расхода менее расхода при помпаже, возникает помпаж.

Ⅱ. 管网系统内气体的压力大于一定转速下对应的最高压力时,发生喘振。当系统内压力在压缩机出口形成很高的"背压"时,使压缩机出口堵塞,流量减少,甚至管网气体倒流;入口气源减少等情况如不及时发现并及时调节,可能会发生喘振。

Ⅱ. Если давление газа в системе сети трубопровода больше, чем соответствующее максимальное давление при определенной скорости вращения, возникает помпаж. Когда образуется высокое «противодавление» газа в системе на выходе компрессора, выход компрессора засоряется, расход уменьшается, даже газ в сети трубопровода течет обратно; если не своевременно обнаружить состояние уменьшения источника газа на входе и своевременно провести регулирование, может возникать помпаж.

Ⅲ. 机械部件损坏或脱落时可能发生喘振。机械密封、平衡盘密封等部件安装不全,安装位置

Ⅲ. Может возникать помпаж при повреждении или опадении механических узлов. Неполная

不准等,会形成各级之间或各段之间窜气,可能引起喘振。

установка и неправильное положение установки механического уплотнения, уплотнения балансировочного диска и других узлов могут привести к прорыву газов между всеми ступенями или всеми секциями, а также помпожу.

Ⅳ. 介质状态变化。喘振发生与气体介质状态有很大关系,因为气体的状态影响流量,因而影响喘振。

Ⅳ. Изменяется состояние среды. Помпаж имеет больше отношения к газовой среде, так как состояние газа влияет на расход, тем самым влияя на помпаж.

b. 防止与消除喘振方法。

b. Методы предотвращения и устранения помпажа.

Ⅰ. 防止与喘振的根本措施是设法增加压缩机的入口气体流量。对一般无毒、非易燃易爆气体,如空气、二氧化碳等可采用放空;对天然气等气体可采取回流循环。如果系统要求维持等压的话,放空或回流之后,应提升转速,使排出压力达到原有水平。

Ⅰ. Коренным методом предотвращения и устранения помпажа является увеличение расхода газа на входе компрессора по возможности. Можно осуществить сброс общих нетоксичных, негорючих и невзрывоопасных газов, таких как воздух, диоксид углерода; можно провести циркуляционное орошение природного газа и других газов. При необходимости выдерживания равного давления по требованиям системы, после сброса или орошения следует повысить скорость, чтобы давление на выходе достигло исходного уровня.

Ⅱ. 升速、升压之前一定要事先查好性能曲线,选好下一步的运行工况点,根据防喘振安全裕度来控制升压、升速。

Ⅱ. Перед повышением скорости и давления необходимо предварительно проверить характеристическую кривую, определить следующую рабочую точку, и провести контроль за повышением давления и скорости в соответствии с запасом безопасности по помпажу.

Ⅲ. 防喘振自控系统,目前常采用固定极限流量与可变极限流量法进行控制。

Ⅲ. Для антипомпажной системы автоматического управления, в настоящее время часто применяется метод постоянного предельного расхода и переменного предельного расхода для контроля.

(2)往复式压缩机的运行与维护。

(2)Эксплуатация и обслуживание возвратно–поступательного компрессора.

① 压缩机运行中的注意事项。

① Внимания при эксплуатации компрессора.

a. 时刻注意压缩机的压力、温度等各项工艺指标是否符合要求,如发现超标应及时查找原因并处理。

a. Всегда наблюдать за соответствием давления, температуры и других технологических показателей компрессора требованиям, в случае превышения стандарта, следует своевременно выяснить причины и провести решение.

b. 经常检查润滑系统,使之畅通、良好。

b. Часто проверять смазочную систему, чтобы обеспечить бесперебойность и хорошее состояние.

c. 气体在压缩过程中会产生热量,必须保证冷却器和水夹套的水畅通,不得有堵塞现象。

c. В процессе сжатия газа может генерироваться тепло, необходимо обеспечить бесперебойность воды в охладителе и водяной рубашке без засорения.

d. 应随时注意压缩机各级出入口温度。如果压缩机某段温度升高,则有可能是压缩比过大、活塞环损坏等原因造成的。应立即查明原因并及时处理。

d. Следует всегда обращать внимание на температуру на входе и выходе всех ступеней компрессора. Если температура любой секции компрессора повышается, что может быть вызвано чрезмерной степенью сжатия, повреждением поршневых колец и другими причинами. Следует немедленно выяснить причины и своевременно устранить их.

e. 应把分离器、冷却器、缓冲器分离下来的油水排掉,否则容易损坏设备。

e. Следует удалить масло и воду из сепаратора, охладителя и буфера, иначе легко повредить оборудование.

f. 压缩机开车前必须盘车。压缩可燃气体的开车前必须进行气体置换,合格后方可开车。

f. Необходимо провести вращение до пуска компрессора. Необходимо провести вытеснение газом до пуска компрессора для сжатия горючих газов, можно пустить компрессор только после получения положительных результатов.

② 压缩机检修项目。

② Предметы ремонта компрессора.

a. 小修项目

a. Предметы текущего ремонта.

Ⅰ. 检查、紧固十字头销。

Ⅰ. Проверить и закрепить штифт крейцкопфа.

Ⅱ. 检查清洗气阀或更换阀片、阀座、弹簧等零件。

Ⅱ. Проверить и очистить воздушный клапан или заменить пластину клапана, седло клапана, пружины и другие детали.

Ⅲ. 检查或更换密封函填料。

Ⅲ. Проверить и заменить уплотнительный сальник.

Ⅳ. 检查注油器、油过滤器、油冷器等,消除缺陷。

Ⅳ. Проверить пресс-насос, фильтр масла и маслоохладитель, устранить дефекты.

Ⅴ. 清洗水冷却器、油分离器。

Ⅴ. Очистить охладитель воды, сепаратор масла.

b. 中修项目。

b. Предметы среднего ремонта.

Ⅰ. 包括小修项目。

Ⅰ. Включая предметы текущего ремонта.

Ⅱ. 检查或更换活塞、活塞环、导向套及活塞杆。

Ⅱ. Проверить и заменить поршень, поршневое кольцо, направляющую втулку и шток поршня.

Ⅲ. 检查或更换主轴承、并调整间隙。

Ⅲ. Проверить и заменить главный подшипник, и отрегулировать зазор.

Ⅳ. 检查或更换连杆螺栓；检查十字头瓦、滑到，并测量间隙。

Ⅳ. Проверить и заменить болт шатуна; проверить вкладыш крейцкопфа и ползун, и измерить зазор.

Ⅴ. 检查油泵，清洗油箱，更换润滑油。

Ⅴ. Проверить маслонасос, очистить маслобак, заменить масло.

Ⅵ. 检查清洗空气过滤器。

Ⅵ. Проверить и очистить воздушный фильтр.

c. 大修项目。

c. Предметы капитального ремонта.

Ⅰ. 包括中修项目。

Ⅰ. Включая предметы среднего ремонта.

Ⅱ. 解体、清洗各部件。

Ⅱ. Разобрать и очистить все узлы.

Ⅲ. 曲轴、连杆、连接螺栓、十字头销、活塞杆无损探伤检查、必要时更换。

Ⅲ. Провести неразрушающий контроль коленчатого вала, шатуна, соединительного болта, штифта крейцкопфа и штока поршня, заменить их при необходимости.

Ⅳ. 检查修理十字头，必要时更换。

Ⅳ. Проверить и отремонтировать крейцкопф, заменить его при необходимости.

Ⅴ. 检查修理或更换气缸套。

Ⅴ. Проверить и отремонтировать или заменить гильзу цилиндра.

Ⅵ. 检查、修理冷却器、油分离器，并做水压试验。

Ⅵ. Проверить и отремонтировать охладитель и сепаратор масла, провести гидравлическое испытание.

Ⅶ. 检查更换腐蚀的管线及出入口切断阀；主机、辅机防腐喷漆。

Ⅶ. Проверить и заменить коррозийные трубопроводы и отключающие клапаны на входе и выходе; провести защиту от коррозии и окраску основного и вспомогательного агрегатов.

(3)螺杆压缩机的运行与维护。

(3)Эксплуатация и обслуживание винтового компрессора.

① 压缩机运行中的注意事项。

① Внимания при эксплуатации компрессора.

a. 压缩机运转过程中，如有异常声音及不正常振动时应立即停机。

a. В случае наличия аномального звука или аномальной вибрации в процессе работы компрессора, следует немедленно остановить компрессор.

b. 压缩机运转中管路及容器内均有压力，不可拆卸管路和紧固螺栓等。

b. Существует давление в трубопроводе или сосуде в процессе работы компрессора, нельзя разобрать трубопроводы и крепежные болты.

c. 长期运转中如发现油位计上的油位看不见，并且排气温度过高时，应立即停机。如有需要及时补充润滑油。

c. В случае обнаружения невидимого уровня масла на указателе уровня масла и слишком высокой температуре выхлопного газа при долгосрочной эксплуатации, следует немедленно остановить компрессор. При необходимости своевременно добавлять смазку.

d. 应定期排放冷却器和分离器内的凝结水。

d. Регулярно выпускать конденсационную воду в охладителе и сепараторе.

② 压缩机检修项目。

② Предметы ремонта компрессора.

a. 小修项目。

a. Предметы текущего ремонта.

Ⅰ. 清扫、检修进出口阀门、过滤器。

Ⅰ. Очистить и отремонтировать входной и выходной клапаны и фильтры.

Ⅱ. 清洗、检修润滑油系统阀门、过滤器。

Ⅱ. Очистить и отремонтировать клапаны и фильтры системы смазочного масла.

Ⅲ. 检查、更换润滑油泵的轴密封。

Ⅲ. Проверить и заменить уплотнение вала смазочного насоса.

Ⅳ. 消除泄漏，紧固各部位螺栓。

Ⅳ. Устранить утечку, закрепить болты частей.

Ⅴ. 检修、修正安全防护装置。

Ⅴ. Отремонтировать и скорректировать предохранительное устройство.

b. 中修项目。

b. Предметы среднего ремонта.

Ⅰ. 包括小修项目。

Ⅰ. Включая предметы текущего ремонта.

Ⅱ. 检查、修理、更换阀门，管件及过滤器。

Ⅱ. Проверить, отремонтировать и заменить клапаны, фитинги и фильтры.

Ⅲ. 拆检止推轴承、推力盘，修理轴瓦，必要时加以更换。

Ⅲ. Разобрать и проверить упорный подшипник и упорный диск, отремонтировать вкладыш вала, при необходимости заменить их.

Ⅳ. 拆检同步齿轮，如果啮合间隙超过要求，则更换新的同步齿轮。

Ⅳ. Разобрать и проверить синхронные шестерни, если зазор зацепления превышает номинальное значение, заменить новыми синхронными шестернями.

Ⅴ. 价差润滑油泵，更换易损件。

Ⅴ. Проверить смазочный насос, заменить быстроизнашивающиеся детали.

Ⅵ. 更换润滑油。

Ⅵ. Заменить смазочное масло.

c. 大修项目。

Ⅰ. 包括中修项目。

Ⅱ. 检查、修理螺杆，必要时做动平衡试验。

Ⅲ. 拆检、修理、更换联轴器部件。

Ⅳ. 检测、修理或更换主机附属管线。

Ⅴ. 拆检仪表盘、重新设定联锁值。

c. Предметы капитального ремонта.

Ⅰ. Включая предметы среднего ремонта.

Ⅱ. Проверить и отремонтировать винты, при необходимости провести испытание на динамическую балансировку.

Ⅲ. Разобрать, проверить, отремонтировать и заменить узлы муфты.

Ⅳ. Проверить, отремонтировать или заменить вспомогательные трубопроводы основного агрегата.

Ⅴ. Разобрать и проверить щит приборов, вновь установить блокировочное значение.

3.2.4.2　压缩机的常见故障排除

3.2.4.2　Устранение часто встречающихся неисправностей компрессора

压缩机运行中故障分为腐蚀和磨损、机械故障、性能故障和轴封故障四类，这四类故障往往相互影响，难以分开。

Неисправности при работе компрессора включают в себя коррозию и износ, механическую неисправность, неисправность функционирования и неисправность уплотнения вала, эти четыре вида неисправностей влияют друг на друга, и трудно отделить их.

（1）离心压缩机常见故障及排除方法见表3.2.8。

（1）Часто встречающиеся неисправности центробежного компрессора и методы их устранения приведены в таблице 3.2.8.

表 3.2.8　离心压缩机常见故障及处理方法

Табл. 3.2.8　Часто встречающиеся неисправности центробежного компрессора и методы их устранения

序号 № п/п	故障现象 Признак неисправностей	原因 Причина	处理方法 Методы устранения
1 1	轴承温度高 Температура подшипника	（1）油流量太低。 （2）油供给温度太高。 （3）油冷却器故障。 （4）油质较差。 （5）轴承损坏 （1）Слишком низкий расход масла. （2）Слишком высокая температура подачи масла. （3）Неисправность масляного охладителя. （4）Некачественное масло. （5）Повреждение подшипника	（1）增大轴承前的油压。 （2）打开断流阀、通知相关部门。 （3）转换、清洁。 （4）换油。 （5）检查并测量轴承振动值 （1）Повысить давление масла до подшипника. （2）Открыть отсечный клапан, уведомить соответствующие отделы. （3）Провести конверсию и очистку. （4）Заменить масло. （5）Проверить и измерить значение вибрации подшипника

续表
продолжение

序号 № п/п	故障现象 Признак неисправностей	原因 Причина	处理方法 Методы устранения
2 2	轴承振动增大 Увеличение вибрации подшипника	(1)对中位置已改变。 (2)轴承间隙过大。 (3)转子不平衡。 (4)转子变形 (1)Центрированное положение изменилось. (2)Слишком большой зазор между подшипниками. (3)Дисбаланс ротора. (4)Деформация ротора	(1)检查对中和基础。 (2)安装新的轴承。 (3)检查转子平衡。 (4)平直转子(由专业厂家完成)。 (5)然后检查平衡 (1)Проверить центровку и фундамент. (2)Установить новые подшипники. (3)Проверить баланс ротора. (4)Выровнять ротор (выполняется специальным заводом–изготовителем). (5)Потом проверить баланс
3 3	压缩机运行低于喘振极限 Компрессор работает ниже предела помпажа	(1)背压太高。 (2)进、出口管线的阀门被节流。 (3)传真极限控制器有缺陷或调解不正确 (1)Слишком высокое обратное давление. (2)Дросселирование клапанов трубопроводов на входе и выходе. (3)Наличие дефектов контроллера предела помпажа или неправильное регулирование	(1)打开阀门。 (2)调节阀门。 (3)重调控制器,如果必要,更换 (1)Открыть клапаны. (2)Отрегулировать клапаны. (3)Провести повторное регулирование контроллера, заменить при необходимости
4 4	振动噪声 Вибрация и шум	(1)联轴器未找正,对中有偏差。 (2)转子不平衡。 (3)轴承磨损。 (4)联轴器不平衡。 (5)喘振 (1)Не выравнивание муфты, неправильная центровка. (2)Дисбаланс ротора. (3)Износ подшипника. (4)Дисбаланс муфты. (5)Помпаж	(1)调整对中。 (2)检查转子,重新平衡。 (3)检查轴承,必要时更换。 (4)卸下联轴器,重新平衡。 (5)改变操作条件,避免喘振 (1)Отрегулировать центровку. (2)Проверить ротор, провести повторный баланс. (3)Проверить подшипник, заменить его при необходимости. (4)Снять муфту, провести повторный баланс. (5)Изменить условия эксплуатации во избежание помпажа
5 5	喘振 Помпаж	(1)系统阻力增大,压力增高,流量减小。 (2)压缩机出口止回阀故障。 (3)入口过滤器堵塞。 (4)开、停机负荷调节不当 (1)Увеличение сопротивления системы, повышение давления, уменьшение расхода. (2)Неисправность обратного клапана на выходе компрессора. (3)Засорение фильтра на входе. (4)Несоответствующее регулирование нагрузки при пуске и останове	(1)查明原因,减小系统阻力。 (2)修理,更换止回阀。 (3)清理过滤器。 (4)注意负荷调节 (1)Выяснить причины, уменьшить сопротивление системы. (2)Отремонтировать и заменить обратный клапан. (3)Очистить фильтр. (4)Обратить внимание на регулирование нагрузки

续表
продолжение

序号 № п/п	故障现象 Признак неисправностей	原因 Причина	处理方法 Методы устранения
6 6	出口流量低 Низкий расход на выходе	(1)密封间隙过大。 (2)某一级吸入温度过高。 (3)入口过滤器堵塞 (1)Слишком большой зазор уплотнения. (2)Слишком высокая температура всасывания любой ступени. (3)Засорение фильтра на входе	(1)调整或更换密封。 (2)调大级间冷却水流量。 (3)清理过滤器 (1)Отрегулировать или заменить уплотнение. (2)Увеличить расход охлаждающей воды между степенями. (3)Очистить фильтр
7 7	跳车 Останов	(1)超速。 (2)油压降至允许值以下。 (3)其他有关停车联锁装置(如位移、振动、温度)。 (4)驱动机停机 (1)Превышение скорости. (2)Перепад давления масла до допустимого значения. (3)Другие соответствующие устройства блокировки при останове (например, смещение, вибрация, температура). (4)Останов привода	(1)检查处理。 (2)查明原因并处理。 (3)检查处理。 (4)查明原因并处理 (1)Провести проверку и устранение. (2)Выяснить причины и провести устранение. (3)Провести проверку и устранение. (4)Выяснить причины и провести устранение

(2)往复式压缩机常见故障及排除方法见表3.2.9。

(2)Часто встречающиеся неисправности возвратно–поступательного компрессора и методы их устранения приведены в таблице 3.2.9.

表 3.2.9 往复式压缩机常见故障及处理方法

Табл. 3.2.9 Часто встречающиеся неисправности возвратно–поступательного компрессора и методы их устранения

序号 № п/п	故障现象 Признак неисправностей	原因 Причина	处理方法 Методы устранения
1 1	汽缸有异常响声 Аномальный звук цилиндра	(1)吸入、出口阀异常。 (2)杂物侵入汽缸。 (3)活塞环磨损。 (4)活塞螺母松动。 (5)活塞螺母与汽缸相碰。 (6)吸入、出口阀有间隙、安装不正确 (1)Аномалия всасывающего и выходного клапанов. (2)Попадание посторонних предметов в цилиндр. (3)Износ поршневого кольца. (4)Ослабление гайки поршня.	(1)检查吸入、出口阀的易损件,修理并更换损坏部件。 (2)清除内部杂物。 (3)紧固或更换活塞环。 (4)检修并重新紧固。 (5)重新调整上、下间隙。 (6)更换阀组件并正确安装 (1)Проверит быстроизнашивающиеся детали всасывающего и выходного клапанов, отремонтировать и заменить поврежденные части. (2)Удалить внутренние посторонние предметы. (3)Закрепить и заменить поршневое кольцо. (4)Провести ремонт и повторное закрепление.

续表
продолжение

序号 № п/п	故障现象 Признак неисправностей	原因 Причина	处理方法 Методы устранения
1 1	汽缸有异常响声 Аномальный звук цилиндра	(5)Сталкивание гайки поршня с цилиндром. (6)Наличие зазора всасывающего и выходного клапанов, неправильная установка	(5)Провести повторное регулирование верхний и нижний зазоры. (6)Заменить узлы клапана и провести правильную установку
2 2	曲轴箱有异常响声 Аномальный звук картера	(1)连杆大、小头轴承磨损。 (2)连杆螺栓松动。 (3)润滑油不合适。 (4)轴承磨损 (1)Износ нижней и верхней головок шатуна и подшипника. (2)Ослабление болтов шатуна. (3)Неподходящая смазка. (4)Износ подшипника	(1)更滑轴承。 (2)紧固螺栓。 (3)更换润滑油。 (4)更滑轴承 (1)Заменить подшипник. (2)Закрепить болты. (3)Заменить смазочное масло. (4)Заменить подшипник
3 3	曲轴油封泄漏 Утечка сальника коленчатого вала	(1)油封磨损老化。 (2)沾上灰尘及异物 (1)Износа и старение сальника. (2)Наличие пыли и посторонних веществ	(1)更换油封。 (2)清洗异物 (1)Заменить сальник. (2)Удалить посторонние вещества
4 4	振动太大 Слишком большая вибрация	(1)基础螺栓松动。 (2)部件松动。 (3)基础损坏 (1)Ослабление фундаментных болтов. (2)Ослабление частей. (3)Повреждение фундамента	(1)紧固螺栓。 (2)紧固部件。 (3)加固基础 (1)Закрепить болты. (2)Закрепить части. (3)Укрепить фундамент
5 5	出口流量下降 Снижение расхода на выходе	(1)过滤器或除雾器堵塞。 (2)活塞环磨损。 (3)活塞杆填料磨损。 (4)阀损坏。 (5)配管和附件气密性不好 (1)Засорение фильтра или туманоуловителя. (2)Износ поршневого кольца. (3)Износ сальника штока поршня. (4)Повреждение клапана. (5)Плохая герметичность трубы и принадлежностей	(1)检查清洗。 (2)检查更换。 (3)检查更换。 (4)检查,修理或更换。 (5)检查,紧固并更换损坏件 (1)Провести проверку и очистку. (2)Провести проверку и замену. (3)Провести проверку и замену. (4)Провести проверку, ремонт или замену. (5)Проверить, закрепить или заменить поврежденные детали
6 6	出口压力异常上升 Ненормальное повышение выходного давления	(1)调节设备故障。 (2)卸荷器故障。 (3)压力表故障 (1)Неисправность оборудования регулирования. (2)Неисправность разгрузочного устройства. (3)Неисправность манометра	(1)检查,修理或更换。 (2)检查,修理或更换。 (3)标定或更换 (1)Провести проверку, ремонт или замену. (2)Провести проверку, ремонт или замену. (3)Провести калибровку или замену

续表
продолжение

序号 № п/п	故障现象 Признак неисправностей	原因 Причина	处理方法 Методы устранения
7 7	出口压力异常下降 Ненормальное снижение выходного давления	(1)排气阀故障。 (2)调节设备故障。 (3)卸荷器故障。 (4)气量消耗过大。 (5)压缩机本体外侧泄漏。 (6)压力表故障 (1)Неисправность выпускного клапана. (2)Неисправность оборудования регулирования. (3)Неисправность разгрузочного устройства. (4)Слишком большой расход газа. (5)Внешняя утечка корпуса компрессора. (6)Неисправность манометра	(1)检查更换。 (2)检查,修理或更换。 (3)检查,修理或更换。 (4)调整。 (5)修理泄漏点。 (6)标定或更换 (1)Провести проверку и замену. (2)Провести проверку, ремонт или замену. (3)Провести проверку, ремонт или замену. (4)Провести регулирование. (5)Провести ремонт утечки. (6)Провести калибровку или замену

(3)螺杆式压缩机常见故障及排除方法见表3.2.10。

(3)Часто встречающиеся неисправности винтового компрессора и методы их устранения приведены в таблице 3.2.10.

表 3.2.10 螺杆式压缩机常见故障及处理方法

Табл. 3.2.10 Часто встречающиеся неисправности винтового компрессора и методы их устранения

序号 № п/п	故障现象 Признак неисправностей	原因 Причина	处理方法 Методы устранения
1 1	没有气体流量 Отсутствие расхода газа	(1)转速太低。 (2)旋转方向错误。 (3)管线阻塞 (1)Слишком низкая скорость вращения. (2)Неправильное направление вращения. (3)Забивание трубопровода	(1)测量转速与设计值进行比对。 (2)检查实际转向。 (3)检查管线,保证管线畅通 (1)Провести сравнение измеренной скорости вращения и расчетного значения. (2)Проверить фактическое направление вращения. (3)Проверить трубопроводы, обеспечить бесперебойность трубопроводов
2 2	生产能力低 Низкая производительность	(1)转速低。 (2)出口压力高。 (3)入口压力低。 (4)转子与壳体间隙过大。 (5)安全溢流阀泄漏。 (6)从旁路阀泄漏 (1)Низкая скорость вращения. (2)Высокое давление на выходе. (3)Низкое давление на входе. (4)Слишком большой зазор между ротором и корпусом. (5)Утечка из предохранительного переливного клапана. (6)Утечка из обходного клапана	(1)测量转速与设计值进行比对。 (2)见(3)。 (3)见(4)。 (4)检查壳体与内壁磨损程度。 (5)解体泄漏阀门,清洗检查。 (6)检查旁路阀 (1)Провести сравнение измеренной скорости вращения и расчетного значения. (2)См. 3). (3)См. 4). (4)Проверить степень износа корпуса и внутренней стенки. (5)Разобрать клапаны утечки, провести очистку и проверку. (6)Проверить обходный клапан

续表
продолжение

序号 № п/п	故障现象 Признак неисправностей	原因 Причина	处理方法 Методы устранения
3 3	出口压力高 Высокое давление на выходе – 导致安全阀排气 –выпуск газа из предохранительного клапана – 导致载荷过高 –слишком высокая нагрузка – 导致出口温度过高和转子粘连 –слишком высокая температура на выходе и залипание ротора	(1)阀门操作不正确。 (2)载荷控制阀故障。 (3)调速器故障。 (4)通过冷却器后压差过大 (1)Неправильное управление клапаном. (2)Неисправность контрольного клапана нагрузки. (3)Неисправность регулятора скорости. (4)Слишком большой перепад давления через охладитель	(1)检查切断阀的位置。 (2)检查载荷控制阀并加以纠正。 (3)检查调速器。 (4)检查并清洗冷却器 (1)Проверить положение отключающего клапана. (2)Проверить контрольный клапан нагрузки и исправить его. (3)Проверить регулятор скорости. (4)Проверить и очистить охладитель
4 4	入口压力低 Низкое давление на входе – 导致空气泄漏到工艺管线 –утечка воздуха в технологический трубопровод – 导致出口温度高或转子粘连 –высокая температура на выходе или залипание ротора	(1)入口过滤器堵塞。 (2)阀门位置不对。 (3)载荷控制阀故障。 (4)调速器故障 (1)Засорение фильтра на входе. (2)Неправильное положение клапана. (3)Неисправность контрольного клапана нагрузки. (4)Неисправность регулятора скорости	(1)清洗、更换滤芯。 (2)检查入口阀门位置并纠正。 (3)检查,必要时更换或维修。 (4)检查调速器 (1)Очистить или заменить фильтроэлементы. (2)Проверить положение клапана на входе и исправить его. (3)Проверить, заменить или отремонтировать при необходимости. (4)Проверить регулятор скорости
5 5	振动异常 Аномальная вибрация	(1)直线度不好。 (2)不平衡。 (3)转子磨损。 (4)转子粘连。 (5)轴承磨损。 (6)同步齿轮磨损。 (7)连接螺栓、基础松动。 (8)共振 (1)Плохая линейность. (2)Дисбаланс. (3)Износ ротора. (4)Залипание ротора. (5)Износ подшипника. (6)Износ синхронной шестерни. (7)Ослабление соединительных болтов и фундамента. (8)Резонанс	(1)检查直线度,重新找正。 (2)清洗转子。 (3)清洗转子。 (4)停机,人工盘车,如转子损坏严重应进行维修。 (5)检查轴承,必要时更换。 (6)紧固螺栓。 (7)如需更换同步齿轮,影响厂家咨询。 (8)如有扭转共振、横向共振应进行调查 (1)Проверить линейность, провести повторное выравнивание. (2)Очистить ротор. (3)Очистить ротор. (4)Провести останов и ручное вращение, следует провести ремонт ротора при серьезном повреждении ротора. (5)Проверить подшипник, заменить его при необходимости.

续表
продолжение

序号 № п/п	故障现象 Признак неисправностей	原因 Причина	处理方法 Методы устранения
5 5	振动异常 Аномальная вибрация		(6)Закрепить болты. (7)Заменить синхронные шестерни при необходимости, обратиться с воздействием к заводу–изготовителю. (8)Следует провести проверку при наличии крутильного и поперечного резонанса
6 6	转子粘连(应立即停车) Залипание ротора (следует немедленно остановить агрегат)	(1)转子变形。 (2)转子同步不正确。 (3)轴承和计时齿轮磨损。 (4)止推轴承磨损。 (5)转子表面粘有氧化皮 (1)Деформация ротора. (2)Неправильная синхронизация ротора. (3)Износ подшипника и шестерни таймера. (4)Износ упорного подшипника. (5)Наличие окалины на поверхности ротора	(1)损坏轻则修复,损坏严重须更换转子。 (2)重新组装时,测量转子间隙,保证正确同步。 (3)测量轴承和计时齿轮间隙,必要时更换。 (4)更换止推轴承。 (5)清楚转子表面氧化皮 (1)Провести ремонт ротора при незначительном повреждении, заменить ротор при серьезном повреждении. (2)Измерить зазор ротора при повторной сборке, чтобы обеспечить правильную синхронизацию. (3)Измерить зазор между подшипником и шестерней таймера, заменить при необходимости. (4)Заменить упорный подшипник. (5)Удалить окалину с поверхности ротора

4 压力管道附件

4 Принадлежности напорных труб

压力管道附件是压力管道的附属设施,满足管道的连接、支撑、绝缘、密封或变向等需要,本章对气田工程中常用压力管道附件的功能作用、设计要点、结构形式及制造、检验和验收要求等进行了介绍。

Арматуры напорного трубопровода являются вспомогательными сооружениями для напорного трубопровода, которые отвечают потребностям соединения, опирания, изоляции, уплотнения или изменения направления трубопровода. В данной главе изложены функции, важные аспекты проектирования, конструктивное исполнение, требования к изготовлению, контролю и приемке арматур напорного трубопровода, обычно используемых в объекте на газовом месторождении.

油气输送工程用压力管道附件主要包括管件、绝缘接头、热煨弯管、锚固法兰和汇管等。

Принадлежности напорных труб для транспорта нефти и газа в основном включают в себя трубные арматуры, изоляционные соединения, горячегнутые отводы, анкерные фланцы, коллекторы и т.д.

4.1 管件

4.1 Трубная арматура

4.1.1 范围

4.1.1 Сфера

管件主要包括弯头、三通、异径管接头和管封头,相同形式的管件各自称为同类管件。

Трубная арматура в основном включает в себя отвод, тройник, переход и днище, одинаковый вид трубной арматуры считается однородным.

4.1.2 原材料的要求

4.1.2 Требования к сырьевым материалам

(1)用于制造管件的原材料应是采用吹氧转炉或电炉冶炼的全镇精钢,且具有要求的韧性和

(1) В качестве сырьевых материалов для изготовления трубных арматур применяются спокойные

热处理状态，并适合与符合输送管道工程用管材标准等相应标准要求的管件、法兰和钢管进行现场焊接。

стали, плавленные кислородным конвертером или электрической печью, которые имеют требуемую гибкость и состояние термообработки, а также на рабочем месте годятся для сварки с трубными арматурами, фланцами и стальными трубами, соответствующими требованиям стандарта материалов трубопроводов и связанных стандартов.

（2）制造管件的原材料应为各类锻件、板材、无缝管或有填充金属焊的焊管。不应使用高频焊和螺旋缝埋弧焊钢管。

（2）Сырьевые материалы для изготовления трубных арматур представляют себя разновидные поковки, плиты, бесшовные трубы или сварные трубы с присадочными металлами. Не следует использовать высокочастотные сварные стальные трубы и спирально–шовные стальные трубы, сваренные под флюсом.

（3）制造管件的原材料应为可焊性良好的碳钢或低合金高强度钢。当管件与相连管焊接需要预热时，制造商应说明预定的预热条件，并在管件上做出永久性标记。

（3）Сырьевые материалы для изготовления трубных арматур представляют себя углеродистые стали с хорошей свариваемостью или низколегированные высокопрочные стали. Если сварка трубной арматуры с трубой требует предварительный нагрева, то завод–изготовитель должен изложить определенные условия предварительного нагрева и наносить постоянную отметку на трубной арматуре.

（4）制造商采用的管件制造材料，其化学成分应符合相应材料标准的要求。

（4）Химический состав принятых заводом–изготовителем материалов для изготовления трубных арматуры должен соответствовать требованиям связанных стандартов материалов.

（5）原材料碳含量不大于 0.12% 时，碳当量 CE_{Pcm} 应按照下式计算并控制；碳含量大于 0.12% 时，碳当量 CE_{IIW} 按照下式计算并控制：

（5）При содержании углерода в сырьевых материалах не более 0, 12%, эквивалент углерода CE_{Pcm} должен быть рассчитан по следующей формуле и контролирован; а при содержании углерода более 0, 12%, эквивалент углерода CE_{IIW} должен быть рассчитан по формуле（4.1.2）и контролирован.

$$CE_{Pcm} = C + \frac{Si}{30} + \frac{Mn + Cu + Cr}{6} + \frac{Ni}{6} + \frac{Mo}{60} + \frac{V}{10} + 5B \tag{4.1.1}$$

$$CE_{IIW} = C + \frac{Mn}{6} + \frac{Cr + Mo + V}{5} + \frac{Cu + Ni}{15} \tag{4.1.2}$$

（6）原材料应有质量证明书，其检验项目应符合相关标准的规定或订货要求。无标记、无批号、无质量证明书或质量说明书项目不全的钢材不能使用。不允许使用低劣质材料，材料的来源应经业主审批，未得到书面认可，不得使用。

（6）Сырьевые материалы должны иметь сертификат качества，пункты контроля которого должны отвечать положениям соответствующих стандартов или требованиям к заказу. Не допускается использовать стали без отметки，номера парии，сертификата качества или неполного сертификата качества. Не допускается применение некачественных материалов，источник материалов должен быть рассмотрен и утвержден Заказчиком，и их использование не допускается без получения письменного разрешения.

（7）原材料进厂后，管件制造商应按其质量证明书等进行验收，并对钢管原材料的外观、尺寸和理化性能抽检。

（7）Завод-изготовитель по производству трубных арматур должен проводить приемку сырьевых материалов по их сертификату качества после их ввода в завод.

（8）原材料表面应无油污，在制造、搬运、装卸过程中不允许与低熔点金属（Cu、Zn、Sn、Pb 等）接触，否则应采用适当的方法（如喷砂）清除。

（8）На поверхности сырьевых материалов не должно быть масляной грязи，и в процессе производства，перевозки，погрузки и разгрузки стальных тру，нельзя контактировать с металлами легкоплавкими（Cu，Zn，Sn，Pb и др.），в противном случае следует принять подходящие меры во избежание таких обстоятельств（например，пескоструйная обработка）.

4.1.3　管件设计

4.1.3　Проектирование трубных арматур

（1）管件制造单位负责提供完整的材料选择、尺寸计算文件，管道设计单位负责审查。

（1）Завод-изготовитель по производству трубных арматур отвечает за предоставление полные документы по выбору материалов и расчету размеров. Организация по проектированию труб отвечает за рассмотрение.

（2）管件承受内部压力的能力应不低于与之相连接钢管的耐压能力。耐压能力验证应通过计算和 / 或验证试验方法验证。强度设计验证的附加要求应在询价或订货时说明。

（2）Способность выдержки внутреннего давления трубной арматуры должна быть не менее способности выдержки внутреннего давления стальной трубы，соединенной с ней. Проверка несущей способности выполняется расчетом и / или проверочным испытанием. Дополнительные требования к проектированию прочности должны быть указаны при запросе или заказе.

（3）按本文件设计、制造的所有管件，在安装后应有能力承受按下式计算的水压试验强度，且不得有破裂和渗漏，或有碍于使用的其他危害：

（3）После монтажа, все трубные арматуры, спроектированные и изготовленные по настоящей документации, должны иметь прочность при гидравлическом испытании, рассчитанная по следующей формуле, без трещины и утечки, или других дефектов, препятствующих использованию:

$$p_1 = \frac{2\sigma_s t}{D} \tag{4.1.3}$$

式中 p_1——设计试验强度，MPa；

σ_s——与管件相连管子的规定的最小屈服强度，MPa；

t——与管件相连接管子的公称壁厚，mm；

D——与管件相连接管子的外径，mm。

Где p_1——проектная испытательная прочность, МПа;

σ_s——заданный минимальный предел текучести трубы, соединенной с трубой арматурой, МПа;

t——условная толщина стенки трубы, соединенной с трубой арматурой, мм;

D——внешний диаметр трубы, соединенной с трубой арматурой, мм.

（4）弯头和弯管的设计。

弯头和弯管的管壁厚度应按下式计算：

（4）Проектирование отводов и коленей.

Толщина стенки отвода и колена должна быть рассчитана по нижеследующим формулам:

$$\delta_b = \delta m \tag{4.1.4}$$

$$m = \frac{4R - D}{4R - 2D} \tag{4.1.5}$$

式中 δ_b——弯头或弯管的管壁计算厚度，mm；

δ——弯头或弯管所连接的直管管段壁计算厚度，mm；

m——弯头或弯管管壁厚度增大系数；

R——弯头或弯管的曲率半径，mm；

D——弯头或弯管的外直径，mm。

Где δ_b——расчетная толщина стенки отвода или колена, мм;

δ——расчетная толщина стенки участка прямой трубы, соединенной с отводом или коленом, мм;

m——коэффициент увеличения толщины стенки отвода или колена;

R——радиус кривизны отвода или колена, мм;

D——внешний диаметр отвода или колена, мм.

（5）三通的设计。

三通或直接在管道上开孔与支管连接时，其开孔削弱部分可按等面积补强原理进行补强，其结构应满足下式：

（5）Проектирование тройников.

При соединении тройника с патрубком или соединении с патрубком путем прямого сверления отверстия на трубе, ослабляющаяся часть при сверлении отверстия может быть усиленна по принципу усиления равной площади, и ее конструкция должна соответствовать нижеследующей формуле:

$$A_1+A_2+A_3 \geqslant A_R \qquad (4.1.6)$$

$$A_1 = d_i(\delta_n' - \delta_n) \qquad (4.1.7)$$

$$A_2 = 2H(\delta_b' - \delta_b) \qquad (4.1.8)$$

$$A_R = \delta_n d_i \qquad (4.1.9)$$

式中 A_1——在有效补强区内，主管承受内压所需设计壁厚外的多余厚度形成的面积，mm^2；

A_2——在有效补强区内，主管承受内压所需最小壁厚外的多余厚度形成的截面积，mm^2；

A_3——在有效补强区内，另加的补强元件的面积，包括这个区内的焊缝面积，mm^2；

A_R——主管开孔削弱所需要补强的面积，mm^2。

d_i——支管内径，mm；

H——补强区的高度，mm；

δ'_n——主管的实际厚度，mm；

δ_n——与主管连接的直管管壁厚度；

δ'_b——支管实际厚度，mm。

Где A_1——В эффективной зоне усиления, площадь избыточной толщины вне проектной толщины стенки, требующейся главной трубой для выдержки внутреннего давления, $мм^2$;

A_2——В эффективной зоне усиления, площадь избыточной толщины вне минимальной толщины стенки, требующейся главной трубой для выдержки внутреннего давления, $мм^2$;

A_3——В эффективной зоне усиления, площадь других элементов усиления, включая площадь сварного шва в этой зоне, $мм^2$;

A_R——площадь, требующая усиление из–за ослабления при сверлении отверстия на главной трубе, $мм^2$.

d_i——внутренний диаметр, мм;

H——высота зоны усиления, мм;

δ'_n——фактическая толщина главной трубы, мм;

δ_n——толщина стенки прямой трубы, соединенной с главной трубой;

δ'_b——фактическая толщина патрубка, мм.

（6）拔制三通的补强计算。

主管具有拔制扳边式接口与支管连接的三通，选用三通和支管时，必须使 $A_1+A_2+A_3 \geqslant A_R$。这里的 $A_3=2r\ (\delta_0-\delta'_b)$。图 4.1.1 中双点画线范围内为有效补强区。

（6）Расчет усиления тянутого тройника.

Главная труба имеет тянутое отбортованное соединение и тройник, соединенный с патрубком, при выборе тройника и патрубка, необходимо обеспечить $A_1+A_2+A_3 \geqslant A_R$. Где $A_3=2r\ (\delta_0-\delta'_b)$. Часть в пределе прямоугольника, выделенного пунктирной линией с двойными точками, является эффективной зоной усиления в рис. 4.1.1.

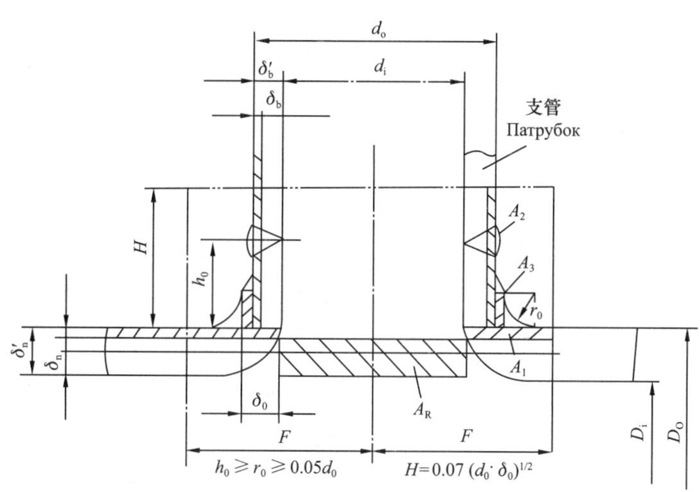

图 4.1.1　拔制三通补强结构示意图

Рис. 4.1.1　Схема конструкции усиления тянутого тройника

d_0—支管外径，mm；d_i—支管内径，mm；D_0—主管外径，mm；D_i—主管内径，mm；H—补强区的高度，mm；δ_0—翻边处的直管管壁厚度，mm；δ_b—与支管连接的直管管壁厚度，mm；δ'_b—支管实际厚度，mm；δ_n—与主管连接的直管管壁厚度，mm；δ'_n—主管的实际厚度，mm；F—补强区宽度的 1/2，等于 d_i，mm；h_0—拔制三通支管接口板边的高度，mm；r_0—拔制三通板边接口外形轮廓线部分的曲率半径，mm

d_0— наружный диаметр патрубка, мм; d_i— внутренний диаметр, мм; D_0— наружный диаметр главной трубы, мм; D_i— внутренний диаметр главной трубы, мм; H— высота зоны усиления, мм; δ_0— толщина стенки прямой трубы на отбортованном месте, мм; δ_b— толщина стенки прямой трубы, соединенной с патрубком, мм; δ'_b— фактическая толщина патрубка, мм; δ_n— толщина стенки прямой трубы, соединенной с главной трубой, мм; δ'_n— фактическая толщина главной трубы, мм; F— половина ширины зоны усиления, равна d_i, мм; h_0— высота отбортовки соединения патрубка тянутого тройника, мм; r_0— радиус кривизны в габаритной части отбортованного соединения тянутого тройника, мм

（7）整体加厚三通的补强

整体加厚三通的结构是主管或支管的壁厚或主、支管壁厚同时加厚到满足：$A_1+A_2+A_3 \geqslant A_R$，这里的 A_3 是补强区的焊缝面积。整体加厚三通结构如图 4.1.2 所示。

（7）Усиление целостно утолщенного тройника.

Конструкция целостно утолщенного тройника: утолщать толщину стенки главной трубы или патрубка, или одновременно утолщать толщину стенки главной и патрубка, до того как $A_1+A_2+A_3 \geqslant A_R$, где A_3–площадь сварного шва в зоне усиления. Схема конструкции целостно утолщенного тройника приведена в рис. 4.1.2.

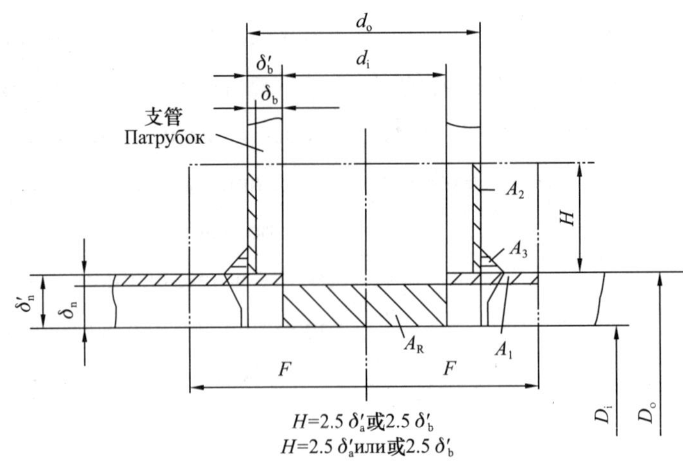

图 4.1.2　整体加厚三通结构示意图

Рис. 4.1.2　Схема конструкции целостно утолщенного тройника

（8）开孔局部补强。

当在管道上直接开孔与支管连接时，其开孔削弱部分的补强必须使 $A_1+A_2+A_3 \geqslant A_R$。这里的 A_3 是补强元件提供的补强面积与补强区的焊缝面积之和，其补强结构还应符合下列条件（图 4.1.3）：

（8）Частичное усиление отверстия.

При соединении с патрубком путем прямого сверления отверстия на трубе, усиление ослабляющейся части при сверлении отверстия должно соответствовать $A_1+A_2+A_3 \geqslant A_R$. Где：$A_3$–сумма площади усиления, образованной элементами усиления, и площади сварного шва в зоне усиления, конструкция усиления должна соответствовать нижеследующим условиям（Рис. 4–1–3）：

① 补强元件的材质应和主管材质一致。当补强元件钢材的许用应力低于主管材料的许用应力时，补强元件面积应按二者许用应力的比值成比例增加。

① Материал элемента усиления и материал главной трубы должны быть одинаковыми. При допустимом напряжении стали элемента усиления менее допустимого напряжения материала главной трубы, площадь элемента усиления должна быть пропорционально увеличена по отношению друг к другу.

② 主管上邻近开孔连接支管时，其两相邻支管中心线的距离不得小于两支管直径之和的 1.5 倍。当相邻两支管中心线的距离，小于 2 倍大于 1.5 倍的两支管直径之和时，应用联合补强件，且两管外壁到外壁间的补强面积，不得小于主管上开孔所需部补强面积的 1/2。

② При соединении соседних отверстии на главной трубе с патрубками, расстояние между осями двух соседних патрубков не должно быть менее 1,5 раза суммы диаметров двух патрубков. Когда расстояние между осями двух соседних патрубков изменяется в диапазоне 1,5 раза–2 раза суммы диаметров двух патрубков, следует применять совместный элемент усиления, площадь усиления между наружными стенками двух труб не должна быть менее половины требуемой площади усиления отверстия на главной трубе.

③ 开孔应避开焊缝。

③ Отверстие должно сторониться сварного шва.

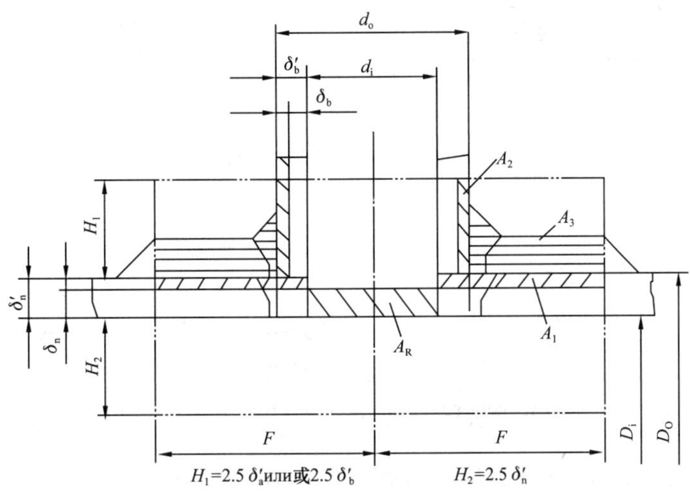

图 4.1.3 开孔局部补强结构示意图

Рис. 4.1.3 Схема частичного усиления отверстия

(9)管件设计文件至少包括强度计算书或验证试验报告和设计图。

(9)Проектные документации трубных арматур минимум включают в себя расчеты на прочность или отчеты о проверочном испытании и проектные чертежи.

(10)所有管件均应按买方提供的管件工作参数及接管尺寸设计。

(10)Все трубные арматуры должны быть спроектированы по их рабочим параметрам и размерам соединительных труб, предоставленным Покупателем.

(11)清管三通的内径不应小于连接管公称内径的97%。当支管公称直径≥ 30% 主管公称直径 D_N,或支管公称直径≥ 300mm 时,应采用挡条式清管三通[图 4.1.4(a)]或套管式清管 三通[图 4.1.4(b)],且挡条的设计、选材、焊接安装应在三通制造前经购方或设计单位认可。

(11)Внутренний диаметр тройника очистительного устройства не должен быть менее 97% от условного диаметра соединительной трубы. При условном диаметре патрубка не менее 30% от условного диаметра главной трубы, или условном диаметре патрубка не менее300мм, следует использовать тройник очистительного устройства с упорными лентами(Рис. 4.1.4(a))или обсадный тройник очистительного устройства(Рис. 4.1.4(b)), проектирование, выбор материал и сварной монтаж упорных лент должны быть утверждены Покупателем или Организацией по проектированию перед их производством.

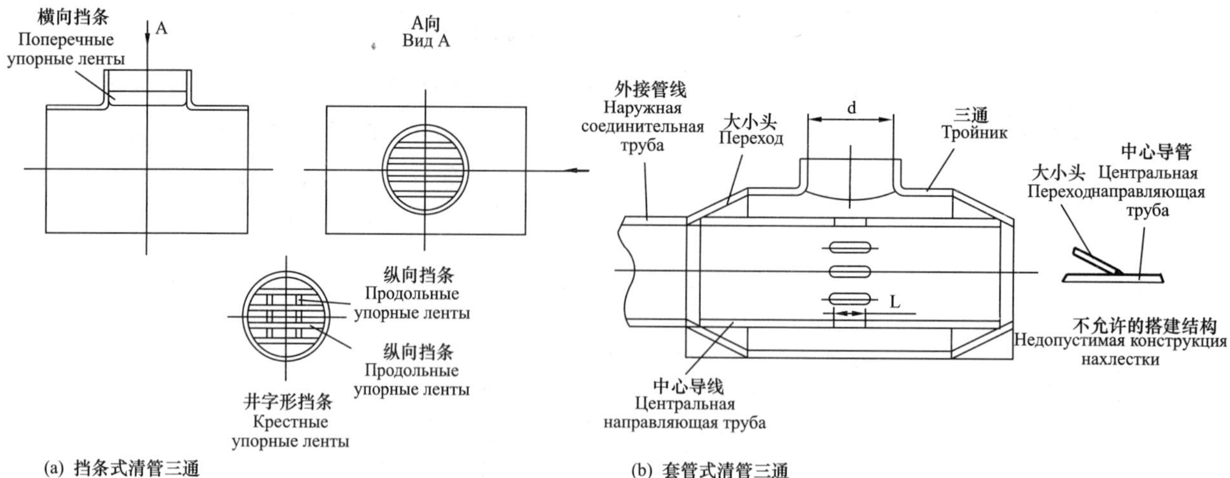

(a) 挡条式清管三通
(a) Тройник очистительн ого устройства с упорными лентами

(b) 套管式清管三通
(b) Обсадный тройник очистительного устройства

图 4.1.4 清管三通结构示意图
Рис. 4.1.4 Схема конструкции тройника очистительного устройства

（12）由直缝管制造的三通，纵焊缝应放置在支管正对面的主管位置。如无法将纵焊缝放置在此位置，应协商确定。

（12）Для тройника из трубы с прямым швом, продольный сварной шов должен быть расположен в положении главной трубы на фасаде патрубка. Если продольный шов не может быть расположен в таком положении, то следует согласовать определение его положения.

4.1.4 制造、检验与验收要求

4.1.4 Требования к производству, проверке и приемке

4.1.4.1 制造工艺要求

4.1.4.1 Требования к технологии производства

（1）管件可采用压制、拔制、冲压挤压、焊接等加工工艺进行制造，所采用的工艺应保证不产生裂纹缺陷和其他有碍于使用的损伤。

（1）Трубные арматуры могут быть выполнены технологиями прессования, протягивания, штампования, сжатия, сварки и т.д., принятая технология должна обеспечить, что не образуются трещины и другие нарушения, препятствующие пользованию.

（2）制造工艺应保证管件在成形时，其表面外形应圆滑过渡。

（2）Технология производства должна обеспечить, что поверхность и габарит трубных арматур выполняется с плавным переходом при их формовании.

（3）管件热处理后，最终检验前应进行喷丸等表面氧化物清除处理。

（3）После термообработки трубных арматур, следует провести обработку дробью и другие обработки для очистки оксидов от поверхности перед окончательной проверкой.

4.1.4.2 工艺评定和首批检验

4.1.4.2 Оценка технологии и контроль первой партии

产品正式生产之前，制造商应进行单根管件工艺评定试验（无损检测和理化性能试验），工艺评定工作通过后，在进行小批量管件试制，抽检合格后可进行首批生产。

Завод–изготовитель должен провести испытания по оценке технологии одиночной трубной арматуры（неразрушающий контроль и испытание физико–химических свойств）перед официальным производством, и выполнить пробное производство малой партии трубных арматур после получения положительного результата оценки технологии, производство первой партии арматур только допускается после выборочной проверки и получения положительного результата.

首批生产的管件应进行首批试验，检验项目有管体化学分析、拉伸试验、夏比冲击试验，三通、弯头管体横向还应进行系列温度的冲击韧性试验、导向弯曲试验、维氏硬度、金相检验、里氏硬度检验、外观质量及尺寸、无损检测和静水压爆破试验。首批检试验合格后方可进行正式生产。

Первая партия трубных арматур должна подвергаться контролю первой партии, пункты контроля включают в себя анализ химического состава труб, испытание на растяжение, испытание на удар по Шарпи, и для поперечной части тройника и отвода еще производятся испытание на ударную вязкость при серийных температурах, испытание на управляемый изгиб, испытание на твердость по Виккерсу, металлографический контроль, испытание на твердость по Леебу, проверка внешнего вида и размеров, неразрушающий контроль и испытание на разрыв под статическим гидростатическим давлением. Официальное производство только допускается после получения положительного результата первых испытаний.

4.1.4.3 焊接

4.1.4.3 Сварка

（1）所有焊缝（包括返修焊缝）应由考核合格的焊工按照评定合格的焊接工艺完成。

（1）Все сварные шва（включая сварные повторной сварки）должны быть выполнены квалифицированными сварщиками в соответствии с технологией сварки, оцененной годной.

（2）条件允许时，纵向对接焊缝应为双面焊。不应使用衬垫。所有焊缝应全焊透，并进行焊接检验和试验。

（2）Продольный стыковой сварной шов должен быть двухсторонней сваркой, если позволяют условия. Не надо использовать подкладки. Все сварные швы должны быть полностью проварены, и подвергаться сварной проверке и испытанию.

（3）所有焊接材料在产品热处理后，其焊接接头应进行拉伸性能和夏比冲击韧性试验。

（3）Для сварных соединений следует провести испытание на растяжение и испытание на ударную вязкость по Шарпи после термообработки всех сварных материалов.

（4）管件制造过程中如果使用支撑物，焊接的支撑物应在热处理之前去除，并对焊接处进行圆滑过渡修磨。若热处理过程中需要支撑物，其应在热处理后切除掉，并进行适当修磨，管件热处理后不允许焊接任何支撑物。

（4）Если в процессе производства трубных арматур применяются опорные вещества, то следует снять сварные опорные вещества перед термообработкой, и отшлифовать сварные места с плавным переходом. Если опорные вещества требуются в процессе термообработки, то следует срезать их после термообработки, и провести подходящее шлифование, сварка любого опорного вещества не допускается после термообработки трубных арматур.

4.1.4.4 热处理

4.1.4.4 Термообработка

在奥氏体温度以上成形的管件，管件应先冷却到临界温度以下，然后进行正火、正火+回火、淬火+回火或消除应力等方式中的一种或几种必要的热处理。所有管件均应在热处理状态下交货，制造商应提供详细的热处理工艺。

Для трубных арматур, формованных при температуре выше аустенитной температуры, следует охладить их ниже критической температуры, потом выполнить одну или несколько из необходимых термообработок: нормализацию, нормализацию + отпуск, закалку + отпуск или снятие напряжения. Все трубные арматуры должны быть поставлены под состоянием термообработки, и завод-изготовитель должен предоставить детальные технологии термообработки.

4.1.4.5 理化性能试验

4.1.4.5 Испытание физико-химических свойств

（1）管件成品材料应进行拉伸试验。

（1）Готовые материалы трубных арматур должны подвергаться испытанию на растяжение.

（2）管件的母材、焊缝及热影响区在试验温度下进行夏比 V 形缺口冲击韧性试验。

（2）Основные материалы трубных арматур, сварные швы и зоны термического влияния должны подвергаться испытанию на ударную вязкость по Шарпи на образцах с V–образным надрезом.

（3）对于有对接焊缝的管件，应进行焊缝横向导向弯曲试验。

（3）Трубные арматуры со стыковыми сварными швами должны подвергаться испытанию на направляющий изгиб по поперечному направлению сварных швов.

（4）管件管体母材和焊缝横截面上应进行维氏硬度检测。

（4）Основные материалы корпуса трубных арматур и поперечное сечение сварных швов должны подвергаться испытанию на твердость по Виккерсу.

（5）管件管体和焊缝横向截面应进行低倍检查，不应存在裂纹或超过原材料及焊缝标准规定的其他缺陷。必要时进行金相组织检查，不允许有过热、过烧等异常组织。

（5）Корпус трубных арматур и поперечное сечение сварных швов должны подвергаться контролю макроструктуры, на них не должны существовать трещины или другие дефекты за пределом дефектов, заданных стандартами сырьевых материалов и сварных швов. При необходимости, следует провести металлографический контроль, не допускаются перегретые, пережженные и другие аномальные структуры.

（6）对管体横向截面靠近内外表面、壁厚中心的显微组织、夹杂物等级和晶粒度进行检查。

（6）Проверить класс и зернистость микроструктуры, примеси на частях вблизи к внутренней и наружной поверхностям, центре толщины стенки поперечного сечения корпуса трубы.

（7）用于含湿 H_2S、CO_2 环境的管件，应进行抗 HIC 和 SSC 试验。

（7）Трубные арматуры для использования в средах с влажными H_2S и CO_2 должны подвергаться испытанию на стойкость к HIC и SSC.

（8）所有管件应对几何尺寸和形状按照设计图纸进行检测。焊缝与管体应平滑过渡，焊缝余高应在 0～3.0mm。

（8）Следует проверить геометрические размеры и формы всех трубных арматур по проектным чертежам. Между сварным швом и корпуса трубы должно иметь плавный переход, выпуклость сварного шва должна быть 0–3,0мм.

（9）每批应抽 3% 且不小于 2 件做表面硬度检查，结果如有 1 件不合格，应加倍检验，若仍有 1 件不合格，应逐渐检验。

（9）Должно производиться испытание на твердость на образцах в объеме 3% от каждой партии и в количестве не менее 2. Количество образцов, подлежащих испытанию, увеличивается вдвое при несоответствии 1 образца требованиям. Если еще 1 образец остается несоответствующим требованиям, то испытание производится поштучно.

(10)管件应在最终热处理后,对每根管件的管体表面、每根管件的所有对接焊缝和管端坡口进行无损检测。

(10) Следует провести неразрушающий контроль поверхности, стыкового шва и кромки на торце каждой трубной арматуры после ее окончательной термообработки.

(11)管件制造商必须确保所有管件可以承式(4.1.3)计算的水压试验强度,但不要求在管件制造单位进行水压试验。

(11) Завод–изготовитель должен обеспечить, что все арматуры должны иметь прочность при гидравлическом испытании, рассчитанная по формуле (4.1.3), но проведение гидравлического испытания в организации по производству трубных арматур не требуется.

4.1.5 设计验证试验

4.1.5 Испытание по проверке правильности проектирования

4.1.5.1 所要求的试验

作为设计依据,应按相关规定做设计验证试验。制造商的产品档案中应存有设计记录或成功验证试验的记录资料,以供买方检查。按相关规定的要求,唯一的验证试验就是爆破试验。

4.1.5.1 Требуемое испытание

Испытание по проверке правильности проектирования должен быть выполнен по требованиям в соответствующих документациях в качестве основания проектирования. В данных продукции от Завода–изготовителя должно иметь записи о проектировании или записи о успешных проверочных испытаниях для проверки Покупателем. По требованиям в соответствующих документациях, единственное проверочное испытание является испытанием на разрыв.

4.1.5.2 产品试制及首批检验阶段

在产品试制阶段和正式供货首批检验阶段,供货商应按规定进行爆破试验。

4.1.5.2 Стадия пробного производства продукции и контроля первой партии

На стадии пробного производства продукции и контроля первой партии для официальной поставки, Поставщик должен провести испытание на разрыв в соответствии с положениями.

4.2 绝缘接头

4.2 Изолирующее соединение

4.2.1 型式和结构

4.2.1 Тип и конструкция

（1）绝缘接头是同时具有埋地钢质管道要求的密封性能、强度性能和电法腐蚀所要求的绝缘性能的管道接头的统称。

（1）Изолирующее соединение представляет себя совокупность соединения трубы, которое не только имеет герметичность и прочность, требуемую подземной стальной трубой, но и изолированность, требуемую электрической коррозией.

（2）绝缘接头须采用将绝缘和密封材料固定于整体结构内的型式。接头内部的所有空腔应充填绝缘密封物质。环形空间的外侧应采用合适的绝缘密封材料密封，以阻止土壤内潮气渗入接头内部。图 4.2.1 绝缘接头结构示意图。

（2）На изолирующем соединении нужно укрепить изоляционный и уплотнительный материалы в целостной конструкции. Все полости внутри соединения заполняются изоляционными и уплотнительными материалами. Наружную сторону кольцевого пространства следует герметизировать подходящими изоляционными и уплотнительными материалами, чтобы защищать соединения от проникновения влажного газа из грунта. См. Рис. 4.2.1 Схема конструкции изолирующего соединения.

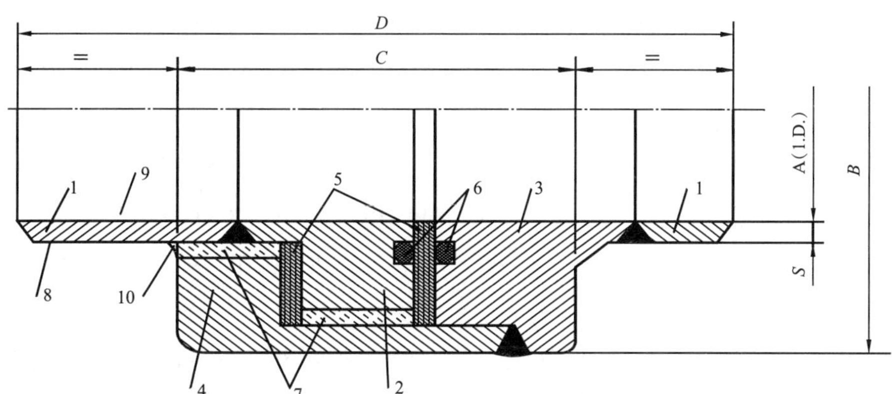

图 4.2.1　绝缘接头

Рис. 4.2.1　Изолирующее соединение

1—短节；2—对焊法兰 I；3—对焊法兰 II；4—勾圈；5—绝缘环；6—密封圈；7—绝缘密封填充物；8—外涂层；9—内涂层；10—密封胶粘剂

1— Короткий ниппель; 2— Приварной фланец I; 3— Приварной фланец II; 4— Крюк-кольцо; 5— Изолирующее кольцо; 6— Уплотнительное кольцо; 7— Изоляционный уплотнительный материал; 8— Наружное покрытие; 9— Внутреннее покрытие; 10— Уплотнительная мастика

4.2.2 材料的要求

（1）制造绝缘接头的所有金属材料（锻件、板材或管材）应符合以下条款对材料的规定，并满足相应材料标准的其他要求。

（2）金属材料用钢应采用电炉或氧气转炉冶炼的镇静钢。

（3）锻件的标准屈服强度应与所连管线材料标准屈服强度一致或略低。短节（与锻件焊接的短节）的屈服强度应与所连管线的屈服强度一致。

（4）材料的常温或低温冲击试验，要求三个试样夏比V形缺口冲击功的平均值不小于相应材料相应温度下的冲击值，一个试样夏比V形缺口冲击功的最低值不小于平均值的75%。材料表面硬度值，当材料强度级别为X60或X60以下时，不应大于240HV10，当材料强度级别为X70或X70以上时，不应大于265HV10。

（5）当公称压力p_N不大于6.3MPa时，法兰锻件不应低于Ⅱ级的要求；当公称压力大于6.3MPa时，法兰锻件不应低于Ⅲ级锻件的各项检验要求及其他技术要求。

4.2.2 Требования к материалам

(1) Все металлические материалы (поковки, плиты и трубы) для изготовления изолирующих соединений должны соответствовать требованиям нижеследующих положений и другим требованиям в стандартах на соответствующие материалы.

(2) В качестве сталей для металлических материалов следует применять спокойные стали, плавленные в электропечах или кислородных конвертерах.

(3) Номинальный предел текучести поковки должен быть равным или немного ниже стандартного предела текучести материала трубопроводов, соединенных с ней. Предел текучести патрубков (приваренных к поковке) должен совпадать с пределом текучести соединенных с ними трубопроводов.

(4) Для испытания материалов на удар при нормальной или низкой температуры, средняя энергия ударов на трех образцах с V-образным надрезом по Шарпи не должна быть менее удара соответствующего материала при соответствующей температуре, а минимальная энергия удара одного образца с V-образным надрезом по Шарпи-не менее 75% от среднего значения. Значение твердости поверхности материала: при прочности материала X60 или менее X60, должно быть не более 240HV10; при прочности материала X70 или более X70, должно быть не более 265HV10.

(5) При условном давлении не более 6,3МПа, требования к поковке фланца не должно быть ниже класса II; при условном давлении более 6,3МПа, требования пунктов контроля и другие технические требования к поковке фланца не должно быть ниже класса III.

（6）绝缘环应采用具有高抗压强度（不小于350N/mm²）、高抗渗透能力、低吸水性、高电绝缘强度、抗老化和良好的机加工特性的材料要求。

（6）Изолирующее кольцо должно изготовляться из материала с высокой прочностью на сжатие（не меньше 350Н/мм²）, высокой стойкостью против фильтрации, нижней водопоглощаемостью, высокой электрической изолированностью, стойкостью к старению и благоприятным свойством механической обработки.

（7）密封元件应根据工作压力、工作温度、密封介质选用合适的材料。宜采用低吸水性、高抗压强度的聚合材料（如氟橡胶）制作。橡胶材料的物理性能应符合相应材料标准的规定。

（7）Уплотнительные элементы должны изготовляться из подходящего материала по рабочему давлению, рабочей температуре и уплотнительной среде. Лучше применять полимерный материал（например: фторкаучук）с нижней водопоглощаемостью и высокой прочностью на сжатие. Физические свойства резинового материала должны соответствовать соответствующим стандартам на материал.

（8）绝缘密封填充材料应为低黏度、热固性树脂，并具有一定的压缩强度。

（8）В качестве изоляционного уплотнительного материала следует применять термореактивную смолу с нижней вязкостью и определенной прочностью на сжатие.

4.2.3 设计

4.2.3 Проектирование

（1）在极限的工作条件下，应密封可靠，电绝缘性能良好。

（1）Продукция должна иметь надежное уплотнение, благоприятные изолирующие свойства в предельных рабочих условиях.

（2）绝缘接头应为焊接端整体结构。结构主体可分为整体锻制或锻制本体与短节（钢板卷制或钢管）焊接连接结构。短节的长度不应小于300mm。

（2）Изолирующие соединения должны иметь целостную конструкцию в сварных торцах. Главный корпус конструкции состоит из цельной ковки или кованной корпуса с приваренным патрубком（из рулонной стальной плиты или стальной трубы）. Длина патрубка должна не менее 300мм.

（3）压力密封应采用O形或其他适宜形式的自紧密封圈，且密封圈应模压成形。密封圈应具有永久的残余弹性以保证接头的可靠密封。

（3）Для уплотнения под давлением применяется О–образное штампованное самоуплотняющее кольцо или уплотнительное кольцо другого подходящего вида. Уплотнительное кольцо должно обладать постоянной остаточной упругостью для обеспечения надежного уплотнения соединений.

（4）绝缘接头须采用将绝缘和密封材料固定于整体结构内的型式。接头内部的所有空腔应充填绝缘密封物质。环形空间的外侧应采用合适的绝缘密封材料密封，以阻止土壤内潮气渗入接头内部。

（4）На изолирующем соединении нужно укрепить изоляционный и уплотнительный материалы в целостной конструкции. Все полости внутри соединения заполняются изоляционными и уплотнительными материалами. Наружную сторону кольцевого пространства следует герметизировать подходящими изоляционными и уплотнительными материалами, чтобы защищать соединения от проникновения влажного газа из грунта.

（5）绝缘接头的内径应与所接管道的内径相近或一致。

（5）Внутренний диаметр изолирующего соединения должен быть приближенным или одинаковым с внутренним диаметром соединенной с ним трубы.

（6）供货商应保证绝缘接头同管线焊接的可靠性，并保证与管线焊接时所产生的热量不会影响接头的密封性和电绝缘性。

（6）Поставщик должен обеспечить надежность сварки изолирующих соединений с трубой, а также тепло, образованное при сварке с трубой, не будет влиять на герметичность и изолированность изолирующих соединений.

4.2.4 制造、检验和验收

4.2.4 Производство, проверка и приемка

4.2.4.1 制造

4.2.4.1 Производство

（1）在制造之前，供货商应向业主提供设计总图，主要材质的性能，锻件及短节材料的化学成分及供货检验项目，制造工艺，质量保证措施等技术文件。对于国外承包商，还应提供各类相关标准原件或复印件。待业主书面审查同意后，方可开工制造。

（1）Поставщик должен предоставить Заказчику генплан проектирования, характеристики главных материалов, химический состав материала поковки и патрубка, пункты проверки при поставке, технологии производства, меры по обеспечению качества и другие технические документы. Иностранный подрядчик должен дополнительно представить оригиналы или копии соответствующих стандартов и правил. Начало производства только допускается после письменного рассмотрения и согласия Заказчиком.

（2）在最后组装中所使用的工艺，应使绝缘接头的内部组件（绝缘环、密封元件、绝缘密封填充物）被紧固在其规定的位置上，且可靠密封不会泄露。

（2）По технологии, применяемой в окончательном сборе, внутренние элементы изолирующего соединения（изоляционное кольцо, уплотнительный элемент, изоляционный уплотнительный материал）должны зафиксироваться на указанном положении, и должны быть надежными, уплотнительными без утечки.

（3）焊接应按经批准的焊接工艺指导书进行。

（3）Сварка должна проводиться по утвержденному руководству по технологии сварки.

（4）端部坡口应遵循对焊接接头的相关规定，且与相连管线相匹配，并应在产品制造厂加工完成。

（4）Торцевой скос кромок должен соответствовать требованиям к сварным соединениям, совпадать с соединенной трубой, и быть обработан на заводе продукции.

（5）绝缘接头内外表面均应进行喷射除锈处理，达到 Sa2.5 级要求，并涂刷 100% 的固体酚环氧树脂（距焊接端 100mm 范围内不涂漆，但应进行不影响焊接质量的防锈处理），涂层干膜厚度不小于 300μm。所用涂料的储藏、混合、操作、涂刷和凝固要求应按涂料供货商的技术指导书进行；埋地使用的绝缘接头，其外表面还应采用辐射交联热收缩套包覆。

（5）Следует удалить ржавчину с внутренней и наружной поверхности изолирующего соединения дробеструйным методом, качество удаления должно соответствовать требованиям класса Sa2.5, потом нанести 100% твердую эпоксидную смолу（в пределах 100мм от сварного торца окраска не нужна, но надо проводить антикоррозийную обработку, не влияющую качество сварного соединения）, толщина сухой пленки покрытия не менее 300мкм. Хранение, смешение, операция, нанесение и затвердение используемых красок должны соответствовать техническому руководству, предоставленному поставщиком красок; наружная поверхность подземного изолирующего соединения подлежит покрытию облученным сшитым термоусадочным футляром.

4.2.4.2 焊缝的检测

4.2.4.2 Контроль сварного шва

（1）所有对接接头应进行 100% 射线检测和 100% 超声检测。不能进行射线或超声检测的焊缝，应进行表面检测，采用磁粉、渗透或其他可靠的方法进行，确认无裂纹或其他危害性的缺陷存在。

（1）Все стыковые соединения подлежат радиографическому контролю в объеме 100% и ультразвуковому контролю в объеме 100%. Сварные швы, не подходящие для радиографического контроля или ультразвукового контроля, подлежат контролю поверхности магнитопорошковым, капиллярным или другими надежными методами, чтобы уточнить отсутствие трещин или других опасных дефектов.

（2）焊缝及热影响区的强度、表面硬度和韧性指标,应不低于对锻件和短节母材的要求。

（2）Прочность, твердость поверхности и вязкость сварных швов и зоны термического влияния должны быть не ниже требования к основному материалу поковок и патрубков.

（3）管端坡口面应经磁粉、着色或超声检测,确认无裂纹和分层存在。

（3）Поверхность скоса кромок на торце трубы подлежит магнитопорошковому контролю, проверке проникающей краской или ультразвуковому контролю, чтобы уточнить отсутствие трещины и расслоения.

4.2.4.3 压力试验

4.2.4.3 Испытание под давлением

（1）每个绝缘接头应进行水压试验。试验压力为 1.5 倍的设计压力。如果发现任何泄露或缺陷,应修复和重新试验。

（1）Каждое изоляционное соединение подлежит гидравлическому испытанию. Испытательное давление должно быть в 1.5 раза больше проектного давления. Следует восстановить и проводить повторное испытание при обнаружении любой утечки или дефекта.

（2）每个绝缘接头还应在设计压力下进行气密性试验。

（2）Каждое изоляционное соединение подлежит испытанию на герметичность под проектным давлением.

4.2.4.4 水压加弯矩试验

4.2.4.4 Гидравлическое испытание и испытание изгибающим моментом

应对同种退格产品的 5%,但不少与 1 个,进行水压加弯矩试验。在保持试验压力的同时,使用加载设备对绝缘接头施加弯矩,该弯矩值的大小,应能在承受相同玩具的相焊管线管段内,产品不小于 72% 管材屈服强度的纵向应力。

5% продукций с одинаковой характеристикой, но не менее 1, подлежат гидравлическому испытанию и испытанию изгибающим моментом. При поддержке давления испытания, приложить изгибающий момент на изолирующее соединение загрузочным оборудованием, который должен вызывать продольное напряжение не меньше 72% предела текучести труб в участке приваренных труб с поддержкой одинакового изгибающего момента.

4.2.4.5 绝缘电阻测试

水压试验合同后，拆除封堵盲板（如几个绝缘接头焊在一起时，则应分开），彻底排水，用热空气将接头内外部吹干，然后对每个绝缘接头进行电绝缘测试。

4.2.4.5 Измерение сопротивления изоляции

После получения положительного результата гидравлического испытания, демонтировать заглушку（если несколько изолирующих соединений приварено вместе, нужно разделять）, полностью отводить воду, сушить горячим воздухом внутреннюю и внешнюю часть, потом проверить электрическую изоляцию каждого изолирующего соединения.

绝缘接头垂直放置，用合适量程的兆欧表进行测量。500V 直流电压下，绝缘接头的电阻值须大于 10MΩ。

Изолирующее соединение вертикально располагается и измеряется мегомметром с подходящим диапазоном измерения. Сопротивление изолирующего соединения должно быть более 10МОм под 500В напряжением постоянного тока.

4.2.4.6 电源缘强度试验

每个绝缘接头垂直放置，加频率 50Hz 的正弦波交流电 2.5kV，电压从初始值不大于 1.2kV 逐步上升，30s 内达到 2.5kV，保持 60s。

4.2.4.6 Испытание на электрическую прочность изоляции

Вертикально положить каждое изолирующее соединение, и включить синусоидальный переменный ток 2, 5кВ с частотой 50Гц, напряжение постепенно повышается с начального значения（не более 1, 2кВ）до 2, 5кВ в течение 30 секунд с выдержкой 60 секунд.

4.2.4.7 涂层缺陷检测

至少 1.5kV 电压下，用电火花检漏器对每个绝缘接头内外环氧树脂涂层进行缺陷检查；埋地使用的绝缘接头，外部包覆热收缩套后，还应使用 15kV 的电火花检漏。

4.2.4.7 Контроль дефектов покрытия

Применять электроискровой дефектоскоп на контроль дефектов внутреннего и наружного покрытий из эпоксидной смолы каждого изолирующего соединения под напряжением не менее 1, 5кВ; подземные изолирующие соединения подлежат проверке электроискровым дефектоскопом под напряжением 15кВ после того, как он обмотан снаружи термоусадочным фуляром.

4.2.4.8 涂层干膜厚度测量

应采用适宜的无损测厚方法对每一个绝缘接

4.2.4.8 Измерение толщины сухой пленки покрытия

Применять подходящий неразрушающий метод

头进行涂层干膜厚度测量。

для измерения толщины сухой пленки покрытия каждого изолирующего соединения.

4.2.4.9 抗 HIC 和 SSC 试验

用于含湿 H_2S、CO_2 环境的绝缘接头，应进行抗 HIC 和 SSC 试验。

4.2.4.9 Испытание на стойкость к HIC и SSC

Изолирующие соединения для использования в средах с влажными H_2S и CO_2 должны подвергаться испытанию на стойкость к HIC и SSC.

4.2.4.10 热处理和硬度检查

用于含湿 H_2S、CO_2 环境的绝缘接头，应进行整体热处理和硬度检查。

4.2.4.10 Термообработка и контроль твердости

Изолирующие соединения для использования в средах с влажными H_2S и CO_2 должны подвергаться тотальной термообработке и контроле твердости.

4.2.4.11 外观和尺寸检查

所有绝缘接头的外观应平整美观，端部坡口内侧以及锻件本体内侧应与所接管线内侧齐平。

除以上规定试验外，是否进行水压循环试验和涂层黏附力测试，应按设计文件要求进行。

4.2.4.11 Внешний осмотр и проверка размеров

Все изолирующие соединения должны иметь ровный и красивый внешний вид, внутренняя сторона кромки торцов и корпуса поковки должна быть ровной с внутренней стороной соединяемых трубопроводов.

Кроме вышесказанных испытаний, гидравлическое циркуляционное испытание и проверка вязкости покрытии производятся в зависимости от требования проектной документации.

4.3 热煨弯管

4.3 Горячегнутый отвод

4.3.1 原材料的要求

（1）热煨弯管原材料母管应采用无缝钢管、直缝埋弧焊钢管或直缝高频电阻焊管。用于制造热煨弯管的母管不得有环向对接焊缝。

4.3.1 Требования к сырьевым материалам

（1）В качестве основных сырьевых труб для горячегнутых отводов следует применять бесшовные стальные трубы, прямошовные стальные трубы, сваренные под флюсом или трубы, сваренные высокочастотной электросваркой сопротивлением. Основные трубы, применяемые для изготовления горячегнутых труб, не должны иметь кольцевой стыковой сварной шов.

(2)X52 强度级别及以上的焊管原材料须为吹氧转炉或电炉冶炼并经真空脱气、钙和微钛处理的钢制成。

(2)Сырьевые материалы прочностью X52 и выше изготовляются из сталей, плавленных кислородным конвертером или электрической печью и подвергнутых вакуумному обезгаживанию, кальциевой и микротитановой обработке.

(3)焊管用原材料钢材应为纯净镇静钢，X70 和 X80 强度级别材料晶粒度须为 No.10 级或更细；X65—X52 强度级别材料晶粒度须为 No.8 级或更细；低于 X52 强度级别材料晶粒度须为 No.6 级或更细。无缝钢管用钢材须为吹痒转炉或电炉冶炼的晶粒度应为 No.6 级或更细的纯净镇静钢。

(3)В качестве сырьевых сталей для сварных труб следует применять чистые спокойные стали, зернистость материалов прочностью X70 и X80 составляет № 10 или ниже; X65–X52– № 8 или ниже; менее X52– № 6 или ниже. В качестве сталей для бесшовных труб следует применять чистые спокойные стали, плавленные кислородным конвертером или электрической печью, с зернистостью № 6 или ниже.

(4)X70 和 X80 强度级别原材料钢中 A、B、C、D 类非金属夹杂物级别限定均不应大于 2.0，其总和应不大于 4.0。

(4)Ограничения классов неметаллических примесей категорий A, B, C, D в сырьевых сталях прочностью X70 и X80 не должны быть более 2, 0, их сумма не должна быть более 4, 0.

其他强度级别原材料钢中 A、B、C、D 类非金属夹杂物级别限定均不应大于 2.5，其总和应不大于 5.0。

Ограничения классов неметаллических примесей категорий A, B, C, D в сырьевых сталях другими прочностями не должны быть более 2,5, их сумма не должна быть более 5, 0.

(5)X70 和 X80 强度级别原材料钢材带状组织评定结果应不大于 3 级。X65 及以下强度级别原材料钢材带状组织评定结果应不大于 3.5 级。

(5)Результат оценки полосчатой структуры сырьевых сталей прочностью X70 и X80 не должен быть более категории 3. Результат оценки полосчатой структуры сырьевых сталей прочностью X65 и ниже не должен быть более категории 3, 5.

(6)钢管母材不允许补焊。

(6)Ремонтная сварка основных материалов стальных труб не допускается.

(7)母管钢管表面应无油污。在钢管制造、搬运、装卸过程中不允许与低熔点金属(Cu、Zn、Sn、Pb 等)接触，否则应采用适当的方法(如喷砂)消除。

(7)На поверхности стальных труб не должно быть масляной грязи. В процессе производства, перевозки, погрузки и разгрузки стальных труб, нельзя контактировать с металлами легкоплавкими (Cu, Zn, Sn, Pb и др.), в противном случае следует принять подходящие меры во избежание таких обстоятельств (например, пескоструйная обработка).

(8)钢管原材料应有钢管制造商质量证明书，无标记、无批号、无质量证明书或质量证明书不全的钢管不能使用。

(8) Стальные трубы должны иметь сертификат качества изготовителя, а не допускается использовать стальные трубы без отметки, номера парии, сертификата качества или неполного сертификата качества.

(9)母管原材料进厂，弯管制造商应逐根进行规格尺寸检测和内外表面检查，应无裂纹、坑点及其他缺陷。

(9) Завод-изготовитель отводов должен поштучно проверять характеристики, размеры, внутренние и внешние поверхности после ввода сырьевых материалов основных труб в завод, материалы не должны иметь трещины, питтинги и другие дефекты.

(10)弯管制造商应对钢管材料的质量进行抽检复验。复验项目应包括化学成分、管体及焊接接头横向拉伸、冲击试验。

(10) Завод-изготовитель отводов должен проводить выборочный контроль и повторную проверку качества материалов стальных труб. Пункты повторной проверки включают в себя химический состав, тело трубы, испытание сварных соединений на поперечное растяжение и удар.

(11)母管壁厚应具有足够的裕量以满足由于感应加热弯制带来的外弧侧壁厚的减薄。

(11) Толщина стенки основных труб должна иметь достаточный запас для компенсации утонения толщины стенки на стороне наружной дуги из-за изготовления отводов индукционным нагревом.

(12)除另有规定外，钢管制造商应对母管按要求进行模拟弯管热处理工艺和工序的模拟热处理，并对管体和焊缝进行拉伸性能和夏比V形缺口冲击韧性试验，以确保母管材料和焊缝拉伸和冲击韧性能满足成品弯管最终的力学性能要求。

(12) Если иное не указано, то завод-изготовитель стальных труб должен проводить имитируемую термообработку путем имитации технологии и операции термообработки отводов в соответствии с требованиями, а также испытание тела труб и сварных швов на растяжение и ударную вязкость по Шарпи на образцах с V-образным надрезом, чтобы обеспечить соответствие свойства растяжения и ударной вязкости материалов основных труб и сварных швов требованиям к окончательному механическому свойству готовых отводов.

（13）钢管制造商应对同一规格和制造工艺的钢管抽取至少一根钢管进行静水压爆破试验。在签订合同3年内，若钢管制造商有可核实的同强度级别、同管径、同壁厚的管道建设工程用钢管产品的供货业绩和完善的首批检验文件资料证明，经买方确认后，可不再重复进行爆破试验。

（13）Завод–изготовитель стальных труб должен минимум выбрать одну из стальных труб с одинаковой характеристикой и технологией изготовления для проведения испытания на разрыв под статическим гидравлическим давлением. Если завод–изготовитель стальных труб имеет проверяемые достижения поставки стальных труб для проектов трубопроводов с одинаковой прочностью, диаметром, толщиной стенки и полные документы контроля первой партии, то в течение 3 года с даты подписания контракта он может не повторно проводить испытание на разрыв после утверждения Покупателем.

4.3.2 设计

4.3.2 Проектирование

（1）按相关规定设计、制造的弯管，在安装后应能承受按下式计算的静水压试验强度，且不得有碍于使用的其他损害：

（1）Все горячегнутые отводы, спроектированные и производственные по требованиям в соответствуюих документациях, должны иметь прочность при гидростатическом испытании, рассчитанная по следующей формуле, без дефектов, препятствующих использованию.

$$p_1 = \frac{2\sigma_s t}{D} \quad (4.3.1)$$

式中 p_1——设计试验强度，MPa；

σ_s——与管件相连管子的规定的最小屈服强度，MPa；

t——与管件相连接管子的公称壁厚，mm；

D——与管件相连接管子的外径，mm。

Где p_1——проектная испытательная прочность, МПа;

σ_s——заданный минимальный предел текучести трубы, соединенной с трубой арматурой, МПа;

t——условная толщина стенки трубы, соединенной с трубой арматурой, мм;

D——внешний диаметр трубы, соединенной с трубой арматурой, мм.

（2）所有弯管均应按买方提供的弯管工作参数及与弯管连接钢管的接管尺寸进行设计和制造。

（2）Все отводы должны быть спроектированы и изготовлены в соответствии с их рабочими параметрами, предоставленными Покупателем, и размерами соединительных труб стальных труб, соединенных с ними.

（3）制造商提供的管件设计文件至少应包括制造加工图样。

（3）Проектные документы трубных арматур, предоставленные Заводом-изготовителем, минимум включают в себя чертежи изготовления и обработки.

（4）基本参数。

（4）Основные параметры.

成品弯管的基本参数要求如表 4.3.1 和图 4.3.1 所示。弯管成型后弯曲段实测的基层最小壁厚不得小于按 4.3.2 节所列标准中规定的弯管计算方法所计算出满足强度要求的最小壁厚,且不小于表 4.3.1 中规定的数值。

Требования к основным параметрам готовых горячегнутых отводов приведены в Таб. 4.3.1 и Рис. 4.3.1. Минимальная измеренная толщина стенки участка изгиба отвода после формовки не должна быть менее минимальной толщины стенки, соответствующей прочности（рассчитанной методом расчета отвода в пункте 4.3.2）, а также указанных значений в Таб. 4.3.1.

表 4.3.1 弯管基本参数表(样表)

Таблица 4.3.1 Основные параметры отвода

序号 № п/п	设计压力, MPa Проектное давление, МПа	公称直径 D_N, mm Условный диаметр	外径 D, mm Наружный диаметр D, мм	公称壁厚 t, mm Условная толщина стенки t, мм	最小成型壁厚 t_1, mm Минимальная толщина стенки формовки t_1, мм	钢级 Класс стали	母管型式 Тип основной трубы	弯曲半径 R, mm Радиус изгиба R, мм	弯曲角 α,(°) Угол изгиба α, °	直管段长度 L, mm Длина прямого участка трубы L, мм	相连管线规格外径 x 壁厚, mm Характеристика соединенной трубы: наружный диаметр x толщина стенки, мм
1											

注:相同直径、相同弯曲半径弯管的弯曲角度一般应以 3°为最小分档单位。

Примечание: Для угла изгиба отвода с равным диаметром и радиусом изгиба, как правило, применяется 3° в качестве минимальной единицы классификации.

弯管弯曲角度和弯管数量以实际测量成果表为准,并将在招标书中另行提供。

Угол изгиба и количество отводов определяются по результатам фактического измерения, и предоставляются в тендерной документации.

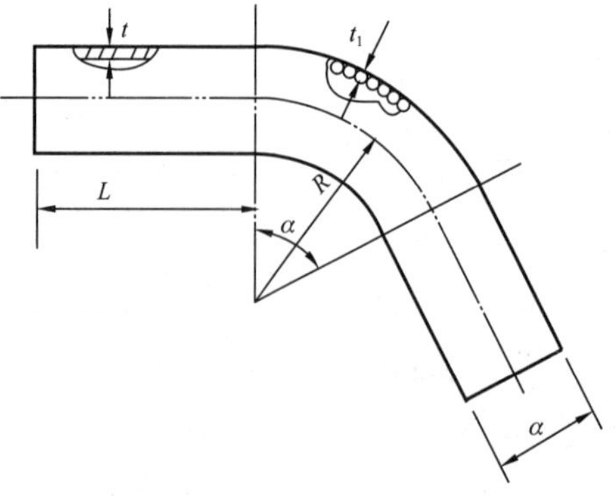

图 4.3.1 弯管基本参数示意图

Рис. 4.3.1 Основные параметры отвода

4.3.3 制造、检验与验收要求

4.3.3.1 制造工艺要求

（1）采用直缝埋弧焊管或高频电阻焊管再生产弯管时，其纵焊缝应位于弯管内弧侧，距壁厚基本不变的中性弯曲弧面母线 0～10° 范围内。

（2）弯管的弯曲半径（R）、弯曲角度（α）、直管段名义壁厚（t）、弯管段最小壁厚（t_1）、直管段（L）应按表 4.3.1 规定。

（3）弯管应采用电感应加热弯制工艺制造，弯制过程应连续不间断进行，不允许断电或中断。为保证弯管性能均匀，应进行弯后回火热处理。

4.3.3.2 首批检验

首批生产的弯管应进行首批检验，首批检验项目包括化学成分、拉伸试验、导向弯曲（仅对埋弧焊）、夏比冲击试验、维氏硬度、里氏硬度检验、压扁试验、外观质量及尺寸、无损检测和爆破试验。

4.3.3 Требования к производству, проверке и приемке

4.3.3.1 Требования к технологии производства

（1）Когда принять прямошовные стальные трубы, сваренные под флюсом или трубы, сваренные высокочастотной электросваркой сопротивлением, для изготовления отводов, их продольные сварные швы должны быть расположены на стороне внутренней дуги в пределах 0–10° от исходной линии нейтральной дугообразной поверхности изгиба, поддерживающей одинаковую толщину стенки.

（2）Радиус изгиба отвода（R）, угол изгиба（α）, толщина стенки прямого участка отвода（t）, минимальная толщина стенки участка изгиба（t_1）, прямой участок отвода（L）должны соответствовать требованиям в таблице 4.3.1.

（3）Применяется технология электроиндукционного нагрева для изготовления отводов, следует непрерывно проводить гнутье, не допускается выключение или перерыв. Следует проводить термообработку（отпуск）после гнутья, чтобы обеспечил равномерные свойства отводов.

4.3.3.2 Контроль первой партии

Первая партия горячегнутых отводов должна подвергаться контролю первой партии, пункты контроля включают в себя анализ химического состава, испытание на растяжение, испытание на управляемый изгиб（только для сварки под флюсом）, испытание на удар по Шарпи, испытание на твердость по Виккерсу, испытание на твердость по Леебу, испытание на сплющивание, проверку внешнего вида и размеров, неразрушающий контроль и испытание на разрыв.

若在签订合同前1年内,制造商有可核实的同强度级别、同管径、壁厚负偏差不大于6mm、同弯曲曲率半径的管道建设工程用感应加热弯管产品的供货业绩和完善的首批检验文件资料证明,经买方确认后,可不再重复进行首批检验。其中静水压爆破试验在签订合同前3年内,制造商有可核实的同强度级别、同管径、壁厚负偏差不大于6mm、同弯曲曲率半径的管道建设工程用感应加热弯管产品的供货业绩和完善的首批检验文件资料证明,经买方确认后,可不再重复进行爆破试验。

Если завод–изготовитель имеет проверяемые достижения поставки отводов, изготовленных индукционным нагревом, для проектов трубопроводов с одинаковой прочностью, диаметром, отрицательным отклонением толщиной стенки не более 6мм, радиусом кривизны и полные документы контроля первой партии, то за 1 год до подписания контракта он может не повторно проводить испытание первой партии после утверждения Покупателем. Если завод–изготовитель имеет проверяемые достижения поставки отводов, изготовленных индукционным нагревом, для проектов трубопроводов с одинаковой прочностью, диаметром, отрицательным отклонением толщиной стенки не более 6мм, радиусом кривизны и полные документы контроля первой партии, то за 3 года до подписания контракта он может не повторно проводить испытание на разрыв после утверждения Покупателем.

4.3.3.3 力学性能试验和金相检验

4.3.3.3 Испытание на механические свойства и металлографический контроль

热煨弯管力学性能试验和金相检验的项目及试样取样位置详见图4.3.2和表4.3.2。

Пункты и места отбора проб для испытания горячегнутых отводов на механические свойства и металлографического контроля приведены в Рис. 4.3.2 и Таб. 4.3.2.

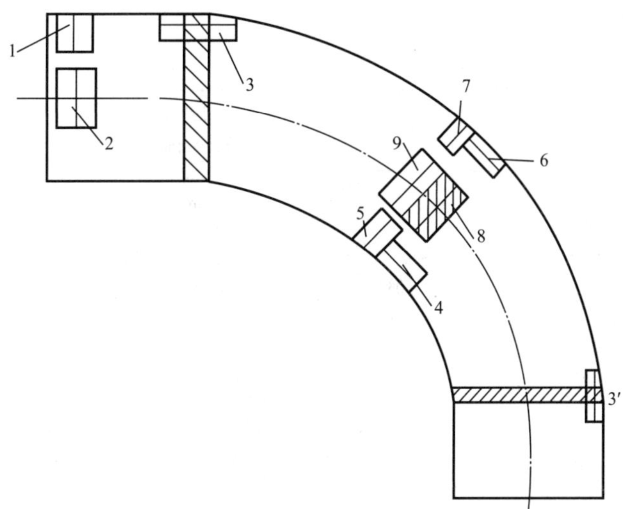

图 4.3.2 力学性能和金相检验试样取样位置及取向

Рис. 4.3.2 Места и направления отбора проб для испытания на механические свойства и металлографического контроля

1—直管段,管体,横向;2—直管段,焊缝,横向;3—左过渡区,外弧侧管体纵向;3—右过渡区,外弧侧管体纵向;4—弯曲区,内弧侧管体纵向;5—弯曲区,内弧侧管体横向;6—弯曲区,外弧侧管体纵向;7—弯曲区,外弧侧管体横向;8—中性轴,焊缝,横向;9—距焊缝180°中性区管体横向
弯曲区管体、焊缝试样不一定在弯管样件的中央。

1—Прямой участок отвода, корпус отвода, поперечное направление; 2—Прямой участок отвода, сварной шов, поперечное направление; 3—Левая переходная зона, корпус отвода на стороне наружной дуги, продольное ; направление; 3—Правая переходная зона, корпус отвода на стороне наружной дуги, продольное направление; 4—Участок изгиба, корпус отвода на стороне внутренней дуги, продольное направление; 5—Участок изгиба, корпус отвода на стороне внутренней дуги, поперечное направление; 6—Участок изгиба, корпус отвода на стороне наружной дуги, продольное направление; 7—Участок изгиба, корпус отвода на стороне наружной дуги, поперечное направление; 8—Нейтральная ось, сварной шов, поперечное направление; 9—180° от сварного шва, корпус отвода в нейтральной зоне, поперечное направление;
Корпус отвода в участке изгиба и проба сварных швов не нужны расположить в центре пробы отвода.

表 4.3.2 试验项目及试样取样位置

Таблица 4.3.2 Пункты испытания и места отбора проб

要求的试验类型 Требуемые виды испытаний	试样位置 Места отбора проб									
	直管段 Прямой участок отвода		过渡区 Переходная зона		弯曲区 内弧侧 Участок изгиба На стороне внутренней дуги		弯曲区 外弧侧 Участок изгиба На стороне наружной дуги		中性轴 Нейтральная ось	
	1	2	3	3′	4	5	6	7	8	9
	管体横向 Поперечное направление корпуса отвода	焊缝横向 Поперечное направление сварного шва	外弧侧 На стороне наружной дуги	外弧侧 На стороне наружной дуги	管体纵向 Продольное направление корпуса отвода	管体横向 Поперечное направление корпуса отвод	管体纵向 Продольное направление корпуса отвода	管体横向 Поперечное направление корпуса отвода	焊缝横向 Поперечное направление сварного шва	管体横向 Поперечное направление корпуса отвода
拉伸试验 Испытание на растяжение	×	×	×	×	×	×	×	×	×	×

续表
продолжение

<table>
<tr><td rowspan="4">要求的试验类型
Требуемые виды испытаний</td><td colspan="10">试样位置
Места отбора проб</td></tr>
<tr><td colspan="2">直管段
Прямой участок отвода</td><td colspan="2">过渡区
Переходная зона</td><td colspan="2">弯曲区
内弧侧
Участок изгиба
На стороне внутренней дуги</td><td colspan="2">弯曲区
外弧侧
Участок изгиба
На стороне наружной дуги</td><td colspan="2">中性轴
Нейтральная ось</td></tr>
<tr><td>1</td><td>2</td><td>3</td><td>3′</td><td>4</td><td>5</td><td>6</td><td>7</td><td>8</td><td>9</td></tr>
<tr><td>管体横向
Поперечное направление корпуса отвода</td><td>焊缝横向
Поперечное направление сварного шва</td><td>外弧侧
На стороне наружной дуги</td><td>外弧侧
На стороне наружной дуги</td><td>管体纵向
Продольное направление корпуса отвода</td><td>管体横向
Поперечное направление корпуса отвод</td><td>管体纵向
Продольное направление корпуса отвода</td><td>管体横向
Поперечное направление корпуса отвода</td><td>焊缝横向
Поперечное направление сварного шва</td><td>管体横向
Поперечное направление корпуса отвода</td></tr>
<tr><td>维氏硬度试验
Испытание на твердость по Виккерсу</td><td></td><td>×</td><td>×</td><td>×</td><td></td><td>×</td><td></td><td>×</td><td>×</td><td>×</td></tr>
<tr><td>金相检验 1)
Металлографический контроль 1)</td><td></td><td>×</td><td>×</td><td>×</td><td></td><td>×</td><td></td><td>×</td><td>×</td><td>×</td></tr>
<tr><td>夏比冲击试验 2)
Испытание на удар по Шарпи 2)</td><td></td><td>×</td><td>×</td><td>×</td><td></td><td>×</td><td></td><td>×</td><td>×</td><td>×</td></tr>
<tr><td>导向弯曲试验
Испытание на направляющий изгиб</td><td></td><td>×</td><td></td><td></td><td></td><td></td><td></td><td></td><td>×</td><td></td></tr>
<tr><td>生产中硬度试验 3)
Испытание на твердость при производстве 3)</td><td colspan="2"></td><td colspan="2"></td><td colspan="2">×</td><td colspan="2">×</td><td>×</td><td></td></tr>
</table>

×：表示进行一次试验。

×：Испытание проводят один раз.

（1）金相试样可以用硬度试验的同一试样，低倍照相可用 4 倍或其他放大倍数，金相照相可用 100 倍或更高的放大倍数，显示每个位置试样的近表面、壁厚中心和内表面的显微组织。试样应保留至合同完成后一年。

（1）В качестве образцов металлографического контроля применяются образцы, предназначенные для испытания на твердость. Для макрофотографии применяется 4–кратное увеличение или другие увеличения, а металлографической фотографии–100–кратное увеличение или другие более высокие увеличения, чтобы показались микроструктуры близкой поверхности, центра толщины стенки и внутренней поверхности образцов на каждом месте. Образцы должны быть сохранены в течение одного года после завершения контракта.

（2）每个位置的每个试验需要 3 个试样。

（2）Каждое испытание для каждого места требует 3 образца.

（3）每个位置最小 5 个等间距的硬度读数。

（3）На каждом месте минимум измерить 5 значений твердости по равномерным расстояниям.

4.3.3.4 热处理和硬度检查

对 X60 强度级别及以上弯管和处于酸性环境的弯管应进行热处理。

处于酸性环境的弯管还应进行硬度检查。

4.3.3.4 Термообработка и контроль твердости

Отводы прочностью X60 и выше и отводы, работающие в кислотной среде, должны подвергаться термообработке.

Отводы, работающие в кислотной среде, еще должны подвергаться контролю твердости.

4.3.3.5 无损检测

制造商应对热炜弯管的焊缝、端部、管体表面和管体进行无损检测。

4.3.3.5 Неразрушающий контроль

Завод-изготовитель должен провести неразрушающий контроль сварных швов, торцов, поверхностей и тел горячегнутых отводов.

4.3.3.6 抗 HIC 和 SSC 试验

处于酸性环境的弯管还应进行抗 HIC 和 SSC 试验。

4.3.3.6 Испытание на стойкость к HIC и SSC

Отводы, работающие в кислотной среде, еще должны подвергаться испытанию на стойкость к HIC и SSC.

4.3.3.7 几何尺寸检测

制造商应对对弯管直径、壁厚、弯曲半径、椭圆度、壁厚减薄率、起皱高度及管段尺寸等进行检验。

4.3.3.7 Проверка геометрических размеров

Завод-изготовитель должен проверять диаметры, толщины стенки, радиусы изгиба, овальности, коэффициенты утонения толщины стенки, высоты гофрирования и размеры отводов.

4.3.3.8 外观检查

（1）弯管表面不得有裂纹、过热、过烧、硬点等现象存在。

（2）弯管内外表面应光滑，无尖锐缺口、分层、刻痕、结疤、发裂、折叠、撕裂、裂纹、裂缝等缺陷和缺欠。

（3）弯管表面不允许有明显褶皱。

4.3.3.8 Внешний осмотр

(1) На поверхности отводов не должно иметь явления трещины, перегрева, пережога, твердого места и т.д.

(2) Внутренняя и наружная поверхности отводов должны быть гладкими, не иметь острые надрезы, расслаивания, насечки, наросты, волосные трещины, перегибы, надрывы, трещины, рванины и другие недостатки и дефекты.

(3) Складка на поверхности отводов не допускается.

4.3.3.9 爆破试验

按相关规定的要求，唯一的验证试验就是爆破试验。

作设计验证性试验的弯管破裂前的试验压力应不小于计算验证试验压力或弯管承受住了计算验证试验压力的 105%，稳压时间不少于 15s 而未出现破裂，则试验合格。

4.3.3.9 Испытание на разрыв

По требованиям в соответствующих документациях，единственное проверочное испытание является испытанием на разрыв.

До разрыва отвода для проведения проверочного испытания проектирования испытательное давление должно быть не менее расчетного проверочного испытательного давления, или отвод может выдерживать 105% от расчетного проверочного испытательного давления с выдержкой давления не менее 15 секунд без разрыва, что считается годным.

4.3.3.10 水压试验

管件制造商必须确保所有管件有能力承受式（4.3. 1）计算的水压试验强度，但不要求在管件制造单位进行水压试验。

除另有规定外，现场安装后的水压试验压力应与系统试验压力一致，为 1.5 倍设计压力。

4.3.3.10 Гидравлическое испытание

Завод–изготовитель трубных арматур должен обеспечить, что все арматуры должны иметь прочность при гидравлическом испытании, рассчитанная по формуле（4.3.1）в пункте 4.3.2, но проведение гидравлического испытания в организации по производству трубных арматур не требуется.

Если иное не указано, то давление гидравлического испытания после монтажа на рабочем месте должно совпадать с испытательным давлением системы, то есть давление составляет 1, 5 раза проектного давления.

4.4 锚固法兰

4.4 Анкерный фланец

4.4.1 型式和结构

4.4.1 Тип и конструкция

锚固法兰是管道输气（油）工程的关键部件，焊装于输气（油）主管道上，并用水泥镦固定，半埋在地下，用以防止由自重、内压、温差、管道轴向与方位变化等综合作用力引起的管线过量位移，

Анкерный фланец является ключевой деталью для проекта транспорта газа（нефти）трубопроводом, устанавливается на магистрали транспорта газа（нефти）и укрепляется бетонным

处在地下部分的管线受不均匀的土压力、水压力，地上部分还受风荷、雪荷及地震等自然力。

массивом, его половина располагается в земле, чтобы избегать чрезмерного смещения трубопровода из–за собственного веса, внутреннего давления, разницы температуры, осевого изменения трубопроводов, изменения пеленга трубопроводов и других комплексных усилий, подземные трубопроводы выдерживают неравномерное давление от грунтов и вод, а наземные трубопроводы еще подвергаются ветровой нагрузке, снеговой нагрузке, землетрясению и другим стихийным силам.

由于锚固法兰口径大、内压高、使用范围广、工况恶劣(沿途地质条件、气候温度复杂多变,还有腐蚀、震动等作用)、安全条件要求高,因而对其工作可靠性要求极高。设计上锚固法兰应能承受和传递由内压、温差和推力载荷产生的应力,具体结构型式见图 4.4.1。

Из–за большого диаметра, высокого внутреннего давления, широкой сферы применения, неблагоприятного рабочего режима (геологическое условие, климат и температура по пути являются сложными и изменчивыми, существуют коррозии, вибрации и другие действия), высокого требования к безопасности, требования к рабочей надежности анкерного фланца является очень высоким. По проектированию, анкерный фланец должен выдерживать и передать напряжение, образованное внутренним давлением, разницей температуры и осевой нагрузкой, конкретный тип конструкции приведен в Рис. 4.4.1.

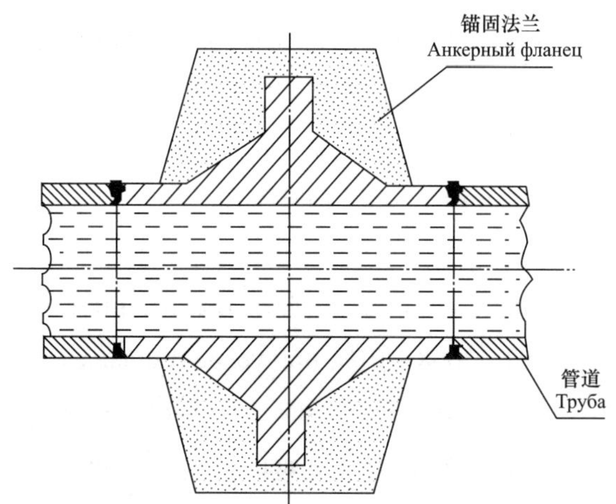

图 4.4.1 具体结构型式

Рис. 4.4.1 Конкретный тип конструкции

4.4.2 材料要求

锚固法兰应为整体锻件，材料性能应符合以下要求，并满足相应材料标准的要求。

（1）锻件用钢应选用电炉、平炉或氧气转炉冶炼的镇静钢。

（2）所用锻件的标准屈服强度应与所连管线材料标准屈服强度一致或略低。

（3）锻件材料应与所连管线材料之间具有良好的可焊性。

（4）不允许使用低价劣质材料，材料来源应经业主审批，未得到书面认可不得使用。

（5）在 -20℃时，三个试样夏比 V 形缺口冲击功的平均值应符合 GB 150.1～GB 150.4—2011 的规定。

（6）材料表面硬度不大于 248HV10。

（7）法兰锻件的材质应符合 NB/T 47008—2017 的要求，当锚固法兰的公称压力≤ 5.0MPa 时，法兰锻件级别应符合Ⅱ级或Ⅱ级以上，当锚固法兰的公称压力 >5.0MPa 时，法兰锻件级别应符合Ⅲ级或Ⅲ级以上。

4.4.2 Требования к материалам

Анкерный фланец представляет собой целую поковку, свойства его материалов должны соответствовать нижеследующим требованиям и требованиям соответствующих стандартов материалов.

（1）В качестве сталей для поковок следует применять спокойные стали, плавленные в электропечах, мартеновских печах или кислородных конвертерах.

（2）Номинальный предел текучести принятой поковки должен быть равным или немного ниже стандартного предела текучести материала трубопроводов, соединенных с ней.

（3）Материал поковки и материал соединенной трубы должны быть легко сварены.

（4）Не допускается применение дешевых некачественных материалов, источник материалов должен быть рассмотрен и утвержден Заказчиком, и их использование не допускается без получения письменного разрешения.

（5）При–20℃, средняя энергия ударов трех образцов с V–образным надрезом по Шарпи должна соответствовать требованиям стандарта GB 150.1～GB 150.4–2011.

（6）Твердость поверхности материала составляет не более 248HV10.

（7）Качество материала поковки фланца должно соответствовать требованиям стандарта NB/T 47008–2017, при условном давлении анкерного фланца ≤ 5,0МПа, класс поковки фланца должен быть II или выше; при условном давлении анкерного фланца >5,0МПа, класс поковки фланца должен быть III или выше.

（8）化学成分(熔炼分析)应满足以下要求：

C ≤ 0.16%，P ≤ 0.025%，S ≤ 0.015%，Cev ≤ 0.42%，Pcm ≤ 0.21%

Cev=C+Mn/6+（Cr+Mo+V）/5+（Ni+Cu）/15

Pcm=C+Si/30+（Mn+Cu+Cr）/20+Ni/60+Mo/15+5B

式中 Cev——碳当量，%；

Pcm——冷裂纹敏感系数，%。

供货商应对锚固法兰和管材的焊接给出评述，并提供与连接管线外径及壁厚一致，长度不小于200mm的圆环供焊接评定使用。圆环与锚固法兰材质相同，锻造工艺相同，热处理条件相同。

（8）Химический состав（анализ плавки）должен соответствовать нижеследующим требованиям：

C ≤ 0，16%，P ≤ 0，025%，S ≤ 0，015%，Cev ≤ 0，42%，Pcm ≤ 0，21%

Cev=C+Mn/6+（Cr+Mo+V）/5+（Ni+Cu）/15

Pcm=C+Si/30+（Mn+Cu+Cr）/20+Ni/60+Mo/15+5B

Cev——углеродный эквивалент；

Pcm——Коэффициент чувствительности к образованию холодных трещин，%

Поставщик должен предоставить оценку сварки анкерного фланца с трубой，и кольцо длиной не менее 200мм，совпадающее с наружным диаметром и толщиной стенки соединенной трубы，на оценку технологии сварки. Кольцо должно быть одинаковым с анкерным фланцем по материалу，технологии поковки и условиям термообработки.

4.4.3 强度计算要求

（1）遵循 GB 150.1～GB 150.4—2011、GB 50251—2015 或 ASME B31.8 有关规定。

（2）必要时采用有限元进行应力分析。

（3）强度试验压力不小于1.5倍设计压力，水压试验时应同时施加弯矩：在凸缘中径部位沿轴向加载，载荷为1.2倍轴向推力。稳压时间不少于30min。

4.4.3 Требования к расчету прочности

（1）Соответствовать связанным положениям GB 150.1～GB 150.4–2011，GB 50251–2015 или ASME B31.8.

（2）При необходимости，применять метод конечных элементов для анализа напряжения.

（3）Давление для испытания на прочность должно быть не менее 1，5 раза проектного давления，следует одновременно приложить изгибающий момент по осевому направлению на часть среднего диаметра реборды при гидравлическом испытании，нагрузка составляет 1，2 раза осевой движущей силы. Выдержка давления должна быть не менее 30 минут.

4.4.4 锚固法兰成形制造技术

锚固法兰为受力复杂的重要固构件，质量要求极其严格。塑性成形和热处理是制造技术中两个关键环节，只有通过充分的塑性变形和合理的热处理才能使内部结构密实、晶粒细匀、分布合理，满足使用性能要求。此外，热加工过程对节材、节能、减少缺陷次品、降低成本有重要的影响。

4.4.4 Технология формования и изготовления анкерного фланца

Анкерный фланец является важным крепежным элементом со сложным напряженным состоянием и чрезвычайным строгим требованием к качеству. Пластиковое формование и термообработка являются двумя ключевыми звеньями технологии изготовления, уплотнение внутренней структуры, равномерность и рациональное распределение зерен и соответствие требованиям к характеристике применения реализуются лишь путем полного пластикового деформирования и подходящей термообработки. Кроме того, процесс горячей обработки показывает важное влияние на экономию материала и энергии, уменьшение дефектных изделий, снижение себестоимости.

4.4.4.1 旋转锻压扩孔方案

锚固法兰尺寸大、形状复杂，辗环轧制成形需用大型辗环机，两端高颈大法兰辗轧时材料转移量很大，辗环技术和工装制造都有一定难度。在此情况下采用了旋转锻造扩孔方案，旋转锻造扩孔特点是锻造扩孔非稳态局部成形，变形不均匀，为克服缺点采用了一些措施，其要点是科学合理地调控热力学参数，比如，控制变形温度范围，控制压下量，快速均匀转动。只要变形足够，热力参数控制匹配合理，就可以得到满意的锻件质量。

4.4.4.1 Вариант расширения отверстия ротационным ковочным прессованием

Анкерный фланец имеет большой размер и сложную форму, его кольцераскатное прокатное формование требует крупную кольцераскатную машину, значение перемещения материала является очень большим при раскате и прокатке большого фланца с высокой шейкой на обеих сторонах, то в кольцераскатной технологии и изготовлении технологическим оборудованием существуют определенные трудности. В таком случае применяется вариант расширения отверстия ротационным ковочным прессованием, которое характеризуется частичным формованием прессованного расширенного отверстия в нестабильном состоянии и неравномерной деформацией, с целью борьбы с таким недостатком следует принять ряд мер, ключевой пункт которых заключается в научном и рациональном регулировании и управлении термодинамическими параметрами, например: управление диапазоном температур деформации, управление степенью прессования, быстрое и равномерное вращение. Удовлетворенное качество поковки осуществляется достаточной деформацией, рациональным управлением и сочетанием термодинамических параметров.

为了节省原材料,将法兰边的凸缘锻出来,可以用带槽的上型砧——芯轴扩孔法锻造,也可以讲预扩孔的坯料平放在平砧上,借助旋转装置,边转边打锻出法兰边凸缘。锚固法兰成形过程如图4.4.2所示。

С целью экономии материалов, поковка реборды фланца выполняется путем расширения отверстия по центральной оси с помощью наковальни с желобом, тоже можно равно положить заготовку с предварительным расширенным отверстием на наковальне, чтобы выполнить вращение и поковку с помощью ротационного устройства для изготовления реборды фланца. Процесс формования и изготовления анкерного фланца приведен на рисунке 4.4.2.

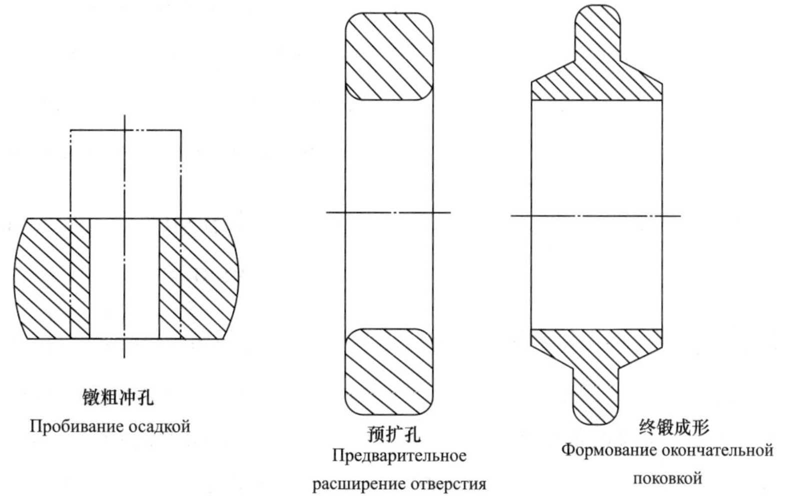

图 4.4.2　锚固法兰成形过程

Рис. 4.4.2　Процесс формования и изготовления анкерного фланца

实践证明:只要认真控制变形温度,变形数度、变形程度、并合理加以匹配,保持应变均匀分布,锻造温度合理,就能锻出合格的产品。但是效率较低,余量较大。对人工经验依赖较大,安全隐患突出。

Практика показывает, что годная продукция изготовляется путем тщательного контроля температуры, скорости и степени деформации, рационального сочетания этих параметров, обеспечения равномерного распределения деформации и рациональной температуры поковки.обработку–

большим. Настоящий вариант в большой степени зависит от опыта рабочего и характеризуется значительной скрытой угрозой безопасности.

4.4.4.2 辗环机轧制方案

装大型辗环机,并实施大批量生产时可以应用该方案。该方案生产率极高,加工余量小,如果合理调控热力学参数,可以实施控轧控冷,改善组织性能,进一步提高质量。辗扩轧制工艺在可锻区间采用体积不变的原则,使锻件连续塑形变形,线性分布均匀,抗拉强度高。切成形一个环件只需几十秒。

4.4.4.2 Вариант прокатки кольцераскатной машиной

Такой вариант может применяться при проведении массового производства с помощью крупной кольцераскатной машины. Производительность такого варианта является очень высокой с малым припуском на обработку. Если рационально регулировать и управлять термодинамическими параметрами, то управление прокаткой и холодом, улучшение свойств структуры и дальнейшее повышение качества могут быть реализованы. В ковком диапазоне технология раската, расширения и прокатки позволяет поковке выполнять непрерывную пластическую деформацию и линейное равномерное распределение с высокой прочностью на растяжение. В течение нескольких десятков секунд формование кольцевого изделия может быть выполнено.

4.4.4.3 铸锻(轧)联合成形方案

将铸造和锻压两工序联合,利用优势互补的成形机制,更快更好地制造产品。因为铸造可以很方便地制造出十分复杂的形状,而锻轧能够很好地改善内部组织性能,二者结合、优势互补,能够提高效率和质量。对环件而言,铸坯可以用离心浇铸、电渣熔铸环坯,中频熔铸环坯,再经过短时间的均热,后辗扩(或锻压)成形。该方案工艺流程短、效率高、节能(热能消耗小)、节材、成本低。只要将铸坯热成形的工艺参数调控得当,就可实现优质、高效、低成本的生产目标。

4.4.4.3 Вариант формования путем сочетания отливки с поковкой (прокаткой)

Быстрее и лучшее изготовление изделий осуществляется сочетанием отливки с поковкой и применением механизма формования-взаимного дополнения преимуществами. Благодаря тому, что отливка может легко создать очень сложные формы, и поковка может улучшить свойства внутренней структуры, их сочетание и взаимное дополнение преимуществами могут повышать эффективность и качество. Для кольцевого изделия, в качестве литой заготовки применяется кольцевая заготовка, изготовленная путем центробежного литья, электрошлакового литья и среднечастотного литья, она подлежит раскату (или прессованию) для формования после короткого периода равномерного нагрева. Данный вариант характеризуется коротким технологическим процессом, высокой эффективностью, экономией энергии (малым расходом энергии), экономией материалов, низкой себестоимостью. Высокое качество, высокая эффективность и низкая себестоимость достигаются рациональным регулированием и управлением технологическими параметрами горячего формования литой заготовки.

4.4.4.4 校形整径技术

大型环件热成形,由于各种因素的影响,形状尺寸偏差往往较大,机加工前应该校形,以减小加工余量。校形装置可以为机械楔扩式整径装置,或者液压转动校形装置。

4.4.4.4 Технология калибрования формы и настройки диаметра

По разным причинам отклонение формы и размера часто является большим при горячем формовании крупного кольцевого изделия, то следует выполнять калибрование формы перед механической обработкой с целью уменьшения припуска на обработку. Устройство калибрования формы представляет собой устройство настройки диаметра с механическим расширением клиньями или устройство калибрования формы с гидравлическим приводом.

4.4.4.5 控温节电热处理

按照技术要求,为保证工件的综合力学性能,锚固法兰成形要求调质处理。由于电炉控温性能最好,所以能保证热处理质量,但在用电紧张情况下为了减少电能消耗,可以实行先在煤气炉中预热,再转电炉控温,即节约了电能,又保证了热处理质量。

4.4.4.5 Энергосберегающая термообработка с управлением температурой

С целью обеспечения комплексных механических свойств изделия требуется улучшение при формовании анкерного фланца в соответствии с техническими требованиями. Благодаря наилучшей характеристике управления температурой электропечи качество термообработки может быть обеспечен, но в случае дефицита электроэнергии, с целью уменьшения расхода электроэнергии можно выполнять предварительный нагрев газовой печью, потом использовать электропечь для управления температурой, таким образом, реализуются экономия электроэнергии и обеспечение качества термообработки.

4.4.5 检验要求

锚固法兰制成后还要进行多项质量检查,比如力学性能、金相组织、无损探伤及着色检测以确保制件的高质量。此外,为了保证锚固法兰使用安全可靠,还要进行压力弯曲试验,如图 4.4.3 所示。

4.4.5 Требования к контролю

Анкерный фланец подлежит ряду контроля качества после изготовления (например: механические свойства, металлографический контроль, неразрушающий контроль, проверка проникающей краской), чтобы обеспечить высокое качество изделия. Кроме того, еще следует проводить испытание на изгиб под давления с целью обеспечения безопасного и надежного применения анкерного фланца, как Рис. 4.4.3.

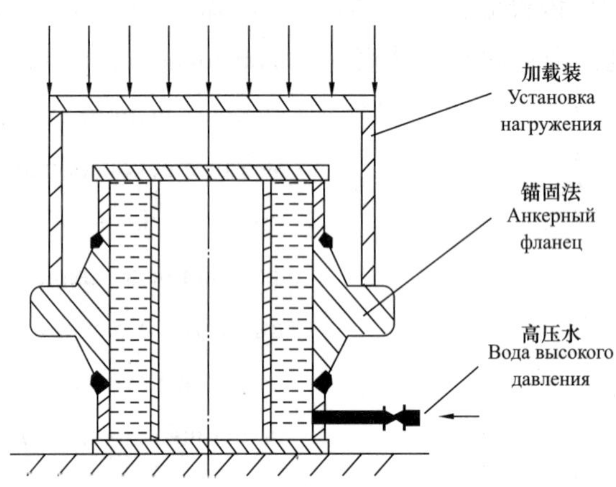

图 4.4.3 锚固法兰压力弯曲试验

Рис. 4.4.3 Испытание анкерного фланца на изгиб под давления

压力弯曲试验是模拟锚固法兰实际工况,即承接受流体压又在缘周上施加当量轴向推力,检测其变形和渗漏等现象,评定其使用性能,确保工作安全可靠性。但试验时,因制件口径大,所需密封力大,可用省力措施,防止附加弯曲变形。

Испытание на изгиб под давления представляет собой имитацию фактического рабочего режима анкерного фланца, то есть выдержка давления флюида и нагружение эквивалентной осевой движущей силы, таким образом, проверяются его деформация и утечка, чтобы проводили оценку характеристики применения и обеспечили безопасность и надежность работы. В связи с большим диаметром изделия требуется большая сила уплотнения при испытании, допускается принятие меры без особой затраты сил во избежание дополнительной деформации изгиба.

4.4.6 防腐及包装要求

根据技术要求，锚固法兰热处理之前要进行粗加工并作超声波探伤。在成形、热处理之后要进行精加工，包括精加工外形尺寸和焊接坡口进行必要的检查，交付用户前要进行防腐蚀处理，并包装发运至使用现场与线路管道焊接。

4.4.6 Требования к антикоррозии и упаковке

Анкерный фланец подлежит грубой обработке и ультразвуковой дефектоскопии перед термообработкой в соответствии с техническими требованиями. Следует проводить чистовую обработку после формования и термообработки, включая необходимую проверку габаритного размера и сварного скоса кромок, подлежащего чистовой обработке, проводить антикоррозийную обработку перед подачей клиенту, а также упаковать и отгружать продукции в рабочее место для сварки с трубой.

4.5 管汇

4.5.1 结构

管汇由筒体和两端封头组焊而成，其筒体上开有多个开孔，也有的管汇端部也作为开口作用。根据开口的多少和开口间距的不同，管汇的长度可从几米到几十米。根据管线气体的流量，管汇筒体上开口直径的大小也有所不同，有的与筒体直径相等，有的小于筒体直径。筒体上的开口，从结构上可以有两种类型：一种是从筒体上模压拔制成形；另一种是将筒体开孔，然后用接管焊于其上。目前国内设计、制造的这两种管汇结构均有采用。拔制的开孔无焊接结构，也就不会存在焊接缺陷，筒体上开孔接管焊接结构的最重要缺点在于接管与筒体的焊接可能产生缺陷，而且无损检测尚无标准可遵循，因此在可能的条件下管汇开口均采用拔制成形。

4.5 Манифольд

4.5.1 Конструкция

Манифольд состоит из ствола и заглушек на двух сторонах путем сварки, на его стволе открываются много отверстий, иногда торцы манифольда тоже применяются в качестве отверстий; длина манифольда изменяется от нескольких метров до нескольких десятков метров в зависимости от количества отверстий и шага между отверстиями. Диаметр отверстий на стволе манифольда тоже изменяется в зависимости от расхода газа в трубопроводе, некоторый равен диаметру ствола, некоторый менее диаметра ствола; по конструкции, на стволе существуют два вида открытия отверстия: отформованное штампованием и протягиванием отверстие на стволе; открытие отверстия на стволе и сварка соединительной трубы на нем; в настоящее время в Китае эти две конструкции применяются при проектировании и изготовлении манифольда; у тянутого отверстия нет сварной конструкции, поэтому отсутствуют сварные дефекты, а важный недостаток конструкции сварки соединительной трубы на отверстии заключается в том, что сварка соединительной трубы со стволом может образовать дефекты, и стандарт для неразрушающего контроля еще отсутствует, таким образом, в возможном открытом состоянии отверстия манифольда выполняются протягиванием

开口采用拔制成型的管汇又可以有两种制造方式,一是在一根或多根长筒体拔制多个开口,另一种方式是用多个三通(等径或异径三通)与多个同直径的直管段组焊而成;采用焊渡区避免了接接管的结构在长输管道上日趋减少,拔制的开孔在安全性上优于焊接开孔。目前国内有一些制造商具备在一定直径的一根长筒体上模压拔制多个开孔的装备和技术,这种制造方式比将管汇由多个三通和直管段组焊成的结构有如下优点:

Манифольд с тянутыми отверстиями может изготовляться двумя способами изготовления: протягивание нескольких отверстий на одном длинном стволе или нескольких длинных стволах; сборная сварка нескольких тройников (равнопроходных или переходных) с несколькими прямыми участками равным диаметром. Применение сварной переходной зоны может избежать уменьшения конструкции (для соединения с соединительной трубой) на длинной трубе, и тянутое отверстие превосходит сварное отверстие в безопасности. В настоящее время в Китае некоторые заводы-изготовители обладает оборудованием и технологией штампования и протягивания нескольких отверстий на одном длинном стволе с определенным диаметром, по сравнению со сборной сваркой нескольких тройников с прямым участком, такой способ изготовления характеризуется нижеследующими преимуществами:

(1)避免了多个三通与直管段的多条环焊缝的焊接,从而避免了因这些环焊缝焊接带来的工时增加,效率降低,费用增加的缺点;

(1) Не требуется сварка сварных швов между несколькими тройниками и прямым участком трубы, что избегает недостатков (увеличения рабочих часов, снижения эффективности и увеличения расходов) из-за сварки таких кольцевых сварных швов;

（2）焊缝越多，则其中隐含的缺陷就可能越多，采用长筒体上拔制开孔，则可以避免这个缺点；

（2）Чем больше сварных швов, дефекты, тем больше возможных содержащих дефектов, а такой недостаток может избегаться путем протягивания отверстий на длинном стволе;

（3）由三通和直管段组焊成管汇，很难避免出现十字焊缝，且组焊后的筒体直线度也可能难于保证达到标准要求，用长筒体模压拔制开孔的管汇，则可以避免上述缺点。

（3）Крестообразные сварные швы является неизбежным при сборной сварке тройником с прямым участком трубы для изготовления манифольда, и трудно обеспечить соответствие прямолинейности ствола требованиям стандартов после сборной сварки, а вышеуказанные недостатки могут избегаться путем штампования и протягивания отверстий на длинном стволе;

鉴于上述分析，在制造能力可能和运输可行的情况下，应尽量采用长筒体上整体模压拔制开孔制造管汇的方式。

По вышеуказанному анализу, в случае допустимой производительности и транспортировки, следует всемерно применять способ изготовления манифольда путем целого штампования и протягивания отверстий на длинном стволе.

4.5.2 设计要求

4.5.2 Требования к проектированию

管汇的设计应由具有相应压力容器设计资质的单位承担，拔制管汇应严格按照设计文件和图样的有关规定制造。

Проектирование манифольда должно быть выполнено организацией с квалификацией по проектированию соответствующих сосудов, работающих под давлением, и тянутый манифольд должен быть изготовлен в строгом соответствии с требованиями проектного документа и чертежа.

一般要求：

Общие требования:

（1）在设计温度和设计压力下满足规定的强度要求，使用安全可靠，检查、维修方便。

（1）Соответствовать требованиям к заданной прочности при проектной температуре и давлении, применение должно быть безопасным и надежным, проверка и ремонт–удобным.

（2）拔制管汇应为直管或筒体上模压拔制开孔的结构型式。

（2）Тянутый коллектор представляет себя прямую трубу или конструкцию с отформованными штампованием и протягиванием отверстиями на стволе.

（3）拔制管汇的支管内径应与所接管道的内径相同。

（4）拔制管汇具备排污排水的功能。

（5）供货商应保证拔制汇管同管线具有良好的可焊性。

（6）设备外形美观。

（7）同一支管的拔制次数不宜超过 4 次。

（3）Внутренний диаметр патрубка тянутого коллектора должен быть одинаковым с внутренним диаметром соединенной с ним трубы.

（4）Тянутый коллектор имеет функции дренажа грязи и воды.

（5）Поставщик должен обеспечить то, что тянутый коллектор легко сваривается с трубой.

（6）Прекрасный внешний вид оборудования.

（7）Раз протягивания одинаковой трубы не должно быть более 4.

4.5.3 焊接要求

除遵照 GB 150.4—2011 的规定外，尚应满足下列要求：

（1）焊工资格应按 TSG 21—2016 执行。

（2）正式焊接前应进行焊接工艺评定，评审至少包括焊态和热处理两种形式，评审合格的焊接工艺方可用于产品制造。

（3）壳体的对接焊接接头应采用 GB/T 985.1—2008 或 GB/T 985.2—2008 中规定的坡口型式。焊接中所选用的焊接方法及坡口形状应能保证焊接接头全焊透，不允许焊缝根部未熔合、未焊透及裂纹等缺陷存在。

（4）所有受压元件的对接焊接坡口必须机加工成形。

4.5.3 Требования к сварке

Кроме положений стандарта GB 150.4–2011, еще должно соответствовать нижеследующим требованиям:

（1）Квалификация сварщик должна соответствовать TSG 21–2016.

（2）Следует проводить оценку технологии сварки перед официальной сваркой, пункты оценки минимум включают в себя состояние сварки и термообработку, и только годная технология сварки может применяться при изготовлении продукции.

（3）Стыковое сварное соединение для корпуса должно быть выполнено с видом скоса кромок, предусмотренном в стандарте GB/T 985.1—2008 или GB/T 985.2—2008. Принятый способ сварки и форма скоса кромок при сварке должны обеспечить полный провар сварного соединения, на коренных местах сварного шва не допускаются несплавление, непровар, трещины и другие дефекты.

（4）Стыковые сварные скосы кромок всех элементов, работающих под давлением, должны быть выполнены механической обработкой.

(5)焊接接头应做设计规定温度下的冲击试验,三个试样夏比V形缺口冲击功的平均值和单个试样夏比V形缺口冲击功的最低值按数据单要求。

(5)Сварные соединения подлежат испытанию на удар при заданной проектом температуре, средняя энергия удара на трех образцах с V–образным надрезом по Шарпи и минимальная энергия удара на одном образце с V–образным надрезом по Шарпи должны соответствовать требованиям таблицы данных.

(6)焊缝余高应符合相关规定。

(6)Выпуклость сварного шва должна соответствовать требованиям.

4.5.4 超压泄放装置

4.5.4 Устройство сброса при повышенном давлении

若工艺系统管网统一设置超压泄放装置,设备不再单独设置超压泄放装置。

Если в сети трубопроводов технологической системы объединено устанавливается устройство сброса при повышенном давлении, то для оборудования не отдельно устанавливается он.

4.5.5 材料要求

4.5.5 Требования к материалам

管汇的筒体、封头是主要受压元件,因此对筒体、封头的材质选用非常重要,选材的主要原则是强度较高,冲击韧性良好,可靠性好,材料供应较容易,价格合理。制造拔制管汇的所有金属材料应满足相应材料标准的要求。受压元件金属材料用钢应是电炉或氧气转炉冶炼的镇静钢。不允许使用低价劣质材料,材料来源应经业主审批。设计规定温度下材料三个试样夏比V形缺口冲击功的平均值和单个试样夏比V形缺口冲击功的最低值应满足要求。

Ствол и заглушка манифольда являются главными элементами, работающими под давлением, поэтому выбор их материалов является очень важным, основный принцип выбор заключается в более высокой прочности, хорошей ударной вязкости, хорошей надежности, легкой поставке материалов и умеренной цене. Все металлические материалы для изготовления тянутых коллекторов должны соответствовать требованиям соответствующих стандартов материалов. В качестве сталей для металлических материалов элементов, работающих под давлением, следует применять спокойные стали, плавленные в электропечах или кислородных конвертерах. Не допускается применение дешевых некачественных материалов, и источник материалов должен быть рассмотрен и утвержден Заказчиком. При проектной температуре, средняя энергия удара на трех образцах с V-образным надрезом по Шарпи и минимальная энергия удара на одном образце с V-образным надрезом по Шарпи должны соответствовать требованиям.

产品用钢制锻件至少应符合 NB/T 47008—2017、NB/T 47009—2017 Ⅱ级锻件及以上的各项检验要求及其他技术要求。当受压元件使用 NB/T 47008—2017、NB/T 47009—2017、GB 713—2014、GB/T 9711—2017 标准规定以外的材料时，还应符合以下规定：钢材的化学成分（熔炼分析）：

Стальные поковки для продукции минимум должны соответствовать требованиям контроля к поковкам класса II по NB/T 47008-2017, NB/T 47009-2017 и другим техническим требованиям. Когда для элементов, работающих под давлением, применяются материалы, не указанные в стандартах NB/T 47008-2017, NB/T 47009-2017, GB 713-2014 и GB/T 9711-2017, они еще должны соответствовать нижеследующим требованиям: химический состав стали (анализ плавки):

$$C \leqslant 0.20\%, P \leqslant 0.025\%, S \leqslant 0.015\%,$$

$$C \leqslant 0,20\%, P \leqslant 0,025\%, S \leqslant 0,015\%,$$

$$C.E. \leqslant 0.43 \ (C.E.=C+Mn/6+(Cr+Mo+V)/5+(Ni+Cu)/15)$$

$$C.E. \leqslant 0,43 \ (C.E.=C+Mn/6+(Cr+Mo+V)/5+(Ni+Cu)/15)$$

4.5.6 无损检测

A、B 类焊接接头应至少进行 100% 射线检测，符合 NB/T 47013.2—2015 规定的Ⅱ级，技术检测等级为 AB 级。必要时应进行≥ 20% 超声检测复验，符合 NB/T 47013.3—2015 规定的Ⅰ级，技术检测等级为 B 级。不能进行射线和超声检测的焊缝，应进行表面检测，采用磁粉、渗透或其他可靠的方法进行，确认无裂纹或其他危害性的缺陷存在。所有无损检测应遵循 NB/T 47013.1～NB/T 47013.6—2015 的要求。焊缝质量验收标准按 GB 150.1～GB 150.4—2011 对 A 类或 B 类接头的规定，符合 NB/T 47013.1～NB/T 47013.6—2015 100% 射线检测 II 级合格，100% 超声检测 I 级合格，表面检测 I 级合格。无损检测的操作和分析应由具有

4.5.6 Неразрушающий контроль

Сварные соединения категории A и B минимум должны подвергаться радиографическому контролю в объеме 100%, и соответствовать требованиям класса II по стандарту NB/T 47013.2-2015 и класса технического контроля AB. При необходимости следует проводить повторный ультразвуковой контроль в объеме 20%, результат должен соответствовать требованиям класса I по стандарту NB/T 47013.3-2015 и класса технического контроля B. Сварные швы, не подходящие для радиографического контроля и ультразвукового контроля, подлежат контролю поверхности магнитопорошковым, капиллярным или другими

资格的技术人员担任。管端坡口应经磁粉、渗透或超声检测,确认无裂纹和分层存在。拔制区域应进行 100% 超声检测和磁粉检测,符合 NB/T 47013.1～NB/T 47013.14—2015 规定的 I 级。

надежными методами, чтобы уточнить отсутствие трещин или других опасных дефектов. Все неразрушающие контроли должны соответствовать требованиям NB/T 47013.1～NB/T 47013.6–2015. Приемка качества сварных швов выполняется в соответствии с требованиями GB 150.1～GB 150.4–2011 к соединениям категории A или B, и по NB/T 47013.1～NB/T 47013.6–2015 качество должно соответствовать требованиям класса II радиографического контроля в объеме 100%, класса I ультразвукового контроля в объеме 100%, класса I контроля поверхности. Операция и анализ неразрушающего контроля должны проводиться квалификационными техниками. Скос кромок на торце трубы подлежит магнитопорошковому контролю, капиллярному контролю или ультразвуковому контролю, чтобы уточнить отсутствие трещины и расслоения. Тянутая зона подлежит ультразвуковому контролю в объеме 100% и магнитопорошковому контролю, результат должен соответствовать требованиям класса I по стандарту NB/T 47013.1～NB/T 47013.14–2015.

4.5.7 热处理

设备应进行整体热处理。设备焊接工作全部结束且经检验合格后,方可进行热处理。热处理后不允许再在设备上施焊。所有焊接试件都应随设备进行热处理并按设计文件要求进行力学性能检验,指标不低于对母材的要求。长度超过 16m 的拔制管汇允许分段热处理,现场组焊后对焊缝进行局部热处理。

4.5.7 Термообработка

Оборудование должно подвергаться тотальной термообработке. Проведение термообработки допускается только после полного выполнения работ по сварке оборудования и получения положительного результата контроля. Проведение сварка оборудования не допускается после термообработки. Все сварные детали и оборудование должны подвергаться термообработке и проверке механических свойств по требованиям проектного документа, их показатели не должны быть менее потребованных значений основными материалами.

Для коллекторов длинной более 16м допускается термообработка по секциям, и сварные швы подлежат частичной термообработке после сборной сварки на рабочем месте.

4.5.8 压力试验

耐压试验应采用水压试验,水压试验的方法按 GB 150.4—2011 中 11.4.9 规定执行。设备壳体的应力值不超过 0.9 倍的标准屈服强度。

4.5.8 Испытание под давлением

В качестве испытания под давлением применяется гидравлическое испытание, его метод проведения определяется по пункту 11.4.9 стандарта GB 150.4–2011. Напряжение корпуса оборудования не должно превышать 0, 9 раза стандартного предела текучести.

4.5.9 硬度检查

拔制管汇壳体和对接焊接接头的维氏硬度值应满足下列要求:

强度级别 X80/L555 ≤ 300 HV10
强度级别 X70/L485 ≤ 280 HV10
强度级别 X65/L450 ≤ 265 HV10
强度级别 X60/L415～B/L245 ≤ 255 HV10

4.5.9 Контроль твердости

Твердости по Виккерсу корпусов тянутых коллекторов и стыковых сварных соединений должны соответствовать нижеследующим требованиям:

Для прочности X80/L555, ≤ 300 HV10
Для прочности X70/L485, ≤ 280 HV10
Для прочности X65/L450, ≤ 265 HV10
Для прочности X60/L415–B/L245, ≤ 255 HV10

参考文献

Литературы

《化工设备设计全书》编委会 .2003. 塔设备［M］. 北京：化学工业出版社 .

Редакционная коллегия «Сборник книг по проектированию оборудования химической промышленности».2003.Колонное оборудование［M］. Пекин: Издательство «Химпром».

《化工设备设计全书》编委会 .2005. 球罐和大型储罐［M］. 北京：化学工业出版社 .

Редакционная коллегия «Сборник книг по проектированию оборудования химической промышленности».2005.Шаровые резервуары и крупноразмерные резервуары［M］.Пекин: Издательство «Химпром».

《化工设备设计全书》编委会 .2005. 换热器［M］. 北京：化学工业出版社 .

Редакционная коллегия «Сборник книг по проектированию оборудования химической промышленности».2005.Теплообменные аппараты［M］. Пекин: Издательство «Химпром».

《化工设备设计全书》编委会 .2003. 化工容器［M］. 北京：化学工业出版社 .

Редакционная коллегия «Сборник книг по проектированию оборудования химической промышленности».2003.Сосуды для химической промышленности［M］.Пекин: Издательство «Химпром».

全国锅炉压力容器标准化技术委员会 .2005. 压力容器设计工程师培训教程［M］. 北京：新华出版社 .

«Руководство по обучению инженеров-конструкторов сосудов.работающих под давлением».2005. всекитайский технический комитет по стандартизации котлов и сосудов.работающих под давлением［M］.Пекин: Издательство «Синьхуа».